Lean Analytics
スタートアップのためのデータ解析と活用法

アリステア・クロール 著
ベンジャミン・ヨスコビッツ
角 征典 訳
林 千晶 解説
エリック・リース シリーズエディタ

本書で使用するシステム名、製品名は、それぞれ各社の商標、または登録商標です。
なお、本文中では™、®、©マークは省略しています。

Lean Analytics
Use Data to Build a Better Startup Faster

Alistair Croll
Benjamin Yoskovitz

Beijing · Cambridge · Farnham · Köln · Sebastopol · Tokyo

© 2015 O'Reilly Japan, Inc. Authorized translation of the English edition of Lean Analytics. © 2013 Alistair Croll and Benjamin Yoskovitz. This translation is published and sold by permission of O'Reilly Media, Inc., the owner of all rights to publish and sell the same.

本書は、株式会社オライリー・ジャパンが O'Reilly Media, Inc. の許諾に基づき翻訳したものです。日本語版についての権利は、株式会社オライリー・ジャパンが保有します。

日本語版の内容について、株式会社オライリー・ジャパンは最大限の努力をもって正確を期していますが、本書の内容に基づく運用結果について責任を負いかねますので、ご了承ください。

5回の「なぜ」の達人になった娘のライリーへ。

――アリステア

早すぎる死を迎えた弟のジェイコブへ。今もなおリスクをとってチャレンジすることを私に教えてくれる。

――ベン

本書への推薦の言葉

競合他社はこの本を使って、あなたの会社より早く成長しようとしている。

Hubspot社CEO
マイク・ヴォルプ《Mike Volpe》

誰もがデータを持っている。重要なのは、学習や意思決定を向上させるものが何かを把握することだ。誰もが指標が必要だとわかっている。だが、具体的で、計測可能で、実行可能で、関連性のある、即時的な指標を見つけるのは大きな難問だ。『Lean Analytics』では、ベンとアリステアが優れた仕事をやってのけた。新しいビジネスや製品を作るときに周囲を取り巻く不透明な不確実性を見渡すためのデータや指標の使い方を教えてくれる。本書は我々の業界への大きな贈り物だ。

Rally Software社チーフテクノロジスト
ザック・ニース《Zach Nies》

『Lean Analytics』は、リーンスタートアップに欠けていたピースである。スタートアップや大企業で高速に成功するための実践的で詳細な調査とアドバイスやガイドラインが記されている。

Clarity社CEO・創業者
ダン・マーテル《Dan Martell》

いまだかつて見たことのない風車と戦う起業家には、現実歪曲空間が必要だ。だが、自分自身にウソをつくようになると、こうした思い込みはダメになる。本書はそのための解毒剤だ。アリステアとベンは、みんなが求めていたリアリティの薬を書き記した。このデータ駆動の手法を無視するような起業家は、危険を承知で自己責任でやってほしい。

Foundry Group 社マネージングディレクター
TechStars 社共同創業者
Startup Revolution シリーズブック著者
ブラッド・フェルド《Brad Feld》

『Lean Analytics』は、実用最小限の製品から実用最大限の製品へと連れて行ってくれる。数十億ドル規模の大企業の製品マネージャーにも、これから数十億ドル規模の大企業を目指す起業家にも有益だ。

Salesforce 社新製品担当シニアディレクター
ジョン・ストーマー《John Stormer》

常にあなたよりも頭のいい人たちがいる。アリステアとベンが頭のいい人たちでよかった。『Lean Analytics』を読めば、必要な競争力が得られるはずだ。

New York Times ベストセラー作家
『Trust Agents』『The Flinch』著者
ジュリアン・スミス《Julien Smith》

Twitter 社では、ビジネスの成長やユーザーを理解するのにアナリティクスが重要になっている。スタートアップが公平な条件で競争するのであれば、データ駆動の手法を受け入れるのが賢明だ。本書はそのやり方を教えてくれる。

Twitter 社製品および収益担当ディレクター
ケヴィン・ウェイル《Kevin Weil》

開発中の製品にアナリティクスをうまく統合したり、推測することなくビジネスを成功に導いたりするには、必ず本書を読むべきである。

CBS Interactive 社 CTO/CIO
ピーター・ヤレド《Peter Yared》

『Lean Analytics』では、データ駆動手法を使ってビジネスを運営する方法が詳細に説明されている。2人の経験豊富な起業家が、深く考えて執筆したものだ。Sincerely 社だけでなく、これから作る会社のトレーニング教材として使いたい。

Sincerely 社および Xobni 社創業者
マット・ブレジーナ《Matt Brezina》

「計測できるものは改善できる」というピアソンの法則がある。クロールとヨスコビッツは、厳密な計測手法を新製品開発やローンチの初期段階に持ち込み、リーンマネジメントの理解を広げてくれた。起業家たちが彼らのフレームワークを採用すれば、ムダが減り、スタートアップの成功率が大きく向上するだろう。

ハーバードビジネススクール
Howard H. Stevenson Professor of Business Administration
トーマス・アイゼンマン《Thomas Eisenmann》

本書は、単にウェブ分析やビジネス分析を扱ったものではない。組織が計測すべきもの／すべきではないものを記した本である。データを実行可能なプラクティスに変えて、成功へと導く方法を記した本である。アリステアとベンジャミンは、いくつもの具体的な事例を紹介している。これらがアナリティクスを正しくやることの力を示している。起業家・マーケッター・製品開発やエンジニアリングの担当者が、彼らのヒントや教訓を心の底から理解すれば、仕事をもっとうまく成し遂げられるだろう。

Moz 社 CEO・共同創業者
ランド・フィッシュキン《Rand Fishkin》

成功は失敗する能力によって決まる。そんなことは想像したこともないだろう。高速に失敗し、失敗を次につなげよう。成功の秘訣は、データを使って学習する能力とすばやい反復である。定性的と定量的の両方のデータを活用しよう。アリステアとベンは、スタートアップのニルバーナへ到達する方法を示してくれる！

『Web Analytics 2.0』著者
アビナッシュ・コーシック《Avinash Kaushik》

『Lean Analytics』は、いつ失敗しそうなのか、その対策をどうすればいいのかを指標に語らしめ、高速に動く方法を示してくれる。誠実で意義のあるアドバイスが満載だ。戦いに勝ちたいと思っている創業者は必読である。

F6S社およびSpringboard Accelerator社共同創業者
シーン・ケイン《Sean Kane》

スタートアップの失敗を減らすスキルはわずか2つだけある。ひとつは予知能力。もうひとつは本書に書かれている。

HubSpot創業者・CTO
ダーメッシュ・シャー《Dharmesh Shah》

まずは愛してもらえる何かを作る必要がある。それから、それを発見して使ってもらえるように、みんなを引きつけてエンゲージメントする必要がある。データや指標を深く理解することが、拡大の基本となる。『Lean Analytics』は、正しい指標を追跡する意味を学び、正しい製品を作るための詳細で実践的な本である。

Greylock Partners社ベンチャーキャピタリスト
ジョシュ・エルマン《Josh Elman》

『Lean Analytics』は、普通のブログから始まり、世界的なムーブメントへと花開いたリーンスタートアップの自然な進化である。本書では、あらゆるビジネスモデルや企業ステージで使える具体的で貴重な知見が提供されている。データ駆動に移行している世界において、成功を収めたいビジネスリーダーの必読書である。

FreshBook社 Chief Corporate Development Officer
マーク・マクレオド《Mark MacLeod》

創業者の道具箱に欠かせない。これから会社を始めようとしているのであれば、本書を読む必要がある。

ベンチャーキャピタリスト・インキュベーター
マーク・ピーター・デイヴィス《Mark Peter Davis》

『Lean Analytics』は、実践的で行動につながるアドバイスと興味深い事例がまとめられている。データの使い方や優れたビジネスの構築方法を理解するには、本書を読む必要がある。

Geckoboard 社共同創業者・CEO
ポール・ジョイス《Paul Joyce》

本書を今すぐに手に取るべきだ。何かを始めようと考えているだけだとしても、『Lean Analytics』が役に立つ。生存や成功の確率を大幅に高めてくれる愛のムチだ。最初からうまくやりたいなら本書を読むべきだ。後悔はさせない。

Rypple 社協同 CEO・創業者
Work.com 社 SVP
ダン・デボウ《Dan Debow》

何も考えずに本書を買おう。これは秘密のソースだ。起業家であれば、本書は必読書である。

fiveby.tv 社 CEO
Good People Ventures ベンチャーパートナー
グレッグ・アイゼンバーグ《Greg Isenberg》

本書はリーンスタートアップムーブメントの宝だ。本物の事例に裏付けされた行動につながるアドバイスが満載である。リーンの概念は理解しやすいが、実際にやろうとすると難しい。だが、『Lean Analytics』はその道筋を明確にし、進捗を計測するツールを提供してくれる。

WP Engine 社 CEO
ジェイソン・コーヘン《Jason Cohen》

本書では、高速に正しく物事を進めようとしている多くのスタートアップのために、アリステアとベンがフレームワークと教訓を提供している。市場が継続的に効率化され、短期間で資本が集まる時代では、時間がすべてだ。『Lean Analytics』は、多くのウェブやモバイルのスタートアップにとっての優れた学習教材である。

> Stocktwits 社協同創業者・CEO
> Social Leverage 社マネージングパートナー
> Wallstrip クリエイター
> ハワード・リンゼン《Howard Lindzon》

以前からアリステアとベンは、この分野における信頼できるリーダーである。本書では、そこに至るまでの方法を見せてくれている。

> Human Business Works 社 CEO・社長
> クリス・ブローガン《Chris Brogan》

『Lean Analytics』では、ベンとアリステアが成功したスタートアップの実例を踏まえながら、本物の事例や数値を読みやすい形でまとめている。このようなものは見たことがない。アーリーステージとレイトステージの両方の創業者にとって、これらの知見は大きな力となるだろう。何度も読み返す数少ない本の一冊だ。

> Buffer 社創業者・CEO
> ジョエル・ガスコイン《Joel Gascoigne》

ダニエル・パトリック・モイニハン《Daniel Patrick Moynihan》の有名な言葉に「誰もが自分の意見を語る権利を持っているが、自分の都合に合わせて事実を語る権利は持っていない」がある。ビジネスの世界も同じだ。アリステア・クロールと一緒に働いて最高だと思うのは、事実にもとづいて意見を貫き通し、マーケティングを学習へ、製品開発を顧客との対話へとつなげるやり方だ。

> O'Reilly Media, Inc. 創業者・CEO
> ティム・オライリー《Tim O'Reilly》

これ以上の数値は不要だ。必要なのは行動につながる指標である。『Lean Analytics』では、データの霧のなかを突き進む方法や、成否を分ける主要指標にフォーカスする方法をアリステアとベンが教えてくれる。

Spark59 社および WiredReach 社創業者・CEO
『Running Lean』著者
アッシュ・マウリア《Ash Maurya》

データやアナリティクスが（ついに！）誰でもどこでも使える時代になった。何がうまくいき、何がうまくいかないかを把握するには、データやアナリティクスの力を活用すべきである。そうしなければ、暗闇で模索することになるだろう。アリステアとベンの声に耳を傾けよう。彼らは暗闇に光りをもたらすスイッチだけでなく、発電所を稼働させる方法も知っている。スタートアップをやっていて、データの力を活用してビジネスを成功させたいなら、この2人に頼るしかない。

Twist Image 社社長
『Ctrl Alt Delete』著者
ミッチ・ジョー《Mitch Joe》

何をすればいいかわからないデータや、ビジネスに役立たない指標に多くの起業家が圧倒されている。『Lean Analytics』では、正しい指標を定義して活用するためのフレームワークを提供している。そのために、数多くのビジネスの大切なストーリーを（実際のデータを使いながら）伝えてくれる。めちゃくちゃオススメ！

Circle of Moms および Team Rankings 創業者
マイク・グリーンフィールド《Mike Greenfield》

『Lean Analytics』は、ノイズを避けながら本当に重要なことを計測する方法を教えてくれる。

シリアルアントレプレナー・ビジネス錬金術師
ラジェッシュ・セティ《Rajesh Setty》
rajeshsetty.com

起業家になりたての人は、データ駆動の製品設計に異議を唱えることが多い（私もそうだった！）。「これは私の製品だ。ユーザーが私より詳しいわけがないでしょ？」と考えてしまうのだ。本書では、関連する大量のストーリーや例を使いながら、アナリティクスがなぜどのように役に立つのかが、明確な言葉で正確に表されている。苦しくて時間のかかる教訓を学ぶための近道だ。

Socialight 社共同創業者・CEO

ダン・メリンガー《Dan Melinger》

ベンとアリステアはスタートアップの専門家だが、本書を執筆するにあたり、多くの実践者にわざわざアドバイスや情報を求めている。彼らの努力が実った『Lean Analytics』は、スタートアップを構築するための質の高い技法が満載である。はじめての起業家でも理解できるように書かれている。

Skyway Ventures 社パートナー

ビル・ダレッサンドロ《Bill D'Alessandro》

スタートアップを成長させるために、何を計測するのか、どのように計測するのか、そのデータにもとづいてどのように行動するのかを求めているのなら、『Lean Analytics』がまさにそれを教えてくれるだろう。

『Start Small, Stay Small: A Developer's Guide to Launching a Startup』著者

ロブ・ウォーリング《Rob Walling》

データを有効活用したい起業家には本書が必要だ。

Static Pixels 社共同創業者

マッシモ・ファリーナ《Massimo Farina》

起業家のゴールは、成功への最も効率的な道筋を進むことである。だが、進むべき道筋が見つかることは少ない。『Lean Analytics』は、はじめての起業家でも熟練者でも理解できるように、具体的な指標を活用しながらビジネス独自の道筋を見つけるプロセスを示している。

Varsity News News 創業者

ライアン・ヴォーン《Ryan Vaughn》

エリック・リースによるまえがき

　リーンスタートアップのムーブメントは、バンパーステッカーを生み出すまでになった。本書の読者であれば、ピボット、MVP、構築・計測・学習ループ、継続的デプロイ、スティーブ・ブランク《Steve Blank》の有名な「建物の外に出よ」といった新しいビジネス用語はご存じだろう。なかにはTシャツが購入できるものもある。

　私はここ数年、こうしたコンセプトの普及に人生をかけてきた。今からその重要性を低下させるようなことはしない。我々は変化の過渡期にいる。こうしたコンセプトは変化における重要な要素だ。このリーンシリーズは、細部に深く潜り込み、バンパーステッカーよりも生活に大きな変化をもたらすものである。

　『Lean Analytics』は、このミッションを次のレベルに引き上げてくれた。

　新しい世界というのは、大胆で刺激的であるかのように見える。イノベーション・新しい成長の源泉・輝かしい製品／市場フィット・失敗やピボットの苦悩といったものが、ワクワクするようなドラマを生み出している。だが、その根底にあるのは、会計・数学・統計といった退屈なものたちだ。昔ながらの会計指標（をイノベーションの不確実性に適用するの）は大変危険だ。我々はそれを「虚栄の指標」と呼んでいる。満足感はあるかもしれないが、判断を誤らせる数値のことだ。これを避けるには、まったく新しい会計制度が必要になる。私はそれを「革新会計」と呼んでいる。

　起業家としての私を信頼してほしい。私は会計には興味がなかった。これまでに多くの会社をやってきたが、会計は非常に簡単なものだった。収益・利益・フリーキャッシュフローだけ。しかもすべてゼロ。

　とはいえ、現代のマネジメントに会計は欠かせない。フレデリック・ウィンズロー・テイラー《Frederick Winslow Taylor》の時代から会計の予測と結果を比較することで、マネージャーのスキルを評価してきた。計画が成功すれば昇進する。計画が失敗すれば株価が下がる。ある種の製品はこれでうまくいっている。未来を正確に予測するには、長年の安定した経営の歴史が必要だ。歴史が長ければ長いほど、安定していれば安定しているほど、予測は正確になる。

　しかしながら、世界が安定に向かっていると考えている人は本当にいるのだろうか？　条件が変わってしまうと、あるいは新製品を提供して条件を変えようとすると、将来を正確に

予測することなどできなくなる。基準がないのであれば、どのようにして進捗を評価するのだろうか？　間違った製品を構築しているというのに、期限や予算に間に合わせる必要はあるのだろうか？　起業家やマネージャーのためにも、投資家のためにも、自分たちのチームのためにも、新しい進捗の計測方法を理解する必要がある。

　新しい仕事の時代で成功しようと思うなら、会計に革命が必要だ。ベンとアリステアは、指標と分析に関する大変な調査を行ってくれた。詳細に事例を収集して、どの指標が重要なのか、それがいつ必要なのかを解明する独自のフレームワークを開発した。新境地を開拓したのである。彼らの収集した業界のベンチマークは、さまざまな主要指標に利用できる。これは賞賛するだけの価値がある。

　本書は理論的なものではなく、新しい成長の源泉を求めている人の実践的な手引きになるはずだ。どうか最後まで探索を楽しんでほしい。

エリック・リース《Eric Ries》
サンフランシスコにて
2013年2月4日

はじめに

　リーンスタートアップのムーブメントは、多くの起業家を刺激している。ビジネスプランで最もリスクの高いところを特定して、そのリスクをすばやく低下させる方法を発見し、学習サイクルを何度も回していくことができるからだ。これらを一言でまとめるなら「**作れるものを売るな。売れるものを作れ**」になるだろう。つまり、みんなが買いたい物を見つけ出せということだ。

　残念ながら、みんなが本当に欲しいものはわからない。多くの場合、何が欲しいのか自分でもわかっていないからだ。あなたに教えるときは、あなたが聞きたそうなことを教えてくれるだろう†。さらに困ったことに、創業者や起業家は強烈な思い違いをする。それがゆっくりと知らないうちに、意思決定に悪影響を及ぼしている。

　そこでアナリティクスだ。計測すれば説明できるようになる。不都合な真実に目を向けざるを得なくなる。誰も欲しがらないようなものに人生やお金をかけなくなる。

　リーンスタートアップを使えば、進捗を明らかにして、ビジネスで最もリスクの高い部分を特定することで、すばやく学習と適応ができるようになる。**リーンアナリティクス**を使えば、進捗を計測して、ビジネスの最も重要な質問をすることで、すばやく明確な答えが見つかるようになる。

　本書では、ビジネスモデルと成長ステージを見つけ出す方法を紹介する。また、最重要指標（OMTM：One Metric That Matters）の発見方法についても説明する。それから、スピードを上げる時期と急ブレーキをかける時期がわかるように、評価基準の設定方法についても説明する。

　リーンアナリティクスは、ビジネスのあらゆるステージのダッシュボードである。課題が現実的かどうかの検証から、顧客の発見、何を構築するかの決定、潜在的な見込み客に合わせたポジショニングまで、すべてのステージを対象にする。データにもとづいた行動を強制することはできないが、データを目立つところに配置してもらうことなら可能だ。それならデータを無視できなくなるし、道を大きく外れて運転することもないはずだ。

---

† http://www.forbes.com/sites/jerrymclaughlin/2012/05/01/would-you-do-this-to-boost-sales-by-20-or-more/

ているかどうかを判断できない。このセクションを読み終われば、主要指標の基準値と目標の設定方法がわかるだろう。
- 第IV部では、リーンアナリティクスを組織に適用する方法を紹介する。コンシューマーやビジネスにフォーカスしたスタートアップだけでなく、既存の企業文化も変えていく。つまり、データ駆動の手法を新興企業以外にも適用するということだ。

各章の終わりには、そこで読んだことを適用できるような質問を用意している（すべての章に用意しているわけではない）。

本書の構成要素

リーンアナリティクスは、独立して存在しているわけではない。リーンスタートアップの延長線上に存在し、顧客開発などの既存のコンセプトに大きな影響を受けている。先へ進む前に、こうした構成要素を理解しておきたい。

顧客開発

顧客開発とは、起業家のスティーブ・ブランクが作った言葉である。時代遅れの「それを作れば、彼らが来る[†]」的なウォーターフォールによる製品や会社の作り方に対抗したものだ。顧客開発では、製品やビジネスの方向性に大きな影響を与えるフィードバックを継続的に収集する。

スティーブ・ブランクが顧客開発を定義したのは、『アントレプレナーの教科書』（翔泳社）である。その後、ボブ・ドーフ《Bob Dorf》と一緒にアイデアを洗練したものが『スタートアップ・マニュアル』（翔泳社）になる。彼のスタートアップの定義は、特に重要なコンセプトとなっている。

> スタートアップとは、スケーラブルで再現性のある利益を生み出すビジネスモデルを探索する一時的な組織である。

本書を読み進めるときには、この定義を覚えておこう。

リーンスタートアップ

エリック・リースがリーンスタートアップのプロセスを定義した。顧客開発とアジャイルソフトウェア開発手法とリーン生産方式を組み合わせて、製品とビジネスをすばやく効率的に開発するフレームワークとしてまとめたものである。

最初は新興企業が対象だったが、今ではあらゆる規模の組織における破壊と革新に使用されている。リーンとは、安価や小規模のことではない。ムダを排除して、すばやく行動する

[†] 訳注：映画「フィールド・オブ・ドリームス」（1989年）の「それ（野球場）を作れば、彼（ジョー・ジャクソン選手）が来る」からの引用。

対象読者

本書は革新的なものを構築しようとしている起業家に向けて書いた。アイデアの創造から製品／市場フィットの達成とその後まで、分析プロセスの全体像を紹介している。したがって、起業家の旅を始めたばかりの人だけでなく、旅の途中にいる人も対象だ。

ウェブアナリストやデータサイエンティストにとっても本書は有益だろう。伝統的な「ファンネルによる見える化」の次にやるべきことや、仕事の成果を意味のあるビジネスの議論に結び付ける方法を紹介しているからだ。製品開発・製品管理・マーケティング・広報・投資の専門家であれば、スタートアップの評価に役立つ内容が見つかるだろう。

本書のツールやテクニックは、最初はコンシューマー向けのウェブアプリケーションを対象にしたものだった。現在では、地方の中小企業、選挙管理人、B2B スタートアップ、内部からシステムを変えようとする野心的な公務員、大企業でイノベーションを起こそうとする「組織内起業家」[†] といった広範囲の人たちを対象にしている。

その意味では、『Lean Analytics』は「組織を変えたい人」を対象にしていると言えるかもしれない。本書の執筆時には、小さなファミリービジネス、グローバル企業、できたてのスタートアップ、選挙組織、慈善事業団体、さらには宗教団体とも話をした。いずれもリーンな分析手法を組織に取り入れている。

本書の読み方

本書には膨大な情報が載っている。百人以上の創業者・投資家・組織内起業家・イノベーターにインタビューを実施したが、その多くがぼくたちに事例を共有してくれた。本書には、30 以上の事例を載せている。すぐに使えるベストプラクティスのパターンも一覧にしてある。内容は以下の 4 つの部に分かれている。

- 第 I 部では、リーンスタートアップや基本的なアナリティクスと、成功に欠かせないデータ活用のマインドセットを理解してもらう。そして、スタートアップに役立つ既存のフレームワークを調査してから、分析に特化したぼくたちのフレームワークを紹介する。ここはリーンアナリティクスの世界の入り口だ。このセクションを読み終われば、基本的なアナリティクスが理解できるだろう。
- 第 II 部では、リーンアナリティクスをスタートアップに適用する方法を紹介する。6 つのビジネスモデルを例にして、スタートアップが適切な製品と市場を発見するまでの 5 つのステージを見ていく。また、最重要指標（OMTM）の発見方法についても紹介する。このセクションを読み終われば、自分が何のビジネスをするのか、どのステージにいるのか、何に取り組めばいいのかがわかるだろう。
- 第 III 部では、何が正常なのかを見ていくことにする。評価基準がなければ、うまくいっ

[†] 組織内起業家とは、大企業にいる起業家のことである。多くの場合、財務的なことではなく、政治的なことで戦っている。社内から変化を起こそうとしているのだ。

ことであり、それはあらゆる規模の組織に適用可能である。

リーンスタートアップの中心的なコンセプトは、**構築→計測→学習**のプロセスだ。図1に示すように、ビジョンの作成から製品機能の構築、さらにはチャネルやマーケティング戦略の開発まで、あらゆる場面で使用する。本書では、このサイクルの**計測**に注目している。このサイクルを高速に回せば、すばやく正しい製品や市場を発見できる。計測をうまくやれば、その分だけ成功する可能性が高まるのだ。

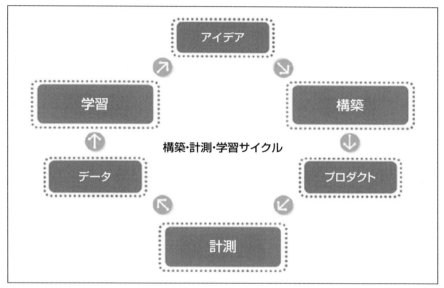

図1　構築→計測→学習サイクル

このサイクルは単なる製品の改善方法ではなく、現実性を確認する優れた方法だ。必要とする最小限の製品を構築することは、エリック・リースの**革新会計**の一部である。これは、客観的に自分の行動を計測するためのものだ。リーンアナリティクスとは、継続的に現実性の確認をしながら（それが現実になるまで）イノベーションを定量化していく方法である。

ご意見やご質問

本書（日本語版）の内容については、最大限の努力をもって検証および確認しているが、誤りや不正確な点、誤解や混乱を招くような表現、単純な誤植に気づかれることもあるだろう。本書を読んで気づいたことは、今後の版で改善できるように知らせていただきたい。将来の改訂に関する提案なども歓迎である。

本書に関する意見や疑問は、出版社宛てに連絡してほしい。

株式会社オライリー・ジャパン
〒160-0002 東京都新宿区四谷坂町12番22号
電話　　　03-3356-5227
FAX　　　03-3356-5263
電子メール　japan@oreilly.co.jp

本書のWebページには、正誤表、サンプルコードなどに関する追加情報を掲載している。次のアドレスでアクセスできる。

- http://www.oreilly.co.jp/books/9784873117119/
- http://oreil.ly/lean_analytics

本書に関連する以下のウェブサイトを著者が管理している。

- http://leananalyticsbook.com/

本書に関する技術的な意見や質問については、メールで英語にて連絡してほしい。

- bookquestions@oreilly.com

その他の書籍・講座・カンファレンス・ニュースに関する詳しい情報については、http://www.oreilly.comを参照してほしい。

感謝と謝辞

本書の執筆には1年かかったが、その学習には数十年かかっている。多くの創業者・投資家・イノベーターが、自らの事例をオンライン／オフラインで共有してくれた。いわばチームの成果である。ぼくたちのブログの読者やリーンアナリティクスのブログを購読している数百人の読者からは、多くのフィードバックをいただいた。本書の優れたところは、彼らの功績によるものである（よくないところはぼくたちの責任だ）。

メアリー・トレスラー《Mary Treseler》は読者の声となって、専門用語を使いすぎるぼくたちに警告を出してくれた。家族は何度も辛抱強く校正を手伝ってくれた。重要な章をレビューアに送ったところ、仮定の検証や計算の確認をしてくれた。数多くのレビューアが、貴重なフィードバックを送ってくれた。共著者と言ってもいいくらいである。Nudge Designのソニア・ガバラ《Sonia Gaballa》は、すてきなウェブサイトを作ってくれた。O'Reillyの制作チームは、ぼくたちの無理な要望や絶え間ない変更に堪え忍んでくれた。Totango・Price Intelligently・Chartbeat・Startup Compassのみんなは、匿名の顧客データを念入りに調査して、SaaS・価格設定・エンゲージメント・平均指標について、ぼくたち

に説明してくれた。

　刺激をくれた方々、情報を共有してくれた方々、快くスタートアップの良い部分と悪い部分を教えてくれた方々に感謝する。情報を公開する承認を得るために、あちこち奔走していただいた。最善の努力をしてもらったにも関わらず、公開できなかった情報もある。それらについては、いつかくる日のために手元に残しておきたい。本書はいただいたすべてのフィードバックによって成り立っている。おかげさまで、リーンスタートアップとアナリティクスを組み合わせることができた。

目　次

本書への推薦の言葉 vi
エリック・リースによるまえがき xiv
はじめに xvi

第 I 部　自分にウソをつかない 1

1 章　みんなウソつきだ 2
1.1 　リーンスタートアップのムーブメント 2
1.2 　現実歪曲空間に穴をあける 3

2 章　スコアのつけ方 7
2.1 　優れた指標とは何か？ 7
2.2 　定性的指標と定量的指標 10
2.3 　虚栄の指標と本物の指標 11
2.4 　探索指標と報告指標 13
2.5 　先行指標と遅行指標 16
2.6 　相関指標と因果指標 17
2.7 　ムービングターゲット 18
2.8 　セグメント・コホート・A/B テスト・多変量解析 20
2.9 　リーンアナリティクスのサイクル 23

3 章　実際に何をするかを決める 26
3.1 　リーンキャンバス 26
3.2 　何をやる「べき」か？ 28

4章	「データ駆動」対「データ活用」		32
	4.1	リーンスタートアップと大きなビジョン	35

第Ⅱ部　今すぐに適切な指標を見つける ... 37

5章	アナリティクスフレームワーク		38
	5.1	デイブ・マクルーアの海賊指標	38
	5.2	エリック・リースの成長エンジン	40
	5.3	アッシュ・マウリアのリーンキャンバス	41
	5.4	ショーン・エリスのスタートアップ成長ピラミッド	43
	5.5	ロングファンネル	43
	5.6	リーンアナリティクスのステージとゲート	45
6章	最重要指標の規律		48
	6.1	OMTM を使う 4 つの理由	50
	6.2	評価基準の線を引く	53
	6.3	スクイーズトイ	54
7章	何のビジネスなのか？		55
	7.1	人について	56
	7.2	ビジネスモデルのパラパラ漫画	58
	7.3	6つのビジネスモデル	61
8章	モデル 1：EC サイト		63
	8.1	実践事例	67
	8.2	オフラインとオンラインの組み合わせ	76
	8.3	EC ビジネスの見える化	76
	8.4	ヒント：「伝統的な EC」対「サブスクリプション型 EC」	78
	8.5	重要なポイント	78
9章	モデル 2：SaaS		79
	9.1	エンゲージメントの計測	83

	9.2	チャーン 85
	9.3	SaaS ビジネスの見える化 87
	9.4	ヒント：フリーミアム・段階価格・その他の価格モデル 90
	9.5	重要なポイント 91

10章　モデル3：無料モバイルアプリ 92

	10.1	インストール数 94
	10.2	ARPU 95
	10.3	課金ユーザー率 96
	10.4	チャーン 98
	10.5	モバイルアプリビジネスの見える化 98
	10.6	ヒント：「アプリ内課金」対「広告」 100
	10.7	重要なポイント 100

11章　モデル4：メディアサイト 101

	11.1	オーディエンスとチャーン 104
	11.2	広告在庫 105
	11.3	広告料 106
	11.4	コンテンツと広告のバランス 106
	11.5	メディアビジネスの見える化 106
	11.6	ヒント：隠れたアフィリエイト・バックグラウンドノイズ・広告ブロッカー・ペイウォール 107
	11.7	重要なポイント 109

12章　モデル5：ユーザー制作コンテンツ 110

	12.1	訪問者のエンゲージメント 112
	12.2	コンテンツの制作とインタラクション 112
	12.3	エンゲージメントファンネルの変化 114
	12.4	制作されたコンテンツの価値 116
	12.5	コンテンツのシェアと拡散 116
	12.6	通知の効果 117
	12.7	UGC ビジネスの見える化 118

	12.8	ヒント：受動的なコンテンツ制作 118
	12.9	重要なポイント 120

13章　モデル6：ツーサイドマーケットプレイス 121

	13.1	購入者と販売者の増加率 131
	13.2	在庫の増加率 131
	13.3	購入者の検索 132
	13.4	コンバージョン率とセグメンテーション 132
	13.5	購入者と販売者の評価 133
	13.6	ツーサイドマーケットプレイスの見える化 133
	13.7	ヒント：鶏と卵・不正・取引の継続・オークション 135
	13.8	重要なポイント 136

14章　今いるステージは？ 137

	14.1	今いるステージを選択しよう 140

15章　ステージ1：共感 141

	15.1	共感ステージの指標 141
	15.2	最高のアイデアだ！（解決に値する課題の発見方法）..... 141
	15.3	解決すべき課題の発見（課題の確認方法）........................ 142
	15.4	課題インタビューの収束と発散 149
	15.5	苦痛を伴う課題を把握するには？ 150
	15.6	現時点の課題の解決方法は？ 155
	15.7	課題を気にしている人は十分にいるか？（市場の理解）.. 156
	15.8	課題に気づいてもらうために必要なものは？ 156
	15.9	顧客の「ある一日」 157
	15.10	大規模に回答を得る 163
	15.11	構築する前に構築する（ソリューションの検証方法）..... 172
	15.12	MVPをローンチする前に 173
	15.13	MVPに含めるものを決める 173
	15.14	MVPの計測 174
	15.15	共感ステージのまとめ 178

16章　ステージ2：定着 180

- 16.1　MVPの定着 180
- 16.2　MVPのイテレーション 181
- 16.3　早すぎる拡散 183
- 16.4　定着がゴール 184
- 16.5　ユーザーからのフィードバックの扱い方 190
- 16.6　実用最小限のビジョン 192
- 16.7　課題／解決キャンバス 195
- 16.8　定着ステージのまとめ 199

17章　ステージ3：拡散 201

- 17.1　3つの拡散方法 202
- 17.2　拡散フェーズの指標 203
- 17.3　バイラル係数以外の指標 205
- 17.4　拡散パターンを利用する 207
- 17.5　グロースハック 208
- 17.6　拡散ステージのまとめ 212

18章　ステージ4：収益 214

- 18.1　収益ステージの指標 214
- 18.2　1セントマシン 215
- 18.3　収益の流れを見つける 218
- 18.4　顧客ライフタイムバリュー ＞ 顧客獲得コスト 219
- 18.5　市場／製品フィット 222
- 18.6　損益分岐の評価基準 225
- 18.7　収益ステージのまとめ 226

19章　ステージ5：拡大 227

- 19.1　中途半端の落とし穴 227
- 19.2　拡大ステージの指標 228
- 19.3　ビジネスモデルは正しい？ 228
- 19.4　拡大するときの規律を見つける 233

	19.5	拡大ステージのまとめ 234

第Ⅲ部　評価基準 235

20章　追跡する指標はモデルとステージで決まる 236

21章　もう十分なのか？ 241

	21.1	平均値では不十分 243
	21.2	何であれば十分なのか？ 244
	21.3	成長率 244
	21.4	エンゲージメントした訪問者数 246
	21.5	価格の指標 246
	21.6	顧客獲得コスト 252
	21.7	拡散（バイラル） 253
	21.8	メーリングリストの効果 254
	21.9	稼働時間と信頼性 256
	21.10	サイトエンゲージメント 256
	21.11	ウェブパフォーマンス 257

22章　ECサイト：評価基準 259

	22.1	コンバージョン率 259
	22.2	ショッピングカートの破棄 261
	22.3	検索効果 262

23章　SaaS：評価基準 264

	23.1	有料入会 264
	23.2	「フリーミアム」対「有料」 266
	23.3	アップセリングと収益の増加 269
	23.4	チャーン 269

24章　無料モバイルアプリ：評価基準 274

	24.1	モバイルダウンロード 274

	24.2	モバイルダウンロードサイズ 274
	24.3	モバイル顧客の獲得コスト 275
	24.4	アプリケーションの起動率 278
	24.5	アクティブモバイルユーザー／プレーヤー率 279
	24.6	モバイル課金ユーザー率 279
	24.7	デイリーアクティブユーザーの平均収益 280
	24.8	モバイルユーザーの月間平均収益 281
	24.9	有料ユーザーの平均単価 281
	24.10	レビューのクリックスルー率 282
	24.11	モバイル顧客ライフタイムバリュー 283

25章　メディアサイト：評価基準 286
　　25.1　クリックスルー率 286
　　25.2　セッションクリック率 287
　　25.3　言及 288
　　25.4　エンゲージメント時間 288
　　25.5　他人とのシェア 290

26章　ユーザー制作コンテンツ：評価基準 296
　　26.1　コンテンツアップロードの成功 296
　　26.2　1日のサイト滞在時間 296
　　26.3　エンゲージメントファンネルの変化 298
　　26.4　スパムと悪質なコンテンツ 302

27章　ツーサイドマーケットプレイス：評価基準 304
　　27.1　取引規模 304
　　27.2　トップ10リスト 307

28章　基準値がないときに何をすべきか 308

| 第Ⅳ部 | リーンアナリティクスを導入する | 311 |

29章　エンタープライズ市場に売り込む 312
- 29.1 なぜエンタープライズの顧客は違うのか？ 312
- 29.2 レガシー製品 314
- 29.3 エンタープライズスタートアップのライフサイクル 316
- 29.4 それで、重要な指標は？ 322
- 29.5 要点：スタートアップはスタートアップ 328

30章　内側からのリーン：組織内起業家 329
- 30.1 コントロール範囲と鉄道 329
- 30.2 変化？　それとも変化に抵抗するイノベーション？ 332
- 30.3 花形・負け犬・金のなる木・問題児 333
- 30.4 スポンサーのエグゼクティブに対応する 337
- 30.5 組織内起業家のためのリーンアナリティクスのステージ ...340

31章　結論：スタートアップの向こう側 345
- 31.1 会社にデータ文化を浸透させる方法 345

付録　あわせて読みたい 349

解説 350
訳者あとがき 353

索引 356

第I部　自分にウソをつかない

この部では、成功するためになぜデータが必要なのかを見ていく。定性的データ・定量的データ・虚栄の指標・相関・コホート・セグメンテーション・先行指標といった基本的なアナリティクスの概念を紹介する。また、データ駆動の危険性についても説明する。実際に何をすべきかについても少しだけ考えていきたい。

それは「is」という言葉の定義による。
—— ビル・クリントン《William Jefferson Clinton》

1章
みんなウソつきだ

あなたは思い込みが激しい人だ。そのことを自覚しよう。

誰にでも思い込みはある（もちろん程度の差はある）。最もひどいのは起業家だ。

起業家は自分にウソをつくのが得意である。証拠もないのに誰かを説得しなきゃいけないのだから、ウソは起業家として成功するための必要条件なのかもしれない。何かに挑戦するときには、信じてくれる人が必要だ。スタートアップのジェットコースターのような経営をうまくやるには、起業家は思い込みの世界に常に片足を突っ込んでおく必要がある。

小さなウソは欠かせない。それが「現実歪曲空間」を作り出してくれるからだ。起業家にとって重要な部分だと言えるだろう。ただし、自分のウソを信じてしまうようでは、生き残ることなどできない。自分で作った幻想に飲み込まれ、壁にぶち当たって幻想が崩壊するまでそこから抜け出せないだろう。

自分にウソをつく必要はあるが、ウソをつき続けた結果、ビジネスを危険にさらすようなことになってはいけない。

そこで、**データの出番となる**。

どんなに説得力があったとしても、単なる思い込みはデータという強烈な光の下では輝きを失ってしまう。ウソに対抗するにはアナリティクス（分析）が欠かせない。これが誇張表現の陰と陽である。それから、スタートアップの成功にはデータ駆動の学習も欠かせない。これは資金が尽きるまでに何がうまくいくかを学習し、正しい製品や市場に向かって何度も挑戦するための方法である。

ぼくたちは直感が悪いことだとは思わない。直感とはひらめきだ。スタートアップの旅では、自分の直感に耳を傾ける必要がある。だが、直感を盲信してはいけない。直感は大切だが、ちゃんとテストしよう。**直感は実験**だとすれば、**データは証拠**だ。

1.1　リーンスタートアップのムーブメント

イノベーションは思っているよりもずっと難しい。あなたが業界を覆すようなスタートアップを一人でやっていたとしても、勤めている会社の現状の打破・仮想敵との戦い・官僚制の回避をもくろむ一人の社員だったとしても、イノベーションが難しいことに変わりはない。それはそのとおりだ。起業家精神はクレイジーだ。ほとんどビョーキだ。

リーンスタートアップはフレームワークを提供している。新しい何かを作り出すビジネス

に規律正しく取り組むためのフレームワークだ。リーンスタートアップは「知的誠実性」をもたらす。リーンのモデルに従えば、ウソをつくのが難しくなる。特に自分自身へのウソがつけなくなる。

リーンスタートアップのムーブメントには理由がある。会社の作り方が大きく転換しているからだ。最初のバージョンを作るのにかかるコストはほぼゼロである。クラウドは無料。ソーシャルメディアも無料。競合調査も無料。さらには課金や決済も無料だ[†]。ぼくたちはデジタルの世界に住んでいる。ビットにコストはかからない。

これはつまり、何かを作って、効果を計測して、そこから学習して、次にもっといいものを作れるってことだ。それをすばやく反復すれば、自分のアイデアに賭けてみるべきか、ゲームを降りて次へ進むべきかを判断できる。そこでアナリティクスの出番だ。学習は偶然にできるものではない。これはリーンのプロセスに不可欠な部分である。

マネジメントの第一人者であるピーター・ドラッカーの有名な言葉に「測定できないものは管理できない」がある[‡][§]。リーンのモデルで成功している起業家たちは、製品や市場戦略だけでなく、顧客が必要とするものを学習するシステムも同時に作り出している。ドラッカーの言葉がこれ以上に当てはまるところは他にないだろう。

1.2 現実歪曲空間に穴をあける

ほとんどの起業家は押しつぶされてしまう。何度もだ。そのような経験がないのであれば、おそらくやり方が間違っているのだろう。成功に必要なリスクを負っていないのである。

スタートアップというジェットコースターのレールから大きく外れてしまう瞬間もある。完全な失敗だ。ウェブサイトを閉鎖して会社をたたむしかないだろう。もうダメだ。果敢な挑戦だった。でも終わりだ。失敗したんだ。

レールから外れるずっと前から、こうなることはわかっていた。何もかもうまくいっていなかった。現実歪曲空間が強固だったから、信念と情熱だけでどうにか進められただけだ。そして、時速100万kmで壁にぶつかった。ずっと自分にウソをついていた。

現実歪曲空間の重要性に異議を唱えているわけではない。そこに穴をあけたいのだ。できることなら脱線を回避したい。現実歪曲空間にあまり頼らないでほしい。それよりもリーンアナリティクスを頼りにしてほしい。

[†] 「無料」とは「事前に大きな投資が不要」であることを意味している。実際にビジネスが動き出すと、クラウドや請求のサービスにお金を支払うことになる。自前で用意するよりもコストがかかることもあるだろう。ここで言う「無料」とは、製品／市場フィットを見つける前に投資する必要がないという意味だ。PayPal・Googleウォレット・Eventbriteなどのように、無料で使える決済やチケットのシステムはいくらでもある。手数料は顧客に支払ってもらえばいい。

[‡] ドラッカーは『マネジメント──課題、責任、実践』(ダイヤモンド社) に「生産性の目標がなければ方向性を失う。コントロールもできなくなる」と書いている。

[§] 訳注：多くの人がドラッカーの言葉として引用しているが、正確な引用元は見つからない。

ケーススタディ ｜ Airbnbの写真――成長のなかの成長

　Airbnbは大成功を収めた。個人の部屋・アパート・家を貸し出すことで、旅行者にはホテルの代わりを、貸し手（ホスト）には新しい収入源を提供したのである。その結果、わずか数年で旅行業界の台風の目となった。2012年には500万泊の予約があった。しかし、最初はごくわずかなものだった。リーンスタートアップの考え方を支持した創業者たちは、体系的な手法に従ってAirbnbを成功に導いた。

　Airbnbのプロダクトリードであるジョー・ジェビア《Joe Zadeh》が、SXSW 2012で素晴らしい話をしてくれた。彼はビジネスのある側面にフォーカスしたのである。**プロの写真**だ。

　これは「プロの写真を使ったホストのほうがビジネスがうまくいく」という仮説から始まった。この仮説が正しければ、ホストはプロの写真サービスを求めるだろう。これは創業者の直感だ。プロの写真がビジネスに役立つと気づいたのだ。ただし、それをそのまま実装するのではなく、**コンシェルジュ型MVP**を作って、すばやく仮説をテストしたのである。

コンシェルジュ型MVPとは？

　MVP（実用最小限の製品）とは、市場に約束した価値を生み出せる最小限の製品のことである。ただし、どれだけの価値を生み出せばいいかは明確には定義されていない。自動車の相乗りサービスを作るのであれば、地道に運転手と乗客を結び付けることになるだろう。

　これがコンシェルジュ型MVPのやり方だ。（たとえ最小限であっても）製品を構築するのはムダである。なぜなら製品に対する投資リスクは「運転手と乗客をマッチングするソフトウェアを構築できるか？」ではなく「他人の車に乗ってくれるか？」だからだ。コンシェルジュ型MVPは大規模に実施することはできないが、短期間で高速に簡単に実現できる。

　スタートアップを起業するコストは安い。お金がかからないこともあるくらいだ。本当に足りないリソースは市場からの「注目」だ。最初の数人の顧客に対してコンシェルジュ型の実験をすれば、ニーズが本物かどうかを確認できる。また、コードを書いたり社員を雇ったりする前に、何が本当に使ってもらえるかを理解して、プロセスを洗練していける。

　MVPのテストを実施したところ、プロの写真を載せると宿泊予約数が平均よりも2～3倍多くなることがわかった。これは創業者たちの仮説を裏付けるものだった。ホス

トたちは、Airbnb からの写真の提供を熱望するようになった。

2011 年の中頃から後半に Airbnb は、ホストに提供する写真を 20 人のカメラマンに撮ってもらうことにした。それは図 1-1 が示すように、宿泊予約数が有名な「ホッケースティック」の成長を見せたのと同じ頃だった。

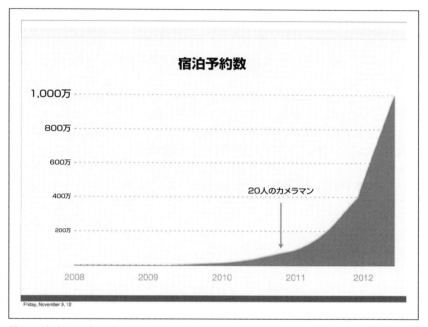

図 1-1　個人のアパートと 20 人のカメラマンだけで実現できたことに驚かされる

　Airbnb はさらに実験を続けた。信頼性を高めるために、写真に透かしマークを入れるようにした。既存のホストやこれからホストになる人が問い合わせてきたときに、プロによる写真撮影サービスを提供するようにした[†]。写真の品質に対する要求も高まった。各ステップで結果を計測し、必要に応じて調整を加えていった。Airbnb の主要指標は「月間の撮影数」だった。プロの写真を使ったほうが予約数が多いことは、すでにコンシェルジュ型 MVP で証明されているからだ。

　2012 年 2 月の時点で、Airbnb の月間の撮影数は 5,000 件近くになり、プロによる写真撮影サービスは急成長を続けている。

まとめ

- Airbnb のチームは、いい写真があったほうが予約数が増えると考えた。

[†] 訳注：https://www.airbnb.jp/info/photography

- このアイデアをテストするために、コンシェルジュ型 MVP を使った。最小限の労力で有効な結果がもたらされるようにテストを実施した。
- 有効な結果がもたらされたので、必要なコンポーネントを構築し、すべての顧客に展開した。

学習したアナリティクス

予期しなかったところが成長することもある。価値のあるアイデアを見つけたら、それを最小限の投資で、すばやくテストできる方法を決めよう。何が成功なのかを事前に定義して、直感が正しかったときに何ができるかを把握しよう。

リーンは、ビジネスを構築する素晴らしい方法だ。アナリティクスは、データを収集して分析できるようにするものだ。いずれも会社の設立と成長のやり方を根本的に変えるものである。単なるプロセスではない。考え方なのだ。リーンアナリティクスの考え方とは、正しい質問をすることである。必要な変化をもたらす主要指標にフォーカスすることである。

本書では、スタートアップを成功に導く中心的な要素として、データを扱うためのガイド・ツール・証拠を提供する。**最終的には、データを活用して、優れたスタートアップを高速に作る方法を紹介したい。**

2章
スコアのつけ方

　アナリティクスとは、ビジネスにおいて重要な指標を追跡することである。こうした指標が重要なのは、ビジネスモデルに関係するからだ。つまり、お金をどこから得るのか、コストがどれだけかかるのか、顧客がどれだけいるのか、顧客獲得戦略がどれだけ有効なのかと結び付いている。

　スタートアップでは、どの指標が重要なのかは必ずしもわからない。どのビジネスに参入するかをまだ把握していないからだ。分析の対象となる活動も頻繁に変更されるだろう。正しい製品や顧客対象を探そうとしているのである。スタートアップにおけるアナリティクスの目的は、**資金が尽きる前に正しい製品と市場にたどり着くことだ**。

2.1　優れた指標とは何か？

　優れた指標とは、期待する変化を促す数値である。それにはいくつかの目安がある。

優れた指標は比較ができる
　指標を時間軸・ユーザーグループ・競合他社などで比較できれば、自分がどの方向に進んでいるかがわかる。たとえば、コンバージョン率が「2%」よりも「先週よりも増えた」のほうが意味がある。

優れた指標はわかりやすい
　指標が覚えにくかったり、議論が大変だったりすると、数値の変化を文化に取り入れるのが難しくなる。

優れた指標は比率や割合である
　会計士や金融アナリストは、企業の財政状況を複数の比率から判断する[†]。あなたにも同じものが必要だ。

　比率を使ったほうが優れた指標になるのは、以下の理由があるからだ。

[†] 株価収益率・売上原価・営業コスト・従業員一人あたりの収益など。

比率は行動しやすい

車の運転を考えてみよう。走行距離も情報のひとつだが、運転しているときに見るのは時速（距離と時間の比率）である。現在の状況を表しているし、時間どおりに目的地に着くには、速度を上げればいいのか、それとも下げればいいのかを判断できるからだ。

比率は比較できる

毎日、同じ数値を1か月間比較すれば、突発的な急増や長期的な傾向がわかるようになる。車が加速しているのか、それとも減速しているのかを把握するには、速度を1時間の平均速度と比較したほうがわかりやすい。

比率は対立する要因の比較に向いている

車の場合は、走行距離と違反切符の比率になるだろう。速度が速ければ走行距離は増えるが、違反切符を受け取る回数も増えてしまう。この比率は、速度制限を守るべきかどうかを示している。

車のたとえ話はしばらくやめて、無料版と有償版のソフトウェアを提供するスタートアップについて考えてみよう。この会社には2つの選択肢がある。無料版で豊富な機能を提供して新規ユーザーを獲得するか、有償版で提供するために機能を残しておいて、お金を支払ってもらったときに機能を解除するかだ。無料版でフル機能が使えたら売上は下がるだろうが、機能を落とした製品では新規ユーザーが減るだろう。この2つを組み合わせた指標が必要だ。そして、変更に伴う全体的な影響を把握すべきである。そうしなければ、成長を犠牲にして売上を増やすようなことになってしまう。

優れた指標は行動を変える。これは最も重要な条件である。指標の変化に合わせて、これまでとは異なる行動ができるだろうか？

- 「会計」指標とは、表計算ソフトに入力するような毎日の売上などを指したものである。これにより予測の正確性を高めることができる。リーンスタートアップにおける**革新会計**の基礎になるものだ。理想的なモデルにどれだけ近づいているか、結果がビジネスプランに合っているかどうかを示している。
- 「実験」指標とは、製品・価格・市場の最適化に使用するテスト結果などを指したものである。こうした指標が変化すれば、それに伴い行動が大きく変わることになる。データを収集する前に、変化について合意しておこう。たとえば、ピンクのほうが収益がよければ、ウェブサイトをピンクに変える。半数以上の回答者がお金を支払わないと答えたら、その機能は作らない。MVPで注文数が30%以上増えなかったら、他のことを試してみる。

評価基準を設定すれば、規律のある手法を使い続けることができる。優れた指標は行動を変える。**なぜなら**、ユーザーの維持・クチコミの促進・顧客の効率的な獲得・収益の向上といったゴールに合わせているからだ。

だが、常にそうなるとは限らない。

有名な作家・起業家・講演者として知られるセス・ゴーディン《Seth Godin》は、「ニセモノの指標を避けよ」というブログ記事のなかで、いくつかの例を示している[†]。おもしろいことに（そうでもないかもしれないけど！）、そのなかにはベン（筆者のひとり）が経験した車の販売員の話も含まれている。

新車購入用の書類を書き終わると、販売員がベンに話しかけてきた。

> 「来週あたりにお電話を差し上げると思いますので、ここでの感想をお伝えください。お時間はかかりません。1～2分で終わります。数字の1～5でお答えください。もちろん5をいただけますよね？　何も問題はありませんでしたよね？　もし問題がありましたら、大変失礼いたしました。本当に失礼いたしました。それでも、5をいただけますと幸いです」

ベンはあまり深くは考えなかった（不思議なことに電話はかかってこなかった）。セスはこれを**ニセモノの指標**と呼んでいる。販売員は素晴らしい体験を提供することではなく、単によい評価を求めることに時間を費やしたのである（それが彼にとって重要だったのだ）。おそらく最初は、「素晴らしい体験」の評価が目的だったはずだ。

見当違いの営業チームも同じようなことをする。アリステア（筆者のひとり）は、ある会社の営業幹部が四半期の賃金を「進行中の取引数」と結び付けていたのを目にしたことがある。締結した取引の数や利幅ではなく、営業パイプラインに停滞する取引の数だ。営業職はお金を入れると動く仕組みになっているので、当然のように取引数だけを追い求めた。その結果、締結まで半年も時間のかかるような見込み客を大量に獲得することになった。本来ならば、可能性の高い見込み客にその時間を使うべきである。

ビジネスの成功に不可欠なのは、顧客満足や営業パイプラインの流れである。ただし、行動を変えたいのであれば、指標を行動に結び付けなければいけない。ゴールと結び付いていない指標を計測すれば、それに合わせて行動が変わり、時間をムダにすることになる。すべてがうまくいっているとウソをつき、自分自身を欺くことになる。これでは成功できるはずがない。

また、指標は「対」で登場することが多い。たとえば、**コンバージョン率**（何かを購入する人の割合）は、**購入時間**（購入するまでにかかる時間）と結び付いている。それが対になって、キャッシュフローに関することを教えてくれる。同様に、**バイラル係数**（1人のユーザーがサービスに招待したユーザー数）と**バイラルサイクルタイム**（招待するのにかかった時間）は対になって、普及率につながっている。ビジネスを支える数値を探求していくと、このように対になった指標に気づくだろう。こうした数値の裏側には、収益・キャッシュフロー・普及率といった基本的な数値が潜んでいる。

[†] http://sethgodin.typepad.com/seths_blog/2012/05/avoiding-false-metrics.html

正しい指標を選択したければ、以下の5つを覚えておきたい。

定性的指標と定量的指標
　定性的指標とは、構造化されていないお話や文章のことであり、集約が難しいものである。定量的指標とは、数値や統計のように具体的な数値だが、見解を見いだしにくいものである。

虚栄の指標と行動につながる指標[†]
　虚栄の指標を見ると気分はよくなるかもしれないが、行動は変わらない。行動につながる指標は、今後の活動指針に影響し、行動そのものを変えてくれる。

探索指標と報告指標
　探索指標は推測であり、有利になる未知の見解を探すものである。報告指標は、日常の管理業務を把握するためにある。

先行指標と遅行指標
　先行指標は、未来を予測するものである。遅行指標は、過去を説明するものである。指標にもとづいて行動する時間があるので（馬はまだ納屋にいるので[‡]）、先行指標のほうが優れている。

相関指標と因果指標
　2つの指標が一緒に変化していれば、それらは相関していると言える。他の指標の変化を**引き起こす**のであれば、それらには因果関係があると言える。自分で制御できるもの（表示する広告など）と求めるもの（利益など）に因果関係が見つかれば、自分で未来を変えることができる。

　アナリストたちはビジネスを推進する指標を見ている。これを**主要業績評価指標（KPI）**と呼ぶ。あらゆる業界にKPIが存在する。たとえば、レストランのオーナーであれば、埋まった席数（テーブル数）になるだろう。投資家であれば、投資収益率だ。メディアウェブサイトであれば、広告のクリック数になる。

2.2　定性的指標と定量的指標

　追跡や計測が可能なので、定量的データは理解しやすい。たとえば、スポーツのスコアや映画のレーティングなどがそうだ。ランクをつけたり、数えたり、測定したりすれば、定量的データになる。定量的データは科学的である。（計算が正しければ）集計できる。外挿（既知のデータから未知のものを推定すること）もできる。表計算ソフトに入力することもできる。ただし、それだけではビジネスは始動しない。誰かに接触することもできないし、課題

[†] 訳注：『リーン・スタートアップ』（日経BP社）では「虚栄の評価基準」や「行動につながる評価基準」と呼ばれているが、意味が伝わりにくいこともあり、本書や『Running Lean』（オライリー・ジャパン）では、「虚栄の指標」や「行動につながる指標」を使っている。

[‡] 訳注：「馬が盗まれてから納屋の鍵を閉める（時すでに遅し）」ということわざがある。

について質問することもできない。定量的な回答を手に入れることもできない。だからこそ、定性的なインプットが必要になる。

　定性的データは乱雑で、主観的で、不明確である。インタビューや議論などがそうだ。定量化が難しい。定性的データを計測するのは簡単なことではない。定量的データが「何が」「どれだけ」に答えるものだとしたら、定性的データは「なぜ」に答えるものである。**定量的データは感情を排除し**、**定性的データは感情漬けになっている**。

　最初は定性的データを探そう。結果を数値で計測するのではなく、人に話しかけるのだ。相手はターゲットとする市場の潜在顧客である。探索しよう。**建物の外へ出よう**。

　定性的データの収集には準備が必要だ。潜在顧客の答えを誘導したり歪めたりせずに、質問する必要がある。こちらの熱意や現実の歪曲が相手に伝わらないようにしよう。準備不足のインタビューでは、誤解や無意味な結果を生み出すことになる。

2.3　虚栄の指標と本物の指標

　多くの企業がデータ駆動であると主張する。しかし、**データ**という言葉を使ってはいるが、**駆動**している企業はほとんどない。行動につながらないデータを集めても、それは虚栄の指標にすぎない。自己満足のためのデータは役に立たない。情報を提供し、ガイドとなり、ビジネスモデルを改善し、行動指針を決定できるようなデータが必要だ。

　指標を見るたびに「これまでと異なる行動ができるだろうか？」と自問しよう。この質問に答えられなければ、指標を見直すべきである。組織の振る舞いを変える指標がわからないのであれば、それはデータ駆動であるとは言えない。データの泥沼でもがき苦しんでいるだけだ。

　たとえば、「合計登録数」を考えてみよう。これは虚栄の指標である。時間が経過すると増加する数値だからだ（いわゆる「右肩上がり」のグラフになる）。ユーザーが何をしているのか、彼らが重要なユーザーかどうかといったことは何も教えてくれない。アプリケーションにサインアップしたあとで、二度と戻ってこない可能性もあるはずだ。

　「合計アクティブユーザー数」は少しだけマシだ（ただし「アクティブユーザー」の定義がまともな場合に限る）。それでも、これは虚栄の指標である。ひどい間違いを犯さない限り、時間が経過すると増加する数値になるからだ。

　本当に注目すべき（**行動につながる**）指標は、「アクティブユーザー率」である。これは重要な指標だ。ユーザーの製品に対するエンゲージメントのレベルを伝えてくれるからである。製品を変更すると、この指標が変化する。うまく変更することができれば、数値は上昇するはずだ。つまり、実験・学習・反復が可能になるのである。

　他に注目すべき指標は「一定期間に獲得したユーザー数」である。これを使ってマーケティング手法を比較することもできる。たとえば、第1週にFacebookキャンペーン、第2週にredditキャンペーン、第3週にAdWordsキャンペーン、第4週にLinkedInキャンペーンを実施することも可能だ。時間軸で区切った実験は正確ではないかもしれないが、比較的簡単

に実施できるところがいい†。その結果、LinkedInキャンペーンよりもFacebookキャンペーンの結果のほうが良好だとわかれば、次にどこにお金をかけるべきかを判断できる。つまり、行動につながるのだ。

　行動につながる指標は魔法ではない。具体的な行動を教えてくれるわけではない。先ほどの例では、価格・メディア・文言をいろいろ試してみることになるだろう。収集したデータにもとづいて、**何か**を実行することが重要だ。

パターン ｜ 注意すべき8つの虚栄の指標

　右肩上がりの数値には心を奪われやすい。回避すべき有名な8つの虚栄の指標を以下に列挙しよう。

1. **ヒット数**
   判断のできなかったアホな時代のウェブの産物だ。サイトにオブジェクトがたくさんあれば、それだけ数値が増えることになる。それよりも人数を数えよう。

2. **ページビュー数**
   誰かがページにリクエストした回数をカウントしているので、ヒット数よりも少しはマシだが、ビジネスモデルがページビューに依存していない限り（広告を表示するのではない限り）、ページビュー数よりも人数を数えよう。

3. **訪問数**
   1人が100回訪問したのか、100人が1回ずつ訪問したのかわからない。ダメ。

4. **ユニーク訪問者数**
   トップページを見た人数しかわからない。何をしたのか、なぜ出入りしているのか、離脱したかどうかまではわからない。

5. **フォロワー／友達／いいねの数**
   何かの役に立つことがない限り、単なる人気コンテストである。ただし、こちらのお願いを聞いてくれるフォロワーの人数がわかれば、何かできることがあるかもしれない。

6. **サイト滞在時間／閲覧ページ数**
   ビジネスと結び付いていない限り、実際のエンゲージメントやアクティブユーザー数の代わりにはならない。サポートページやお問い合わせページの滞在時間が長ければ、おそらくよくないことが起きているのだろう。

7. **収集したメールアドレスの数**
   あなたのスタートアップに期待する人たちのメールアドレスの一覧があるのは素

---

† もっといいのは、獲得したユーザーを分析して**セグメント**にグループ化し、4つのキャンペーンを同時に実施することだ。そうすれば、4週間ではなく1週間で終わる。季節などの他の変数も利用することもできる。セグメントやコホート分析については、あとで詳しく説明する。

晴らしいことだが、メールを開封（して内容を読んで行動）する人数がわからなければ役に立たない。登録してくれた何人かにテストメールを送って、実際に行動してくれるかどうかを確認しよう。

8. **ダウンロード数**
アプリストアのランキングに影響するかもしれないが、ダウンロード数そのものは価値につながらない。それよりもアクティベーション数やアカウントの作成数などを計測しよう。

2.4　探索指標と報告指標

　作家であり Google 社のデジタルマーケティングエヴァンジェリストであるアビナッシュ・コーシック《Avinash Kaushik》によれば、元米国国防長官のドナルド・ラムズフェルド《Donald Rumsfeld》は分析についてかなりの知識があったようだ。彼の言葉を引用しよう。

> 既知の既知がある。我々が知っているものがあり、そのことを我々が知っていることだ。既知の未知がある。我々が知らないものがあり、そのことを我々が知っていることだ。それから、未知の未知がある。我々が知らないものがあり、そのことについても我々が知らないことだ。

　この4種類の情報を図2-1に示す。

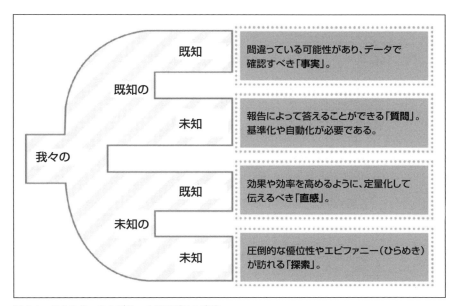

図 2-1　ドナルド・ラムズフェルドの隠れた才能

「既知の未知」には報告を使う。お金・ユーザー数・コード行を数えるのだ。指標の値がわからないことを**知っている**ので、それを見つけ出すのである。こうした指標は会計に使える（「今日はいくつ売れた？」）。あるいは、実験結果の計測にも使えるだろう（「緑と赤のどちらがよく売れた？」）。いずれの場合もその指標が必要なことはわかっている。

「未知の未知」は、市場を破壊するような新しい何かを発見するための探索だ。スタートアップに最も関係していると言えるだろう。あとで事例として紹介するが、最高のユーザーが母親たちであることを Circle of Friends が発見したやり方である。「未知の未知」は、魔法が起きるところだ。間違った方向に進むこともあるが、アイデアがまとまれば「ユーレカ！」の瞬間に立ち会える。スティーブ・ブランクも言っているように、スタートアップはここに時間を使うべきだろう。つまり、拡大可能で反復可能なビジネスモデルの探求だ。

アナリティクスは、ラムズフェルドの4象限のすべてに役割を果たしている。

- アナリティクスによって、単なる思い込みではなく、事実や仮定（開封率やコンバージョン率など）を確認できる。ビジネスプランが正確であることを確認できる。
- アナリティクスによって、仮説を証拠に変えることで、直感をテストできる。
- アナリティクスによって、表計算ソフトに入力するデータ、滝グラフにするデータ、役員会議に提出するデータが手に入る。
- アナリティクスによって、ビジネスを構築する貴重な機会が発見できる。

スタートアップの初期段階においては、「未知の未知」が最も重要となる。それが秘密兵器になるからだ。

ケーススタディ ｜ Circle of Moms の成功への道

Circle of Friends は単純なアイデアだった。コンテンツをシェアする友達の輪を作る Facebook アプリケーションだ。マイク・グリーンフィールド《Mike Greenfield》は、2007年9月に共同創業者と一緒に会社を起ち上げた。Facebook がデベロッパープラットフォームをローンチして間もなくのことだった。完璧なタイミングである。Facebook がオープンなバイラル（拡散）の場となり、そこでユーザーをすばやく獲得したり、スタートアップを作ったりできるようになった。これほど多くのユーザーが存在するオープンな場は、それまでに存在しなかった（当時の Facebook には、約5,000万のユーザーがいた）。

2008年の中頃までに、Circle of Friends は1,000万のユーザーを獲得した。マイクは成長を第一に考えていた。「争奪戦でした」と彼は言う。Circle of Friends がバイラルで広がっているのは明らかだったが、そこには問題もあった。製品を**実際に使っている**ユーザーがあまりいなかったのだ。

マイクによれば、作成後に何らかの活動をしたサークルは20％未満だったそうだ。

「1,000 万のユーザーがいましたが、月間のユニークユーザーは数百万でした。ですが、我々の把握していたソーシャルネットワークはどれも不十分で、マネタイズもうまくいきそうにありませんでした」

そこで、マイクは掘り下げることにした。

まずは、ユーザーが何をしているかをデータベースで調べた。当時は詳細な分析ダッシュボードなどなかったが、それでも探索的な分析を行うことができた。その結果、ユーザーのセグメントを発見した。母親だ。母親がユーザーのエンゲージメントを跳ね上げていたのである。以下がマイクが発見したことだ。

- 母親たちのメッセージは平均すると 50% 長かった。
- 母親たちが投稿に写真を添付する可能性は 115% 高かった。
- 母親たちがスレッド形式の会話（議論）に参加する可能性は 110% 高かった。
- 母親たちの招待したユーザーが積極的なユーザーになる可能性は 50% 高かった。
- 母親たちが Facebook の通知をクリックする可能性は 75% 高かった。
- 母親たちが Facebook のニュースフィードをクリックする可能性は 180% 高かった。
- 母親たちがアプリの招待を受け入れる可能性は 60% 高かった。

これらの数値は、2008 年 6 月当時には説得力のあるものだった。マイクと彼のチームはフォーカスを大きく変えた。ピボットしたのである。その後の 2008 年 10 月に Facebook で Circle of Moms をローンチした。

フォーカスを大きく変えた結果、最初のうちは数値が落ちてしまった。しかし、2009 年までにコミュニティは 4,500 万ユーザーへと成長した。この変更で切り捨てたユーザーたちとは違い、母親たちは積極的にコミュニティに参加してくれた。その後、Facebook がアプリケーションのバイラル機能を制限したことにより、会社は上昇と下降を繰り返すことになった。最終的には、Facebook を離れ、独自に成長を続け、2012 年のはじめに Sugar Inc. に買収されたのである。

まとめ

- Circle of Friends というソーシャルグラフアプリケーションは、出てきた場所や時期は正しかったが、出てきた市場が間違いだった。
- エンゲージメントのパターンや望ましい振る舞いを分析し、ユーザーの共通点を見つけることで、正しい市場を発見した。
- ターゲットを発見できたので、そこにフォーカスした（名前まで変更した）。ピボットできなければ家へ帰れ。退路を断つ覚悟はできているだろうか。

学習したアナリティクス

Circle of Moms のマイクの成功は、データを掘り下げて意味のあるパターンや機会を発見したことにある。マイクは「未知の未知」を発見し、大変勇気のある賭けをした（汎用的な Circle of Friends から特定のニッチにフォーカスした）。まさにギャンブルだったが、その行動はデータにもとづいたものだった。

コミュニティをロケットにたとえるなら、そこには離陸に必要なエンゲージメントの「クリティカルマス」が存在する。緩やかな成功では脱出速度に到達できないかもしれない。小さくて手の届きやすいターゲット市場からエンゲージメントを獲得しよう。バイラルにはフォーカスが必要だ。

2.5 先行指標と遅行指標

先行指標と遅行指標はいずれも有益だが、それぞれ目的が異なる。

先行指標（先行指数と呼ぶこともある）は、未来を予測するためのものである。たとえば、営業ファンネルの見込み客の数から、将来獲得できるであろう新規顧客の数を予測できる。現在の見込み客が少なければ、将来の新規顧客も少なくなるだろう。見込み客の数を増やすことができれば、新規顧客の数も増えるのである。

遅行指標は、問題があったことを示すものである。たとえば、**チャーン**（一定期間に離脱した顧客数）がそうだ。だが、遅行指標のデータを収集して問題が特定できた頃には、時すでに遅し。離脱した顧客はもう戻ってこない。遅行指標が使えないということではないが（チャーンを改善してから再度計測すればいい）、馬がいなくなってから納屋の鍵を閉めるのと同じだ。これから馬がいなくなることはないかもしれないが、すでに何頭かの馬はいなくなっている。

スタートアップの初期段階は十分なデータが手に入らず、将来を見通す方法がわからない。したがって、最初は遅行指標を計測することになる。ここでは遅行指標も有効であり、パフォーマンスの基準値として利用できる。先行指標をうまく活用するには、コホート分析を習得して、顧客グループを一定期間で比較できるようにする必要がある。

たとえば、顧客からの苦情について考えてみよう。まずはサポートにかかってくる1日の電話の件数を計測するだろう。これまでにも役に立ったことがあるはずだ。もっと早い段階であれば、90日間の苦情件数を計測できるかもしれない。いずれもチャーンの先行指標になる。苦情の件数が増えれば、製品やサービスの利用を停止する顧客も増えるだろう。苦情の件数という先行指標によって、何が起きているかを掘り下げ、苦情の理由を把握し、問題を特定するために必要な情報が手に入るのである。

アカウントの解約や製品の返品の件数についても考えてみよう。いずれも重要な指標だが、どちらも事後的に計測したものである。問題は特定できるかもしれないが、顧客の損失を回復するには手遅れだ。チャーンは（本書でも詳細に説明しているくらい）重要なものだが、近視眼的になってしまうと、必要な速度で反復や適応ができなくなる。

指標はどこにでもある。あるエンタープライズソフトウェア企業では、新製品の四半期の予約数が、販売の成否を示す遅行指標だった。それに対して、見込み客の数は先行指標である。今後の売上を事前に予測するものだからだ。ただし、法人営業経験がある人は、見込み客の数だけでなく、コンバージョン率や営業サイクルの長さも把握すべきだと言うだろう。新規契約数の現実的な見積りができるのは、それからである。

あるグループの遅行指標が、別のグループの先行指標になることもある。たとえば、四半期の予約数は営業部門にとっては（すでに契約を締結しているので）遅行指標かもしれないが、請求を担当する経理部門にとっては（収益がまだ計上されていないので）先行指標となる。

最終的には、追跡している数値が意思決定に役立つかどうかを決める必要がある。前にも述べたように、本物の指標は行動につながるものである。先行指標と遅行指標はいずれも行動につながっている。だが、**これから起きることを伝えてくれる**先行指標のほうが、サイクルタイムの削減やリーンにつながっていくだろう。

2.6 相関指標と因果指標

カナダでは、スノータイヤの使用と事故の減少に相関関係がある。スノータイヤを装着していない夏には、事故の件数が増えている[†]。これはつまり、夏でもスノータイヤを装着すべきということだろうか？　そんなはずはない。スノータイヤは暑い夏の道路では止まりにくい。逆に事故が増えてしまうだろう。

夏に事故が増えているのは、夏休みに運転時間が長くなるといった理由からだろう。因果関係を考えずに単純な相関関係のみに注目すると、間違った意思決定をしてしまう。たとえば、アイスクリームの消費量と溺死の件数には相関関係があるが、溺死を回避するにはアイスクリームを食べなければいいのだろうか？　あるいは、アイスクリームの消費量を計測すれば、葬儀会社の株価が予測できるのだろうか？　そんなわけはない。アイスクリームの消費量と溺死の件数は、いずれも夏が**原因**なのである。

2つの指標の相関関係を見つけるのは悪いことではない。相関関係がわかれば、これから何が起きるかを予測できるだろう。だが、相関関係ではなく**原因**を見つければ、未来を変えることができる。通常の因果関係は、単純な対の関係にはなっていない。複数の要因が重なっている。夏の事故が多いのであれば、アルコール消費量・未熟な運転手の数・日照時間の長さ・夏休みなども考慮に入れる必要がある。因果関係を100%把握することはできない。したがって、依存関係のある指標を部分的に「説明」する個別の指標を手に入れることになる。それでも、因果関係の度合いは重要だ。

因果関係を証明するには、相関関係のいずれかの変数を操作して、結果の違いを計測すればいい。だが、まったく同じユーザーは存在しないので、実際に行うことは難しい。現実世界では、統計的に有意な人数で適切に管理した実験を行うのは不可能だ。

サンプルとなるユーザーが豊富にいれば、変数を操作せずに信頼できるテストが可能とな

[†]　http://www.statcan.gc.ca/pub/82-003-x/2008003/article/10648/c-g/5202438-eng.htm

る。その他の変数の影響を無視できるようになるからだ。Googleが「ハイパーリンクの色」という細かな要因をテストできるのはそのためだ[†]。Microsoftもページの読み込み時間の遅延が検索率に与える影響を正確に把握している[‡]。だが、平均的なスタートアップの場合は、少数のサンプルで実施できる簡単な実験を行って、それがビジネスにどのような影響を与えるかを比較する必要がある。

他の実験方法やセグメンテーションについてはあとで説明する。ここでは「相関関係は悪くない。因果関係は素晴らしい」と覚えておこう。相関関係で妥協しなければいけないこともあるが、できる限り因果関係を発見すべきである。

2.7　ムービングターゲット

ゴールを選ぶときには、石に刻むのではなく砂に線を引くようにする。成功の定義がわからないので、ムービングターゲット（移動目標）を追いかけることになる。

ゴールや主要指標を途中で変更しても構わない。ただし、自分自身に正直であり、その変更がビジネスに与える影響を認識し、望まない証拠があっても期待値を下げずに継続することができなければいけない。

市場に何か（実用最小限の製品）を出してみて、アーリーアダプターにテストで使ってもらうときには、それがどのように使われるかまでは把握していない（もちろん想定はあるだろう）。その「想定」と「ユーザーが実際に行うこと」のあいだには大きな溝が存在する。たとえば、多人数ゲームをプレイしてもらいたいと思っていても、写真のアップロードサービスとして使われてしまうこともある。ウソだと思ってる？　Flickrはそうやって始まったのだ。

だが、両者の違いがわかりにくいこともある。製品を成功させるには毎日使ってもらう必要があると想定していても、実際には毎日使ってもらえないこともある。そのような場合は、有効性を証明できる指標に変更するといいだろう。

> **ケーススタディ　|　「アクティブユーザー」を定義した HighScore House**
>
> HighScore Houseは、子どもが担当する家事や挑戦にポイントをつけて一覧にする、両親のための簡単なアプリケーションである。子どもが作業を終わらせてポイントを集めると、自分の欲しいものと交換できる。
>
> HighScore HouseがMVPをローンチしたときには、数百組の家族にテストしてもらえる準備が整っていた。創業者たちは砂に線を引いて「両親と子どもが1週間に4時間使用すれば、MVPは成功である」とした。このような家族が「アクティブ」であると考えたのである。ハードルは高いが、悪くはない基準だ。

[†] http://gigaom.com/2009/07/09/when-it-comes-to-links-color-matters/
[‡] http://velocityconf.com/velocity2009/public/schedule/detail/8523

約 1 か月後、アクティブな家族の比率は評価基準を大きく下回った。創業者たちは落胆したが、エンゲージメントを高める実験を続けることにした。

- サインアップの流れを修正した（品質を高めて登録数が増えるように、明解でわかりやすいものにした）。
- 毎日のリマインダーとして、両親にメールを送信した。
- 子どもの活動を両親にメールで通知した。

少しずつ改善を行ったが、MVP が成功したといえるだけの目立った変化はなかった。CEO・共同創業者であるカイル・シーマン《Kyle Seaman》は、決定的な行動に移した。**電話をかけた**のである。まずは、サインアップしたがアクティブではない数十組の両親に電話をかけることにした。それから、HighScore House を見捨てた（チャーンアウトした）人にも電話をかけた。その結果、多くの人にとってそのアプリケーションは、苦痛を解決するものではないことがわかった。だが、それでよかった。「すべての両親」が市場であるとは考えていなかったからだ。それでは定義が広すぎる。最初のバージョンの製品では特にそうだ。カイルは、HighScore House に共感してくれる家族を探した。市場セグメントを絞ってフォーカスするためである。

それからカイルは、HighScore House を**使っている**家族に電話をかけた。アクティブではないが、実際に使っている人たちだ。多くの家族は肯定的に答えてくれた。

「HighScore House を使っていますが、本当に素晴らしいです。子どもたちはずっとベッドメイキングをしてくれています！」

両親たちからの回答は驚くべきものだった。週に 1 〜 2 回しか使っていないのに、製品の価値を受け取っていたのである。それからというもの、多少なりとも製品に興味を持ってくれる家族のセグメントやタイプを学ぶことができた。そして、製品を使っている顧客のエンゲージメントとチームが設定した利用基準が一致していないことがわかってきた。

これはチームが利用基準を推測してはいけないということではない。最初の評価基準がなければ、学習のためのベンチマークもなかったことになる。そして、カイルが電話をかけることもなかっただろう。今は顧客のことを本当に理解している。定量的なデータと定性的なデータの組み合わせが重要なのである。

チームはユーザーの振る舞いを反映して、「アクティブユーザー」の定義を見直した。主要指標の変更も問題なくできた。なぜそうするのかを理解できていたし、変更も正当なものだったからだ。

まとめ

- HighScore House は、自分勝手な評価基準を作っていた。その評価基準はうまく当たらなかった。
- チームはすぐに実験を開始して、アクティブユーザーの数を上げようとした。しかし、目立った変化はなかった。
- 電話をかけて顧客と話をすることにした。その結果、利用頻度の低いユーザーセグメントには価値を提供していることがわかった。

学習したアナリティクス

まずは、顧客を知ることが重要だ。そのためには、顧客やユーザーに連絡するしかない。何が起きているかを示す数値はない。すぐに顧客に電話をかけよう。エンゲージメントしているかどうかは関係ない。

次に、初期の仮説と成功の基準を設定する。実験を忘れてはいけない。必要であればハードルを下げても構わない。これは簡単に乗り越えられるようにするためではない（それはただのズルだ）。まずは、定性的なデータを使って、自分の生み出している価値を理解しよう。そして、顧客（特定のセグメント）が製品を使っている様子を評価基準に反映してから適応しよう。

2.8 セグメント・コホート・A/B テスト・多変量解析

テストはリーンアナリティクスの中心部である。セグメンテーション・コホート分析・A/B テストなどを使って、2 つのものを比較することが多い。変更を裏付ける科学的な比較を実施する人にとって、これらは重要な概念だ。詳しく説明しよう。

セグメンテーション

セグメントとは、共通の特徴を持つグループのことである。たとえば、Firefox を使っているユーザー、レストランを事前予約する常連客、ファーストクラスのチケットを購入する乗客、ミニバンを運転する両親などである。

ウェブサイトでは、技術的あるいは属性的な情報で訪問者をセグメント化してから比較する。たとえば、Firefox ユーザーの購入数が著しく低ければ、その原因を探るためのテストを実施する。オーストラリアからのユーザー数が圧倒的に多ければ、その原因を探るためのアンケート調査を行い、その成功を他の市場にも展開する。

セグメンテーションはウェブサイトだけでなく、あらゆる産業やマーケティングに利用できる。ダイレクトメールマーケッターたちは、長年セグメンテーションで大成功を収めている。

コホート分析

2 つめはコホート分析だ。これは類似したグループを時間をかけて比較するものである。

製品を構築してテストするときには、継続して繰り返すことになる。したがって、最初の週に参加したユーザーは、あとから参加したユーザーとは異なる体験をする。たとえば、すべてのユーザーは無料トライアル、利用、課金、離脱のサイクルを経験するとしよう。その途中でビジネスモデルを変更すれば、最初の月にトライアルを経験したユーザーは、5か月後にトライアルを経験したユーザーとは異なる体験をすることになる。これがチャーンにどのような影響を与えるだろうか？ そのことを発見するためにコホート分析を使う。

実験の被験者となるそれぞれのユーザーグループを「コホート」と呼ぶ。コホートとコホートを比較して、主要指標が全体的に改善されるかどうかを確認するのである。コホート分析がスタートアップにとって重要な理由を以下に示そう。

たとえば、あなたがECサイトを運営しているとしよう。このサイトでは、毎月1,000人の新規顧客を獲得している。表2-1は、最初の5か月の平均顧客単価を示したものだ。

表2-1 最初の5か月の平均顧客単価

	1月	2月	3月	4月	5月
顧客の合計数	1,000	2,000	3,000	4,000	5,000
平均顧客単価	$5.00	$4.50	$4.33	$4.25	$4.50

事態はよくなっているのだろうか、それとも悪くなっているのだろうか。この表から学べることはない。新規顧客と既存顧客を比較していないので（それぞれの購入を明確に区別していないので）把握が難しい。このデータからわかることは、平均顧客単価がわずかに下がってから、再び回復していることだけだ。平均値は安定している。

同じデータを使い、サイトの利用開始月で顧客をグループ化してみよう。表2-2に示すように、重要なことが起きている。5か月目にやって来た顧客は、最初の月に平均して$9使っている。これは、最初の月からいる顧客（$5）の約2倍。すごい増加だ！

表2-2 顧客の利用開始月で単価を比較

	1月	2月	3月	4月	5月
新規顧客数	1,000	1,000	1,000	1,000	1,000
顧客の合計数	1,000	2,000	3,000	4,000	5,000
1か月目	$5.00	$3.00	$2.00	$1.00	$0.50
2か月目		$6.00	$4.00	$2.00	$1.00
3か月目			$7.00	$6.00	$5.00
4か月目				$8.00	$7.00
5か月目					$9.00

コホートを理解するもうひとつの方法は、ユーザーの経験でデータを並べるというものである。表2-3では、ユーザーがシステムを使った月数でデータを並べた。これはまた別の重要な指標を示している。最初の月から急速に単価が減少しているのだ。

表 2-3　収益データのコホート分析

	利用月数				
コホート	1か月	2か月	3か月	4か月	5か月
1月	$5.00	$3.00	$2.00	$1.00	$0.50
2月	$6.00	$4.00	$2.00	$1.00	
3月	$7.00	$6.00	$5.00		
4月	$8.00	$7.00			
5月	$9.00				
平均値	$7.00	$5.00	$3.00	$1.00	$0.50

　コホート分析は、**極めて明確な視野**をもたらしてくれる。この例では、早い時期のマネタイズが貧弱だったために、全体的な指標が薄められていることがわかる。1月（1行目）のコホートは、最初の月に$5を使っているが、5か月目にはわずか$0.50まで減少している。しかし、4月のコホートは$8で始まり、2か月目でも$7である。最初の月の数値は劇的に増加しており、その後の減少も緩やかになっている。つまり、停滞していると思われた会社が、実は成長していたのである。これでフォーカスすべき指標がわかった。最初の月が終わってからの単価の低下だ。

　このように報告すれば、顧客ライフサイクルのパターンを明確にできる。顧客の自然なサイクルを考慮せずに、やみくもにすべての顧客を分析してはいけない。コホート分析は、収益・チャーン・クチコミ・サポートコストなどのあらゆる指標に適用可能だ。

A/Bテストと多変量解析

　表 2-2 のような比較を「**経時的実験**」と呼ぶ。顧客グループの自然なライフサイクルのデータを**経過する時間**で収集するからだ。それに対して、同時期に異なる経験を持つ異なる被験者グループを比較することを「**横断的実験**」と呼ぶ。たとえば、訪問者の半数に青色のリンク、もう半数に緑色のリンクを見せて、どちらのクリック数が多いかを比較するのが横断的実験である。リンクの色のような被験者の経験を比較するときには、その他の属性は同一であると仮定して、A/Bテストを実施する。

　テストは製品のあらゆるところで実施できるが、重要な手順や仮説にフォーカスすべきである。その効果は絶大だ。クラウドファンディングのチケットサイトであるPicaticの共同創業者ジェイ・パーマー《Jay Parmar》は、無料トライアル版の文言を「Get started free（無料で始めよう）」から「Try it out free（無料で試そう）」に変えたところ、クリック数（**クリックスルー率**）が10日間で376%も増えたと言っている。

　A/Bテストは比較的簡単だが、そこには問題もある。BingやGoogleのような巨大なウェブ資産とトラフィックがなければ、リンクの色やページの速度といった個別の要因を扱う実験結果がすぐに得られないので、テストに手間がかかってしまう。できることなら、ウェブページの色、提案の文言、訪問者に見せる写真もテストしたいだろう。

　そうした個別のテストを順番に実施するよりも（学習サイクルを遅くするよりも）、**多変**

量解析と呼ばれる技法を使ってまとめて分析したほうがいいだろう。統計分析の結果を使い、複数の要因から主要指標と強く相関しているものを見つけるのである。

図2-2は、ユーザーをサブグループにスライスする4つの分析方法を示している。

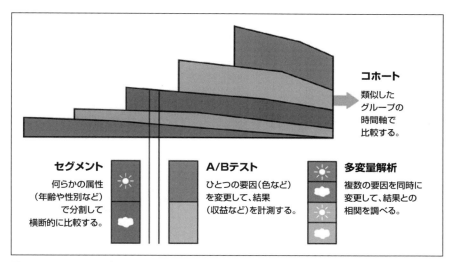

図2-2　コホート・セグメント・A/Bテスト・多変量解析

2.9　リーンアナリティクスのサイクル

リーンアナリティクスの大部分は図2-3に示すように、意味のある指標を発見して、次の課題に移るまで、あるいは次のビジネスステージに移るまで、その数値を実験によって改善していくことである。

最終的には、持続可能・反復可能・成長可能・拡大可能なビジネスモデルの発見につながる。

指標や分析の背景について触れたので、頭がいっぱいになったと思う。本章では、以下のことを学んだ。

- 優れた指標とは何か
- 虚栄の指標とその回避方法
- 定性的指標と定量的指標、探索指標と報告指標、先行指標と遅行指標、相関指標と因果指標
- A/Bテストとは何か、多変量解析がよく使われる理由
- セグメントとコホートの違い

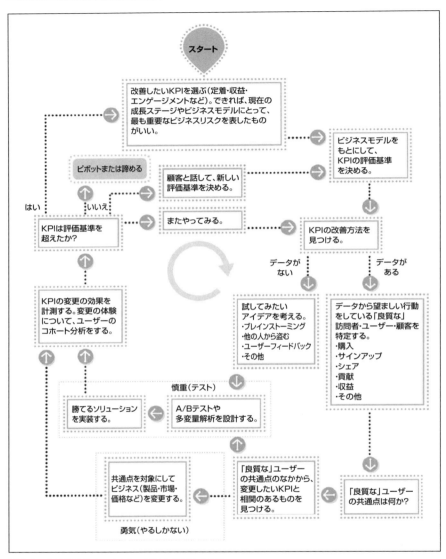

図 2-3 分析的なスタートアップのライフサイクル

これから先の章では、これらをさまざまなビジネスモデルやスタートアップのステージに適用していく。

エクササイズ ｜ 追跡する指標を評価しよう

　慎重に追跡して毎日レビューしている上位3～5つの指標を見てみよう。それらを書き出して、以下の質問に答えよう。

- 優れた指標はいくつあるだろうか？
- ビジネスの決定に使えるものはいくつあるだろうか？　虚栄の指標はいくつあるだろうか？
- 価値をもたらさないものを排除できるだろうか？
- もっと意味のある指標はないだろうか？

よくない指標を排除して、新しい指標を追加しよう。それから本書を読み進めよう。

3章
実際に何をするかを決める

　あなたは創業者として、次の数年間で取り組むことを決めようとしている。プロセスをリーンで分析的にする理由は、誰も欲しがらないものを開発することで人生をムダにしたくないからだ。Netscape社の創業者でありベンチャーキャピタリストでもあるマーク・アンドリーセン《Marc Andreessen》は、「市場がなければ頭がよくても意味がない」と言っている[†]。

　あなたには実現したいアイデアがあるはずだ。それは設計図であり、これからアナリティクスを使ってテストするアイデアである。アイデアの周辺にある仮説をすばやく継続的に示すには、本物の顧客と協力して検証（や否定）を行うべきだ。そこで、アッシュ・マウリア《Ash Maurya》のリーンキャンバスをおすすめしたい。リーンキャンバスを使えば、顧客開発をベースにしたビジネスモデルの定義と調整のプロセスが利用できる。このアッシュのモデルについては、本章の後半で説明する。

　ただし、リーンキャンバスですべてを実現できるわけではない。単にうまくいきそうなビジネスではなく、あなたが本当に取り組みたいと思えるようなビジネスを発見しなければいけない。戦略コンサルタント・ブロガー・デザイナーであるバッド・カデル《Bud Caddell》は、時間をかけるべきものを決めるときの3つの明確な基準を打ち出している。その3つとは、得意なこと・やりたいこと・お金を稼ぐことだ。

　リーンキャンバスとバッドの3つの基準を詳しく見ていこう。

3.1　リーンキャンバス

　リーンキャンバスとは、1ページに描かれたビジュアルなビジネスプランである。いつまでも完成することのない、行動につながるビジネスプランだ。アレックス・オスターワルダー《Alex Osterwalder》のビジネスモデルキャンバス[‡]をヒントにして、アッシュ・マウリアが考案したものである。図3-1のように、1枚の紙に9つのボックスが描かれている。ビジネスの重要な部分をひと目で見渡せるようにデザインされている。

[†] http://pmarchive.com/guide_to_startups_part4.html
[‡] http://www.businessmodelgeneration.com/canvas

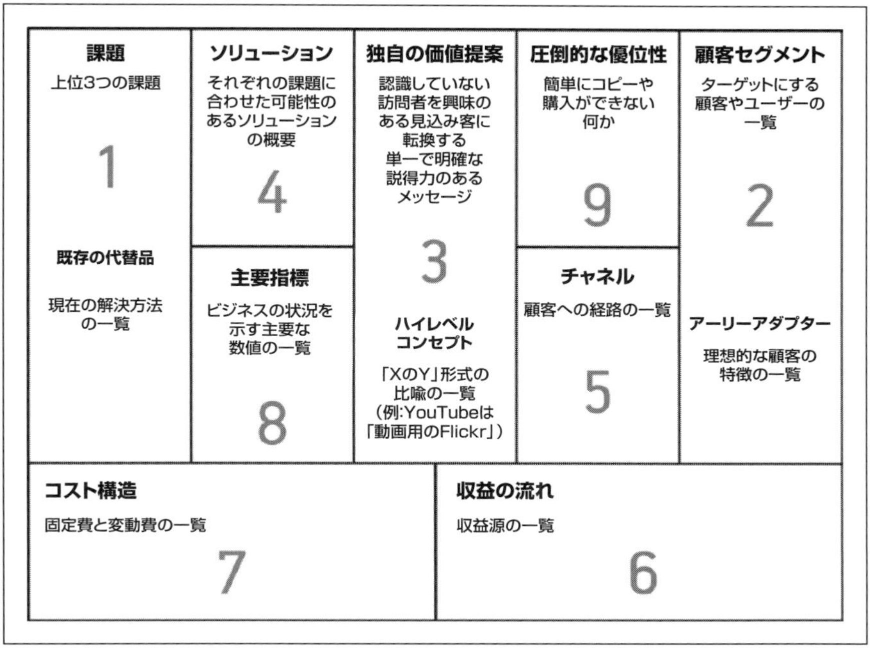

3.1 リーンキャンバス | 27

課題 上位3つの課題 1 既存の代替品 現在の解決方法の一覧	ソリューション それぞれの課題に合わせた可能性のあるソリューションの概要 4 主要指標 ビジネスの状況を示す主要な数値の一覧 8	独自の価値提案 認識していない訪問者を興味のある見込み客に転換する単一で明確な説得力のあるメッセージ 3 ハイレベルコンセプト 「XのY」形式の比喩の一覧 (例:YouTubeは「動画用のFlickr」)	圧倒的な優位性 簡単にコピーや購入ができない何か 9 チャネル 顧客への経路の一覧 5	顧客セグメント ターゲットにする顧客やユーザーの一覧 2 アーリーアダプター 理想的な顧客の特徴の一覧
コスト構造 固定費と変動費の一覧 7			収益の流れ 収益源の一覧 6	

図3-1　ビジネスモデルの全体像を9つの小さなボックスで記述できる

　リーンキャンバスは、最もリスクの高い部分を特定し、「知的誠実性」を強制するのに最適なツールである。ビジネスチャンスの有無を判断するときには、以下のことを考慮すべきだとアッシュ・マウリアは言っている。

1. **課題**：みんなが認識している本物の課題を見つけたか？
2. **顧客セグメント**：ターゲットとする市場のことを理解しているか？　こちらのメッセージを対象となるグループに伝える方法を把握しているか？
3. **独自の価値提案**：あなたが他よりも優れている、あるいは差別化できることを明確に、特徴的に、相手の記憶に残るように説明する方法を見つけたか？
4. **ソリューション**：課題を正しく解決できるか？
5. **チャネル**：製品やサービスをどのように顧客に届けるのか？　どうやってお金を徴収するのか？
6. **収益の流れ**：どこからお金が流れてくるのか？　それは1回だけなのか？　繰り返し発生するものなのか？　（食事の支払いのような）直接取引なのか？　（雑誌の定期購読のような）間接取引なのか？
7. **コスト構造**：ビジネスを運営する上で支払うべき直接費・変動費・間接費は何か？

8. **主要指標**：うまくいっているかどうかを把握するための数値を知っているか？
9. **圧倒的な優位性**：競合相手よりも大きな影響を与える「増強剤」は何か？

ぼくたちは、すべてのスタートアップにリーンキャンバスを使うようにすすめている。すごく勉強になるし、実際にやってみる価値があると思う。

3.2　何をやる「べき」か？

リーンキャンバスは、ビジネスの選択や調整のためのフレームワークである。だが、もっと「人間的な側面」にも注目する必要がある。

本当にそれをやりたいのか？

このような質問をされることはないだろう。投資家たちは問題解決にかける創業者の情熱に期待している言う。だが、その情熱を傾けるべき対象については触れることがない。創業者として生き残りたいのであれば、（製品に対する）需要・（それを作る）能力・（大切にしたいと思う）欲望の3つが交わるところを見つけなければいけない。

データという強烈な光にさらされ、顧客からのフィードバックの洪水に飲み込まれてしまうと、この3つを見落としそうになる。だが、決して見落としてはいけない。**嫌いになりそうなビジネスを始めてはいけない**。人生は短い。すぐダメになるぞ。

バッド・カデルの驚くほど簡単な図を図3-2に示そう。あなたが何に取り組むべきかを示したものである。

この図は、何を**やりたい**か、何をするのが**得意**か、何をして**お金を稼げる**かの3つの円の重なりを示している。円が重なったところには、行動指針が示されている。

- 何かをやりたくて、それが得意なのに、お金を稼げないのであれば、**お金の稼ぎ方を学べ**。
- 何かが得意で、お金も稼げるのに、やりたくないのであれば、**断ることを学べ**。
- 何かをやりたくて、お金も稼げるのに、得意でないのであれば、**もっとうまくやる方法を学べ**。

この3つをうまく評価する必要がある。キャリアカウンセラーだけでなく、ベンチャーを起ち上げる人にも有益なアドバイスだ。

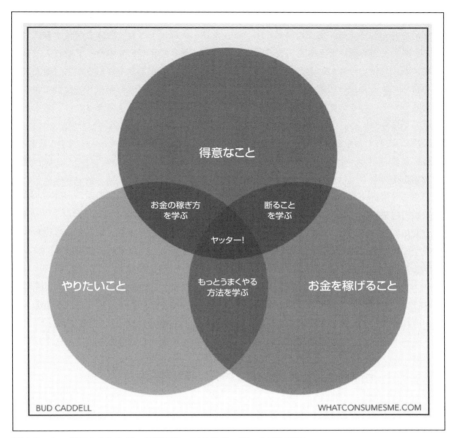

図 3-2 キャリアカウンセラーの壁に貼ってあるバッド・カデルの図

　まずは、**うまくできるだろうか？** と自分に質問する。あなたが競合他社よりも**市場のニーズ**をうまく満たせるかどうかの質問だ。市場のニーズを満たすには、デザイン・コーディング・ブランディングなどの無数のスキルの組み合せが必要になる。市場のニーズを満たせるのはあなただけではない。そのなかで成功するには、すべての能力を身につける必要がある。成功の確率を上げる「圧倒的な優位性」をもたらしてくれそうな友達や人脈を持っているだろうか？　重要なことを**本当にうまくやる能力**はあるだろうか？　決してみんなと同じ**公平な競争条件**で会社を始めるべきではない。

　これは組織で働いている人にも当てはまる。既存の製品や市場で「圧倒的な優位性」を獲得するまでは、新製品を売り出したり新市場に参入したりすべきではない。足かせの少ない若い会社が、すぐに市場シェアを狙ってくるだろう。組織の大きさをマイナスではなく、プラスにして活用すべきである。

次に、**これをやりたいか？**と自分に質問する。スタートアップは人生を消費する。継続的に生活を脅かしてくる。あなたのビジネスは、友達・夫婦・子ども・趣味と競合することになる。良いときも悪いときもあるだろうが、それらを乗り越えて自分のやっていることを信じ続けなければいけない。お金を稼げなくても、続けることができるだろうか？　他人に自信を持って言えるだけの解決すべき課題なのだろうか？　自分が望むキャリアにつながるものだろうか？　いまの組織で適切な評価を得られるだろうか？　そうでなければ、おそらく注意したほうがいい。

最後に、**これでお金が稼げるか？**と自分に質問する[†]。これは市場のニーズに関する質問だ。顧客に価値を届け、十分なお金を引き出せるようにしなければいけない。ただし、顧客獲得に費用をかけすぎてはいけない。顧客獲得や集金のプロセスについては、創業者のあなたがいなくてもスケールできるようにしておくべきである。

組織内起業家もプロジェクトの承認を得るために、この質問に答える必要がある。ただし、機会費用も忘れないようにしておきたい。機会費用とは、そのプロジェクトをやる代わりに組織ができなくなったこと、あるいは既存のビジネスで得られたはずの収益を指す。収益に貢献できないのであれば、他のことに目を向けるべきかもしれない。

3つの質問のなかで、これが最も重要である。その他の2つの質問については、自分で決めればいいだけなので簡単だ。あなたが作ることができて、作りたいと思うことが決まったら、それに対してお金を支払ってくれる人を見つけなければいけない。

スタートアップの初期段階では、多くのデータを扱う。膨大な意見の波に飲み込まれ、直前に聞いたフィードバックに流されてしまう。

以下の3つの質問に答えることを忘れてはいけない。

- 解決すべき課題は見つかったか？
- 提案するソリューションは適切か？
- それを本当に解決したいと思っているか？

簡単に言うと、**それを作るべきか？**である。

エクササイズ ｜ リーンキャンバスを作ってみよう

それでは、http://leancanvas.com に行って、最初のリーンキャンバスを作ってみよう[‡]。いま取り組んでいるアイデアやプロジェクト、あるいはずっと前から考えている

[†] スタートアップでお金を稼ぎたいと思っている人ばかりではない。注目を集めるためにやっている人、政府を正そうとしている人、世界を素晴らしい場所に変えたいと思っている人もいるはずだ。あなたがそういう人であれば、本書の「お金」を「実現したい結果」に置き換えて読んでみてほしい。

[‡] 訳注：以前は無料プランも用意されていたが、現在は http://leanstack.com となり、有料プランのみの提供となっている。紙やホワイトボードにリーンキャンバスを描くといいだろう。

ことをテーマに選ぼう。そして、20分かけてキャンバスを作成してみよう。数字の順番にキャンバスのボックスを埋めればいい。埋められないものは省略しても構わない。どんな感じになるかな。できるまで待ってるよ。

　さて、リーンキャンバスはできたかな？　最もリスクの高い部分がわかった？　これからリスクに立ち向かうことに興奮してる？　自信があれば、完成したリーンキャンバスを誰か（投資家・アドバイザー・同僚など）に見せて、議論してみよう。

4章
「データ駆動」対「データ活用」

　データは強力だ。中毒性があるので、なんでも分析したくなってしまう。だが、人間はデータに頼らずに、無意識にやっていることがほとんどだ。過去の経験や実績から判断しているのである。いちいち厳密に分析していては、気が休まらないだろう。たとえば、朝出掛ける前に、その日にはいていくパンツのA/Bテストをすることはない。そんなことをしてたら、いつまでたっても玄関から出られないだろう。

　リーンスタートアップは「データ駆動」に寄りすぎているという批判がある。データの奴隷になるのではなく、道具として利用すべきだ。データ駆動ではなく、データ活用であるべきだ、というような主張だ。怠け者が面倒な仕事をやりたくないだけなのかもしれない。だが、彼らの言い分もわからないでもない。いくらデータを使用していたとしても、一歩下がってビジネスの全体像を見渡さなければ、ビジネスを部分的に最適化してしまう。それでは危険だ。もしかすると致命的かもしれない。

　オンライン旅行サービスのOrbitzは、Macユーザーのほうが高価なホテルや部屋を予約することを発見した。このことについて考えてみたい。CTOのロジャー・リュー《Roger Liew》が、ウォールストリートジャーナル紙でこのように述べている。

> 「4つ星や5つ星のホテルを予約し、高価な部屋に滞在するのは、PCユーザーよりもMacユーザーのほうが40%高いことがわかっています。これはデータで確認できます」[†]

　無関係に思える顧客データ（ここではサイトの訪問者がMacを使っているかどうか）をアルゴリズムが処理すれば、新しい収益の機会を得ることができる。だが、売上とは関係ない顧客データに最適化すれば、予期せぬ結果を招くかもしれない。場合によっては、評判を落とす可能性もある。データ駆動の機械的な最適化には、人間の判断が加わっていない。そのことが問題を引き起こすのだ。

　ウェブ分析の大手であるOmniture社[‡]のCMOゲイル・エニス《Gail Ennis》が、数年前に著者に言ったことがある。Omniture社のコンテンツ最適化ツールでは、機械的な最適化

[†] http://online.wsj.com/articles/SB10001424052702304458604577488822667325882
[‡] 訳注：2009年にAdobe社に買収されている。

に人間の判断を加える必要があるそうだ。ソフトウェアの自由裁量に任せてしまうと、女性の裸をウェブページに載せて、クリックスルー率を上げようとするだろう。そのようなクリックスルー率は短期的なものであり、それによって落ちた会社の信用度と相殺されてしまう。Omniture社のソフトウェアでは、全体像を理解した人間のキュレーターが適切な画像を提供するようになっている。**創造性は人間に備わっていて**、**機械はそれを検証するだけだ**。

数学の世界では、関数の局所的な最大値のことを「極大値」と呼ぶ[†]。極大値は関数がとりうる最大値ではなく、特定の範囲における最大値のことだ。たとえ話になるが、山腹の湖を思い浮かべてほしい。湖の水位は最低レベル（海面レベル）ではなく、周囲で最も低いレベルにある。

最適化とは、関数の最小値もしくは最大値を求めることである。だが、機械で最適化を行えば、把握している制約や問題領域の範囲の答えになる。山腹の湖の水位が最低値ではなく、与えられた制約のなかでの最低値であるのと同じことだ。

この「条件付き最適化問題」を理解するには、3つの車輪を使った最も安定した乗り物を考えてみるといいだろう。車輪の配置を何度も試行錯誤すれば、最終的に三輪車のような配置になっていく。これが3つの車輪の最適形態となる。

データ駆動の最適化では、このような反復的な改善が可能だ。ただし「あのさぁ……車輪は4つのほうがよくね？」みたいなことは言えない。数学は既知のシステムを最適化するのは得意だが、新しいものを発見するのが得意なのは人間である。**変化は極大値を好み、革新は世界の破壊を好む**ということだ。

リチャード・ドーキンス《Richard Dawkins》は、著書『遺伝子の川』（草思社）のなかで、進化を流れる「川」という比喩を使っている。彼の説明によれば、進化が目を作り出すそうだ。ハチの目・タコの目・人間の目・ワシの目・クジラの目。進化がさまざまな種類の目を作り出している。ただし、進化の「川」は逆流ができない。わずかな変異で目の機能が大きく向上することはないのである。たとえば、人間がワシの目を持つことはない。進化の過程で、少しずつ視力が悪くなったからだ。

機械だけを使った最適化には、進化と同様の限界がある。極大値に最適化すると、もっと大きくて重要な機会を見逃すかもしれない。あなたはデータの進化を設計する知的なデザイナーになるべきだ。

ぼくたちの知るスタートアップの創業者たちは、数値だけにビジネスを任せるようなことはしていない。自分の直感を信じているのである。会社に対して、魂のこもっていない最適化などしたくはない。だからこそ、市場の全体像、解決しようとしている課題、根本的なビジネスモデルを把握する必要性を理解しているのである。

定量的データは仮説の検証に有効だ。だが、人間の直感と組み合わせなければ、新しい仮説を生み出すことはできない。

[†] http://en.wikipedia.org/wiki/Maxima_and_minima

パターン | データサイエンティストのように考える方法

LinkedIn 社のデータサイエンティストであるモニカ・ロガッティ《Monica Rogati》から、起業家が避けるべき「データ収集の 10 の落とし穴」を教えてもらった。

1. **データがクリーンだと思い込む。**
   収集したデータはクリーニングしよう。クリーニングによって、重要なパターンが明らかになることも多い。「数値の 30% が null なのは計測機能のバグじゃないの？」「郵便番号が 90210 のユーザーが多いけど大丈夫？」とモニカは言う。データが妥当で有効なものかは最初に確認しておこう。

2. **正規化していない。**
   人気の高い新婚旅行先の一覧を作っているとしよう。新婚旅行の渡航者数を数えることもできるだろうが、空港の利用者数もあわせて考えないと、混雑した空港のある都市の一覧になってしまう。

3. **外れ値を除外する。**
   あなたの製品を 1 日に 1,000 回以上も使っている 21 人は、熱烈なファンか、サイトをクロールしているボットだろう。いずれにしても、外れ値を無視するのは間違いだ。

4. **外れ値を含める。**
   あなたの製品を 1 日に 1,000 回以上も使っている 21 人は、**定性的**な視点からは興味深い。こちらの予期していないことを示してくれるからだ。しかしながら、一般モデルの構築には向いていない。モニカは以下のように警告している。「データプロダクト[†]を構築する場合は、外れ値を除外すべきでしょう。コアなファンしか買わない商品ばかりがオススメに表示されてしまいますよ」。

5. **季節を無視する。**
   「えっ、今年の急成長の職種は……インターン？　ちょっと待って。今は 6 月ですよ」。パターンを見るときには、時刻・曜日・月の変動を考慮しよう。そうしないと、間違った意思決定をしてしまう。

6. **成長を報告するときに規模を無視する。**
   コンテキストが重要だ。モニカは以下のように言っている。「始めたばかりの頃は、お父さんがサインアップしただけで、ユーザーが 2 倍になります」。

7. **データの掃きだめ。**
   どこを見ればいいかわからないようなダッシュボードは無用だ。

[†] 訳注：DJ・パティル《DJ Patil》の『Data Jujitsu: The Art of Turning Data into Product』(O'Reilly Media) によれば、「a product that facilitates an end goal through the use of data（データを利用して最終目標を円滑に達成する製品）」のことである。http://radar.oreilly.com/2012/07/data-jujitsu.html

8. **オオカミが来たぞ。**
   すぐに修正できるように、何か問題があったときにアラートを飛ばすようにしている。だが、閾値が微妙ならば、アラートはすぐに「不機嫌」になる。そして、あなたもアラートを無視するようになる。
9. **「ここで収集していない」症候群。**
   モニカは「他のデータとマッシュアップすれば、価値の高いアイデアにつながる可能性があります。たとえば、寿司屋が密集した郵便番号の地域から優良顧客が来ていませんか？」と言っている。このようなことが、次の実験のアイデアをもたらすかもしれない。あるいは、成長戦略に影響を与えるかもしれない。
10. **ノイズに注目する。**
    「私たちは何もないところにパターンを見いだすようにプログラムされているのです」とモニカは警告する。「虚栄の指標にとらわれず、一歩引いて全体像を見るようにしましょう」。

4.1　リーンスタートアップと大きなビジョン

起業家には熱狂的に（強迫観念にとりつかれたように）データのことで頭がいっぱいな人たちがいる。そういう人は、分析マヒになる傾向がある。もっとカジュアルに、何も考えずに直感で行動する人たちもいる。そういう人は、自分のとって都合の悪いデータには見向きもせず、気まぐれにいろんなアイデアにピボットする。こうした二極化が発生する原因は、リーンスタートアップの提唱者たちが直面している課題にある。その課題とは、実用最小限の製品と説得力のあるビジョンを同時に手に入れるには、どうすればいいのだろうか？というものだ。

最近ではリーンスタートアップを口実にして、ビジョンもないのに会社を作る創業者も少なくない。

「最近は会社を作るのも簡単だからさ、誰でもできちゃうんだよねッ！」

だが、ビジョンがないまま会社を始めると、顧客・投資家・競合他社・メディアなどの外部からの影響を受けやすい。大きなビジョンを持つことが重要だ。ビジョンがなければ、目的も設定できない。いずれは行く当てもなくさまようことになるだろう。

大きくて、独創的で、大胆なビジョン（世界を変えるような目的）が重要なのであれば、段階的に仮説検証を繰り返すリーンスタートアップとどのように結び付ければいいのだろうか？

答えは単純だ。リーンスタートアップのことをビジョンを達成するためのプロセスであると考えればいい。

ぼくたちはさまざまな手段を使って、「製品を作っているわけではない」ことをアーリーステージの創業者たちに再認識してもらっている。製品を作っているのではなく、**どのよう**

な製品を作るべきかを学ぶためのツールを作っているのだ。そう考えれば、目の前の作業（持続可能なビジネスモデルの発見）と、これまでに作った画面・コード・メーリングリストを切り離せるようになる。

　リーンスタートアップは何よりも学習を大切にする。そして、幅広い思考・探索・実験を推奨する。何も考えずに、**構築→計測→学習**を実施するのではない。何が起きているかを理解し、新しい可能性に前向きであるべきだ。

　スモールではなくリーンになろう。その地域で最大手になりたいという創業者と話をしたことがある。なぜ世界で最大手ではないのだろうか？　連合国が上陸地点としてノルマンディを選択したのは、大きなビジョンがなかったからではない。そこが開始地点として最適だと発見したからである。

　リーンスタートアップは「スモール」を推奨していると勘違いしている人がいる。正しくは、ビジョンを**広げる**ことを支援するものだ。リーンスタートアップでは、あらゆることを疑問に思うことが推奨されている。課題・ソリューション・顧客・収益などを追求する自分の行動を深く掘り下げていけば、期待した以上のことが見つかるだろう。そうしたチャンスを生かせる人であれば、自分のビジョンを広げながら、そこへいち早く到達する方法も同時に理解できるはずだ。

第Ⅱ部 今すぐに適切な指標を見つける

アナリティクスの基本は理解できた。ここからは、フォーカスの重要性、具体的なビジネスモデル、最適な製品や市場を見つけるまでに通過するステージについて説明しよう。これらを身に付ければ、重要な指標が見つかるはずだ。

　　新しい技術で変わるのはフレームであって、フレームのなかの絵だけではない。
　　　　── マーシャル・マクルーハン《Marshall McLuhan》

5章
アナリティクスフレームワーク

　ここ数年、さまざまなフレームワークが登場している。それによって、スタートアップのことが理解しやすくなった。成長の変化もわかりやすくなり、市場も発見できるようになった。顧客や収益の獲得について、スタートアップを支援するときにも役に立っている。こうしたフレームワークは、スタートアップのライフサイクルに対するさまざまな考え方を提供し、フォーカスすべき指標や領域を提案するものである。

　これらのフレームワークを比較して、ぼくたちは独自のフレームワークを考案した。進捗の計測に使える指標も用意してある。本書では、この新しいフレームワークを使うことにするが、その前に既存のフレームワークを見ていきたい。リーンアナリティクスとの関係もわかるはずだ。

5.1　デイブ・マクルーアの海賊指標

　「海賊指標」とは、ベンチャーキャピタリストであるデイブ・マクルーア《Dave McClure》が、成功するビジネスの構築に必要な「5つの要素」の頭文字からその名前をつけたものである。マクルーアは、スタートアップが監視すべき指標を AARRR（獲得・アクティベーション・定着・収益・紹介）に分類している[†]。

　ぼくたちの解釈を加えたものを図5-1に示す。このモデルは、ユーザー・顧客・訪問者が進むべき5つのステップを示している。この順番で会社は価値を引き出すのである。価値は取引（収益）だけでなく、ユーザーたちの市場における役割（紹介）やコンテンツクリエイターとしての役割（定着）からも引き出せる。

　5つの要素の順番は厳密でなくても構わない。ユーザーはお金を支払う前に紹介することもある。あるいは、サインアップする前に何度も訪問するかもしれない。いずれにしても、ビジネスの成長を考えるときの優れたフレームワークだ（表5-1参照）。

[†] http://www.slideshare.net/dmc500hats/startup-metrics-for-pirates-long-version

図 5-1 海賊も指標が必要だとデイブ・マクルーアは言っている

表 5-1 海賊指標と追跡すべき指標

要素	機能	関連する指標
獲得	オーガニック／非オーガニックの両方の手法で注目を集める。	トラフィック、メンション、クリック単価、検索結果、獲得コスト、開封率
アクティベーション	訪問者を登録ユーザーにする。	登録数、サインアップ数、完了したオンボーディングプロセス、少なくとも一度は使用されたサービス、サブスクリプションの数
定着	魅力的な行動を示して、ユーザーに何度も訪問してもらえるようにする。	エンゲージメント、最終訪問からの経過時間、デイリーやマンスリーのアクティブユーザー、チャーン
収益	ビジネス成果（ビジネスモデルによって異なる。購入・広告クリック・コンテンツ作成・サブスクリプションなど）。	顧客ライフサイクルバリュー、コンバージョン率、ショッピングカートのサイズ、クリックスルー率
紹介	潜在的なユーザーを拡散やクチコミで招待する。	招待状の送付、バイラル係数、バイラルサイクルタイム

5.2 エリック・リースの成長エンジン

エリック・リースは著書『リーン・スタートアップ』のなかで、スタートアップを成長させる3つのエンジンを紹介している。それぞれのエンジンには、関連する**主要業績評価指標（KPI）**がある。

定着型成長エンジン

定着型成長エンジン[†]は、ユーザーに戻ってきてもらい、製品を使い続けてもらうことにフォーカスしている。デイブ・マクルーアの定着フェーズとよく似ている。ユーザーが定着しなければ、チャーンは高くなり、エンゲージメントは手に入らない。エンゲージメントは成功の前兆だ。たとえば、Facebookの初期のユーザー数はそれほど多くはなかったが、ユーザーである大学生のほぼ全員が何度もFacebookを使っていた。しかもローンチ後の数か月以内にである。Facebookのユーザーの定着は桁違いだ。

定着の基本的なKPIは「顧客の維持」である。チャーン率や利用頻度も重要な指標となる。ユーザーの定着が長期になるかどうかは、そのユーザーが作り出した価値によって決まる。たとえば、GmailやEvernoteの使用を中断するのが難しいのは、そこに自分のデータがあるからだ。同様に、MMOゲームのアカウントを削除できないのは、苦労して手に入れたステータスやアイテムがすべて失われてしまうからだ。

定着は顧客の維持だけでなく、利用頻度も対象にする。したがって、最終訪問からの経過時間のような指標も追跡する必要がある。メール通知や情報更新などの再訪問を呼びかける方法があれば、メールの開封率やクリックスルー率なども重要になる。

バイラル型成長エンジン

バイラル（拡散）とは、情報を広めることである。バイラルが魅力的なのは、複利で増加していくからだ。たとえば、すべてのユーザーが1.5人のユーザーに声をかければ、飽和状態になるまでユーザーは無限に増えていく[‡]。

バイラル型成長エンジン[§]の主要指標は、**バイラル係数**（1人のユーザーが連れてくる新規のユーザー数）である。これは複利で増えていくので（新規のユーザーがまた他のユーザーを連れてくるので）、それぞれのバイラルサイクルで何人のユーザーを連れてきたかを計測する。バイラル係数が1よりも大きければ成長していることになるが、チャーンや解約率などの要素も考慮に入れる必要がある。バイラル係数が大きくなれば、その分だけ早く成長できる。

ただし、バイラル係数を計測するだけでは不十分だ。バイラルサイクルをまわす活動も計測する必要がある。たとえば、ソーシャルネットワークに参加するときに、メールアドレス

[†] 訳注：『リーン・スタートアップ』では「粘着型成長エンジン」と表記されているが、「粘着」は否定的な印象が強いため、本書では「定着」を使用する。
[‡] そんなに単純な話ではない。チャーンや競合などの要素は（当然のことながら）無限ではない。
[§] 訳注：『リーン・スタートアップ』では「ウィルス型成長エンジン」と表記されているが、本書では「バイラル」や「拡散」を使用する。

の共有を求められることがあるだろう。そこから友達を発見し、招待できるようにするためだ。招待された人がメールを受信すると、何らかの行動をとることになる。こうした活動はすべてバイラルと関係している。つまり、ユーザーの活動を計測して、メッセージを変更したり、サインアップのプロセスを簡略化したりすることが、バイラル型成長エンジンの調整になるのである。

バイラルを扱うときには、他にも考慮すべき要素がある。たとえば、ユーザーを招待する速度（**バイラルサイクルタイム**）やバイラルの種類だ。これらについては、後ほど説明することにする。

課金型成長エンジン

3つめは課金型成長エンジン[†]だ。製品の定着やバイラルを確認する前にこのエンジンを採用するところもあるが、それでは時期が早すぎる。たとえば、Meteor Entertainment 社の無料のマルチプレーヤーゲーム「Hawken」がある。この会社はゲーム内課金でお金を稼いでいる。つまり、最初にベータユーザーグループにプレイしてもらい（定着型）、友達を招待してもらってから（バイラル型）、最後にゲーム内課金（課金型）にフォーカスしているのだ。

課金というのは、持続可能なビジネスモデルにつながる究極的な指標である。顧客の獲得コストよりも顧客から得られるお金のほうが多ければ（そして、それを継続できるのであれば）ビジネスは持続可能であると言える。自己資本が毎日増えていくので、投資家に頼る必要もない。

だが、課金そのものは成長エンジンではない。それはお金を銀行に入れる方法にすぎない。収益が成長につながるのは、その一部を顧客獲得にまわすときだけである。それがビジネスを成長させるマシンとなる。

このマシンには、2つのダイヤルがついている。**顧客ライフタイムバリュー（CLV：Customer Lifetime Value）** と **顧客獲得コスト（CAC：Customer Acquisition Cost）** だ。顧客を獲得するコストよりも、顧客から稼げるお金のほうが多ければ正解だ。だが、成功の方程式はそんなに簡単なものではない。キャッシュフローと成長率も考慮する必要がある。これらは顧客がお金を支払うまでの時間によって決まる。この時間を計測するには、**顧客損益分岐点到達時間（time to customer breakeven）** を使うのがひとつの方法だ。これは顧客獲得コストを回収するまでの時間である。

5.3　アッシュ・マウリアのリーンキャンバス

リーンキャンバスについては、3章で解決すべき課題を説明するときに触れた。実践のヒントは「リーンキャンバスの使い方」を参照してほしい。

[†] 訳注：『リーン・スタートアップ』では「支出型成長エンジン」と表記されているが、本書では「課金型成長エンジン」を使用する。

> ## リーンキャンバスの使い方
>
> 　昔ながらのビジネスプランとは異なり、リーンキャンバスは継続的に更新しながら使用するものである。これは「生きている、息をしている」ビジネスプランであり、スタートアップを始めるときの不確実でつまらない話をまとめたものではない。リーンキャンバスが（だいたい）完成したら、自分の仮説が正しいか正しくないかを確認する実験を始めよう。
>
> 　最も簡単なのは、それぞれのボックスを「成否」で考えるやり方だ。実験が失敗したら、次のボックスには進まない。壁にぶち当たるまで実験を続けるか、次のステップにたどり着けるかどうかだけである。唯一の例外は、最も重要な指標を記録する「主要指標」のボックスだ。このボックスには実験は必要ないが、いつでも議論ができるように記入しておくことが重要だ。

　表5-2に示すように、リーンキャンバスのそれぞれのボックスには関連する指標が存在する（指標のためのボックスもあるが、ここはフォーカスするものが変わったときに更新する）。これらの指標はビジネスによって異なるが、ガイドラインは共通のものが使えるだろう。詳しいことについては、ビジネスのタイプ別の主要指標や目指すべきベンチマークのところで説明する。

表5-2　リーンキャンバスと関連する指標

リーンキャンバスのボックス	関連する指標
課題	課題を解決したいニーズを持っている人やそれを認識している人
ソリューション	MVPを試してくれる人、エンゲージメント、チャーン、最も利用される機能、最も利用されない機能、お金を支払ってくれる人
UVP（独自の価値提案）	フィードバックのスコア、独自のレーティング、感情分析、顧客の声、アンケート調査、検索、競合分析
顧客セグメント	見込み客の見つけやすさ、独自のキーワードセグメント、特定のファンネルの目標トラフィック
チャネル	チャネル別の見込み客や顧客、バイラル係数、バイラルサイクル、ネットプロモータースコア、開封率、アフィリエイトマージン、クリックスルー率、ページランク、メッセージのリーチ
圧倒的な優位性	UVPの認知度、パートナー、ブランドエクイティ、参入障壁、新規参加者の数、排他性
収益の流れ	顧客ライフタイムバリュー、平均顧客単価、コンバージョン率、ショッピングカートのサイズ、クリックスルー率
コスト構造	固定費、顧客獲得コスト、N人目の顧客にかかるコスト、サポートコスト、キーワード広告の費用

5.4 ショーン・エリスのスタートアップ成長ピラミッド

　ショーン・エリス《Sean Ellis》は、有名な起業家でありマーケッターである。グロースハッカーという言葉を作った人であり、Dropbox・Xobni・LogMeIn（IPO済み）・Uproar（IPO済み）などの複数の急成長企業に深く関わっている。図5-2に示したスタートアップ成長ピラミッドは、製品／市場フィットを達成したあとに行うべきことにフォーカスしている。

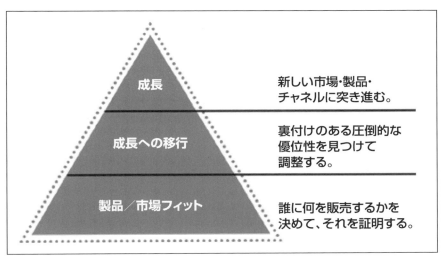

図5-2　本物のピラミッド建設と同じく、スタートアップのグロースは大変な仕事

　ここで疑問に思うのは、製品／市場フィットの達成基準だ。ショーン・エリスは簡単な調査法を考案している。顧客にアンケートを送り、成長の準備段階かどうかを決めてもらうのだ（http://survey.ioから利用可能）。このアンケートで最も重要な質問は、「【製品名やサービス名】が使えなくなったときにどう思いますか？」である。ショーン・エリスの経験では、40%以上が「非常に残念」と答えたなら、製品／市場フィットを達成できているそうだ。つまり、拡大の時期である。

5.5 ロングファンネル

　初期のウェブの世界では、ECサイトのコンバージョンファンネルは比較的単純なものだった。訪問者がホームページにやって来て、欲しい製品のページに進み、支払い情報を入力して、注文を確認する。

　これで終わり。だが、今のファンネルはウェブサイトにとどまらない。無数のソーシャルネットワーク・情報共有プラットフォーム・アフィリエイト・価格比較サイトにまで範囲が広がっている。オフラインとオンラインの両方の要素が、一回の購入に影響を与えているのである。それから、顧客はコンバージョンする前に、何度か一時的な訪問を繰り返すことも

ある。

　ぼくたちはこのことを「ロングファネル」と呼んでいる。誰かに認知してもらい、こちらが望むゴール（購入・コンテンツの制作・メッセージのシェアなど）を達成してもらうまでの過程を理解する方法だ。ロングファネルの計測には、何らかのトラッキングコードを仕込む方法が考えられる。そうすれば、サイトに訪問したユーザーを追跡できる。今では多くの分析パッケージにそうしたレポート機能がある。たとえば、図5-3はGoogleアナリティクスの「ソーシャルユーザーフロー」の例だ。

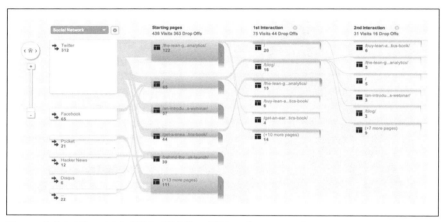

図5-3　お金を支払ってくれる顧客が購入前に時間をムダにしている場所

　トラフィックソースの重複部分を使って、プラットフォームがコンバージョンに与える影響を示したものが図5-4だ。

　本書のウェブサイトをローンチするときにもロングファネルを追跡した[†]。購入のような「ゴール」はなかったが、訪問者にはやってもらいたいことがあった。それは、メーリングリストの登録・書籍の表紙のクリック・アンケートの回答である。シェア用のカスタムURLを作成して、ロングファネルの開始を示す合図とした。それによって、メッセージが広がる様子を見ることができた。

　たとえば、作家・講演者であるジュリアン・スミス《Julien Smith》のフォロワーは、エリック・リースやアビナッシュ・コーシックのフォロワーよりも、初回訪問時にアンケートに協力してくれる人数が少なかった。だが、再訪問時には、逆にアンケートに協力してくれる人数が多かった。こうした気づきがあれば、今後のプロモーション活動の協力者を選ぶときの役に立つだろう。

[†] http://leananalyticsbook.com/behind-the-scenes-of-a-book-launch/

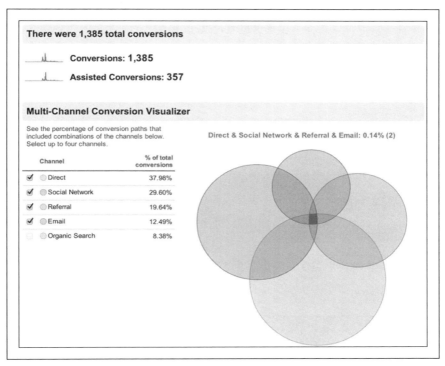

図 5-4　顧客の獲得には複数の圧力が必要になることもある

5.6　リーンアナリティクスのステージとゲート

　これまでのフレームワークを調査した結果、スタートアップが経験する「ステージ」と、次のステージへ移動するタイミングを示す「ゲート」の指標を含んだモデルが必要だと思うようになった。ぼくたちの作ったステージは「共感」「定着」「拡散」「収益」「拡大」の5つである。ほとんどのスタートアップがこの5つのステージを経験するはずだ。次のステージへ移動するには、ゴールとなる指標を達成する必要がある。

　図5-5は、リーンアナリティクスの「ステージ」と「ゲート」のモデルを他のフレームワークと対応させて示したものだ。本書はこの5つのステージを使って構成しているので、以下のモデルをよく理解してほしい。

46 | 5章　アナリティクスフレームワーク

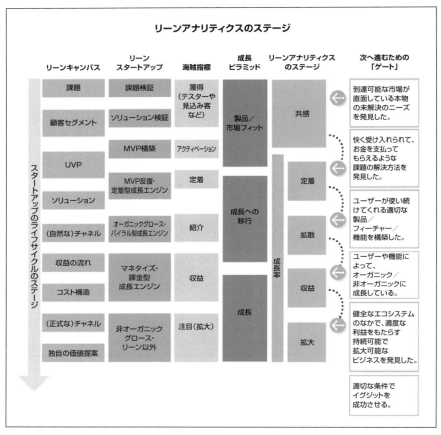

図5-5　さまざまなフレームワーク

ビジネスについて考えるためのフレームワークは複数存在している。

- 海賊指標やロングファンネルのように、顧客の獲得やコンバージョンに特化したもの。
- 成長エンジンやスタートアップ成長ピラミッドのように、成長のタイミングや方法を把握するための戦略を提供するもの。
- リーンキャンバスのように、ビジネスモデルの要素を書き出して、個別に評価できるようにするもの。

ぼくたちは「リーンアナリティクスのステージ」という新しいモデルを提唱している。これは既存のモデルのよいところを抜き出して、指標に重点を置いたモデルだ。スタートアップが成長するまでに通過するステージを5つに分けている。

リーンアナリティクスのステージは、スタートアップの進捗を理解する単純なフレームワークだとぼくたちは考えているが、これでもまだ複雑に思えるかもしれない。他のフレームワークも一緒に使う可能性があるので、まだまだ整理する余地が残されているだろう。だが、これは（とりあえず今は！）横に置いておいて、次の章で説明する最重要指標（OMTM: One Metric That Matters）にフォーカスしよう。

6章
最重要指標の規律

　創業者は何でも集めたがる。新しいものを目にしたら追いかけたくなる。彼らにとってピボットとは、アイデアを規則正しいやり方で反復するために使うものではなく、慢性的なADD（注意欠陥障害）になるために使うものなのだ。

　スタートアップの成功の鍵は、本当の意味でフォーカスすること、それを持続させるための規律を持つことだ。フォーカスしていないのに成功したとすれば、それは単なる偶然にすぎない。あてもなくさまよい、膨大な時間をムダにして、苦痛や徒労を経験した末の成功だ。スタートアップの成功に秘訣があるとすれば、それは「フォーカス」である。

　フォーカスは近視眼的なものではない。ぼくたちは、アイデアを思いついたときから会社を売却するまで、たったひとつの指標に注目すべきだとは言っていない。常に「最も重要な指標」が存在すると言っているのである。リーンスタートアップの本質とは、正しいことに、正しいときに、正しい考え方でフォーカスすることに他ならない。

　5章で述べたように、エリック・リースは会社を成長させる3つのエンジン（定着型成長エンジン・バイラル型成長エンジン・課金型成長エンジン）を紹介している。企業を成功させるには、最終的に3つすべてのエンジンを使用することになる。だが、一度にひとつのエンジンにフォーカスすべきだと彼は忠告している。たとえば、最初は製品のコアユーザーに定着してもらい、それを利用してバイラルで成長させ、最後に顧客に課金して収益を得る。これがフォーカスだ。

　アナリティクスとデータの世界では、ステップごとに重要な指標をひとつだけ選んでフォーカスする。ぼくたちはこれを「最重要指標（OMTM）」と呼んでいる。

　OMTMとは、現在のステージでフォーカスする単一の数値のことだ。たとえば、CLV（顧客ライフタイムバリュー）を考えてみよう。課題を検証するときに計測しても意味はないが、製品／市場フィットに近づくときにはフォーカスすべき指標となる。

　追跡や評価が必要な数値は常に複数存在する。そのなかには重要な数値もある。それを「主要業績評価指標（KPI）」と呼ぶ。この数値を毎日追跡したり報告したりする。その他の数値については、将来使えるように取っておく。たとえば、会社の歴史を投資家に伝えたり、インフォグラフィックを作ったりするためだ。最近では、Geckoboard・Mixpanel・Kissmetrics・Totango・Chartbeatなどのツールによって、計測の設定や管理が簡単にでき

るようになっている。ただし、追跡するものが多すぎて気が散ってしまうのもよくない。**すべての数値を記録して、最も重要なものにフォーカスしよう。**

> **ケーススタディ** | **追跡するKPIを減らして
> フォーカスを高めたMoz社**

Moz（旧SEOmoz）社は、成功を収めたSaaS（Software as a Service）ベンダーである。企業のウェブサイトの検索エンジンランキングの監視や改善を支援している。2012年5月に1,800万ドルを調達した。CEOであるランド・フィッシュキン《Rand Fishkin》は、会社のこれまでの発展に関する記事を投稿した[†]。ランドの記事には、虚栄の指標がいくつか含まれている。だが、無料のトライアル会員から有料会員へのコンバージョンやチャーンに関する詳細で興味深い数字も共有してくれている（年間約1,500万の訪問者がいれば、少しくらい虚栄でも構わない）。

Moz社の指標の扱いについて、グロースマーケティング担当バイスプレジデントであるジョアンナ・ロード《Joanna Lord》に詳しく話を聞いてみた。

> 「私たちは指標駆動です。すべてのチームが、KPI・動向・概要を週次で会社に報告しています。また、巨大なスクリーンをオフィスに置いて、顧客数と無料トライアル会員の人数を常に表示しています。指標の透明性を保つことで、社員全員の情報共有が可能となり、会社の発展（や挑戦）の優れたリマインダーになっていると信じています」

すでに製品／市場フィットを達成し、拡大を目指している企業にとって、単一の指標にフォーカスするのは大変なことである。これは驚くようなことではない。複数の部門が急速に成長していれば、会社として同時に複数のことに対応しているはずだ。それでもジョアンナは、他よりも優先すべき単一の指標があると言う。それは**純増数**だ。新しく有料会員になった人数（無料会員から移行した人数と直接有料会員に登録した人数）から解約した人数を引いたものである。

> 「純増数を見れば、解約数の多い日がわかります。それがわかれば対応も可能です。また、無料トライアル会員のコンバージョン率の動きも把握できます」

Moz社は関連する指標として、支払金額の合計値・前日の新規無料トライアル会員の人数・7日間の平均純増数を追跡している。これらはすべて1日の純増数の増加につながっている。

[†] http://moz.com/blog/mozs-18-million-venture-financing-our-story-metrics-and-future

興味深いことに、Moz社は最新の資金調達ラウンドにおいて、リード投資家であるFoundry Group社のブラッド・フェルド《Brad Feld》から、追跡するKPIを減らすように提案された。ジョアンナはこのように言っている。

> 「会社として複数のKPIに同時に影響を与えられないことが大きな理由でした。データが多すぎると非生産的になります。そのことをブラッドが思い出させてくれました。全体像を示さない傾向値に没頭したり、行動につながらない指標の報告や伝達に時間をムダにしたりすることがよくあります。毎日のKPIの報告に使う指標の数を減らすことで、会社として何にフォーカスしているのか、どのように対処しているのかが明確になりました」

まとめ

- Moz社は指標駆動だが、大量のデータに溺れているわけではない。最も重要な指標（純増数）を大切にしている。
- 投資家の一人が提案したのは、会社が追跡する指標の数を**減らして**、全体像にフォーカスすることだった。

学習したアナリティクス

多くの指標を追跡するのは悪いことではないが、それだとフォーカスが難しくなってしまう。ビジネスの前提となる最小限のKPIを選ぶことが、会社を同じ方向へ進ませる最善の方法である。

6.1　OMTMを使う4つの理由

最初はOMTMが最も重要である。スタートアップが拡大していくと、その他の指標にもフォーカスしたくなる。その頃には、十分なリソースや経験を持っているだろう。なかでも重要なのは、指標を任せられるチームがいることだ。たとえば、運用担当であれば、稼働時間やレイテンシーに関心があるだろう。コールセンターであれば、電話の平均保留時間を気にかけるはずだ。

ぼくたちがやっているYear One Labsのアドバイザーや投資家としてのリトマス試験紙は、チームがOMTMを理解して、きちんと追跡しているかどうかである。OMTMを即答できて、現在のステージと適合していれば合格だ。OMTMを把握していなかったり、現在のステージと適合していなかったり、複数の指標を使っていたり、現在の価値を理解していなかったりすれば、何かが間違っていると判断できる。

OMTMを選択すれば、実験をすばやく実行できるようになるし、その結果を効果的に比較できるようになる。忘れないでほしいのだが、OMTMは時間によって変化する。たとえば、ユーザーの獲得（とユーザーから顧客へのコンバージョン）にフォーカスしているときは、有効な獲得チャネルやコンバージョン率がOMTMに関係しているだろう。定着にフォー

カスしているときは、チャーンを見ながら価格・機能・顧客サポートの改善などの実験をすることになるだろう。OMTM は現在のステージによって違うのだ。場合によってはすぐに変化することもある。

それでは、OMTM を使うべき 4 つの理由を見ていこう。

- **最も重要な質問に答えている。**いつでも数百の質問に答えようとしたり、数千のことに取り組もうとしたりする人がいるが、必要なのは最もリスクの高い部分をできるだけ早く特定することである。最も重要な質問はそこにある。正しい質問がわかれば、その答えを見つけるために何の指標を追跡すればいいかがわかる。それが OMTM だ。
- **評価基準を作ることができる。**そうすれば、明確なゴールを持つことができる。フォーカスすべき課題が見つかったら、次はゴールを設定する必要がある。成功を決める道筋が必要なのだ。
- **会社全体にフォーカスしている。**アビナッシュ・コーシックは、多くのことをレポートしすぎる状態を「データの嘔吐（Data Puking）」と呼んでいる[†]。誰だって吐くのは嫌だ。OMTM を使って、会社全体にフォーカスしよう。ウェブのダッシュボードやテレビ画面に表示したり、定期的にメールで通知したりするとよいだろう。
- **実験の文化を広めることができる。**ここまで読んできて、実験の重要性がわかったと思う。実験は、**構築→計測→学習**のサイクルをできるだけ高速に何度も回さなければいけない。そのためには、実験の文化を広める必要がある。それによって、罰則のない小さな **f** の失敗（failure）が可能になる。計画的で体系的なテストの失敗は、失敗ではなく学習だ。それが物事を前進させる。そして、それが大きな **F** の失敗（Failure）を避けることにつながる。組織にいるすべての人が実験の文化に染まるべきだ。みんなが OMTM に集まり、改善につながる実験の機会が与えられれば、それは大きな力になる。

ケーススタディ ｜ わずかな主要指標にフォーカスした Solare

　Solare Ristorante はサンディエゴにあるイタリアンレストランである。オーナーはシリアルアントレプレナーのランディ・スメリク《Randy Smerik》。ランディには技術とデータの知識があり、ビジネスインテリジェンスの会社である Teradata 社のゼネラルマネージャーを務めていたこともある。彼の功績で 5 つの技術企業がイグジットした。こうしたことを考えれば、彼自身のビジネスにデータ駆動のマインドセットを植え付けたのも驚くことではない。

　ある夜のこと、ランディの息子トミー（バーのマネージャー）がレストランで「24 ！」と叫んだ。ぼくたちはビジネス指標の話を常に探していたので、何の数字なのかと聞い

[†] http://www.kaushik.net/avinash/difference-web-reporting-web-analysis

てみた。

> 「前日の人件費と売上の比率を毎日スタッフから聞いているのです。これは、レストラン業界では有名な数値です。人件費とテーブル単価はある程度コントロールできますから、この2つの数値を組み合わせた数値は非常に役に立ちます」

ランディが言うには、人件費は売上の30%を超えてはいけないそうだ。それは人件費が高すぎるか、顧客単価が低すぎるのである。ミシュランの星つきレストランならば、人件費をかける余裕があるかもしれない。顧客に高価なワインを提供し、十分な顧客単価を得ているからだ。だが、利益の少ないカジュアルレストランは人件費を抑えなければいけない。

人件費と売上の比率がうまく機能するのには理由がある。

- **単純**：単一の数値である。
- **即時性**：毎晩算出できる。
- **行動につながる**：材料費・メニュー・リース料の変更には時間がかかるが、スタッフの変更やアップセリングは次の日から実施できる。
- **比較可能**：時間をかけて追跡すれば、同じ分野のレストランと比較できる。
- **基本的**：レストランのビジネスモデルの2つの基本的な要素を反映している。

つまり、24%はいい数字だったのだ。20%を下回ると顧客サービスが追いつかず、つまらない食事をさせてしまう可能性がある（さらに分析を突き詰めていけば、スタッフの人数によって、チップの金額やYelpのコメントがどのように変わるかといった実験もできるだろう）。

顧客数を予測するために、ランディは別の指標も使っている。午後5時になるとスタッフがその日の予約数を彼に伝えるのだ。

> 「午後5時の予約数が50組であれば、その日は250組前後のお客様がいらっしゃいます。Solareでは、その割合が5:1だと学習しました」

この数字はすべてのレストランで使えるわけではない。人気のあるミシュランの星つきレストランでは、予約でいっぱいなので1:1になるだろう。ファーストフード店にはもちろん予約はないので、この指標は使えない。だが、Solareの午後5時の予約数（とそれまでの経験）は、その日の先行指標となる。それによって、スタッフを調整したり、混雑に備えて材料を買い込んだりできるのだ。

まとめ

- レストラン業界では、予約数と需要に関連があることが経験則でわかっている。また、人件費と売上の適正な比率が知られている。
- 優れた指標があれば、未来を予測できる。問題を予期して修正する機会が得られる。

学習したアナリティクス

技術とは関係のないビジネスであっても、中心的なビジネスモデルに関連した単純な指標を見つける必要がある。そのわずかな指標を時間をかけて追跡して、これから何が起きるかを予測したり、パターンや傾向を発見したりするのだ。

6.2 評価基準の線を引く

フォーカスする指標を把握するだけでは不十分だ。そこに評価基準となる線を引かなければいけない。たとえば、顧客獲得の方法をテストしているので、フォーカスする指標を「一週間あたりの新規顧客数」に決めたとする。理由はもっともだが、これでは本当の質問に答えていない。それは「**一週間あたりの（獲得チャネルごとの）新規顧客数が何人になれば、次のステップに進めるのか？**」である。

達成したときに成功と思えるような数値を目標に設定しなければいけない。そして、その目標を達成できなければ、すべてを白紙に戻してやり直す必要がある。

目標となる数値を選ぶのは難しい。ぼくたちもこれまでに多くのスタートアップが苦しんでいるのを見てきた。彼らは数値を選ばないことも多い。残念ながら、それでは実験が終了したときに何をすべきかがわからない。先ほどの新規顧客の獲得を例にすると、実験が大失敗していたら数値に関係なく失敗だとわかるし、大成功していたらすぐに成功だとわかるだろう。そこに疑う余地はない。だが、ほとんどの実験はその中間で終わってしまう。成功しているところもあるが、めちゃくちゃ成功しているわけでもない。前へ進めるくらい成功できたのか、それとも後ろに戻って新しく実験を開始すべきなのか。よくわからないところだ。

成功とは何か。その答えは2つある。1つめは、ビジネスモデルが示す適正な数値である。たとえば、ビジネス目標を達成するために、ユーザーの10%が課金ユーザーになる必要があるとすれば、その数値が成功の答えとなる。

しかし、最初はビジネスモデルそのものを把握しなければいけない。そのような状態では、何が必要なのかもわからない。2つめの答えは、業界で何が普通なのか、何が理想なのかを調べることだ。業界の基準値がわかれば、これから何が起きるかがわかるようになる。その数値と比較することもできる。他に情報がなければ、まずはここから始めるといいだろう。役に立ちそうな業界のベンチマークについては、後ほど紹介する。

6.3 スクイーズトイ

OMTMのもうひとつの重要な側面がある。これはスクイーズトイ（伸縮自在なおもちゃ）で説明するしかないだろう。

ひとつの指標でビジネスを最適化すると重要なことが起きる。スクイーズトイのように、どこかを握ると別の場所が膨らむのだ。それは悪いことではない。OMTMの最適化とは、指標を最大化するためにどこかを「握る」ことであり、次にフォーカスする場所を明らかにすることでもある。そしてそれは、ビジネスの節目で発生することが多い。

- これまではジムの入会者数を最適化して、収益の最大化のためにできることをすべて行った。これからは利益を生み出すために、顧客一人あたりのコストにフォーカスすべきである。
- これまではサイトのトラフィックを増やしてきた。これからはコンバージョンを最大化すべきである。
- これまではコーヒーショップに立ち寄ってくれる客が必要だった。これからはWi-Fiを何時間も使うだけの人ではなく、ちゃんとコーヒーを買ってくれる人が必要だ。

OMTMが何であれ、いずれ変化が必要になる。その変化によって、優れたビジネスをすばやく構築するために必要な次のデータが明らかになる。

> **エクササイズ ｜ OMTMを定義しよう**
>
> 自分に適したOMTMを選べるだろうか？ 試しにやってみてほしい。2章の終わりにある演習をやっていたら、追跡すべき指標の一覧があるはずだ。それがなければ生きていけない指標をひとつだけそこから選ぶといいだろう。
>
> 会社全体でその指標の改善に取り組めるだろうか？ それができたら何が変わるだろうか？ 結果を測定する評価基準の線を引けるだろうか？ まだできないならそれでも構わない。OMTMと現在地を記録して、あとから戻ってくればいい。

7章
何のビジネスなのか？

　お金の儲け方が、追跡する指標に影響する。長期的に考えると、ビジネスで最もリスクの高いのはお金を儲ける部分だ。

　多くのスタートアップは製品を作れる。技術的問題も解決できる。なかには適切な（時には大量の）オーディエンスを魅了するところもある。しかし、お金を稼げるスタートアップは少ない。TwitterやFacebookのような巨人であっても、大量に抱えるユーザーからお金を引き出すことに苦心している。

　スタートアップといえばレモネードの屋台を思い浮かべてしまうが、それにはちゃんとした理由がある。ビジネスを学ぶ方法として、わかりやすく、起業家精神にあふれ、リスクが低いからだ。それから、レモネードの屋台のように早い段階からビジネスモデルを用意しなければいけないからだ。最初はレモネードを無料でふるまって常連客を作り、マネタイズを遅らせることも合理的で戦略的である。

　レモネードの屋台のビジネスモデルを作れと言われたら、かかったコストよりもレモネードをたくさん売ると答えるだろう。コストには以下のようなものが含まれる。

- 変動費となる材料費（レモン・砂糖・カップ・水）
- 一回限りのマーケティングコスト（屋台・看板・冷却器・弟や妹に店番をさせるおこづかい）
- 時間単位の人件費（子どもの頃は見逃しがちだ）

　収益はレモネードの価格と売れたカップ数をかけたものだと答えるだろう。

　ビジネスで最もリスクの高い部分は何かと聞かれたら、そこにはレモンの価格変動・天気・近隣の人たちの客足などが含まれるはずだ。

　ぼくたちが実際に会ったことのある成功した創業者たちは、ビジネスの具体的なことと抽象的なことを両方うまくやっていた。ページレイアウトやメールの件名で悩んでいることもあれば、「一回限りの販売」と「定期的な販売」の影響力の違いについて考えていることもある。おそらくこれは、単にビジネスを運営するだけでなく、最高のビジネスモデルを発見しようとしているからだろう。

追跡する指標を決めるには、レモネードの屋台くらい単純にビジネスモデルを記述する必要がある。一歩引いて、詳細を無視して、大きな要素だけを考える必要がある。

構成要素を減らして考えれば、ウェブのビジネスモデルは数個にまとめられる。興味深いことに、これらのビジネスモデルには共通のテーマがある。まずは、すべてのビジネスモデルが成長を目指していることだ（ポール・グレアム《Paul Graham》は、スタートアップの特徴のひとつは成長へのフォーカスだと言っている[†]）。そして、その成長はエリック・リースのいずれかの成長エンジンによって実現できる。つまり、定着・バイラル・収益のいずれかの増加だ。

それぞれのビジネスモデルは、3つの成長エンジンの推進力を最大限に活用して成長していく必要がある。元コカコーラ社のCMOであるセルジオ・ジーマン《Sergio Zyman》は、マーケティングとは「より多くの商品を、より多くの人に、より頻繁に、より高い価格で、より効率的に売る」ことだと言っていた[‡]。

この5つの「つまみ」のいずれかを改善して、ビジネスの成長を実現するのである。

- **商品**：顧客が欲しいと思う製品やサービスを増やすことができれば、顧客が必要としないものを作って時間をムダにすることがない。組織内起業家にとっては、新しい会社を作るためではなく、新製品の開発にリーン手法を適用することである。
- **人**：ユーザーを増やすことである。バイラルやクチコミを使ってユーザーを集めるのが理想的だが、広告で集めても構わない。製品を使っているときに他のユーザーを招待してもらえれば、利用しているユーザーからの推薦になる。これが最高のユーザーの増やし方だ。たとえば、Dropbox・Skype・プロジェクトマネジメントツールなどで実施されている。
- **頻繁**：ユーザーを定着させ（戻ってきてもらい）、チャーンを減少させ（離れさせないようにして）、何度も使ってもらう（使用頻度を高める）。最初にフォーカスする「つまみ」は定着であることが多い。アーリーアダプターが製品のよさを見つけるまでは、バイラルマーケティングが機能しないからだ。
- **価格**：ユーザーが支払うお金・広告収益・ユーザーが作成するコンテンツの量・ゲーム内課金の回数などの最大化を意味する。
- **効率的**：サービスの提供やサポートのコストを削減すること。それと同時に、広告費を下げて、クチコミの効果を高めることで、顧客獲得コストを下げる。

7.1　人について

ビジネスモデルとは、人に何かを提供する代わりに、こちらの望む何かをやってもらうことである。**ただし、すべての人が対等なわけではない。**すべてのユーザーが利益をもたらすとは限らないのである。これはまぎれもない事実だ。

[†] http://paulgraham.com/growth.html
[‡] http://www.zibs.com/zyman.shtml

- 長期的に考えた場合に限り、利益につながるユーザーがいる。Evernoteのフリーミアムモデルがうまくいっているのは、ユーザーが有料ユーザーに登録するからだ。ただし、それには2年以上かかることもある。
- 無料でマーケティングをしてくれるユーザーもいる。メッセージを広めたり、お金を支払う人を招待してくれたりするが、そのユーザーは決してお金を支払わない。
- まるで役に立たないユーザーもいる。扱いが面倒で、こちらのリソースを消費させ、サイトにスパムを送信し、アナリティクスを混乱させる。

知名度が高まれば、訪問者も増える。だが、そうした訪問者が製品に興味を持つことはない。単に立ち寄っているだけだ。Yipit社の共同創業者でありCEOであるビニシウス・バカンティ《Vinicius Vacanti》が、2010年の会社の立ち上げを想定して書いたブログ記事が思い出される[†]。

> 立ち上げは成功だったのだろうか？
> なぜもっと多くの人がサインアップしなかったのだろうか？　なぜサインアップを完了しなかったのだろうか？　なぜサイトに戻ってこなかったのだろうか？
> 多くの人に認知してもらったが、もっと取材を受けるにはどうすればいいのだろうか？
> なぜユーザーはFacebookやTwitterに投稿しないのだろうか？
> 友達を招待してくれたユーザーもいるが、なぜその友達は招待を受け取らないのだろうか？

ここでの鍵はアナリティクスだ。立ち寄っただけのユーザー・興味本位のユーザー・有害なユーザーと、本物の価値のあるユーザーを区別する必要がある。本物のユーザーを増やし、有害なユーザーを減らす改善が必要だ。それは単刀直入にクレジットカード情報を事前に入力してもらうことかもしれない。コミットメントや支払いの意思がない興味本位のユーザーを排除する確実な方法だ。あるいは、しばらく戻ってこないユーザーを放置するという消極的な方法もあるだろう。

ユーザーが一度だけしかプレイしないゲームや、あまり売れない商品を扱っているECサイトの開発者であれば、特に何かをする必要はない。先にお金をいただくだけでいい。ユーザーが増えても追加コストのかからないSaaSプロバイダーであれば、フリーミアムがうまくいくだろう。ただし、熱心なユーザーとそうでないユーザーを明確に区別する必要がある。何度も購入してもらいたいのであれば、相手に愛を感じてもらわなければいけない。これで全体像が把握できた。

本物のユーザーとそうではないユーザーは、ユーザーのアプリケーションにかける取り組

[†] http://viniciusvacanti.com/2012/11/19/the-depressing-day-after-you-get-techcrunched/

みの度合いによって決まる。情報を受動的に収集する製品を考えてみよう。たとえば、Fitbitは歩数を記録する。Siri は到着を通知する。Writethatname は受信箱を分析して、アドレス帳を整理する。ユーザーはやることが少ないので、こちらから「チェックアウト」したかどうかがわかりにくい。積極的に使わなければいけない製品であれば、ユーザーが離れてしまったことがすぐにわかる。

先ほどの Fitbit について考えてみよう。歩数を計測して、そこから消費カロリー・歩いた距離・階段の上り下り・日々の活動を算出する小さなライフログデバイスだ。

Fitbit のユーザーは、デバイスをポケットに入れて歩数を記録する。アプリケーションにデータを同期する。ポータルサイトで統計情報を見たり、それを友達と共有したりする。睡眠時間や食事のデータを手動で入力して、自動で記録されたものを補完する。Fitbit プレミアムに加入して、健康増進の目標達成を支援してもらうこともできる。

以上のそれぞれの活動がエンゲージメントの段階を示している。Fitbit では、ユーザーを 5 つのセグメントに分けている。むしろ分けるべきなのだ。たとえば、Fitbit のユーザーは歩数を記録するだけで、情報をアップロードせずに使うこともできる。だが、それでは最初の購入時以外にマネタイズ（広告・プレミアム機能・統計データの販売など）ができない。こうしたユーザーは価値が低いと見なされる。収益を正確に予測するには、ユーザーのセグメントによる製品の使い方の違いを理解することである。

スタートアップでは、さまざまな課金や割引のモデルを選択できる。たとえば、フリーミアム・無料トライアル・事前支払い・割引・広告収入などだ。この選択は、取り組んでいるセグメント、ユーザーを有料顧客にするまでの時間、サービスの使いやすさ、ユーザーが増えたときのビジネスのコストなどと一致させる必要がある。

すべての顧客が利益をもたらすのではない。単に顧客を増やせばいいわけではない。**優良な顧客に最適化して、顧客に合った活動を明確にするべきである。**

7.2 ビジネスモデルのパラパラ漫画

製品は購入する「モノ」だけではない。他にも、サービス・ブランド・知名度・ストリートクレド[†]・サポート・パッケージなどの無数の要素にお金を支払っている。iPhone を購入するときには、スティーブ・ジョブズ《Steve Jobs》のキャラクターも含めて手に入れているのだ。

これと同じように、ビジネスモデルは組み合わせだ。販売するもの、それを届ける方法、顧客の獲得方法、顧客からお金をいただく方法の組み合わせである。

だが、組み合わせであることをあいまいにしている人が多い。それはぼくたちも同罪だ。フリーミアムはビジネスモデルではない。マーケティングの戦術である。SaaS はビジネスモデルではない。ソフトウェアをデリバリーする方法である。メディアサイトの広告はビジネスモデルではない。収益を得る方法である。

[†] 訳注：世間での評判。元々はストリートの若者から得られる評価という意味。

本書では、6つのビジネスモデルを紹介している。だがその前に、どうしてその6つにしたのかを説明したい。子どもの頃にやったパラパラ漫画を思い出してほしい。身体の部分を組み合わせてページに描き、さまざまな表情や特徴を生み出していくものだ。

ビジネスモデルもこのように作ることができる。ただし、頭・胴体・脚の代わりに、ビジネスの観点を使う。それは、獲得チャネル・販売戦術・収益モデル・製品種別・提供モデルである。

- **獲得チャネル**：みんながあなたを認知する方法。
- **販売戦術**：訪問者をユーザーに、ユーザーを顧客にする方法。一般的に、お金を支払ってもらうようにお願いするか、希少性の高いものや特権的なもの（制限時間・容量・広告非表示・追加機能・プライベート機能）を提供して説得する。
- **収益モデル**：お金を稼ぐ方法。顧客から直接支払ってもらうこともあれば、広告・紹介・行動分析・コンテンツ制作などから間接的に支払ってもらうこともある。取引・サブスクリプション・消費材・広告収入・データの転売・寄付なども含まれる。
- **製品種別**：お金をいただく代わりにビジネスが提供する価値。
- **提供モデル**：製品を顧客に届ける方法。

図7-1は、この5つの観点をモデルや例と一緒に示している。ただし、これは例を集めたものにすぎない。ほとんどのビジネスでは、複数の獲得チャネルに頼っていたり、異なる収益モデルの実験をしていたり、さまざまな販売戦略に挑戦していたりする。

選択肢はいろいろ

パラパラ漫画に追加する「ページ」はたくさんある。データを利用してビジネスの意思決定を支援している Startup Compass 社のチームは、12の収益モデルを定めている。それは、広告・コンサルティング・データ・リードジェネレーション・ライセンス・リスティング・オーナーシップ／ハードウェア・レンタル・スポンサーシップ・サブスクリプション・取引手数料・バーチャルグッズである。ベンチャーキャピタリストのフレッド・ウィルソン《Fred Wilson》は、ウェブやモバイルの収益モデルの一覧を作っている。その多くは、本書で紹介する6つのビジネスモデルの派生形である[†]。

Startup Compass 社は、パラパラ漫画のページを組み合わせた「基本的」な財務モデルも提唱している。それは、検索・ゲーム・ソーシャルネットワーク・ニューメディア・マーケットプレイス・動画・取引・レンタル・サブスクリプション・音声・リードジェネレーション・ハードウェア・課金だ。

[†] https://hackpad.com/Ch2paBpUyIU#Web-and-Mobile-Revenue-Models

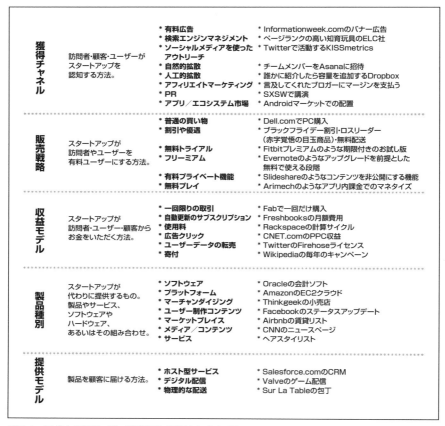

図7-1　子どもの頃のパラパラ漫画に説明を加えた感じ

　これらの「ページ」を使って、ビジネスモデルの草案を作ることができる。たとえば、図7-2はDropboxのビジネスモデルをパラパラ漫画で示している。
　ビジネスモデルをパラパラ漫画で表す利点は他にもある。水平思考ができることだ。「ページ」をめくるたびにピボットできる。たとえば、Dropboxが物理的な配送をするとしたら？　事前に請求するとしたら？　有料広告に頼るとしたら？　と考えてみるのだ。

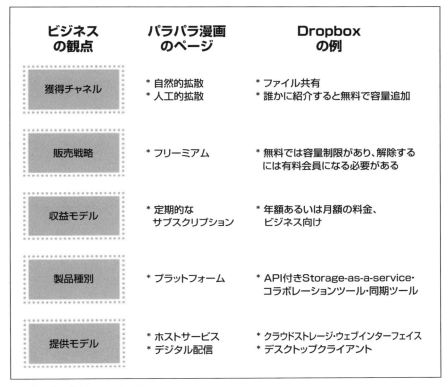

図 7-2　パラパラ漫画の Dropbox

7.3　6つのビジネスモデル

　次の章から6つのビジネスモデルを見ていくことにする。これらはビジネスの観点を組み合わせたものである。共通の例として使えるようにうまく混ぜ合わせたつもりだ。だが、パラパラ漫画のようにバリエーションは膨大に存在する。先ほどの一覧だけでも 6,000 以上の組み合わせがある。ぼくたちのビジネスモデルもすべてのバリエーションを網羅しているわけではない。

　混乱しないのであれば、複数のモデルを同時に採用しても構わない。たとえば、Amazon は、取引・物理的な配送・SEM・小売業のビジネスをしているが、商品レビューという形でUGCのサブビジネスも運営している。ビジネスはパラパラ漫画のように単純なものではなく、すぐに「多頭怪獣」になってしまう。

　この複雑さを前にして、ぼくたちは6つのビジネスモデルを単純にすることにした。これからそれぞれのビジネスの観点と重要な指標を説明しよう。ビジネスモデルのパラパラ漫画の「ページ」をめくるようなものだと考えてほしい。そこにはあなたのビジネスの要素も載っているはずだ。

- 顧客に何かを販売する EC ビジネスを運営していれば、8 章へ移動しよう。
- ユーザーに SaaS を提供しているのであれば、9 章へ移動しよう。
- モバイルアプリを構築して、アプリ内課金で収益を得ているのであれば、10 章へ移動しよう。
- コンテンツを制作して、広告でお金を稼いでいるのであれば、11 章でメディアサイトの詳細を紹介している。
- Twitter・Facebook・reddit のように、自分のプラットフォームでユーザーにコンテンツを制作してもらっているのであれば、12 章へ移動しよう。
- 購入者と販売者が出会うツーサイドマーケットプレイスを構築しているのであれば、13 章をチェックしてみよう。

ほとんどのビジネスはいずれかのカテゴリに分類できる。分類できないものもあるかもしれないが、きっと類似点があるはずだ。たとえば、レストランは EC と同じように取引を扱うビジネスだ。会計ビジネスは SaaS 企業と同じように繰り返し発生するサービスだ。自分のビジネスに近いビジネスモデルを見つけて、アナリティクスの重要な教訓を学んでほしい。そして、学んだことを自分のビジネスに適用してほしい。なお、成長ステージについては、14 章以降で見ていくことにする。

エクササイズ ｜ ビジネスモデルを選択しよう

次の章から 6 つのビジネスモデルの例を見ていくことにする。自分のビジネスモデルを見つけて、それを書き出してみよう。そして、ぼくたちが定義した指標を一覧にしてみよう。自分が追跡している指標と一致しているだろうか。まだやっていないのなら、追跡している指標の現在の値を書き留めよう。ビジネスが複数のビジネスモデルに当てはまるなら（珍しいことではない）、それぞれのモデルから指標を選択しよう。

8章
モデル1：EC サイト

　EC 企業においては、訪問者がウェブベースの小売店で何かを購入する。おそらく最も一般的なオンラインビジネスだろう。そして、これまでの分析ツールのほとんどがターゲットにしているビジネスでもある。Amazon・Walmart.com・Expedia のような大手小売業者はすべて EC 企業だ。

　あなたのビジネスが EC モデルに近いのであれば、本章では追跡すべき最も重要な指標を紹介する。それからアナリティクスを複雑にする「欠点」についても紹介する。

　初期の EC モデルは、比較的単純な「ファンネル」で構成されていた。サイトの訪問者は、複数のページをたどりながら目的の商品へとたどり着く。そこで「購入」ボタンをクリックして、支払情報を入力し、購入を完了するのである。これが昔ながらの「コンバージョンファンネル」だ。Omniture や Google アナリティクスなどの主要な分析パッケージが注目されたのもそこからである。

　だが、現代の EC サイトはそこまで単純ではない。

- 購入者の多くは、EC サイトのページをたどっていくのではなく、検索サイトからお目当ての商品を発見する。外部の検索サイトを起点にして、検索結果と EC サイトを行ったり来たりしながら、自分が欲しいものを探すのである。サイトにあるナビゲーションが重要となるのは、欲しい商品が見つかってからだ。つまり、サイト内のファンネルは時代遅れなのだ。検索キーワードのほうが重要になっている。
- 小売業者は、プロフィールが似ているユーザーや過去の購入者の情報をもとにして、購入者が必要とするものをレコメンデーションエンジンで予測している。したがって、他の人と同じページを見る訪問者は少ない。
- 小売業者は常にパフォーマンスを最適化している。つまり、トラフィックをセグメント化しているのである。中堅から大手の小売業者は、適切な製品・オファー・価格を見つけるテストをいくつも実施して、ファンネルをセグメント化している。
- ウェブサイトが起点とならない（ソーシャルネットワーク・メールの受信箱・オンラインコミュニケーションなどが起点となる）購入は、購入プロセスの追跡が難しい。

EC企業のお金の稼ぎ方はストレートである。商品の対価を請求して、電子的なもの（iTunesのデジタルコンテンツなど）や物理的なもの（Zapposのシューズなど）を購入者に届けるだけだ。EC企業では、広告やアフィリエイトにお金を支払って顧客を獲得する。商品の価格は、市場の許容度や競合の価格帯によって決まる。投資するお金や時間のある大手小売業者のなかには、供給・需要・継続的なテストなどの情報を参考にして、アルゴリズムで価格を決定しているところもある。ただし、それによって不適切な価格になってしまったり[†]、ブラウザの種類からレコメンデーションの結果が決まったりするような問題につながる可能性もある。

Amazonのようなロイヤリティにフォーカスしている小売業者は、ユーザーと継続的な関係を築いている。提供する商品が多岐にわたり、購入者が何度も訪問してくるため、購入を単純化／自動化できる施策なら何でもやろうとする（Amazonはワンクリック購入モデルの特許を取得しており、Appleを含むその他の小売業者にライセンス供与している）。

ユーザーとの関係性にフォーカスしたEC企業は、ウィッシュリストの作成や商品のレビューをユーザーに推奨している。これはつまり、中心的なビジネスモデルはECだが、購買促進につながるユーザー制作コンテンツ（UGC）などのモデルも視野に入れているということだ。一方、再購入を期待していないEC企業は、購入者がどれだけ大量に購入してくれるか、どれだけクチコミを広めてくれるかにフォーカスしている。

パターン｜あなたのECのモードは？

コンサルタント会社Mine That Data社のケヴィン・ヒルストロム《Kevin Hillstrom》は、数多くのEC企業と仕事をしている。この会社は、広告・製品・ブランド・チャネルと顧客がどのような関係にあるかを理解するための支援をしている。オンライン小売業者にとって、購入者との関係の理解は不可欠であると彼は言っている。それがマーケティング戦略からショッピングカートのサイズまで、すべてに影響を及ぼすからだ。そのために、彼は**年間再購入率**を計算している。これは去年購入した人が、今年も購入する確率のことである。

獲得モード

年間再購入率が40%未満であれば、新規顧客の獲得にフォーカスすべきである。ロイヤリティプログラムへの長期的投資はまだ適していない。ケヴィンはECビジネスの70%が、成熟期にこの罠にハマっていると言っている。スキューバやロッククライミングの店がよい例だ。購入者の多くは、アップグレードが必要なほどこうした趣味にハマるわけではない。これは悪いことではなく、マーケティング戦略

[†] カリフォルニア大学バークレー校の生物学者マイケル・エイセン《Michael Eisen》のブログ記事「Amazon's $23,698,655.93 book about flies」では、複数の書店のアルゴリズムによる価格競争によって、ハエの教科書の価格が2,300万ドルまで高騰した様子が説明されている。http://www.michaeleisen.org/blog/?p=358

に影響を与えるだけのことだ。たとえば、メガネのオンラインショップのマーケティングは、過去の購入者に再購入を促すよりも、他の顧客を紹介してもらうことに注力している。

ハイブリッドモード

年間再購入率が 40 〜 60% であれば、会社は新規顧客と既存顧客の組み合わせで成長するだろう。顧客は平均で年間 2 〜 2.5 回購入している。新規顧客の獲得だけでなく、購入頻度の増加にもフォーカスする必要がある。たとえば、Zappos はこうしたハイブリッドモードの EC 企業である。

ロイヤリティモード

年間再購入率が 60% を超えていれば、ロイヤリティにフォーカスして、ロイヤル顧客の購入頻度を上げる必要がある。エンゲージメントがあれば、ロイヤリティプログラムはうまくいく。EC ビジネスのわずか 10% が、このモードにたどりついている。たとえば、Amazon はこのモードの好例だ。

年間再購入率は、EC スタートアップが長期的に成功できるかどうかの指標になる。まだ 1 年が経過していない時期であっても、過去 90 日間の再購入率からどのモードになりそうかの感覚をつかむことができる。

- 過去 90 日間の再購入率が 1 〜 15% であれば、獲得モードである。
- 過去 90 日間の再購入率が 15 〜 30% であれば、ハイブリッドモードである。
- 過去 90 日間の再購入率が 30% を超えていれば、ロイヤリティモードである。

これら 3 つのモードは、どれも特に悪いところがあるわけではない。ケヴィンには年間再購入率が 25% しかないクライアントが複数いたそうだが、いずれのクライアントも成功している。それは、比較的低コストで多くの新規顧客を獲得する必要があるとわかっていたため、信頼性が高く手頃な価格の顧客獲得戦略にマーケティングを集中することができたからだ。ケヴィンはこのように言っている。

「ビジネスがどのモードであっても関係ありません。どのモードにいるかを CEO が**把握すること**が重要なのです。常にロイヤリティを高めようとするリーダーが多すぎます。獲得モードにいるのであれば、ロイヤリティを高めることはできませんし、そもそもやるべきではありません。たとえば、平均的な顧客はジーンズを年に数本しか必要としませんから、それ以上多く買わせようとするのは無理な話です！顧客とモードについて知ることが、本当に重要なのです」

季節性のある EC サイトのビジネスリーダーが、オフシーズンにギフトを購入させようとするのをよく見かけるとケヴィンは言っている。

「それではうまくいきません。獲得モードにいるのですから、まずは認知度を高めて、11月と12月に新規顧客を獲得したほうがよいでしょう」

収益を最適化するのも重要だが、顧客を強制してはいけない。

「顧客がやりたくないことを強制したりはしません。Zapposのときには、ハイブリッドモードからロイヤリティモードへ顧客を移行する必要はありませんでした。その代わりに、顧客サービスを強化することにしました（返品無料）。それが、我々のビジネスを心地よく感じていただける新規顧客を呼び込むことにつながりました（ハイブリッドモードの半分が成功）。獲得モードにいても、やはりサービスや商品の改良をすると思います。ですが、ゴールは常に新規顧客の獲得だと思っています。それはビジネスが成熟していたとしても同じです」

会社がどんなに頑張っても、年間再購入率を10%以上引き上げるのは難しいとケヴィンは言っている。

「年間再購入率が30%であれば、27〜33%の間で変化すると思います」

FacebookやPinterestといったソーシャルネットワークの台頭により、訪問者の注目を集めることが可能となった。EC企業は、ツイート・動画・リンクから始まり、最終的に購入に至るまでのロングファンネルに次第に興味を持つようになった。何かを購入してくれる訪問者を生み出すには、どのようなメッセージやプラットフォームが必要なのかを理解しなければいけない。訪問者がサイトに到着してからは、購入してもらえる量を最大化することを重視するのである。

価格は適切に設定することが重要である。特に獲得モードであれば、顧客からの収益を得る機会は一度しかない。1992年にコンサルティング会社のマッキンゼーが実施したビジネス最適化の調査では、さまざまなビジネス要素の改善が営業利益に与える影響が比較されている[†]。

図8-1は、適切な価格設定がビジネス全体の利益に大きな影響を与えることを示している。2003年に実施された追加調査では、8%と数値は下がっているが、それでも他の要素をはるかに上回っている[‡]。

[†] http://hbr.org/1992/09/managing-price-gaining-profit/ar/8
[‡] http://download.mckinseyquarterly.com/popr03.pdf

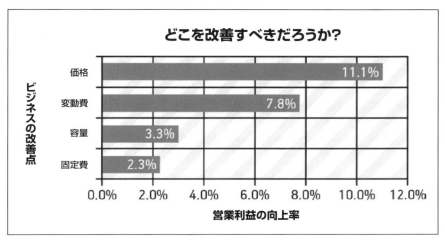

図 8-1　ビジネスを改善したいなら価格を適切に設定しよう

8.1　実践事例

　高級品を扱うオンラインストアを考えてみてほしい。サイトに登録すると、運営者がキュレーションした商品を低価格で購入できる。購入可能なものは訪問者でも閲覧できるが、それをショッピングカートに入れたり実際に購入したりするには、サインアップが必要となる。サインアップすることによって、デイリーメールの受信に同意したことになる。訪問者は、サイトで見たものに「いいね」をつけたりツイートしたりできる。

　この企業は以下の主要指標を気にかけている。

コンバージョン率
　何かを購入した訪問者の割合。

年間購入回数
　1年間に顧客が購入した回数。

ショッピングカートのサイズ
　1回の購入金額。

離脱率
　買い物を開始したが、途中でやめてしまった人の割合。

顧客獲得コスト
　何かを購入してくれる人を獲得するのにかかったお金。

平均顧客単価
　顧客ひとりあたりのライフタイムバリュー。

トラフィックにつながる上位のキーワード
　サイト訪問時に検索された単語。類似した製品や市場のヒントになる。

上位の検索語句
: 収益につながる検索語句と、結果につながらない検索語句。

レコメンデーションの効果
: 訪問者が推薦された製品をショッピングカートに追加する可能性。

拡散
: 訪問者のクチコミやシェア。

メーリングリストの効果
: 購入者の再訪問や再購入につながるクリックスルー率など。

洗練された小売業者は、これ以外の指標も気にかけている。たとえば、レビューの投稿数や役に立ったレビューの数などだ。だが、これは補助的なビジネスであり、本書では12章で見ていくことにする。今はそれよりも重要な指標を見ていくことにしよう。

コンバージョン率

コンバージョン率とは、サイトの訪問者が購入者になる割合である。これは自分の行動を評価する最初の指標となる。計算も実験も簡単だ。何が購入につながるかを確認するには、コンバージョン率を属性情報・コピー・紹介などでスライスすればいい。

最初は収益よりもコンバージョン率のほうが重要かもしれない。誰かが買ってくれるかどうかを証明することがゴールになるからだ（それにメールアドレスや購入データも手に入る）。ただし、コンバージョン率にフォーカスしすぎる危険性もある。コンバージョン率は、ECビジネスの種類によって大きく異なる。それが成功するかどうかは、ロイヤリティや新規顧客獲得、あるいはその両方によって決まる。

年間購入回数

コンバージョン率は重要だが、それがすべてではない。コンバージョン率が低くても成功したECサイトの例は数多く存在する。ECサイトの種類や購入方法によって異なるからだ。たとえば、棺桶屋は顧客の生涯で一度しか販売できないだろうが、食料品屋は一人の顧客に週に何度も販売できる。

90日間の再購入率を見ているのであれば、それはECサイトの種類を見極める優れた先行指標になる。特に正解があるわけではなく、ロイヤリティにフォーカスするのか、獲得にフォーカスするのかを知ることが重要だ。

ショッピングカートのサイズ

コンバージョン率の方程式の半分は、ショッピングカートのサイズである。顧客の購入率だけでなく、購入額も把握したい。多くの顧客が少額の購入をしてくれるキャンペーンもあれば、少数の顧客が多額の購入をしてくれるキャンペーンもあるだろう。

実際には、収益の合計とそれを生み出した方法を比較して、最も収益の高いセグメントを特定することになるだろう。ただし、上位の収益だけにとらわれてはいけない。本当に重要

なのは利益である。

EC企業にフォーカスしたプライベート投資会社であるSkyway Ventures社のビル・ダレッサンドロ《Bill D'Alessandro》はこのように言っている。

> 「ECの成功の鍵はショッピングカートをどれだけ大きくできるかです。そこからお金が生まれてくるのです。私は顧客獲得コストのことを固定費だと思うようにしています。ですから、購入額が多くなれば、それだけ利益が拡大するのです」

離脱率

すべての人が購入してくれるわけではない。簡単に言えば、コンバージョン率の反対は離脱率である。ただし、購入プロセスはいくつかのステップに分けられている。たとえば、ショッピングカートの商品を検討して、配送情報を入力して、支払い情報を入力するといった具合だ。場合によっては、サードパーティーのサイトを使用することもあるだろう。Kickstarterでは、ユーザーをAmazonに誘導して、クレジットカード情報を入力させている。EventbriteはPayPalにリンクして、チケットの支払いをさせている。

こうしたステップを途中で抜けだした人数が離脱率につながる。それぞれのステップを分析して、どこが最も悪影響を与えているのかを把握することが重要だ。場合によっては、フォームの入力欄が原因になっていることもある。たとえば、国籍の入力欄があると、購入者を遠ざけてしまう可能性が高い。ClickTaleのようなツールを使えば、フォームの途中離脱を分析できるので、コンバージョンプロセスで顧客を流出させているボトルネックを簡単に特定できるだろう。

顧客獲得コスト

訪問者からお金を引き出せることがわかったら、サイトのトラフィックを強化したくなるだろう。広告・ソーシャルメディアアウトリーチ[†]・メーリングリスト・アフィリエイトなどを使っているかもしれない。どれを使うにしても、最終的にはトラフィックを増やす必要がある。ECサイトの計算は簡単だ。購入者を探すコストや商品を配送するコストよりも、多くの商品を販売すればいい。

獲得コストを合計するのは簡単だが、サイトのトラフィックにつながるチャネルが無数にあれば複雑になってしまう。だが、分析ツールはまさにそのために作られている。Googleが無料の分析ツールを提供しているのは、広告からお金を得ているからだ。つまり、広告の効果を計測しやすくすれば、広告を購入してもらいやすくなるのである。

平均顧客単価

平均顧客単価（またはライフタイムバリュー）は、あらゆる種類のECビジネスに重要なものである。顧客獲得とロイヤリティのいずれか（あるいは両方）にフォーカスしていても、

[†] 訳注：「アウトリーチ」は「手を伸ばす、差し伸べる」という意味であり、マーケティングでは普及活動や広報活動などの「外部への働きかけ」を意味する。

そのことに変わりはない。ビジネスが（たまにしか売れないものを販売しているので）ロイヤリティを生じさせないとしても、平均顧客単価は最大化したいはずだ。離脱率を下げながら、ショッピングカートのサイズやコンバージョン率を上げるのである。平均顧客単価は、その他の主要な数字を統合した指標だ。ECビジネスが順調かどうかを単独で判断できる優れた尺度である。

ケーススタディ ｜ 訪問者単価を41%増加させたWineExpress

　WineExpress.comは高級ワインショップであり、Wine Enthusiastのパートナーとして、高級なワインアクセサリーやストレージを30年以上提供している。また、コンバージョンを高めるために、積極的にA/Bテストや実験を行っている。

　あるときトラフィックの最も多いページに取り組むことになった。「Wine of the Day（その日のワイン）」のページである。これはワインを1本特集して、それを99セントで配送するというものだ[†]。現在は、オプトインメールとサイトナビゲーションでトラフィックを増やそうとしている。このページが（特集するワイン以外で）最も力を入れているのは、会社が推薦するワインディレクターのテイスティング動画だ。

　「Wine of the Day」のコンバージョンはすでにうまくいっていたが、WineExpress.comはまだ改善の余地があると感じていた。だが、チームはあらゆるECサイトが直面する課題にも気づいていたのである。それは、販売取引の最適化と全体的な収益の最適化のバランスだ。コンバージョンにフォーカスしすぎると平均購入額が下がり、最終的な利益に悪影響を与える可能性がある。

　WineExpress.comは、コンバージョンの最適化を扱うWiderFunnel Marketing社に「Wine of the Day」ページの戦略の開発と実行を依頼した。WiderFunnel社は3つのデザインを作ってテストした。主にレイアウトをテストする手法を試みたのである。図8-2は元のレイアウトを示している。

　最終的にひとつのデザインが勝利した。圧倒的だった。訪問者単価が41%も増加したのである。WiderFunnel社のCEOであるクリス・ゴワード《Chris Goward》はこのように言っている。

> 「コンバージョンも増えましたが、訪問者単価が大きく増加したことが重要です。EC企業の多くはコンバージョンにフォーカスしすぎています。WineExpress.comの成功は、顧客が購入する商品が大幅に増えたことです」

[†] 訳注：現在では3本以上の注文で送料無料となっていた。

8.1 実践事例 | 71

図 8-2 WineExpress の元の「Wine of the Day」ページ

勝利したレイアウトを図 8-3に示す。

図 8-3　訪問者単価が 41% 増加するとビジネスにどのような変化をもたらすだろうか？

クリスはこのように言っている。

「新しいレイアウトでは、スクロールせずに見える範囲に動画を配置したことが成功

要因でした。これで視線の流れが明確になり、購入を遠ざけるような邪魔な要素が減りました」

まとめ

- WineExpress.com は A/B テストを使って、ページのコンバージョンを改善した。
- コンバージョンも上がったが、本当の収穫は訪問者単価が 41% も増加したことである。

学習したアナリティクス

　ページの最適化は重要だ。だが、正しい指標を最適化しよう。コンバージョン率が高ければいいわけではない（もちろん高いほうがいい）。本当に高めたいのは、**訪問者単価**や**顧客ライフタイムバリュー**（CLV）だろう。ビジネスモデルを本当の意味で推進するのはこうした指標だからである。

キーワードと検索語句

　ほとんどの人は検索で商品を見つける。それはブラウザの検索かもしれないし、検索エンジンかもしれないし、サイト内の検索かもしれない。いずれにしても、お金につながるトラフィックを生むキーワードを知りたいはずだ。

　検索エンジン対策にお金を支払う場合は、Google などの検索エンジンで人気の高いキーワードを競争入札する。検索エンジンマーケティングの専門家が生業にしているのは、どの検索語句が比較的「価値」がある（高価すぎない）のか、それでいてサイトのトラフィックにつながるのかを判断することである。

　検索エンジン対策にお金を支払わない場合は、ランキングの上位に来るような良質で説得力のあるコンテンツと、有料顧客が使いそうな検索語句を含んだコピーを書く（そうすれば、関連性が高いものが検索結果の上位に来る）。

　それから、**サイト内**の検索も分析したいだろう。まずは、何が求められているかを確認したい。ユーザーが検索して何も見つからなければ、あるいは検索してから［戻る］ボタンを押したならば、ユーザーの欲しかったものはなかったということだ。それから、特定のカテゴリが大量に検索されていたら、ポジショニングを変えるか、そのカテゴリをホームページに追加して、市場を獲得できるかどうかを確認するといいだろう。エンタープライズ EC プラットフォームベンダー Elastic Path 社の元イノベーション VP であるジェイソン・ビリングズレイ《Jason Billingsley》は、このように言っている。

> 「業界やサイトによって数値に違いはありますが、サイト内検索ツールはナビゲーションの 5 〜 15% を占めています」

　SEO や SEM の話題に立ち入るつもりはない（それぞれに専門の分野がある）。ここでは、

検索はECにとって重要な部分であり、特定のページに誘導するようなモデルは（そのような分析ツールがあるとしても）時代遅れであることを認識しておこう。

レコメンデーションの効果

大きなEC企業はレコメンデーションエンジンを使って、訪問者に商品を推薦している。今では小規模の小売店でも使えるサードパーティーのサービスが存在するため、こうしたレコメンデーションエンジンの利用が広がっている。ブロガーでさえもこのアルゴリズムを使って、訪問者が読んでいる記事に類似した記事を推薦している。

レコメンデーションには多くの手法が存在する。購入者が過去に購入した商品情報を使うものもあれば、訪問者の地域・言及・クリックといった情報から予測するものもある。訪問者の予測分析は機械学習によって決まる部分が大きく、追跡する指標もツールによって異なる。ただし、最終的には「**レコメンデーションでどれだけ収益が得られるか？**」を指標とすべきである。

レコメンデーションエンジンを調整するときは、正しい方向に調整できているかを把握しておきたい。

拡散

多くのECサイトにとって、拡散は重要である。拡散や紹介は、安価で価値の高いトラフィックにつながるからだ。拡散は顧客獲得コストが最も安く、紹介は信頼できる人からの最高の推薦になる。

メーリングリストの効果

メールは、常時接続のモバイル環境だけに適したものではない。たとえば、このようなことを考えてみてほしい。顧客にリーチする許可を得たとする。顧客はこちらの指示を実行してくれる。そうなれば、効果的にエンゲージメントを続けてくれるだろう。ベンチャーキャピタル Union Square Ventures 社のパートナーであるフレッド・ウィルソンは、メールは「秘密兵器」だと言っている[†]。

わずか数年前は、メールを終焉に持ち込むのはソーシャルメディアだと多くのアナリストや投資家が考えていた。だが、皮肉にもソーシャルメディアの導入はメールによってもたらされることになった。ソーシャルアプリケーションはリピート利用や定着を獲得するために、メールの力をますます利用しているのである。

図8-4に示すように、送信したメールはユーザーが行動に移す前にブロックされてしまう。

[†] http://www.avc.com/a_vc/2011/05/social-medias-secret-weapon-email.html

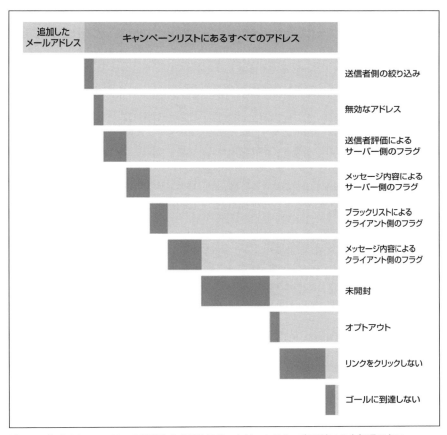

図 8-4　すべてのメールはこの難所をくぐり抜ける。クリックスルー率が低いのも無理はない。

　メッセージに書かれた行動要請に反応する人でさえも、ウェブサイトに到着してから有益なことをするとは限らない。質の悪いメールを送信すれば解約率が上がり、キャンペーンの収益に悪影響を及ぼす可能性もある。メールには気を付けよう。

　メールのクリックスルー率は、「キャンペーンの訪問数」を「送信したメールの件数」で割って算出する。さらに洗練したものとしては、うまくいかない部分を考慮して（機能していないメールアドレスを差し引くなどして）、目標とする最終成果（購入など）を確認するという分析方法もある。

　また、キャンペーンの貢献指標を作る必要もある。これは基本的にはキャンペーンで得られた収益から、キャンペーンのコストと解約による損失を引いたものである。ほとんどのメールプラットフォームでは、手間をかけずにこうしたデータを取得できる。

8.2　オフラインとオンラインの組み合わせ

　EC企業は何かを購入者に届けなければいけない。なかには電子的なものもあるが、通常は物理的な商品を配送する。配送料が高ければ、コンバージョン率は下がる。それだけでなく、時間どおりの配送は購入者の満足度や再購入の大きな要因となっている。ECビジネスはオフラインの要素についても注意深く分析する必要がある。

出荷予定時間

　即日配送や翌日配送が一般的になり、購入者の要求はますます厳しくなっている。出荷予定時間が鍵であり、これは小売業者がロジスティックスを効果的に管理できるかどうかと深く関係している。EC企業はフルフィルメントや発送プロセスを最適化するだけで、オペレーション効率を大きく高めることができる。格安サービスよりも高速で高品質なサービスを求める顧客に販売できるため、こうした効率化は競争上の優位性につながる。

利用可能在庫

　ジェイソン・ビリングズレイはこのように言っている。

> 「在庫が切れると売上は下がります。当たり前だと思うかもしれませんが、ほとんどのEC企業は何も対策していません」

　在庫管理をうまくやれば、利益に大きな違いが出てくる。在庫切れの商品は、商品一覧やカテゴリページの下のほうに表示するべきだとジェイソンは言っている。つまり、在庫切れを顧客に見せないようにするのである。あるいは、検索結果に表示させないようにしたり、検索結果の順位を下げたりすることもできるだろう。
　在庫と売上の関係を分析するのも興味深い。ジェイソンはこのように言っている。

> 「売れない商品の在庫は多すぎて、売れる商品の在庫は少なすぎるというEC企業が多いです」

　在庫と売上を見て、商品カテゴリを調整すべきだと彼は言っている。つまり、商品カテゴリで売れていない商品が多く、在庫率が高ければ、バランスが悪いということだ。

8.3　ECビジネスの見える化

　図8-5は、ECビジネスのユーザーの流れとステージごとの主要指標を示している。

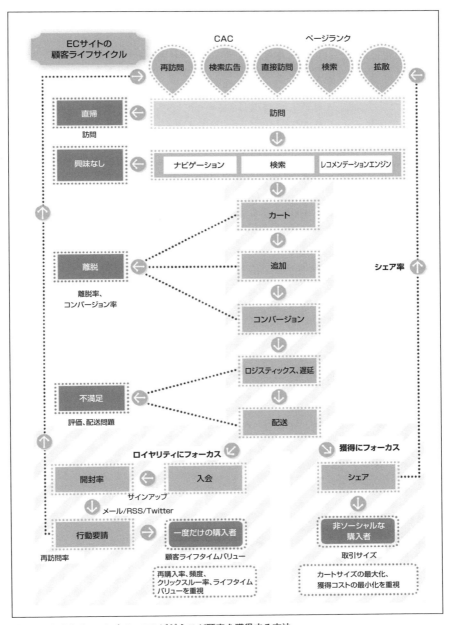

図 8-5　よくあるファンネル：EC ビジネスが顧客を獲得する方法

8.4 ヒント：「伝統的な EC」対「サブスクリプション型 EC」

これまでは一度だけの購入のような比較的単純な EC モデルを扱ってきたが、サブスクリプション型をベースにしているサービスも多い。これが物事を複雑にしている。

サブスクリプション型のサービスとは、顧客に定期的にお金を請求するものである。顧客が契約を更新しない、あるいは途中で解約すればすぐにわかるので、チャーンは計測しやすいと言える。ただし、それが与える影響は大きい。少しずつ購入額が低下するのではなく、顧客からの収益が完全に停止するからだ。サブスクリプション型のサービスをしているのであれば、SaaS のビジネスモデルも当てはまるので調べてみよう。

たとえば、電話会社はこうしたチャーンに熱心に取り組んでおり、顧客がいつサービスを解約するかを予測するモデルを構築している。そして、解約が発生する前になると、新しい電話や割引を提案して契約を更新してもらうのである。

決済情報の期限切れもサブスクリプションに関係している。顧客のクレジットカードに毎月請求して、トランザクションが失敗するようだったら、決済情報を再入力してもらう必要がある。

アナリティクスの観点からすると、決済情報の期限切れの割合・更新キャンペーンの効果・更新率を高める（妨げる）要因といった指標を追跡すべきである。これらの指標は、あとでチャーンを下げるときに重要となる。ロイヤルユーザーが増えていくと、更新による収益は収益全体の大部分を占めるようになる。

8.5 重要なポイント

- ロイヤリティと獲得のどちらにフォーカスするのかを把握することが重要である。これによって、マーケティング戦略や構築する機能が決まる。
- 検索は（サイト内外を問わず）購入する商品を発見する一般的な方法になってきている。
- コンバージョン率・再購入・取引額はいずれも重要だが、究極的な指標はその 3 つを組み合わせた平均顧客単価である。
- 配送・倉庫・ロジスティックス・在庫などの現実世界の要因を見逃してはいけない。

EC に近いビジネスモデルもある。ツーサイドマーケットプレイスだ。いずれも購入者と販売者の取引や顧客のロイヤリティが関係している。マーケットプレイスについて学びたければ、13 章へ移動しよう。それ以外は 14 章に移動して、今いるステージで監視すべき指標に与える影響を理解しよう。

9章
モデル2：SaaS

　SaaS企業は、ソフトウェアをオンデマンドで提供している。通常は自社で運営するウェブサイトから配信する。有名なSaaS製品の例としては、Salesforce・Gmail・Basecamp・Asanaがある。あなたがSaaSビジネスを営んでいるのであれば、指標について知るべきことがここに書いてある。

　ほとんどのSaaSプロバイダーは、ユーザーが支払う毎月（あるいは毎年）のサブスクリプションから収益を得ている。ストレージ・帯域・計算サイクルなどの消費ベースの請求もあるが、それはIaaS・PaaS・クラウドコンピューティングの企業に限られる。

　多くのSaaSプロバイダーは、サービスの段階的なモデルを提供している。つまり、アプリケーションの機能によって月額料金が変わるのだ。あるいは、プロジェクトマネジメントツールのプロジェクト数や、CRMアプリケーションの顧客数などが変わる場合もある。サービスの段階と価格の最適な組み合わせを見つけることが継続的な課題であり、SaaS企業はより価格の高い儲かる段階へとユーザーをアップセリングすることに、相当な労力をかけている。

　SaaSサービスに顧客を追加するコストは無視しても構わない。たとえば、Skypeが新規ユーザーを獲得するコストがいかに小さいかを考えてみよう。多くのSaaSプロバイダーは、顧客獲得にフリーミアムモデルを使っている[†]。フリーミアムモデルでは、顧客は最初に制限のある無料バージョンを使うことができる。それは無料機能を使い果たして、いずれお金を支払ってくれるのではないかと提供側が考えているからだ。たとえば、Dropboxは無料で数ギガバイトのストレージを提供している。そして、その容量を使い果たしてもらえるように、あらゆる手段を使っているのである（たとえば、ファイル共有や写真のアップロードを推奨している）。

　プロジェクトマネジメントのスタートアップが、製品をユーザーに試用してもらうところを考えてみてほしい。この製品は、10以上のプロジェクトを作成するのにお金がかかる。価格としては、無料、10プロジェクト、100プロジェクト、無制限の4つの段階を提供している。ユーザーを引きつけるために、いくつかのプラットフォームに広告を出した。ユーザーが誰

[†] フリーミアムには、製品に制限のついた無料トライアルから割引クーポンまで、さまざまな手法がある。収益の最適化に取り組むときに詳しくみていこう。

かをプロジェクトに招待すると、その人もユーザーになる。
この企業は以下の主要指標を気にかけている。

注目
訪問者をどれだけ効果的に引きつけられるか。

入会
段階的なサービスを提供している場合に、訪問者から無料ユーザーやトライアルユーザーになる人数。

定着
どれくらい顧客が製品を使っているか。

コンバージョン
ユーザーから有料顧客になる人数。より高額なサービスへと移行する人数。

平均顧客単価
一定期間に顧客がもたらすお金。

顧客獲得コスト
有料ユーザーの獲得にかかるコスト。

拡散
顧客が誰かを招待したりクチコミを広めたりする可能性。また、それにかかる時間。

アップセリング
顧客が支出を増やす要因。その発生頻度。

稼働時間と信頼性
課題のエスカレーション・停止時間・苦情などの件数。

チャーン
一定期間に離脱したユーザーや顧客の人数。

ライフタイムバリュー
顧客がゆりかごから墓場までにもたらす価値。

これらの指標は自然で論理的な順番になっている。顧客のライフサイクルを考えてほしい。企業は、拡散や有料マーケティングでユーザーを獲得しようとする。ユーザーに継続的にサービスを使用してもらい、最終的にはサブスクリプションにお金を支払ってもらいたいと考える。そのユーザーが他の人を招待したり、高額なサービスにアップグレードしたりすることもあるだろう。あるいは、顧客が問題を抱える可能性もある。その場合は、サービスの利用を停止する顧客もいる。その時点で、顧客がビジネスに貢献した収益がいくらだったかが判明する。

顧客ライフサイクルをこのように記述すれば、ビジネスを駆動する主要指標を理解できる。ここでリーンスタートアップが役に立つ。**ビジネスで最もリスクの高い部分**を把握して、そのリスクを表す指標を改善するのだ。

ただし、残念ながら常にそれができるとは限らない。コンバージョンするユーザーがいなければ、コンバージョン率は計測できない。顧客がユーザーを招待してくれなければ、拡散を定量化することはできない。サービスが利用可能になるまでにユーザーのクリティカルマスを超える必要があれば、人数が少ないときに定着を計測することはできない。つまり、**リスクがどこにあるのかを把握**しなければいけないのである。**リスクの定量化や理解のために十分な最適化**は、正しい順番でフォーカスしていく。

たとえば、製品を継続的に使ってもらえるかどうかを気にかけているとしよう。第一印象を与える機会はそう何度もあるものではないが、ユーザーには戻ってきてもらう必要があるので、SaaS企業がフォーカスするところとしては適切だ。言い換えれば、定着を気にかけているのである。

もちろんコンバージョン（や注目）もある程度は必要だ。だが、**定着をテストするのに十分な量**さえあればいい。最初のユーザーはクチコミ・直販・ソーシャルネットワークで獲得できる。このステージでは、本格的な自動化されたマーケティングキャンペーンはおそらく不要だろう。

ケーススタディ ｜ Backupify社の顧客ライフサイクルの学習

Backupify社は、クラウドベースデータのバックアップを提供する大手プロバイダーである。ロバート・メイ《Robert May》とヴィック・チャダ《Vik Chadha》が2008年に創業し、複数のラウンドで1,950万ドルを調達している。

Backupify社はそれぞれのステージで適切な指標にフォーカスし、会社を成長させていくことが得意だった。CEOであり共同創業者であるロバート・メイは、このように言っている。

「最初はサイト訪問者にフォーカスしていました。とにかくサイトに訪問してもらいたかったからです。それからトライアル版にフォーカスしました。製品を試してもらう必要があったからです」

十分な人数に製品を試してもらうと、ロバートは次にサインアップ（無料トライアルから有料顧客へのコンバージョン）にフォーカスした。現在の主なフォーカスは、**月間定期収益**（MRR：Monthly Recurring Revenue）である。

クラウドストレージ業界はわずか数年で成熟した。市場が誕生したのは2008年である。当時の同社は、コンシューマー向けにフォーカスしており、収益は上がっていたが、顧客獲得コスト（CAC）が高すぎると考えていた。ロバートはこのように説明している。

「2010年の初期には、年間39ドルを支払う顧客の獲得に243ドルのコストをかけていました。ひどい経済状態です。クチコミでどうにかしようと思いましたが、

うまく拡散できませんでした。したがって、(コンシューマー向けの販売から) ピボットする必要がありました」

Backupify 社のピボットは成功し、今もうまく成長している。現在も MRR にフォーカスしているが、顧客ライフタイムバリュー (CLV) も追跡している。サブスクリプションビジネスでは、CLV と CAC が欠かせない指標である。

Backupify 社における CLV と CAC の比率は 5 〜 6 倍である。これは顧客の獲得に費やした 1 ドルの投資が、5 〜 6 ドルになって返ってくることを意味する。素晴らしい。チャーンが低いことも要因のひとつである。つまり、クラウドストレージはロックインの度合いが高く、獲得コストは収益という形で時間をかけて回収できるのだ。CAC と CLV の比率については、後ほど詳しく見ていこう。

「年間定期収益が 1,000 万ドルになるまでは、MRR の成長が最上位の指標となるでしょう。チャーンも見ていますが、毎月の顧客獲得コストの回収までの期間のほうにフォーカスしています」

ロバートの目標値はチャネルを問わず 12 か月以下である。顧客獲得コストの回収は、マーケティング効率・顧客単価・キャッシュフロー・チャーン率を改善するなど、多くのことを網羅できる素晴らしい指標である。

まとめ

- 複雑な財務指標にフォーカスする前に、まずは収益から始めよう。ただし、コストを無視してはいけない。利益は成長の鍵である。
- 拡大する時期だとわかるのは、課金型成長エンジンがうまく動作して、CLV に対する CAC の割合が低くなったときだ。これは投資をうまく回収できているという合図である。
- ほとんどの SaaS ビジネスは月間定期収益を増加させている。これは顧客が毎月継続的に支払うお金であり、ビジネスを構築する優れた土台となる。

学習したアナリティクス

ビジネスが進化していくと、重要な指標も時間をかけて自然と変化していく。指標は問いかける質問から始まる。たとえば「これを気にかける人はいるだろうか？」といった質問だ。そして、もっと高度な「このビジネスは拡大できるだろうか？」という質問をする。高度な指標を見るようになると、ビジネスモデルに基本的な欠陥があったり、持続不能であることがわかったりするかもしれない。だからといって、スクラッチからやり直す必要はない。必要なのは新しい製品ではなく市場の場合もある。新しい市場は思ったよりも身近にあるかもしれない。

9.1 エンゲージメントの計測

エンゲージメントの究極的な指標は、毎日の利用である。何人の顧客が製品を毎日使っているだろうか？　毎日利用されるアプリでなければ、エンゲージメントの最低基準値を達成するのに時間がかかる。学習サイクルをまわすのにも時間がかかる。それから、十分な価値をすばやく示して、チャーンしないようにすることも難しくなってしまう。習慣を変えるのは難しい。あらゆる新製品は、新しい習慣を作り出そうとするものである。それをできるだけすばやく、できるだけ一生懸命にやりたいはずだ。

たとえば、Evernoteは毎日使うアプリケーションである（少なくともクリエイターはそう思っている！）。Evernoteに課金している人のほとんどはアプリを毎日使っている。有料顧客はユーザーのわずか1%だそうだ[†]。だが、CEOのフィル・リビン《Phil Libin》はそれでOKだと言っている。この企業には4,000万人以上のユーザーがいて、これからエンゲージメントにフォーカスするからだそうだ。これがSkitchを買収したり、画像アップロード機能を追加したりしている理由だ。

この会社は、これまでの数年間の経験から、有料顧客になるには数か月から数年はかかることを学んだ。投資家たちは成長のための資本準備金を用意しており、エンゲージメントにフォーカスすることに同意しているようだ。言い換えれば、コンバージョンは現在のEvernoteの関心事ではないのである。ただし、これからエンゲージメントが向上していけば、次は確実にコンバージョンに集中するだろう[‡]。

あと2つ別のアプリケーションを考えてみよう。毎日使っているとは思っていないが、よく使っているアプリケーションである。経費精算書作成のExpensifyとワイヤーフレーム作成のBalsamiqだ。**みなさんは毎日使っていないかもしれないが**、あちこち飛び回る販売員や、UIデザイナーは毎日使っているのである。

ここにビジネスモデルとリーンスタートアップの重要な教訓がある。製品の初期バージョンを市場に持ち込んで、使ってもらえるかどうかをテストして、顧客のなかで最もエンゲージメントの高いところを見つける。製品に魅力を感じたユーザーが複数いれば、それがアーリーアダプターだ。そこにある共通点を見つけよう。再びニーズにフォーカスして、そこから育てるのである。まずは足がかりをつかもう。そうすれば、エンゲージメントの高い市場セグメントで、すばやく反復できるはずだ。

毎日使わないアプリケーションもある。たとえば、ウェディングギフトの登録・歯医者の予約ツール・確定申告のサイトは毎日使うものではない。だが、エンゲージメントには高い基準を設けて計測する必要がある。顧客の振る舞いを理解して、それに適した評価基準を設定することが重要だ。おそらく毎週や毎月の利用がゴールになるだろう。

本当に破壊的なものを構築しているのであれば、アーリーアダプターからメインストリームまでの「技術導入ライフサイクル」を考慮する必要がある。ハイブリッドカー・Linuxサー

[†] http://econsultancy.com/ca/blog/10599-10-tips-for-b2b-freemiums
[‡] http://gigaom.com/2012/08/27/evernote-ceo-phil-libin/

バー・ホームステレオ・電子レンジなどは、最初は市場の小さなセグメントに導入されたが、何年もの普及活動と何百万ドルものマーケティングによって、一般的なものと見なされるようになった。

　企業の最初のステージには、少数の熱狂的な支持者がいる。最初のうちは変化を好むアーリーアダプターの目にとまるからだ。あるいは、ソリューションが切望されていた市場セグメントであれば、まだ洗練されていない部分を許容できるからだ。アーリーアダプターの声は大きいが、そのことには注意しておきたい。彼らのニーズは、お金になる大勢のメインストリームのニーズを反映していないのである。たとえば、Google Wave は熱狂的な注目を集めたが、強力で柔軟な機能があるにもかかわらず、メインストリームの興味を集めることはできなかった。

　最初からメインストリームのユーザーを対象にしたほうがいい。あとでもっと大きな市場にリーチすることができるからだ。ジェフリー・ムーア《Geoffrey Moore》の有名な「キャズムを超える」である。ただし、常にそうであるとは限らない。意思決定に使える指標が十分にないこともある。

　エンゲージメントを計測するときには、訪問頻度のような粗い指標を見るだけではダメだ。アプリケーションの使用パターンを探そう。たとえば、1週間に3回ログインしていることがわかれば興味深い。だが、アプリケーションで何をやっているのだろう？　毎回数分しか使っていないとしたらどうだろう？　これは良いことなのだろうか？　悪いことなのだろうか？　他の人よりも頻繁に使っている機能はあるだろうか？　その人はいつも使っているのに、他の人は使っていない機能はあるだろうか？　その人は自分の意思で戻ってきているのだろうか？　それともメールに反応して戻ってきているのだろうか？

　エンゲージメントのパターンを見つけるには、以下の2つの方法でデータを分析する。

- 改善できるかもしれない方法を見つけるには、こちらの望むことをやってくれるユーザーとそうではないユーザーを区別して、両者の違いを特定する。エンゲージメントしたユーザーは同じ都市に住んでいるのだろうか？　最終的にロイヤルユーザーになる人は、ソーシャルネットワークであなたのことを知ったのだろうか？　友達を招待してくれたユーザーは30歳未満だろうか？　ひとつのセグメントで望ましい振る舞いを見つけたら、そこをターゲットにすればいい。
- 変更がうまくいくかどうかを判断するには、ユーザーの一部でテストして、その結果を他のセグメントと比較する。たとえば、新しいレポーティング機能を入れるとしたら、ユーザーの半分に公開するのである。そして、ほとんどのユーザーが数か月で定着するかどうかを確認する。ただし、これでは機能が**使えなかった**顧客は激怒する可能性があるので、このようなやり方でテストできないというのであれば、機能が追加されたあとに参加したユーザーと、機能が追加される前に参加したユーザーのコホートを比較するといいだろう。

エンゲージメントを計測するデータ駆動の手法は、製品やサービスがどれだけ**定着している**のかだけでなく、**誰が定着していて、あなたの取り組みが報われているか**どうかも示すものでなければいけない。

9.2 チャーン

チャーンはサービスを離脱した人の割合である。これは、毎週・毎月・四半期ごとに計測することも可能だが、それぞれの指標の期間を統一して、簡単に比較できるようにしておくべきである。フリーミアムや無料トライアルのビジネスモデルには、(無料)ユーザーと(有料)顧客がいるので、その両方のチャーンを別々に追跡すべきである。チャーンは単純な指標のように思えるかもしれないが、誤解を招きかねない複雑な点がいくつもある。成長率の変動が大きい企業の場合は特にそうだ。

無料ユーザーの「チャーン」は、アカウントを解約したり、再び戻ってこなかったりすることを意味する。有料ユーザーのチャーンは、アカウントの解約・支払いの停止・無料バージョンへの移行などである。ぼくたちは、90日間(あるいはそれよりも短い期間)ログインしていないユーザーを「非アクティブユーザー」と定義している。その期間を経過するとチャーンしたことになる。常時接続の世界では、90日間は永遠なのだ。

機能に大きな変更があれば、チャーンしたユーザーを呼び戻すことができるかもしれない。Pathがアプリケーションを再設計したときにそれをやった方法だ。あるいは、過去のコンテンツを使ってユーザーにリーチする方法もある。たとえば、Memolaneはユーザーに過去の記録を送信するようにしていた。

Shopify社のデータサイエンティストであるスティーブン・H・ノブル《Steven H. Noble》[†]は、詳細なブログ記事[‡]のなかでチャーンの簡単な公式を説明している。

$$\frac{\text{期間内の損失人数}}{\text{開始時の顧客数}}$$

[†] http://blog.noblemail.ca/
[‡] http://www.shopify.com/technology/4018382-defining-churn-rate-no-really-this-actually-requires-an-entire-blog-post

表 9-1 チャーンの計算の例

	1月	2月	3月	4月	5月	6月
ユーザー						
開始時	50,000	53,000	56,300	59,930	63,923	68,315
新規獲得	3,000	3,600	4,320	5,184	6,221	7,465
合計	53,000	56,600	60,920	66,104	72,325	79,790
アクティブユーザー						
開始時	14,151	15,000	15,900	16,980	18,276	19,831
新規アクティブ	849	900	1080	1,296	1,555	1,866
合計	15,000	15,900	16,980	18,276	19,831	21,697
有料ユーザー						
開始時	1,000	1,035	1,081	1,040	1,215	1,309
新規獲得	60	72	86	104	124	149
損失	(25)	(26)	(27)	(29)	(30)	(33)
合計	1,035	1,081	1,140	1,215	1,309	1,425

表9-1は、ユーザー・アクティブユーザー・有料ユーザーを示している。ここで言うアクティブユーザーとは、サインアップしてから少なくとも1か月に1回はログインしているユーザーのことを指す。この表を見ると、新規獲得ユーザーは月に20%ずつ増加している。そのうちの30%が（サインアップしてから1か月以内に）少なくとも1回はサービスを利用しており、2%が有料ユーザーに移行している。

以下は2月のチャーンの計算だ。

$$\frac{\text{期間内の損失は26人}}{\text{開始時の有料ユーザー数は1035人}} \times 100 = 約2.5\%$$

毎月のチャーンが2.5%であれば、平均的な顧客は約40か月間滞在することになる（100 ÷ 2.5）。ここから顧客ライフタイムバリューを計算できる（40か月×月間顧客平均単価）。

複雑なチャーンの計算

一定期間のチャーン数は期間全体に影響されるが、開始時の顧客数はそのときのスナップショットでしかない。したがって、成長の変化が大きくて速いスタートアップの場合は、簡単なチャーンの計算では誤った結果をもたらす可能性がある。ノブルはそのように説明している。言い換えれば、チャーンは振る舞いや規模で正規化されていない。ユーザーの振る舞いが同じでも、チャーン率が変わることがあるので気を付けよう。

これを修正するには、チャーンの計算をもっと正確に（もっと複雑に）する必要がある。開始時の人数ではなく、分析している期間の平均顧客数を算出するのである。

$$\frac{期間内の損失人数}{(開始時の顧客数 + 終了時の顧客数) \div 2}$$

顧客数の算出を期間全体に広げた。少しはマシになったが、成長が速ければこれでも問題が発生する。たとえば、月の最初に100人の顧客がいて、月の最後に10,000人になったとしよう。上記の計算では、月の中頃に5,050人いたことになるが、成長がホッケースティックであればそうならない。新規顧客のほとんどは月の後半にやってくるので、平均値は使えない。チャーンも同様である。

チャーンを「30日以内に戻ってこない人」としているのであれば、先月の損失数と今月の獲得数を比較するだろう。だが、これはもっと危険である。遅行指標（前月の悪いニュース）を見ているからだ。これでは間違いが見つかるのは翌月になってしまう。

最終的にチャーンの計算は複雑になる。これを簡単にする方法は2つある。1つめの方法は、**コホート別にチャーンを計測する**というものだ。そうすれば、新規のユーザーとチャーンしたユーザーを最初の登録時期で比較できる。2つめの方法は、本当に本当に簡単だ。毎日チャーンを計測するのである。計測する期間が短くなれば、一定期間内の変化に歪みが生じにくくなる。ぼくたちもこちらが好きだ。

9.3　SaaSビジネスの見える化

図9-1は、SaaSビジネスのユーザーの流れとステージごとの主要指標を示している。

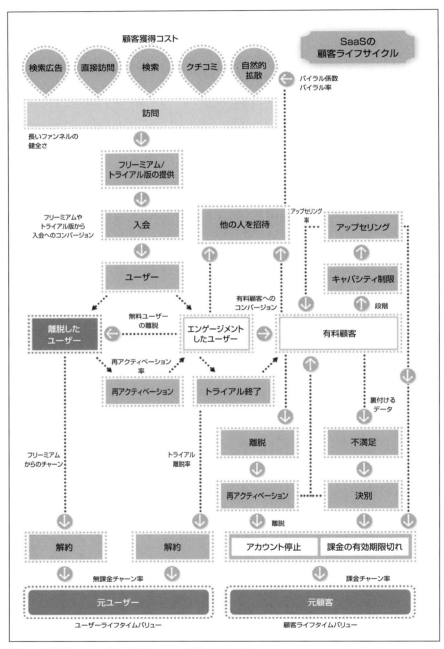

図9-1 訪問者・ユーザー・顧客：SaaS企業の生きる道

ケーススタディ｜サブスクリプションをやめて10倍に成長したClearFit社

　ClearFit社は、スモールビジネス向けの求人用ソフトウェアを提供するSaaSプロバイダーである。このソフトウェアは、就職希望者の発見と成功の予測を支援するものである。創業者のベン・ボールドウィン《Ben Baldwin》とジェイミー・シュナイダーマン《Jamie Schneiderman》は、最初は（求人ごとに）月額99ドルのパッケージを提供していた。ベンはこのように言っている。

> 「SaaSビジネスがうまく成長する鍵は、毎月のサブスクリプションであると何度も聞かされてきました。ですから、それを目指していたのですが、計画どおりにはいきませんでした」

　価格と毎月のサブスクリプションの2つが、ClearFit社の顧客を混乱させていたのである。ベンとジェイミーは、求人票（通常は300ドル以上）よりも価格を下げたいと思っていた。だが、顧客はその金額に慣れていたので、ClearFit社の99ドルに懐疑的だったのだ。ベンはこのように言っている。

> 「求人票と競争するつもりはありません。むしろパートナーだと思っています。そのときは、価格を安くして注目を集めたほうがよいと思ったのです」

　また、顧客は何度もサブスクリプション料を支払う理由が理解できなかった。

> 「企業は人材を採用する必要があればすぐに採用したいでしょうし、そのときにお金をかけたいのです。我々の顧客は、人事担当者やリクルーターのいない小さな企業です。採用の必要性は頻繁に変わります」

　ベンとジェイミーは格安料金をやめて、顧客が理解できる求人ごとの料金モデルに移行した。求人ごとに（30日間で）350ドルの価格に設定したのである。すると、販売数がすぐに3倍になった。販売数が増えて価格が上がったことにより、収益は10倍に増えた。

> 「価格を上げたことで、こちらの意図が顧客に伝わるようになりました。我々のモデルがわかりやすくなり、現行のソリューションと比較していただけるようになったのです。我々のやっていることが求人票と違っていても、顧客には快く購入していただきたいと考えました。採用予算にもうまく合わせようと思いました」

ClearFit 社の場合は、革新的なビジネスモデルはうまくいかなかった。

> 「髪を切ったり、ハンバーガーを買ったり、採用したりするときにサブスクリプション料金を支払う人はいません。顧客が誰なのか、なぜ購入するのか、自分たちの製品やサービスがどのような価値を与えるのかを理解しなければならないのです」

ClearFit 社は、求人票ごとに料金を支払うモデルへ移行した。これはサブスクリプションベースの SaaS ビジネスとは正反対かもしれない。だが、前月比で 30% の収益の成長を続け、大きな成功を収めている。

まとめ

- ClearFit 社は、最初はサブスクリプションモデルを採用していた。だが、顧客は「低価格は低品質」であると誤解した。
- その後、有料リスティングモデルに移行した。販売数は 3 倍に、収益は 10 倍に改善した。
- 問題はビジネスモデルではなく、価格と顧客に伝わるメッセージだった。

学習したアナリティクス

SaaS が繰り返し型のサービスであっても、そのように価格を設定する必要はない。製品の寿命が一時的な求人票のように短ければ、一回限りの価格体系にしたほうがいい場合もある。価格の扱いは難しい。(顧客からのフィードバックを受けて)定性的に、そして定量的に、異なる価格をテストする必要がある。価格を下げればいいとは思わないでほしい。価格が安ければ、顧客が価値を認めない可能性もある。価格も含めたあらゆるものが、提供する「製品」に含まれることを忘れないでほしい。

9.4　ヒント：フリーミアム・段階価格・その他の価格モデル

SaaS モデルが複雑な原因は 2 つある。選択したプロモーションの手法と段階価格だ。

プロモーションの手法としては、これまで見てきたようなフリーミアムモデルがある。無料でサービスを使ってもらい、何らかの閾値を超えたらお金を請求する。2 つめの手法は、無料トライアルである。これは一定期間経過後に顧客が明示的に解約しなければ、有料サブスクリプションに移行するというものだ。3 つめの手法は、有料のみである。他にも手法は存在するが、それぞれに利点と欠点がある。有料のみの手法は、コストの制御が可能であり、予測がしやすく、提供しているものに価値があるかどうかがわかりやすい。フリーミアムは顧客のサービスの使い方を学習できるし、顧客にも受け入れられやすい。こうしたユーザーグループの違いによって、分析が複雑になる。

2 つめの原因は段階価格だ。顧客によって消費レベルは異なる。支払う金額は時間によって変わる可能性もある。継続的にユーザーをアップセリングして、それぞれの増加を予測し

ようとしても、ビジネスの予測や説明は難しい。

　SaaSについては、毎月のサブスクリプションで顧客にサービスを提供する方法を説明してきたが、他にもうまくいく収益モデルは存在する。サブスクリプションモデルは、財務計画が予測可能になり収益が安定する反面、必ずしも価値提案や顧客の考える支払い方法に合っているわけではない。

9.5　重要なポイント

- フリーミアムは注目を集めることができるが、実際には販売戦術であり、慎重に使うべきである。
- SaaSでは、チャーンがすべて。ユーザーの損失よりも早くロイヤルユーザーを構築することができれば成長する。
- ユーザーが顧客になるずっと前から、ユーザーエンゲージメントを計測する必要がある。顧客がいなくなるずっと前から、アクティビティを計測する必要がある。いずれも有利な状態を維持するためだ。
- SaaSモデルとサブスクリプションを同一視している人が多いが、ソフトウェアを提供してマネタイズするには、それ以外にも多くの方法がある。時にはそれが大きな効果をもたらすこともある。

　SaaSビジネスはモバイルアプリと共通点が多い。どちらのビジネスモデルも顧客のチャーン、繰り返しの収益、ユーザーに商品のお金を支払ってもらうだけの十分なユーザーエンゲージメントの確保を気にかけている。モバイルアプリについては、10章で説明しているのでそちらを読んでほしい。あるいは、14章に進んで、現在のステージが指標にどのような影響を与えるのかを理解しよう。

10章
モデル3：無料モバイルアプリ

3つめのビジネスモデルは、ますます一般的になってきているモバイルアプリだ。モバイルアプリを販売しようとすれば、極めて普通の販売ファンネルになる。つまり、アプリケーションをプロモーションして、みんなにお金を支払ってもらうのだ。しかし、ゲーム内コンテンツ・課金機能・広告などから収益を得ようとすれば、モデルは複雑になってしまう。7章にあるビジネスモデルのパラパラ漫画を見てから、モバイルアプリビジネスをやることが決まったら、そのためのアナリティクスはここにある。

iPhoneやAndroidといったスマートフォンのエコシステムが登場してから、モバイルアプリケーションはスタートアップのビジネスモデルのひとつになった。Appleのアプリケーションモデルは厳格に管理されており、申請されたアプリの評価や認可をコントロールしている。Androidプラットフォームのアプリケーションは、Androidのストアやコントロールが厳しくない「サイドロード」のストアからダウンロードする。

アプリストアモデル[†]は、リーンスタートアップにとっては挑戦である。A/Bテストや継続的デプロイがしやすいウェブアプリケーションとは違い、モバイルアプリはアプリストアという門番を通過しなければいけないからだ。それによって、イテレーションの回数に制限がかかったり、実験の妨げになったりする。最近のモバイルアプリには、アプリのアップグレードではなくオンラインコンテンツを更新することで、ある程度は門番を回避できているものもある。ただし、その設定のための作業が別途必要になってしまう。Androidプラットフォームなら頻繁にアップデートできるので、そちらを優先すべきという開発者もいる。つまり、AndroidでMVPを検証してから、制約の厳しいAppleのプラットフォームに移行するのだ。あるいは、小さな二次的な市場（カナダのApp Storeなど）を選んで、そちらで最初にバグ修正をするという開発者もいる。

モバイルアプリの開発者がアプリでお金を稼ぐにはいくつかの方法がある。

[†] 誤解のないように言っておくと、AppleにはApp Storeがあるので、「アプリストア」はAppleのものだと言われるかもしれない。しかし、AndroidやKindleといったプラットフォームのアプリケーションを購入するストアは数多く存在する。WiiやSalesforceのAppExchangeでさえもこうした動きのなかにいる。ここで言う「アプリストア」とは、プラットフォームが用意したマーケットプレイスのことであり、AppleのApp Storeを指すときには「App Store」と表記する。

ダウンロードコンテンツ（新しいマップや乗り物など）
　iPhone 用の有名なタワーディフェンスゲーム Tower Madness では、追加マップを少額で販売している。

キャラクターの外見やゲームコンテンツ（ペットやアバターの衣装）の変更およびカスタマイズ
　Blizzard は、ゲームの戦闘に関係ないペットやマウントを販売している。

アドバンテージ（優れた武器やアップグレードなど）
　Draw Something は、お絵かきが楽になるカラーを販売している。

時間の節約
　長距離を走らせるよりも、その場で生き返らせる。この戦略は多くのウェブベースの MMO で採用されている。

カウントダウンタイマーの排除
　リフレッシュに 1 日かかるエネルギーレベルをすぐに補充する。これは Please Stay Calm が使っている。

有料バージョンにアップセリング
　機能に制限をかけているアプリケーションもある。たとえば、本書執筆時点の Evernote のモバイルアプリでは、有料バージョンにアップグレードしないとオフラインのファイル同期ができない。

ゲーム内広告
　広告を表示するゲームもある。プレーヤーがプロモーションコンテンツを見る代わりに、ゲームの通貨がもらえる。

　ゲーム内課金と広告のあるモバイルゲームについて考えてみよう。ユーザーがアプリをストアで見つけたとする。自分で検索したのかもしれないし、人気順や一覧に表示されていたのかもしれない。ユーザーはアプリのことを知ろうとする。レーティング・ダウンロード数・他のタイトル・書き込まれたレビューなどを見る。そして、アプリをダウンロードするかどうかを決める。ダウンロードできたら起動してプレイを開始する。

　このゲームにはゲーム内の経済（金貨）があり、普通にゲームをプレイするよりも、武器や能力を購入したほうが早い。広告を見て金貨を獲得する方法もある。この会社はかなりの時間をかけて、カジュアルプレーヤー（あまりプレイをしないユーザー）が楽しめるようにすることと、課金を魅力的なものにする（プレーヤーに少額でもお金を支払ってもらう）こととのバランスをとるようにしている。ここは経済学とゲームデザインが交差する場所だ。

　この会社は以下の指標を大切にしている。

ダウンロード数
　アプリケーションをダウンロードした人数。アプリストアの配置やレーティングなどの関連する指標も含まれる。

顧客獲得コスト（CAC）
: ユーザーや有料顧客の獲得にかかるコスト。

起動率
: アプリをダウンロードした人が、実際に起動してアカウントを作成した割合。

アクティブなユーザーやプレーヤーの割合
: アプリを起動して、毎日あるいは毎月使っているユーザーの割合。それぞれデイリーアクティブユーザー（DAU）とマンスリーアクティブユーザー（MAU）と呼ばれる。

課金ユーザー率
: これまでに何かにお金を支払ったことのあるユーザーの割合。

課金までの時間
: ユーザーがアクティベーションしてから課金するまでの時間。

毎月のユーザーひとりあたりの平均収益（ARPU）
: これは課金と閲覧した広告から求められる。通常は、最も購入につながった画面やアイテムなど、アプリケーションに固有の情報も含まれる。それからARPPU（Average Revenue Per Paying User）も見ることになる。こちらは、**課金ユーザーひとりあたりの平均収益**である。

レーティングクリックスルー率
: アプリストアで評価したり、レビューを書いたりしてくれるユーザーの割合。

拡散
: 他のユーザーを招待してくれたユーザー数が一般的。

チャーン
: アプリをアンインストールした顧客、もしくは一定期間起動していない顧客の割合。

顧客ライフタイムバリュー
: ユーザーのゆりかごから墓場までの価値。

前章のSaaSビジネスモデルのときにも説明した指標があるが、モバイルアプリの世界では大きく違っているものもある。

10.1　インストール数

モバイル分析のコンサルティングおよび開発会社であるDistimo社によれば、アプリストアで取り上げられると、売上に大きな影響があるそうだ[†]。すでにトップ100にいるアプリの場合、平均してAndroidマーケットでは42位、iPad App Storeでは27位、iPhone App Storeでは15位ほど順位が上がるそうである。

トラクションを達成するときは、アプリストアの動きが何よりも重要になる。AppleのApp Storeのホームページに掲載されるとトラフィックは100倍になる[‡]。分析会社のFlurry

---

[†] http://www.distimo.com/wp-content/uploads/2012/01/Distimo-Publication-January-2012.pdf
[‡] http://blog.flurry.com/bid/88014/The-Great-Distribution-of-Wealth-Across-iOS-and-Android-Apps

社が、2012年の収益全体に占める割合を試算したところ、iPhone App Store でトップ25だったアプリケーションが約15%、残りのトップ100が約17%だった。Year One Labsが出資しているソーシャルモバイル位置情報アプリを開発するLocalmind社の創業者レニー・ラチツスキー《Lenny Rachitsky》は、このように言っている。

> 「App Storeで取り上げられたのは、これまでに最も大きな出来事でした。App Storeのどの場所で取り上げられるのかも重要です。それがニュースになるかどうかに影響するのです」

Execution Labs社の共同創業者であり、ゲーム開発のアクセラレーターであるアレクサンドレ・ペルティエーノーマンド《Alexandre Pelletier-Normand》は、Apple App Store よりも Google Play で取り上げられるほうが収益の面で有利であると言っている。

> 「Google Playに取り上げられるとランキングが急上昇します。また、Google PlayのランキングはApp Storeと比べると安定しています。つまり、ランキングが上がったままであれば、それだけ収益につながるということです」

この圧倒的な優位性は少しずつ変化している。知名度の低いアプリケーションの収益が全体的に高まっているからだ。とはいえ、お金を稼ぎたいのであれば、アプリストアのランクを上げる必要がある。アプリストアで取り上げられれば、大きな効果がある。

10.2　ARPU

モバイルアプリの開発者は、アプリのマネタイズ方法を常に探している。そして、ユーザーの月別あるいはライフタイムの平均収益（ARPU）にフォーカスしている。多くのゲーム開発者は、アプリケーションそのものに計測をさせている。データを簡単に収集できる有力でオープンな方法が他にないからだ。

ゲームを開発しているのであれば、収益だけを気にしているわけにはいかない。魅力的なコンテンツや中毒性のあるゲームを楽しんでもらうことと、お金儲けにつながるゲーム内課金のバランスをとりながら進んでいるのである。お金を「強奪」して、プレーヤーの興味を奪ってしまうようではダメだが、それを避けるのは難しい。本来であれば、毎月少しずつお金を支払ってもらいながら（数ドル程度でいい！）、ユーザーに何度も戻ってきてもらい、友達を招待してもらう必要がある。結果としてARPUの他に、ゲームのプレイ（難しすぎず、簡単すぎず、プレーヤーが行き詰まらないようにする）やプレーヤーのエンゲージメントに関する指標も計測することになる。

ARPUは収益をアクティブなユーザーやプレーヤーの人数で割ったものである。見栄えを気にしてアクティブプレーヤーを水増しすれば、ARPUが下がることになる。したがって、この指標を使うときには「エンゲージメント」の現実的な評価基準を設定しなければいけな

い。通常であれば、ARPU は月単位で計算する。

　モバイルゲームでは、プレーヤーがチャーンするまでに支払った平均的な金額から、顧客ライフタイムバリュー（CLV）を計測できる。しかし、プレーヤーが離脱するには数か月や数年かかるので（そうあってほしい！）、SaaS 企業のところで紹介した方法で CLV を見積もるほうが簡単だ。

　話を無料モバイルゲームに戻そう。お金はゲーム内課金や広告で稼いでいる。今月のダウンロード数は 12,300 件を超えたところだ。96% がアプリを起動して、会社のサーバーに接続した。その 30% がアプリを合計 3 日以上使用して、「エンゲージメント」したプレーヤー（エンゲージドプレーヤー）になった。

　エンゲージドプレーヤーは、ゲーム内課金と広告から平均して月に 3.2 ドルの収益をもたらしている。つまり、今月のダウンロード数から約 11,339 ドルの収益が生み出されたというわけだ（ただし、アプリストアでは数か月後に収益を受け取ることになる）。

　プレーヤーは毎月 15% がチャーンしているので、平均ライフタイムは 6.67 か月（1 / 0.15）である。したがって、会社の月間収益は約 75,500 ドルになる。プレーヤーのライフタイムバリューは ARPU にライフタイムをかけたものなので、この場合は 21.33 ドルだ。エンゲージドプレーヤーの獲得コストを把握していれば、利益、広告の投資収益率、エンゲージドユーザーを獲得するまでの投資回収期間が計算できる。図 10-1 は、以上の計算を示したものだ。

　この会社のビジネスモデルは、こうした数値にかかっている。ダウンロード数を増やし、エンゲージメント率を高め、ARPU を最大化し、チャーンを最小化し、拡散を広めて、顧客獲得コストを下げなければいけない。しかし、これらの目標はお互いに引っ張り合う関係にある。たとえば、ゲームを楽しくしてチャーンを下げるのか、ARPU が上がるようにお金を徴収するのか、いずれかを選ばなければいけない。そこにゲームデザインの技と手腕が必要になるのである。

10.3　課金ユーザー率

　ゲームにお金を使いたくないプレーヤーがいる。その一方で、愛するゲームで有利になるように、文字どおり**数千ドル**もかけるプレーヤーがいる（「ホエール（鯨）」と呼ばれる）。この 2 種類のユーザーの違いを理解し、アプリ内の購入を増やす方法を見つけることが、無料モバイルアプリをうまくマネタイズする鍵である。

　ここでの最も基本的な指標は、課金ユーザーの割合だ。この指標がわかったら、セグメンテーションやコホート分析をする。たとえば、広告キャンペーンがゲーム内課金につながったとすれば、同様のキャンペーンを続けるべきである。ゲーム内で販売するものを洗練する必要もあるだろう。そうすれば、ホエールたちがいろいろと購入してくれるはずだ。これまでに購入したことのないユーザーには、高価ではないものから提供してみるといいだろう。

　ARPU を計測すれば、ユーザーの課金額を把握できる。すでに課金したことのあるユーザーにさらに課金してもらおうとしても、ARPU に大きな影響はない。ほとんどのユーザーはそれ以上課金しないからだ。ただし、収益には大きな影響をもたらす可能性がある。**課金ユー**

ザーと無課金ユーザーは異なるユーザーベースとして扱い、振る舞い・チャーン・収益を別々に追跡しよう。

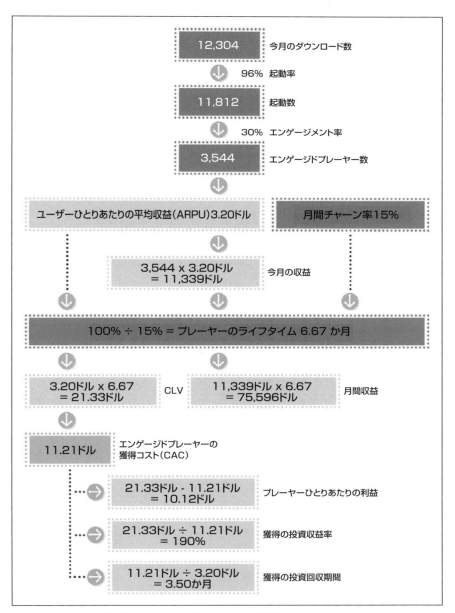

図10-1　モバイルアプリに欠かせないすべての指標の計算方法

10.4　チャーン

チャーンについては9章で詳しく述べた。これもモバイルアプリの重要な指標である。ゲーム開発のアクセラレーター Execution Labs 社の共同創業者であり、OpenFeint 社の元マネタイゼーション VP であるキース・カッツ《Keith Katz》は、一定期間のチャーンに注目すべきだと言っている。

> 「1日・1週間・1か月のチャーンを追跡しましょう。ユーザーが立ち去る時期や理由はさまざまです。1日で立ち去った場合は、チュートリアルがうまくできていないか、単にユーザーを引きつけられなかったからでしょう。1週間で立ち去った場合は、ゲームが『深くない』のでしょう。1か月で立ち去った場合は、アップデート計画が貧弱だったのでしょう」

ユーザーがチャーンした時期がわかれば、その理由やユーザーを引きつけるために何をすればいいかを知る目安となる。

10.5　モバイルアプリビジネスの見える化

図 10-2 は、モバイルアプリビジネスのユーザーの流れとステージごとの主要指標を示している。

ドイツのゲーム開発会社 Wooga 社は指標の達人である。この会社はソーシャルゲームの成功の方程式を作っており、完全に数値で駆動している。マンスリーアクティブユーザーは231か国3,200万人、デイリーアクティブユーザーは700万人以上いる。2012年の Wired 誌の記事において、創業者のジェンス・ゲーゲマン《Jens Begemann》が会社の手法を明らかにしている[†]。

Wooga 社は常に反復して、毎週アップデートをリリースしている。アップデートのたびに、定着のようなフォーカスする主要指標を選んでいる。そして、それを改善する複数の戦術を見つける。アップデートをリリースしたら、数値の変化を厳密に計測して、それに合わせて適応していく。ジェンスは128個のデータポイントを毎日レビューしているそうだ。うまくいっていないと思われるものがあれば、そのことを製品チームに伝える。その数値に何が起きているのか、改善するには何をすればいいかを見つけるのは、製品チームの責任である。

[†] http://www.wired.co.uk/magazine/archive/2012/01/features/test-test-test?page=all

10.5 モバイルアプリビジネスの見える化

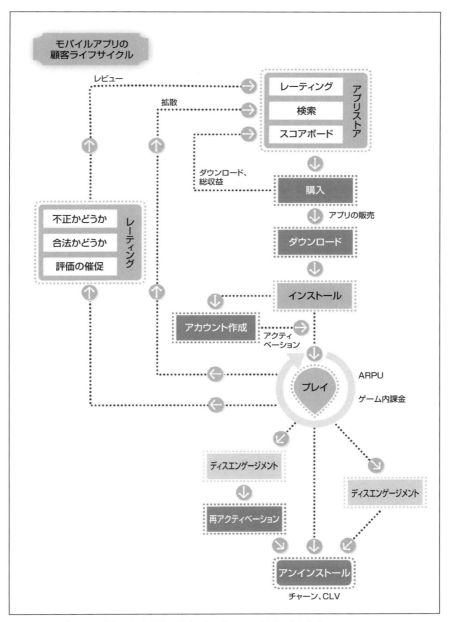

図10-2 モバイルアプリのすべてがアプリストアのフィードバックとなる

10.6　ヒント：「アプリ内課金」対「広告」

このモデルを複雑にしている要因のひとつは、マネタイズの手法だ。これまで見てきたように、モバイルアプリにはさまざまなマネタイズの種類がある。アプリ内で動画を再生する広告もあれば、他のアプリを試してもらう「プロモーションダウンロード」と呼ばれるものもある。だが、それだけではユーザーは離れてしまう。チャーンは上がり、エンゲージメントは低下し、ユーザー体験の邪魔になってしまうだろう。

ゲーム開発者は、マネタイズの手法をうまく統合しなければいけない。ゲームのテーマに合っていないものについては、特に注意する必要がある。その収益源がプレーヤーの振る舞いに与える影響を計測すべきである。

10.7　重要なポイント

- モバイルアプリでお金を稼ぐにはさまざまな方法がある。
- お金は少数のユーザーからやってくる。お金を支払ってくれるユーザーはグループにセグメント化して分析すべきである。主要指標はARPUだが、有料ユーザーだけのARPPUも追跡したい。「ホエール」は他とは大きく違うからだ。

モバイルビジネスはSaaSビジネスとよく似ている。どちらもユーザーをエンゲージメントしようとする。何度もお金を支払ってもらおうとする。チャーンを低下させようとする。9章に戻って、SaaSの指標について学んでもいいだろう。あるいは、ビジネスのステージが重要な指標に与える影響を14章で調べてもいい。

11章
モデル4：メディアサイト

広告がインターネットにお金を支払っている。オンラインコンテンツに広告を挿入するのは簡単なので、多くの企業にとって広告ベースのマネタイズは予備の収益源となっている。安価なゲームの代金やフリーミアムな製品の運営コストの肩代わりである。多くのウェブサイトが広告に依存しているが、うまくできているところは少ない。そのようなサイトは一般的にコンテンツを扱っているところが多い。サイトに長時間滞在し、多くのページを閲覧するリピート訪問者を引きつける努力をしているのである。

あなたのビジネスモデルがメディアサイトに近いのであれば、広告主のメッセージを閲覧者に提供することで得られるインプレッション・クリックスルー率・売上などの対価が主なフォーカスとなる。Googleの検索エンジン・CNETのホームページ・CNNのウェブサイトは、すべてメディアサイトである。

広告からの収益にはさまざまな形態がある。バナー広告を表示したりスポンサー契約を結んだりしてお金を稼ぐサイトもあれば、広告のクリック数やアフィリエイトからのキックバックで収益を得ているサイトもあるし、訪問者に広告を表示するだけの単純なサイトもある。

メディアサイトはクリックスルーや表示率を気にかけている。それらが収益につながるからだ。ただし、訪問者のサイト滞在時間・閲覧ページ数・ユニーク訪問者数（とリピート訪問者数）なども最大化する必要がある。それが広告在庫（訪問者に広告を見せる機会）や、広告主が興味を持つ人たちへのリーチの増加につながるからだ。

4つの収益モデル（スポンサー・広告表示・クリックベースの広告・アフィリエイト）からお金を稼いでいるスポーツニュースサイトについて考えてみよう。ユニーク訪問者数は2万人、平均訪問数は12回、平均滞在時間は17分である（表11-1参照）。

表11-1　広告在庫の計算（月間）

トラフィック	例	注記
ユニーク訪問者数	20,000	
平均訪問数	12	
訪問あたりの閲覧ページ数	11	
平均滞在時間（分）	17	

表11-1　広告在庫の計算（月間）（続き）

トラフィック	例	注記
サイト滞在時間（分）	4,080,000	
ページビュー（在庫）	2,640,000	

このサイトは地元のスポーツチームと提携している。すべてのページにバナー広告を表示する契約を結んでおり、収益は月に4,000ドルある（表11-2参照）。

表11-2　スポンサーからの収益の計算（月間）

スポンサーからの収益	例	注記
スポンサー収益	4,000ドル	契約
スポンサーバナー広告数	1	ウェブに掲載
スポンサー広告収益の合計	4,000ドル	

また、広告表示の契約を結んでいて、1,000回表示するたびに2ドルの収益がある（表11-3参照）。

表11-3　広告表示の収益の計算（月間）

広告表示の収益	例	注記
広告表示料（1,000回表示ごと）	2ドル	交渉次第
ページあたりの広告数	1	ウェブに掲載
広告表示の収益の合計	5,280	ページビュー数 × 表示率 ÷ 1,000

ここまでは比較的単純な収益モデルだ。だが、このサイトはペイパークリック型の収益も得ている。訪問者やサイトに合った広告が挿入されるように、サードパーティのアドネットワークの掲載スペースが確保されている（表11-4）。

表11-4　クリックスルー広告の収益の計算（月間）

クリックスルー広告の収益	例	注記
ページ単位のクリックスルー広告数	2	ウェブに掲載
クリックスルー広告の表示回数	5,280,000	ページビュー × ページ単位の広告数
クリックスルー広告のクリック率	0.80%	広告効果によって異なる
広告クリック数の合計	42,240	広告表示回数 × クリックスルー率
クリックあたりの平均収益	0.37ドル	広告のオークションレート
クリックスルー広告の収益の合計	15,628.80ドル	広告クリック数 × クリックあたりの平均収益

クリックスルー広告の収益は、訪問者のクリック率とクリック単価によって決まる。クリック単価はキーワードの価値で決まることが多い。したがって、お金になる広告が表示される

ように、コンテンツの種類を変更するサイトもあるだろう。

最後に、このサイトはオンライン書店と提携して、スポーツの書籍を販売している。すべてのページに「今週の本」を特集しているのだ。クリックしただけではお金にならないが、書籍が**購入**されたときにお金が入るようになっている（表11-5参照）[†]。

表11-5 アフィリエイトによる収益の計算（月間）

アフィリエイトの収益	例	注記
ページ単位のアフィリエイト広告数	1	ウェブに掲載
アフィリエイト広告の表示回数	2,640,000	ページ単位の広告数 × ページビュー数
アフィリエイト広告のクリック率	1.20%	広告効果によって異なる
アフィリエイト広告のクリック数の合計	31,680	広告表示回数 × クリックスルー率
アフィリエイトのコンバージョン率	4.30%	アフィエイトパートナーの販売力
アフィリエイトのコンバージョン数	1,362.24	広告クリック数 × コンバージョン率
アフィリエイトの平均購入額	43.50ドル	アフィリエイトパートナーのショッピングカートのサイズ
アフィリエイトの合計売上	59,257.44ドル	アフィリエイトからの収益
アフィリエイト率	10%	アフィリエイトからの収益率
アフィリエイトの収益の合計	5,925.74ドル	アフィリエイトの売上 × アフィリエイト率

アフィリエイトモデルは複雑である（サイト運営者は訪問者が何を購入したのかを知らされないことが多く、単にお金を受け取るだけである）。アフィリエイトにもファンネルが存在する。まずは訪問者をサイトに誘導し、次に訪問者にクリックしてもらい、最後にサードパーティのサイトで購入してもらうのである。

このスポーツサイトは、4つのマネタイズモデルを利用している。スポンサー・バナー表示・2つのクリックスルー広告・書籍のアフィリエイトのために、画面領域を用意しておかなければいけない。もちろんこれによってサイトの質は低下し、再訪問してもらえるだけの価値のあるコンテンツを掲載する領域が少なくなってしまう。商用の画面領域と価値のあるコンテンツのバランスをとるのは難しい。

スポンサーの価格設定や広告の表示は直接交渉することが多く、すべてはサイトの知名度にかかっている。広告とは一種の推薦状であり、広告主は信頼性を求めているからだ。アフィリエイトやペイパークリック型の広告の価格は、広告主の入札にもとづいてアドネットワークが設定している。

[†] お店によっては、アフィリエイトサイトにある商品だけでなく、**あらゆる商品**の購入からお金を稼ぐことができる。たとえば、本のアフィリエイトをクリックして、Amazonで本とコンピュータを購入したとすると、コンピュータの売上もアフィリエイトの売上になるのである。これは、Amazonのアフィリエイトの競争力にとっても有効な利点となる。

メディアサイトには多くの計算が絡んでくる。テキストエディタで記事を書くよりも、表計算ソフトを使う場面のほうが多いと感じるかもしれない。これまでに警告した虚栄の指標の多くは、メディアサイトに関連したものである。メディアサイトは知名度でお金を稼ぐサイトだからだ。

メディアサイトは以下の指標を気にかけている。

オーディエンスとチャーン
　サイトの訪問者数とロイヤリティの度合い。

広告在庫
　マネタイズ可能なインプレッション数。

広告料
　CPE（エンゲージメント単価）で計測することもある。CPEとは、コンテンツや訪問者にもとづいたインプレッションから、どれだけエンゲージメントを生み出せるかである。

クリックスルー率
　お金になるインプレッション数。

コンテンツと広告のバランス
　パフォーマンスを最大化するための広告在庫率とコンテンツのバランス。

11.1　オーディエンスとチャーン

メディアサイトの最も明確な指標はオーディエンスの人数だ。業界標準のクリックスルー率を獲得でき、今後も訪問者が増えていくのであれば、稼げるお金も増えていく。

オーディエンスの人数（月間のユニーク訪問者数）の増加を追跡することが重要である。ただし、ユニーク訪問者数の計測にフォーカスしすぎると方向を見失ってしまう。前述したように、エンゲージメントはトラフィックよりも重要だ。したがって、訪問者数の増加だけではなく、減少についても把握することが欠かせない。

メディアサイトのオーディエンスのチャーンを計算するには、特定の月のユニーク訪問者数と新規訪問者数の変化を見ればいい（表11-6）。

表11-6　オーディエンスのチャーンの計算

	1月	2月	3月	4月	5月	6月	7月
ユニーク訪問者数	3,000	4,000	5,000	7,000	6,000	7,000	8,000
前月との差	N/A	1,000	1,000	2,000	(1,000)	1,000	1,000
新規（初回）の訪問者数	3,000	1,200	1,400	3,000	1,000	1,200	1,100
チャーン	N/A	200	400	1,000	2,000	200	100

この例では、ウェブサイトを1月にローンチして、3,000人のユニーク訪問者を獲得している。毎月、新規の訪問者数が一定数増えているが、それと同時に一定数が減っている。チャーンを計算するには、新規の訪問者数から前月との差を引けばいい。新規の訪問者が前月の損失「補填」をしているのである。

効果的なキャンペーンはチャーンの問題を隠すことができる。この例では、4月にユニーク訪問者数が2,000人増加しているが、損失も1,000人と大きい。

訪問者のセグメントごとにレイアウトの変化（たとえば広告を減らすなど）をテストできるのであれば、広告コンテンツに支払う「チャーン税」の度合いを決定できる。そうすれば、広告から得られる収益とバランスをとることもできる。

11.2 広告在庫

最初はユニーク訪問者の追跡から始めるとよいが、広告在庫も計測する必要がある。これは一定期間内のユニークページビューの合計数である。ページビューは訪問者に広告を見せる機会となるからだ。広告在庫は訪問者と訪問あたりのページ数から見積もることができる。ただし、ほとんどの分析パッケージが数値を自動で表示してくれるだろう（表11-7参照）。

表11-7　ページ在庫の計算

	1月	2月	3月	4月	5月	6月	7月
ユニーク訪問者数	3,000	4,000	5,000	7,000	6,000	7,000	8,000
訪問あたりのページ数	11	14	16	10	8	11	13
ページ在庫	33,000	56,000	80,000	70,000	48,000	77,000	104,000

実際の在庫は、ページレイアウトやページあたりの広告数によって決まる。

パターン｜パフォーマンスとセッションクリック率

もうひとつの考慮すべき要因は、セッションクリック率である。あらゆるウェブサイトは、訪問者がサイトに来る前に一定数を失っている。たとえば、100件のウェブ検索があったとして、実際にサイトに訪問するのは約95件である。つまり、5人が[戻る]ボタンを押しているということだ。あるいは、読み込み時間が遅いと思って諦めたり、途中で気が変わったりしているのである。

セッションクリック率とは、検索などの外部のリンクを「クリック」して、あなたのサイトの「セッション」につながる割合である。これはウェブサイトのパフォーマンスや信頼性の指標となっている。Shopzilla社のジョディ・マルキー《Jody Mulkey》とフィリップ・ディクソン《Phillip Dixon》は、読み込み時間の短縮や信頼性向上のためにサ

イトを作り直したときに、パフォーマンス改善がセッションクリック率に与える影響を詳細に分析している[†]。この変更の結果、サイト訪問者は 3 〜 4% 増えた。だが、その後も変更を続けた結果、すぐにサイトが遅くなってしまった。サイトを高速にするのは、終わりなき戦いなのである。

11.3　広告料

アドネットワークから支払われる広告料は、コンテンツ・検索語句・キーワードの相場によって決まる。純粋なメディアサイトであれば、広告料はサイトのテーマや公開しているコンテンツによって決まる。ソーシャルネットワークであれば、ユーザーの属性情報によって決まる。属性情報をもとにしたサードパーティの広告を導入する Facebook などのソーシャルプラットフォームでは、訪問者の属性情報が重要になる。つまり、サイトのコンテンツが**何**であるかよりも、訪問者が**誰**であるかにお金が支払われるのである。

11.4　コンテンツと広告のバランス

メディアサイトでは、販売せずにどのように収益を得るかを決めなければいけない。これには 2 つの方法がある。まずは広告スペースだ。広告が多すぎるとコンテンツの質が劣って見えてしまうし、訪問者のロイヤリティも落ちてしまう。2 つめはコンテンツだ。お金になる広告キーワードを目指してコンテンツを作ると、押しつけがましい印象を与えてしまうし、コンテンツなのに広告のような印象になってしまう。

レイアウトデザインやコピーライティングのスタイルは美的な事柄である。だが、こうした美的な事柄に関連した意思決定が分析に役立つ。コンテンツに本気で取り組んでいるのであれば、収益とチャーンのバランスをとったレイアウトデザイン、コンテンツと広告価値のバランスをとったコピーライティングなどをテストする必要がある。

こうしたテストに役立つ商用ツールもある。たとえば、Parse.ly はトラクションの最も高いコンテンツを分析してくれる。また、収益や特定のページから退出する訪問者の割合といった主要指標を著者・トピック・レイアウト単位でセグメント化できる。

11.5　メディアビジネスの見える化

図 11-1は、メディアビジネスのユーザーの流れとステージごとの主要指標を示している。

[†] サンタクララで開かれた Velocity 2009 でフィリップ・ディクソンが、Shopzilla の大改造の結果と最初の基準値を発表している。http://www.youtube.com/watch?v=nKsxy8QJtds

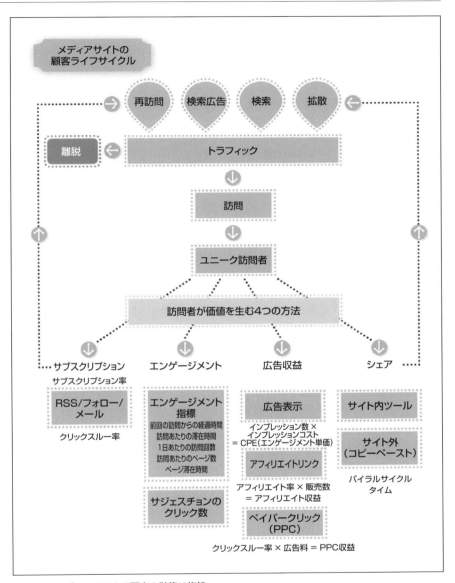

図 11-1　メディアサイトの顧客の計算は複雑

11.6　ヒント：隠れたアフィリエイト・バックグラウンドノイズ・広告ブロッカー・ペイウォール

オンラインメディアの取引関係にはさまざまなものがあり、それが適切な主要業績評価指

標（KPI）の発見を複雑にしている。注意すべきは以下の4つだ。

隠れたアフィリエイト

オンラインピンボードサービスのPinterestは、ユーザーがアップロードした商品の写真のURLをSkimlinksで書き換えていた。サイトが成長すると、そのアフィリエイトの収益が大手ネットワークからの収益を上回るようになった[†]。そこで、本格的にアフィリエイトに取り組むようになったのである[‡]。

Pinterestはこの戦略を使って、トラフィックを急速にマネタイズすることができた。そして、コンテンツに貢献するユーザー数（UGCの指標）だけでなく、写真をクリックして購入につながるまでの可能性も気にかけるようになった。アフィリエイトリンクの書き換えは、広告を使わずにUGCをマネタイズする手っ取り早い方法である。ユーザーから投稿されたものはすべて広告として利用できると言っていいだろう。ただし、ビジネスモデルは複雑になるし、反感を買う恐れがある。

バックグラウンドノイズ

あるテストによれば、情報が何もない空白の広告のクリックスルー率は約0.08%だったそうだ[§]。これは有料キャンペーンと遜色がない。空白の広告をクリックした人になぜクリックしたのかと聞いたところ、答えは均等に2つに分かれた。単なる好奇心とアクシデントである。空白の広告がつかまえるバックグラウンドノイズとあなたの広告の収益に大差がなければ、その理由を明らかにする必要がある。

広告ブロッカー

技術系のユーザーであれば、広告ブロックソフトウェアをブラウザにインストールして、特定の広告会社からの広告をブロックしていることもある。これにより広告在庫が減ってしまい、アナリティクスと干渉してしまう。Redditでは、広告をブロックしていない訪問者に対して、おもしろいコンテンツ・ミニゲーム・感謝のメッセージなどを入れた広告を表示している。

ペイウォール

オンライン広告からの収益に満足していないメディアサイトは、ペイウォールを使ってコンテンツのアクセスからお金を得ようとしている。ペイウォールモデルには、寄付（最初に訪問したときにポップアップで表示されることが多い）から、繰り返し料金の発生する有料サイトまで、さまざまな形態がある。

中間的なモデルを採用しているメディアサイトもある。訪問者は毎月一定の上限数までは

[†] http://www.digitaltrends.com/social-media/pinterest-drives-more-traffic-to-sites-than-100-million-google-users/
[‡] http://llsocial.com/2012/02/pinterest-modifying-user-submitted-pins/
[§] 2012年6月にAdvertising Research Foundationが50万件の広告インプレッションを調査したところ、この数値が明らかになった。この数値はサイトの種類によって異なる。詳しくは、http://adage.com/article/digital/incredible-click-rate/236233/を参照。

記事にアクセスできるが、それを超える場合はお金を支払わなければいけないというものだ（図11-2参照）。こうしたサイトは、「参照」コンテンツ（Twitterなどで言及されると広告収益につながる）と「購読」コンテンツ（ユーザーの毎日のニュースソースになる）のバランスをとろうとしているのである。

図11-2　ペイウォールの台頭は避けられない

ペイウォールモデルはアナリティクスを複雑にする。広告とサブスクリプションから得られる収益にトレードオフがあるからだ。また、何気なく参照している訪問者から、繰り返し収益を生み出す購読者に転換しなければいけないので、計測すべき新しいECのファンネルが生まれることになる。

11.7　重要なポイント

- メディアサイトでは、広告収益がすべてである。広告には、広告表示・ペイパービュー・ペイパークリック・アフィリエイトモデルなどが存在する。したがって、収益を追跡するのは難しい。
- メディアサイトには広告在庫（訪問者数）と魅力が必要だ。それは広告主が求める属性情報を引きつけるようなコンテンツから生まれてくる。
- 優良なコンテンツと収益性のある広告のバランスをとるのは難しい。

メディアサイトは昔から、ブログ・動画・レポート記事などの独自のコンテンツを作ってきた。だが、現在のオンラインコンテンツは次第にユーザー自身が作るようになっている。ユーザー制作コンテンツのビジネスモデルや指標について学びたいのであれば、12章を続けて読んでほしい。スタートアップのステージやメディアビジネスへの影響を把握したいのであれば、14章へ進もう。

12章
モデル5：ユーザー制作コンテンツ

　Facebook・reddit・Twitterをメディアサイトだと思っているかもしれない。広告でお金を稼いでいるのだから、それは間違いではない。だが、彼らの主要なゴールは、コンテンツを作り出すコミュニティを作ることである。コミュニティにフォーカスしたサイトのなかには、広告以外からお金を稼いでいるところもある。たとえば、Wikipediaの収益源は寄付である。

　こうしたビジネスを**ユーザー制作コンテンツ（UGC）**サイトと呼んでいる。これが個別のビジネスモデルになるのは、コンテンツを作り出すコミュニティの成長が主な関心事だからである。ユーザーが活動しなければ、サイトは完全に停止してしまう。あなたがUGCビジネスをやるのであれば、これから追跡すべき指標を本章で説明する。

　このビジネスモデルでは、優良なコンテンツの制作にフォーカスする。ユーザーの投稿やアップロードだけでなく、投票・コメント・スパムフラグなどの活動にもフォーカスするということだ。UGCで重要なのは、質の高いコンテンツと低いコンテンツの割合と、コンテンツを作る人と作らない人[†]の割合である。これは**エンゲージメントファンネル**[‡]と呼ばれ、昔ながらのECモデルのコンバージョンファンネルとよく似たものである。見込み客を購入に向かわせるのではなく、読むだけの人には投票してもらえるように、投票してもらえたらコメントを書いてもらえるように、という具合に利用者のエンゲージメントのレベルを高めていくのである。

　WikipediaはUGCサイトの一例である。良質で信頼性が高く、よく言及されるコンテンツがサイトを支えている。一方で、炎上や編集合戦はこのサイトの悪いところである。ECサイトが購入者の進むステップをファンネルにしているように、UGCサイトは特定の振る舞いをするユーザーの割合を計測している。収益源は広告や寄付になるが、それはユーザーをエンゲージメントするというビジネスに付属したものである。

　リンクのシェアにフォーカスしたソーシャルネットワークを考えてみてほしい。たとえば、

[†] 訳注：コンテンツを作らずに「見ているだけ」の人を「Read Only Member（ROM）」と呼ぶことがあるが、これは和製英語である。本書は日本語訳なので「ROM」と表記するが、本来の英語では「lurker」と呼ぶことに注意してほしい。

[‡] Altimeter Group社のシャーリーン・リー《Charlene Li》はこれを「エンゲージメントピラミッド」と呼んでいる。

reddit がそうだ。誰もがコンテンツを閲覧したり、サイトにあるソーシャルボタンでシェアしたりできる。アカウントを作成すれば、コンテンツに投票したり、コメントをつけたり、自分のコンテンツを投稿したりすることもできるようになる。また、特定のトピックを議論するためのグループを作ることもできる。他のユーザーにプライベートなメッセージを送ることもできる。

エンゲージメントしていない立ち寄り（一回限りの）訪問者からハードコアな人まで、エンゲージメントの段階が自然なファンネルを作り出している。サイトの中心的な機能は、1回限りの訪問者にアカウントを作成してもらってユーザーになってもらい、最終的にはコラボレーターになってもらうことである。図 12-1 は、エンゲージメントのファンネルの例と、reddit・Facebook・YouTube が**段階**と呼ぶ一覧を示している。ただし、すべての UGC サイトがこの段階を持っているわけではない。

	例		
	reddit	Facebook	YouTube
立ち寄り(一回限りの)訪問者:	訪問者	訪問者	視聴者
再訪問者:	ROM	ROM	視聴者
入会ユーザー:	redditor	ユーザー	Googleアカウント保持者
投票者／フラグをつける人:	投票アップ／ダウン	いいね／フラグ	サムズアップ／ダウン
コメントをつける人:	返信	コメント	コメント
コンテンツ制作者:	オリジナル投稿者(OP)	投稿者	アップローダー
モデレーター:	subreddit モデレーター	グループ管理者	
グループ作成者:	subreddit 作成者	イベント、場所、グループの作成者	チャンネルオーナー

図12-1 世界中のすべてのソーシャルネットワークが愛してほしいと思っている

このようにエンゲージメントが次第に増えていくパターンは、ウェブサイトに限ったもの

ではない。オンラインでは何度も発生する典型的な例である。Twitter も reddit とよく似ている。チャットのようにも使えるし、リンクのシェアもできるし、コメントもつけられる。投票の代わりにリツイートボタンがあり、マイナスの投票の代わりにブロック機能がある。Flickr・Facebook・LinkedIn・YouTube にも似たようなエンゲージメントの段階がある。

UGC 企業は、図 11-1 で取り上げたメディアサイトの指標以外に、以下の指標を気にかけている。

エンゲージメントした訪問者数
どれくらいの頻度で戻ってくるのか。定着はどれくらいの期間なのか。

コンテンツの制作
制作や投票などの何らかの方法でコンテンツとやり取りをする訪問者の割合。

エンゲージメントファンネルの変更
エンゲージメントレベルの移行がどれだけうまくいっているか。

制作されたコンテンツの価値
寄付やメディアクリックなどのコンテンツのビジネス的な利益。

コンテンツの拡散
どれだけコンテンツがシェアされたか。どれだけ成長につながったか。

通知の効果
プッシュやメールなどで連絡したときに、何らかの行動を起こしてくれるユーザーの割合。

12.1　訪問者のエンゲージメント

訪問者が常連になれば、UGC サイトはうまくいく。SaaS のチャーンのところで見たように、これを把握するには最終訪問からの経過時間（最後にサイトに戻ってきたのはいつ？）を調べる。手っ取り早く計測するには、日と週の比率を求めればいい。今日の訪問者の何人がそれまでにいたかを求めるのだ。ユーザーがアカウントを作成していなくても、定期的に戻ってきているかどうかの目安になる。

もうひとつの指標は、最終訪問から経過した平均日数である。ただし、一定期間（たとえば 30 日間）過ぎたユーザーは除外する。そうしなければ、チャーンしたユーザーによって数値が歪められてしまうからだ。アカウントを保有しているユーザーであれば、最終投稿からの経過時間や 1 日の投票数などでエンゲージメントを計測できる。

12.2　コンテンツの制作とインタラクション

ユーザーの参加は、UGC サイトによって違いが大きい。たとえば、Facebook のユーザーは必ずログインする。「壁に囲まれた庭」にプロフィールなどのコンテンツがあるからだ。reddit はもっとオープンだが、それでもログインするユーザーの比率が高い。投票にログイ

ンが必要になるからだ†。WikipediaやYouTubeのようなサイトでは、ユーザーの大部分がコンテンツを消費するだけなので、クリックストリームやページ滞在時間などの受動的な信号に頼らざるを得ない。これらが評価のプロキシとなる。

インタラクションもユーザーに何をお願いしているかによって大きく異なる。数年前、オンラインコミュニティの参加率に関する調査結果をRubicon Consulting社が公開した。この調査は、オンラインのアクションの頻度を調べたものである。図12-2が示すように、エンゲージメントのレベルは大きく異なる。

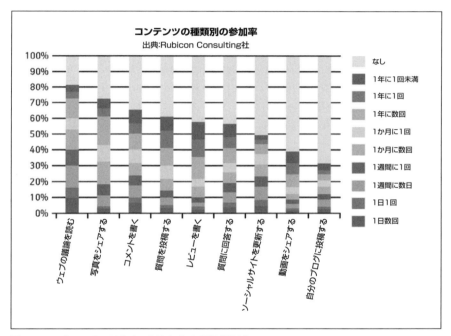

図12-2 コミュニティはやることは多くて時間が足りない

早い段階からUGCサイトは「鶏が先か卵が先か」の問題を解決する必要がある。つまり、ユーザーを引きつけるコンテンツが必要であり、コンテンツを作り出すユーザーが必要なのだ。コンテンツは別の場所で作られることもある。たとえば、Wikimediaは専門家が書くサイトになる予定だったが、コミュニティが編集するモデルへとピボットした。最初にコンテンツを用意することで「鶏が先か卵が先か」の問題を克服したのである。

最初に大きな問題となるのは、コンテンツの制作率とユーザーの参加率である。それから

---

† ログインプロセスにメール認証が必要とされないからかもしれない。つまり、ユーザーが匿名になれるということだ。

先は、良質なコンテンツが増えるかどうか、それにコメントがつくかどうかが論点となる。コメントはユーザーが議論に注意を払っているか、コミュニティを形成しているかの目安となる。

12.3　エンゲージメントファネルの変化

　reddit には、いくつかのエンゲージメントの段階がある。それぞれ、見るだけ、投票、コメント、subreddit の登録、リンクの投稿、subreddit の作成である。各段階は、ユーザーの関わりやコンテンツの制作の度合いを示しており、それぞれのユーザー種別は会社にとって異なるビジネス価値を持っている。具体的なステップは異なるが、すべての UGC サイトは同様のファネルを持っている。

　ファネルのステップは排他的なものではない。たとえば、投票せずにコメントする人もいる。ただし、ファネルはビジネスモデルに対する価値が増える順番に並べておく必要がある。たとえば、コンテンツを投稿する人のほうがストーリーをシェアする人よりも「よい」のであれば、ファネルの後ろの段階にしておくのである。できるだけお金になる段階に（コンテンツを増やしたり、人気が高まるようにコンテンツの質を高めたりする段階に）ユーザーを移動させることが重要だ。

　これを見える化する方法として、エンゲージメントの段階を時間で比較するものがある。SaaS のアップセリングのモデルとよく似ているが、任意のコホートがエンゲージメントファネルの次の段階に移動するまでの時間を計測するのである。そのためには、ファネルを一定期間（たとえば月）やコホートごとに並べておく（表 12-1 参照）。

表 12-1　月ごとのコホート別の訪問者のファネル

合計数	1月	2月	3月	4月
ユニーク訪問者数	13,201	21,621	26,557	38,922
再訪問者数	7,453	14,232	16,743	20,035
アクティブなユーザーアカウント	5,639	8,473	9,822	11,682
アクティブな投票者	4,921	5,521	6,001	7,462
新規登録者／メンバー	4,390	5,017	5,601	6,453
アクティブなコメンテーター	3,177	4,211	4,982	5,801
アクティブな投稿者	904	1,302	1,750	2,107
アクティブなグループ作成者	32	31	49	54

　エンゲージメントファネルのそれぞれの段階が「前の」アクションを実施したものであれば、時系列の変化を棒グラフで表せる（図 12-3 参照）。たとえば、投票する人は過去にコメントをつけたことのある人であり、コメントする人は過去に投稿したことのある人である、ということだ。

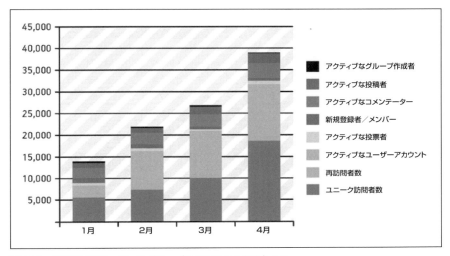

図12-3 振る舞いでユーザーをグループに分けられるだろうか？

これによってそれぞれのセグメントの成長がわかる。だが、エンゲージメントプロセスのどの部分がうまくいっているのか、うまくいっていないのかまではわからない。それを把握するには、エンゲージメントファンネルの月ごとのコンバージョン率を最初に計算する必要がある（表12-2参照）。

表12-2 エンゲージメントファンネルの月ごとのコンバージョン率

過去からの変化	1月	2月	3月	4月
ユニーク訪問者数	N/A	163.8%	122.8%	146.6%
再訪問者数	N/A	191.0%	117.6%	119.7%
アクティブなユーザーアカウント	N/A	150.3%	115.9%	118.9%
アクティブな投票者	N/A	112.2%	108.7%	124.3%
新規登録者／メンバー	N/A	114.3%	111.6%	115.2%
アクティブなコメンテーター	N/A	132.5%	118.3%	116.4%
アクティブな投稿者	N/A	144.0%	134.4%	120.4%
アクティブなグループ作成者	N/A	96.9%	158.1%	110.2%

それぞれのステップのコンバージョン率がわかったら、月ごとの相対的な変化率が求められる（表12-3参照）。

表 12-3　月ごとのコンバージョン率の相対的変化

ファンネルの変化	1月	2月	3月	4月
ユニーク訪問者数	N/A	N/A	N/A	N/A
再訪問者数	N/A	↑116.6%	→ 95.8%	↓81.6%
アクティブなユーザーアカウント	N/A	↓78.7%	→ 98.5%	→ 99.4%
アクティブな投票者	N/A	↓74.7%	↓93.8%	↑104.5%
新規登録者／メンバー	N/A	↑101.9%	↑102.7%	↓92.7%
アクティブなコメンテーター	N/A	↑118.1%	↑108.8%	↓93.6%
アクティブな投稿者	N/A	↑108.7%	↑113.6%	↑103.4%
アクティブなグループ作成者	N/A	↓67.3%	↑117.6%	↓91.5%

このデータがあれば、変更のどこがよかったのか、どこがうまくいっていないのかがわかるようになる。あるいは、特定のコホートがサイトで異なる経験をしたことがわかるようになる。たとえば、3月は再訪問する人の割合は少ないが、コメントをつけたり投稿したりする人の割合は多い。これによって、スコアの記録や改善ができる。

最終的には、それぞれの段階の人数の割合が安定した「普通の」エンゲージメントファンネルになるだろう。それで構わない。UGCサイトでは、少数のユーザーが膨大なコンテンツを制作する累乗曲線になるからだ。エンゲージメントファンネルの理想的なコンバージョン率については、27章で説明する。

12.4　制作されたコンテンツの価値

ユーザーが制作したコンテンツには価値がある。その価値とは、コンテンツを見たユニーク訪問者数だったり（Wikipediaなどのサイトの場合）、広告在庫を示すページビュー数だったり（Facebookの場合）、コンテンツのクリックで生じるアフィリエイト収益のような複雑なものだったりする（Pinterestのアフィリエイトモデルの場合）[†]。

コンテンツの価値をどのように決めるにしても、コホートやトラフィックセグメントごとに価値を計測したいはずだ。訪問者獲得のための投資方法を決めようとしているのであれば、どのサイトから価値のあるユーザーが来ているのかを知りたいと思うだろう。おそらく特定の属性情報を探すことになるはずだ（マイク・グリーンフィールドが、Circle of Friendsのユーザーセグメントでエンゲージメントと価値を比較して、Circle of Momsをローンチしたときと同じである）[‡]。

12.5　コンテンツのシェアと拡散

UGCサイトは訪問者の振る舞いによって成長する。なかでも重要なのがシェアだ。たとえば、YouTubeでは人気のある動画が拡散されて、トラフィックや広告在庫につながり、ユー

[†] ユニーク訪問者数は虚栄の指標であると警告したが、それはサイトの成長に適用したときのことである。コンテンツの価値を計測するには、便利な評価指標だ。

[‡] 2章の「Circle of Momsの成功への道」を参照。

ザーのコンテンツをマネタイズしている。サイトが「壁に囲まれていない庭」であれば（ユーザーが自由にシェアできるのであれば）、コンテンツのシェアをどのように追跡するかが重要となる。Facebookのような「壁に囲まれた庭」のサイトでは、ゴールはアプリケーションにユーザーを囲い込むことなので、シェアはあまり重要ではない。

コンテンツをツイートしたりリンクしたりするのも有益だが、シェアの多くは他のシステムで発生することを忘れないでほしい。特に重要なのは、RSSフィードやメールである。コンテンツがコピーされたときにリンクに独自のタグをつけるツールを作っているTyntは、シェアの80%がメールであると試算している[†]。

コンテンツがどのようにシェアされているかを追跡するのには理由がある。

- ビジネスを持続させるだけの拡散レベルになったかどうかを知る必要があるから。
- コンテンツがどのようにシェアされるのかを理解したいから。たとえば、すべての読者がURLを誰かに送信して、送信先の人がサイトに訪問すれば、シェアが訪問につながったことを知る必要がある。このコンテンツの価値は広告在庫だけでなく、新たな訪問を生み出すことでもあるからだ。
- ペイウォールスタイルのマネタイズ戦略を考えるべきかどうかに役立つから。

12.6 通知の効果

これまではウェブに限定したデザインを行ってきたが、最近では「デザイン for モバイル」や「モバイルファースト」の標語のもと、モバイル端末にデザイナーたちが集まってきている。だが、アプリケーションの未来はモバイルではない。通知だ。

今日のモバイル端末は人工頭脳のようなものだ。ミーティングの時間を知らせてくれたり、他の人が考えていることを教えてくれたり、家までの順路を探してくれたりする。ぼくたちは頼りっぱなしである。SiriやGoogle Nowのようなスマートエージェント技術が、このことをますます加速させている。多くのアプリケーションがみんなの関心を得ようとして、モバイル端末の通知システムはすでに戦場と化している。

UGCモデルの持続的なエンゲージメントのためには、ユーザーを通知で引き戻すことが必要不可欠となる。

フレッド・ウィルソンは、モバイル通知を「ゲームチェンジャー」と呼んでいる[‡]。

> 通知は電話やアプリを使うときの主な手段となっている。たとえば、Twitterを直接開くことはほとんどない。「10件のメンションがあります」を見てから、通知をクリックして、Twitterの［通知］タブを開いている。「20件のチェックインがあります」を見てから、通知をクリックして、Foursquareの［友達］タブを開いている。

[†] http://www.mediapost.com/publications/article/181944/quick-whats-the-largest-digital-social-media-pla.html

[‡] http://www.avc.com/a_vc/2011/03/mobile-notifications.html

なぜこれが大きな転換なのかについて、彼は3つの理由を述べている。

> まずは、携帯にあるエンゲージメントアプリをいろいろと使えるからだ。すべてのアプリをメインページに置く必要がない。通知を受け取れば、そこに新しいエンゲージメントがある。携帯のどこにそれがあるかは気にしない。
>
> 次に、好きなだけコミュニケーションアプリを持てるからだ。今は SMS・Kik・Skype・Beluga・GroupMe が携帯に入っている。もっと入れることもできる。どれかひとつのコミュニケーションシステムに専念する必要がない。通知の受信箱だけを見ていればいい。
>
> そして最後に、通知画面は新しいホーム画面だからだ。携帯を取り出したときに最初に目にするのは通知画面なのである。

通知の効果はメールの配信率と同じように計測する。送信したメッセージのなかから、期待する成果を生み出したメッセージを計算するのである。メール・SMS・モバイルアプリのどれにメッセージを送信しても、これは同じことが言える。

12.7　UGC ビジネスの見える化

図 12-4 は、UGC ビジネスのユーザーの流れとステージごとの主要指標を示している。

12.8　ヒント：受動的なコンテンツ制作

通知はバックグラウンドで発生するが、新しいフロントエンドのインターフェイスでもある。したがって、ユーザーのコンテンツ制作もひっそりと行われることが多い。たとえば、Google はユーザーの情報や更新をソーシャルネットワーク（Google+）にまとめることができるようになった。Google+ では、位置情報の取得や画像アップロードなどをバックグラウンドで実行している。また、プロフィールにもとづいて外部のサイトにリンクできるようになっている。

これまで以上にモバイル端末が、健康・位置・購入・習慣を追跡するようになれば、能動的なコンテンツ制作（書き込みやリンクのシェア）と受動的なコンテンツ制作（行動からタイムラインが自動的に作成されたり、クリックストリームからシステムが学習したりするなど）に分かれていくだろう。こうした流れは、モバイル端末メーカーや決済業者などのデータを収集するツールを作っている側には大きな利点がある。

12.8 ヒント：受動的なコンテンツ制作 | 119

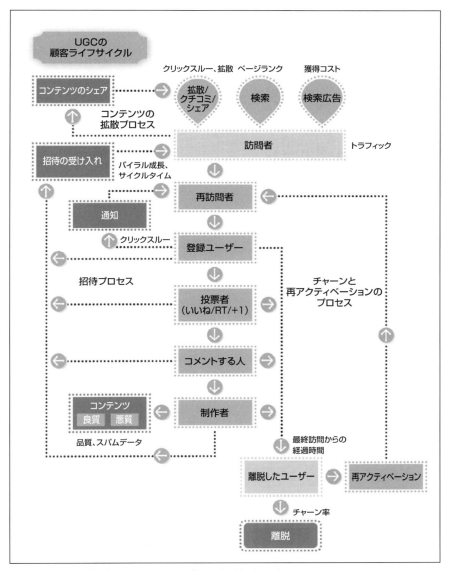

図12-4 UGCは訪問者をクリエイターにすることがすべてである

近いうちに発生する3つの変化を考えてみよう。まずは、スマートデバイスが位置情報の変化を記録してシェアする「アンビエントチェックイン」。次に、ロイヤリティ・チケット・会員データを保存する「デジタルウォレット」。最後に、端末を軽く何かにぶつけることで、情報共有や支払いが可能になる「NFC（近距離無線通信）」。これら3つの技術は、受動的な

データの宝の山を提供する。適切に許可が得られれば、ユーザー制作コンテンツのようなタイムラインがバックグラウンドで作成できるのである。

　これが現在のUGCの世界を変えるわけではないが、シェアの計測は少しずつ複雑で不透明になり、ノイズも混ざっていくだろう。これはユーザー本人によるエンゲージメントなのだろうか、それとも受動的なエンゲージメントを切り忘れているだけなのだろうか？　受動的なシェアはビジネスにとって都合のよいことなのだろうか？　もしそうであれば、促進や報酬についてはどのような対応ができるだろうか？

12.9　重要なポイント

- UGCは訪問者のエンゲージメントがすべてである。訪問者の参加度を「エンゲージメントファンネル」で追跡する。
- 多くのユーザーはROMであり、一部のユーザーが少しだけコンテンツに貢献して、残り少数のユーザーがコンテンツの制作に献身的である。ユーザーに実施してもらいたい活動には、こうした80対20の法則が存在する。
- ユーザーに戻ってきてもらい、エンゲージメントしてもらうためには、メールなどの「中断」させる何かで通知する必要がある。
- UGCサイトでは、悪質なコンテンツの防止に相当な労力がかかる。

UGCビジネスは何よりもユーザーの貢献にフォーカスしているが、広告にもお金をかけている。広告やメディアビジネスについて学びたいのであれば、11章に戻ってほしい。ステージを進んで指標への影響を知りたければ、14章に進んでほしい。

13章
モデル 6：ツーサイドマーケットプレイス

ツーサイドマーケットプレイスは EC サイトの変形である。だが、個別に議論する価値があるほどの違いがある。7章を読み終わって、こうしたビジネスをしているという結論を出したのであれば、ここに知るべきことが書いてある。

このモデルでは、購入者と販売者の取引が成立したときにお金を稼ぐことができる。eBay は間違いなく最も有名なツーサイドマーケットプレイスの例だろう。基本となるパターンはよく知られている。以下のビジネスモデルを考えてほしい。いずれもツーサイドマーケットの側面を持っている。

- 不動産情報サービスは、購入予定者にさまざまな条件の不動産情報を提供する。そして、取引成立のたびに一定額または数パーセントの手数料を徴収する。
- Indiegogo は、アーティストが自分のプロジェクトを一覧にして、支援者を集めるサイトである。支援者はプロジェクトを閲覧して、支援したいプロジェクトを探す。サイトは支援金の一部を徴収している。
- eBay と Craigslist では、販売者は商品の掲載と販促が可能であり、購入者はその商品を購入できる。Craigslist の場合は、大部分の取引を無料にして、少数の取引（特定の市でのレンタルなど）からお金を徴収している。
- アプリストアでは、収益の一部を徴収する代わりに、ソフトウェア開発者がソフトウェアを公開できる。アプリストアはアプリのカタログやデリバリーを扱うだけでなく、アップデートの配布・訴訟の支援・取引の管理なども行う。
- 出会い系サイトでは、パートナーを希望する人たちがお互いにプロフィールを閲覧できる。紹介手数料や有料会員限定の情報などで収益を得ている。
- Hotwire や Priceline では、ホテルが空き部屋の情報を掲載できるようになっており、割引価格で購入したい宿泊者を発見することができる。実際に購入されるまで、ホテルの情報は公開されない。

以上の例にはすべて、在庫モデルと2つのステークホルダー（購入者と販売者、クリエイター

と支援者、パートナーを希望する人たち、ホテルと宿泊者）が含まれる[†]。2つのステークホルダーが一緒になったときにお金を稼いでおり、検索パラメータや認定（評価付きのアパートや販売者のレーティングなど）で違いをつけることも多い。また、すべてのビジネスで最初の在庫を必要とする。

このセクションでは、ツーサイドマーケットプレイスの定義を絞りたいと思う。したがって、上記の例のなかには排除されるものもある。ぼくたちの定義はこうだ。

- 販売者が自分で商品の掲載や販促を行う。したがって、不動産仲介業者の情報を掲載するだけの不動産サービスは該当しない。不動産所有者が自分で販売するサイトは該当する。
- マーケットプレイスのオーナーは、個別の取引には「傍観者」的な立場をとる。したがって、ホテルの情報を作成しているHotwireなどのサイトは含まれない。
- 購入者と販売者は、それぞれの関心事が相反している。ほとんどのマーケットプレイスモデルでは、販売者はできるだけお金を獲得したいと思い、購入者はできるだけお金を節約したいと思っている。出会い系サイトでは、性別に関係なく、気の合うパートナーを見つけるという共通の関心事を持っている。したがって、出会い系サイトについては議論から外したい。

ツーサイドマーケットプレイスには特有の問題がある。購入者と販売者の両方を引きつける必要があるというものだ。仕事が2倍になっているかのように見える。これからDuProprio/Comfree・Etsy・Uber・Amazonなどの事例を見ていくが、いずれの企業もこのジレンマを回避する方法を見つけている。だが、結局のところ**お金を持っている人にフォーカスしている**。通常、それは購入者だ。お金を**使いたい**と思っているグループを発見できれば、お金を**稼ぎたい**と思っているグループを発見するのは簡単だ。

ケーススタディ ｜ DuProprio社が監視するもの

DuProprio/Comfreeは、不動産所有者が自分で不動産を販売する最大規模のマーケットプレイスであり、カナダで2番目に訪問者の多い不動産ネットワークである。1997年に共同代表のニコラス・ブシャール《Nicolas Bouchard》が創業した。1万7,000件の不動産情報を掲載しており、1か月に約500万人が訪問している。リスティングには、1回約900ドルの手数料がかかる。そこには、価格設定・看板・高画質の写真も含まれる。法的なアドバイスや不動産の指導などのサービスには追加料金がかか

[†] 厳密に言えば、出会い系サイトのステークホルダーは1種類（デートしたい人）だけになるが、男女の違いにフォーカスしているところが多い（たとえば、女性ユーザーは入会無料にするなど）。ここで触れたのは、マーケットプレイスが抱える「鶏と卵」の問題を打ち破る技術として使われているからだ。ただし、オンラインの出会い系サイトが主流になってくると、あまり一般的なものではなくなるだろう。

る。また、有名な新聞社と提携し、アフィリエイト型のリスティングも行っている。

　ニコラスはリーンがやってくる前からリーンだった。彼は不動産仲介業者の息子であり、若い頃からの起業家である。高校生の頃からすでに堅材フローリングのビジネスをしていた。父親の仕事を手伝い、ウェブの初期からウェブサイトを作っていた。そして、突然ひらめいたのである。

> 「ホームセンターにあった黒とオレンジの『持ち主直売』の看板を目にしたのがきっかけです。そこからひらめいたのです。『不動産所有者のための不動産サイトをやろう』と思いました。そして、両親の家の地下室でサービスをローンチしたのです」

　最初のバージョンのウェブサイトは、Microsoft Frontpage で作った静的なものだった。社員はいなかった。三行広告や「持ち主直売」の看板を見つけては、サイトへの掲載をお願いし、ニコラスは販売者を獲得したのである。

> 「当時は KPI がひとつしかありませんでした。販売者の庭に置いてもらった看板の枚数です。それが購入者にウェブサイトを発見してもらう方法でした。もちろんそれは、ウェブサイトにある物件数でもあります」

　Craigslist や Kijiji などのサイトを探しながら、ニコラスは販売者につながる情報源を少しずつ増やしていった。

> 「当時はインターネットが始まったばかりの頃でした。私はサービスの売り込み方やウェブの活用方法に取り組んでいました」

　2000 年のはじめにトラクションを見つけてから、静的サイトから動的サイトに変更した。販売者の掲載情報はすべて手動で移行した。当時は、アクセスカウンターと大差がないくらいの基本的な分析しかやっていなかった。分析のために Webtrends を追加した。サイトが動的になったので、販売者のログイン機能もつけた。これで不動産情報を販売者が自分で更新できるようになった。

> 「この時点で、販売者は自分の状況が把握できるようになりました。掲載情報が検索結果に表示された回数やクリックされた回数などがわかります」

　数年後、購入者側のログイン機能を追加した。これで購入者は検索条件を指定できるようになった。また、条件に合致した物件が売りに出されたときに、通知が届くように設定できるようになった。検索機能が強化されたのである。

> 「動的サイトに切り替えてから、訪問者と販売者の人数を追跡するようになりました。それが我々の生活の糧だからです」

だが、このデータはまだ正確ではなかった。「訪問者」ではなく「訪問」にフォーカスしていたからだ。

その理由のひとつは、ツーサイドマーケットプレイスが思った以上に複雑だからである。家を販売している人は新しい家を探していることが多い。したがって、トラフィックを明確に2つのグループに分けることは難しいのである。ニコラスは簡単なルールを作ることにした。

> 「ウェブサイトの訪問回数1,000回をサブスクリプション1回に換算して指標としました」

正確ではないが、評価基準とするには十分だ。

> 「コンバージョン率はまだまだでした。訪問あたりのコンバージョン率を上げることが目的でした」

分析が洗練していくと、さらに改善されるようになった。

> 「サブスクリプションページのコンバージョン率を見るところから始めました。そのページには提供しているさまざまなパッケージを表示しています。最初から規律正しくやるようにしましたが、それでも本物のA/Bテストをするまでには時間がかかりました」

ウェブサイトに修正を加えながら、訪問者と掲載情報の比率やコンバージョン率の改善を調べた。ただし、これは月次のプロセスである。

今ではGoogleから詳細な分析情報を取得できるようになった。だが、ニコラスは詳細であるかどうかを気にかけていない。購入者側のアカウント作成にはそれほどフォーカスしていないのである。

> 「不動産を購入したい訪問者は常に存在します。ケベック州だけで月間300万人の訪問者、120万人のユニークユーザーがいます。ですが、そのなかでアカウントを作成してくれるのはわずか5%未満です」

一方で、競合他社のことは気にかけている。

「できるだけうまくやりたいと思っています。他の不動産業者よりもうまくやりたいのです。Canada Mortgage 社・Housing Corporation 社・Canadian Real Estate Board 社のデータを持っていますので、それぞれに物件が何件表示されているのか、何件販売されているのかを正確に把握しています。この 3 社の数値を地域別に我々のベンチマークとしています」

現在の大きなゴールは 3 つある。まずは、販売者に不動産情報をサイトに掲載してもらうこと。次に、購入者に不動産情報が公開されたときの通知設定をしてもらうこと。そして、不動産を販売することである。

DuProprio 社は、成長するなかで複数のステージを移動した企業の好例だ。会社が追跡する指標は時間とともに変化している。

- 最初は静的サイトで十分だった。フォーカスは獲得（庭の看板や保持する物件数）だった。
- その後、フォーカスが訪問者と掲載情報の比率に移行した。これはマーケットプレイスが順調かどうかの指標である。
- マーケットプレイスが登場すると、販売済みの掲載情報の比率や平均取引価格のような収益指標にフォーカスした。
- 今ではメールのクリックスルー率・検索結果・最近ローンチしたモバイルアプリの使用状況など、新しい指標を最適化している。

「システムの都合で、検索が見つからないことを把握するのが難しい状況です。現在、対応中です」

最終的にニコラスは、お金の源泉にフォーカスすることを明確に選択した。

「現在の我々にとって、大切な指標は販売数です。それよりも大切な指標は販売済みの掲載情報の比率です。不動産が売れなければビジネスになりません。売れなければクチコミもありませんし、評価の高いレビューもつきませんし、満足した販売者 1 万 5,000 人の推薦の言葉もいただけませんし、庭の看板に『売却済み』のステッカーを貼ることもできません。1 万件の物件があっても、売れなければ私は死んでしまいます」

まとめ

- 最初は手動で在庫を増やすというローテクな手法で、マーケットプレイスを成長させることができた。スケールできないことをやろう。
- マーケットプレイスのなかには、委託手数料よりも掲載や取引に手数料をかけた

- ほうがうまくいくものもある。
- 購入者の注目を集めることができれば、販売者に参加してもらうことは簡単である。お金の集まるところを目指そう。
- 高価で回転率の悪いマーケットプレイスの有効性を証明するには、静的なキュレーションサイトで十分である。
- 最終的には、販売数とその結果として生じる収益だけが重要な指標となる。

学習したアナリティクス

まずは、需要・供給・取引の要望があることを証明できる最小限のマーケットプレイスから開始する。そして、そこからお金を稼ぐ方法を見つける。追跡する指標は、取引数・頻度・そのビジネスの特徴によって異なるが、基本となるものは同じだ。取引から得られる収益である。

たとえば、中古ゲーム機のツーサイドマーケットプレイスをローンチしたとしよう。販売するゲーム機を持っている人の情報を掲載している。ゲーム機を購入したいと思っている人は、さまざまな条件で検索できる。取引の決済はPayPalを使って行う。そして、取引額の一部を収益として徴収する。

あなたはゲーム機のメーカーではないので、ゲーム機の在庫**もしくは大量の顧客**をどうにかして集めなければいけない。市場のどちら側に「種をまくか」を決める必要がある。

販売者側に種をまくのであれば、Craigslistでゲーム機を持っている人を探して、商品情報をサイトに掲載してもらう。購入者側に種をまくのであれば、レトロゲームプレーヤーのためのフォーラムを設置して、そこに人を集めたりソーシャルサイトから招待したりすればいい。

あるいは、手始めに自分で在庫を用意して、少しずつ本当の在庫を増やしていくこともできる。タクシー配車サービスのUberは、利用可能なタクシーを買い集めることで、新規市場における鶏と卵の問題を克服した。シアトルでローンチしたときには、乗客を乗せたドライバーに時給30ドルを支払い、ドライバーに価値をもたらすだけの十分な需要があることがわかったら、コミッションモデルに移行したのである。つまり、**供給を作り出したのだ**。

一方で、購入者側に種をまきたいのであれば、おそらく初期の在庫を自由にできるものを選ぶ必要があるだろう。実際にいくつか仕入れてみよう。あるいは、事前に在庫を確保できることがわかっていれば、あとから補充するという約束で注文を取り付けることもできる。たとえば、Amazonは書籍の販売から開始したが、それによって注文・検索・物流プロセスを効率化することができた。その後、さまざまな商品を提供するようになった。最終的には、多くの購入者や彼らの検索パターンにアクセスできるようになり、供給者からの商品を提供するマーケットプレイスとなった。Salesforce.comの場合は、最初にCRMを作った。その後、サードパーティの開発者が既存の顧客にソフトウェアを販売できるAppExchangeというエコシステムを作った。マーケットプレイスで提供するものについては、**どちらの企業も最初**

に需要を作り出しているのである。

鶏と卵の問題の解決度合いは重要な指標だ。

- Uberでは、コミッションに同意したドライバーの人数や、利用可能なタクシーの台数と顧客を迎えるまでにかかる時間を計測することだった。こうした指標が持続可能（合理的な誤差の範囲内）になったときに、お金を支払ってドライバーを雇った「人工的な」マーケットから、コミッションを支払う「持続可能な」ツーサイドマーケットプレイスへと移行した。
- Amazonでは、本の購入や宅配プロセスを心地いいと思ってくれる購入者の人数を計測することだった。それから電化製品やキッチン用品などの新しい商品を提供していった。これらは購入される可能性の高いものである。

ツーサイドマーケットプレイスの最初のステップ（最初に計測すべきこと）は、在庫（供給）や顧客（需要）を作り出す能力である。DuProprio社は「持ち主直売」の看板を探して、物件を分類し、最初の掲載情報を作った。また、販売者の庭の看板で購入者のトラフィックを増やした。したがって、当時の指標は掲載物件数と看板の枚数だった。注目を集め、エンゲージメントを高め、種をまくグループを成長させていくことに関係する指標を最初に気にかけよう。

Sigma West社のベンチャーキャピタリストであるジョシュ・ブレインリンガー《Josh Breinlinger》は、人材のマーケットプレイスであるoDeskでマーケティングを担当していたことがある。彼はマーケットプレイスの主要指標を3つのカテゴリに分けている。それは、購入者のアクティビティ・販売者のアクティビティ・取引だ。

「重点的にフォーカスするのは、購入者側だといつも言っています。それから供給側に移行します。在庫を確保するためです。お金を稼ぎたい人を探すのは簡単ですが、お金を使いたい人を探すのは難しいのです」

ジョシュは、購入者・販売者・在庫の数だけでは不十分だと警告している。ビジネスモデルの活動と結び付いた数値を追跡しなければいけない。

「アルゴリズムを調整すれば、こうした数値をごまかすことは簡単にできるでしょう。ですが、そんなことをしてもユーザーに優れた体験を提供することはできません。入札・メッセージ・情報の掲載・申し込みなどのマーケットプレイスに特有の活動にフォーカスすべきです」

需要と供給の両方の市場を結び付けることができれば、フォーカス（とアナリティクス）は収益を最大化することに移行する。ここには、掲載情報の数、購入者と販売者の質、在庫

のある商品が検索される割合、ジョッシュの言うマーケットプレイスに特有の指標などが対象となる。最終的には販売数とその結果としての収益も含まれる。それから、掲載情報を魅力的なものにするには、何をすればいいかを理解することにもフォーカスする必要がある。また、質の悪い供給や詐欺なども追跡する必要があるだろう。そうしなければ、マーケットプレイスが弱体化し、販売者や購入者が離れていってしまう。

例として挙げたゲーム機の会社の場合は、マーケットプレイスにいる購入者の増加や掲載情報への興味を計測するところから始めよう。購入者を追跡するために、まずは販売者ではない訪問者を追跡したい（表13-1参照）。ここで便利に使える指標は、購入者と販売者の比率である。この数値が高ければ、販売者に商品情報を掲載してもらうための説得材料となる。

表13-1 サイト訪問者（購入見込み者）

	1月	2月	3月	4月	5月	6月
ユニーク訪問者数	3,921	5,677	6,501	8,729	10,291	9,025
再訪問者数	2,804	4,331	5,103	6,448	7,463	6,271
登録訪問者数	571	928	1,203	3,256	4,004	4,863
訪問者と販売者の比率	12.10	13.33	11.57	11.91	12.83	10.45

だが、このデータは虚栄の指標のように見える。**本当に気にかけているのは、実際に購入して、エンゲージメントしている人たちである**。評価基準としては、最低1回は購入した人を「購入者」とする。また、過去30日間で何かを検索した人を「エンゲージメントしている」とする（表13-2参照）。

表13-2 エンゲージメントしている購入者数

	1月	2月	3月	4月	5月	6月
購入者数（購入1回以上）	412	677	835	1,302	1,988	2,763
エンゲージメントしている購入者（30日以内に検索）	214	482	552	926	1,429	1,826
エンゲージメントしている購入者とアクティブな販売者の比率	1.95	3.09	2.33	4.61	5.67	6.81
エンゲージメントしている購入者アクティブな掲載情報の比率	1.37	1.17	0.84	1.05	1.34	1.62

次に、販売者・マーケットプレイスにおける販売者の増加・販売者の作成した掲載情報について見ていこう（表13-3参照）。

表 13-3 販売者と掲載情報の増加

	1月	2月	3月	4月	5月	6月
販売者	324	426	562	733	802	864
掲載情報	372	765	1,180	1,452	1,571	1,912
掲載情報と販売者の比率	1.15	1.80	2.10	1.98	1.96	2.21

これは少し単純化したものではあるが、優れた指標は割合や比率であるというルールを破っている。また、アクティブな販売者とエンゲージメントしていない販売者が区別されていない。データはもう少し深く掘り下げたほうがいいだろう。評価基準としては、過去30日間以内に情報を新規で掲載しなかった販売者を「エンゲージメントしていない」とする。また、1週間に5回以上検索結果に登場しなかった掲載情報は「非アクティブ」とする（表13-4参照）。

表 13-4 アクティブな販売者と掲載情報数の比率

	1月	2月	3月	4月	5月	6月
アクティブな販売者（30日以内に新規で掲載）	110	156	237	201	252	268
アクティブな販売者の割合	34.0%	36.6%	42.2%	27.4%	31.4%	31.0%
アクティブな掲載情報（先週5回以上検索）	156	413	660	885	1,068	1,128
アクティブな掲載情報の割合	41.9%	54.0%	55.9%	61.0%	68.0%	59.0%

これで購入者と販売者のデータがそろったので、購入につながるコンバージョンファンネルを綿密に計画する必要がある。検索回数・検索結果が表示される回数・そこから商品の詳細情報につながる回数を調べよう。また、取引や販売者と購入者の満足度についても追跡する（表13-5参照）。

表 13-5 取引・満足・収益

	1月	2月	3月	4月	5月	6月
検索回数	18,271	31,021	35,261	64,021	55,372	62,012
検索結果が1件以上	9,135	17,061	23,624	48,015	44,853	59,261
掲載情報へのクリックスルー	1,370	2,921	4,476	10,524	15,520	12,448
合計購入数	71	146	223	562	931	622
残在庫数	301	920	1,877	2,767	3,407	4,697

表 13-5　取引・満足・収益（続き）

	1月	2月	3月	4月	5月	6月
満足した取引の数	69.00	140.00	161.00	521.00	921.00	590.00
満足した取引の割合	97.18%	95.89%	72.20%	92.70%	98.93%	94.86%
収益の合計	$22,152	$42,196	$70,032	$182,012	$272,311	$228,161
平均取引額	$312.00	$289.01	$314.04	$323.86	$292.49	$366.82

最後に、掲載情報の質と購入者と販売者の評価を追跡する（表13-6参照）。

表 13-6　掲載情報の質

	1月	2月	3月	4月	5月	6月
1日あたりの購入者の検索回数	1.48	1.53	1.41	1.64	0.93	0.75
1日あたりの新規掲載情報数	12.00	22.11	30.87	29.67	20.65	43.00
平均検索結果回数	2.1	3.1	3.4	4.2	5.2	9.1
フラグのついた掲載情報数	12	18	24	54	65	71
フラグのついた掲載情報の割合	3.23%	2.35%	2.03%	3.72%	4.14%	3.71%
評価が3/5を下回る販売者	4.0%	7.1%	10.0%	8.2%	7.0%	9.1%
評価が3/5を下回る購入者	1.2%	1.4%	1.8%	2.1%	1.9%	1.6%

　ここで追跡するデータは多い。詐欺やコンテンツの質の低下の兆候や、購入者のECファンネルと販売者のコンテンツ制作を監視しているからである。

　在庫・コンバージョン率・検索結果・コンテンツの質などの指標は、改善するものによってどれにフォーカスするかが決まる。たとえば、検索結果から詳細情報へのクリックスルー率がよくなければ、検索結果に表示する情報を減らして、クリックスルー率が増加するかどうかを確認する。

　監視する指標には以下が含まれる。

購入者と販売者の増加率
　　新規の購入者と販売者の比率。再訪問者の人数で計測する。
在庫の増加率
　　販売者が追加した在庫（掲載情報や情報の完成度）の比率。

検索効果
　購入者が検索しているものは何か。構築している在庫とマッチしたかどうか。
コンバージョンファネル
　売れた商品のコンバージョン率。商品の販売につながるセグメンテーション。たとえば、1章のAirbnbの事例で紹介したプロの写真など。
評価と詐欺の兆候
　購入者と販売者の評価・詐欺の兆候・コメントの雰囲気。
価格指標
　（eBayのように）入札があれば、販売者が設定する価格が高すぎたり低すぎたりすることに注意を払うべきだ。

　ECサイトにとって重要な指標は、ツーサイドマーケットプレイスにとっても重要である。ただし、ここで一覧にした指標は、購入者と販売者が一緒になる流動的な市場の形成にフォーカスしたものである。

13.1　購入者と販売者の増加率

　ビジネスの初期段階において、この指標は特に重要である。他社と競合しているのであれば、他社に匹敵するだけの販売者数が評価基準になる。販売者数が増えれば、購入者に検索してもらう時間もムダにならない。比較的独自性の高い市場にいるのであれば、購入者の検索結果が1つ以上になる十分な在庫が評価基準となる。

　こうした指標の時間的な変化を追跡して、事態が好転しているのか悪化しているのかを理解しよう。すでに販売者と掲載情報については追跡しているが、本当に知りたいのはこうした数値がどれだけ急速に増加しているかである。

　これによって、調査すべき変化を特定しやすくなる。どれだけ急速に販売者が増えているのか、その増加率は加速しているのか停滞しているのかを追跡したいはずだ。加速しているのであれば、販売者がアクティブになって、情報を掲載することにフォーカスしたいだろう。停滞しているのであれば、販売者の発見にお金をかけたり、販売者あたりの掲載情報数やコンバージョン率を増やすことにフォーカスしたりするだろう。

　長期的に見れば、供給はお金で購入できる。だが、需要を購入することはできない。アテンションエコノミー（注目が集まれば収益も高まる経済活動）では、エンゲージメントした注目度の高いユーザーはお金では買えない貴重なものである。ウォルマートがサプライヤーから有利な条件をとりつけ、Amazonが販売者にもかかわらず出店者のネットワークを構築できたのは、これが理由だ。持続可能な競争優位に関して言えば、**需要は供給に勝る**のである。

13.2　在庫の増加率

　販売者に加えて、販売者の掲載情報も追跡する必要がある。販売者あたりの掲載情報数とそれが増加しているかどうかにフォーカスしよう。また、掲載情報の完成度（販売者が説明

を記入しているか）にもフォーカスしよう。

　在庫が増えれば、それだけ検索結果が生まれることになる。マーケットプレイスが飽和していたら（市場にいる購入者の多くがメンバーになっていたら）、成長は掲載情報の増加と効果によって決まってくる。

13.3　購入者の検索

　多くのツーサイドマーケットプレイスでは、購入者が販売者を探す主な方法は検索である。したがって、検索結果の出ない（販売機会の喪失となる）検索の回数を追跡する必要がある。たとえば、1日あたりの検索回数・新しい掲載情報数・検索結果数の変化を追跡する。これらはビジネスが成長しているかどうかを示すものだ（表 13-7 参照）。

表 13-7　購入者の月別の検索

	2月	3月	4月	5月	6月
購入者の1日あたりの検索回数の変化	103.3%	92.2%	116.4%	56.6%	80.6%
1日あたりの新しい掲載情報数の変化	184.2%	139.6%	96.1%	69.6%	208.3%
平均検索結果数の変化	147.6%	109.7%	123.5%	123.8%	175.0%

　この例では、5月と6月の購入者の1日あたりの検索回数が、以前よりも相対的に落ちている。5月は掲載情報数も減っている。

　検索語句も見るべきだ。よく使われているのに、検索結果の出てこない単語がわかれば、購入者の求めているものが見つかる。よく使われている検索語句（たとえば「Nintendo」）は、サイトに追加すべきカテゴリを示しているかもしれない。カテゴリを追加すれば、ナビゲーションが簡単になるからだ。あるいは、購入者を引きつけるキーワードキャンペーンを示しているのかもしれない。それとは別に、お金になる検索語句も知りたいはずだ。サイトに引きつけるべき購入者がわかるからだ。

　コンバージョンファンネルでは、検索結果のクリック率も重要なステップである。

13.4　コンバージョン率とセグメンテーション

　コンバージョンファンネルにはいくつかのステージがある。最初は訪問者の検索数だ。**満足した取引数も計測すべきである**。片方が満足していない取引が増えると、長期的なペイン（悪評や返金要求など）から目をそらし、短期的なゲイン（販売数の増加）にフォーカスしていることになる。表 13-8 を参照。

表13-8 マーケットプレイスのコンバージョンの計測

	5月	ファンネル
検索回数	55,372	100.00%
検索結果が1件以上	44,853	81.00%
掲載情報へのクリックスルー	15,520	28.03%
合計購入数	931	1.68%
満足した取引の数	921	1.66%

13.5 購入者と販売者の評価

共有のマーケットプレイスでは、ユーザーが自分たちの手で規制をかけることが多い。つまり、取引の経験にもとづいてユーザーがお互いに評価しあうのである。このシステムを最も簡単に実装するには、間違ったものや利用規約に違反しているものにフラグをつけてもらえばいい。ユーザーはお互いにランクをつけることもできるので、こうした評価システムがうまくいけば、販売者はよい評価を得るために頑張るだろう。

フラグのついた掲載情報の割合

フラグのついた掲載情報の割合と、その数値が増えているのか減っているのかを追跡したいと思うだろう。急増しているのであれば、どこかに不正があることを示している。表13-9を見てみよう。

表13-9 フラグのついた掲載情報

	1月	2月	3月	4月	5月	6月
フラグのついた掲載情報の割合	3.23%	2.35%	2.03%	3.72%	4.14%	3.71%
フラグのついた掲載情報の割合の変化		72.9%	86.4%	182.9%	111.3%	89.7%
評価が3/5を下回る販売者の変化		177.5%	140.8%	82.0%	85.4%	130.0%
評価が3/5を下回る購入者の変化		116.7%	128.6%	116.7%	90.5%	84.2%

同様に、評価が低いのは期待値に問題があることを示している。販売者が荷渡しをしなかったり、購入者がお金を支払わなかったりしたのかもしれない。いずれの場合でも、こうした指標から着手しなければいけないだろう。それから、技術的な問題・悪意のあるユーザー・変化の裏側にあるそれ以外のことを個別に調査するのである。

13.6 ツーサイドマーケットプレイスの見える化

図13-1は、ツーサイドマーケットプレイスのユーザーの流れとステージごとの主要指標を示している。

134 | 13章 モデル6：ツーサイドマーケットプレイス

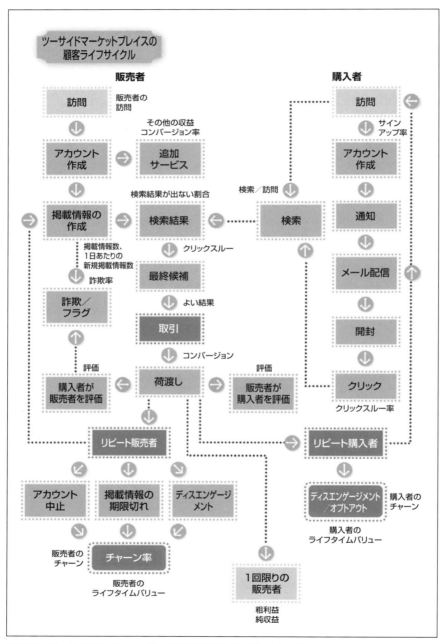

図13-1　ツーサイドマーケットプレイスは計測が2倍。楽しさも2倍。

13.7　ヒント：鶏と卵・不正・取引の継続・オークション

　ウェブが始まったばかりの頃、評論家たちはオープンで摩擦のないユートピアのような市場を予測していた。だが、Google・Amazon・Facebook のようなインターネットの巨人たちが、ウェブの一部はディストピアであることを示した。ツーサイドマーケットプレイスは、ネットワーク効果の影響を強く受けている。提供する在庫が増えれば、それだけ便利になるというものだ。在庫のないマーケットプレイスは役に立たない。

　成功しているツーサイドマーケットプレイスは、早い段階から人工的に購入者と販売者を増やす方法を見つけている。ある分野のニッチが成熟していけば、ネットワーク効果によって有力なプレーヤーの数が少なくなる。たとえば、レンタル不動産の分野では、Airbnb と VRBO とわずかなプレーヤーしかいない。

　不正と信頼はマーケットプレイスの大きな課題である。マーケットプレイスで販売されている商品の配送やサービスのことまで、運営側に責任があるとは考えたくないだろう。したがって、信頼できる評価システムを実現する必要がある。購入者と販売者による評価もひとつのやり方だが、他にも方法はある。出会い系サイトのなかには、保証をつけている（結婚しているユーザーを訴訟する）ところもあるくらいだ。

　もうひとつの大きな課題は、ネットワークのなかに取引を維持することである。たとえば、ヨットや不動産のマーケットプレイスでは、数万から数十万ドルの取引になる可能性があるが、こうした高額な取引は PayPal を使った決済には適していない。それに「漏洩」を防止することも難しい。購入者と販売者がマーケットプレイス以外のところで取引場所を見つけ、手数料を支払わずにビジネスを締結する可能性がある。

　こうしたことを解決するには、以下のような方法がある。いずれも製品や市場に役に立つかどうかをテストするというものだ。

- ユーザーを外部のエージェント（不動産仲介業社など）に紹介して、取引を締結してもらい、その紹介料をもらう。
- 販売者の商品の料金から（歩合ではなく）一定額を手数料として徴収する。
- 市場にある別の何か（サイト内広告・配達サービス・優先表示など）でマネタイズする。
- 取引が承認されるまで、購入者と販売者がお互いに発見したり接触したりできないようにする（ディスカウント旅行サイトの Hotwire がやっている）。
- 参加者がそこで取引を継続してくれるような価値の高いサービス（保険やエスクローなど）を提供する。

　最後になるが、eBay などのオークションマーケットプレイスも存在する。ここでは商品の価格は固定ではない。販売者が最低価格を設定しているかもしれないし、「Buy now（即決購入）」というものもあるが、最終的な価格は市場が支払う価格に落ち着く。オークションモデルのビジネスをしているのであれば、落札に至らなかった取引数（価格が高すぎるとい

う意味)、「Buy now」の価格で売れた取引数（価格が安すぎるという意味）、オークションの期間と成果を分析する必要がある。販売者が設定する価格（やその結果としての収益）を調整するときに、こうした情報が使えるだろう。

13.8 重要なポイント

- ツーサイドマーケットプレイスは形態も規模もさまざまである。
- 最初の大きな課題は、十分な販売者と購入者を見つけるという「鶏と卵」の問題である。使えるお金を持っている人に最初にフォーカスするとうまくいくことが多い。
- 販売者は在庫なので、在庫の増加とそれが購入者が求めているものにどれだけ合致するかを追跡する必要がある。
- 多くのマーケットプレイスでは、取引の歩合で手数料を受け取っているが、その他の方法でお金を稼ぐこともできる。たとえば、販売者の商品の販促を支援したり、掲載料を徴収したりすることなどがある。

ツーサイドマーケットプレイスは、伝統的なECサイトが変化したものである。本章では、マーケットプレイスに特有のものにフォーカスした。ECのビジネスや指標について詳しく学びたいのであれば、8章に戻るといいだろう。ビジネスのステージと指標への影響について知りたいのであれば、このまま14章へ移動しよう。

14章
今いるステージは？

　すべての計測を同時に開始することはできないので、自分が正しいと思う順番で計測しなければいけない。そのためには、今いるステージを把握する必要がある。

　リーンアナリティクスのステージは、フォーカスすべき指標の順番を示してる。これらのステージはすべての人に当てはまるわけではない。あまりにも規律正しくやろうとしているので怒られるかもしれない。というか、オンラインやイベントでテストしたときにもう怒られた。でも大丈夫。ぼくたちは面の皮が厚いんだ。

　スタートアップの場合は、ビジネス**プラン**よりもビジネス**モデル**のほうが重要である（仮説の正しさを証明できるものも必要だ）。ビジネスプランは銀行家のためのものであり、ビジネスモデルは創業者のためのものである。何のビジネスを始めるかを決めるのは簡単だが、どの**ステージ**にいるかを決めるのは難しい。ここで創業者は自分にウソをついてしまう。本来の姿よりも過剰に自分を信じてしまうのだ。

　あらゆるスタートアップが、課題を発見するところからスタートして、実際に何かを構築し、それが十分かどうかを見極め、評判を広めて、お金を集めるというステージを経験する。これらのステージを「共感」「定着」「拡散」「収益」「拡大」と呼ぶことにしよう。他のリーンスタートアップの提唱者のアドバイスとよく似ていると思う。

1. **共感**：ターゲットとする市場の頭のなかに入り[†]、みんなが気にかけていて、お金を支払ってくれるような課題を解決する必要がある。つまり、建物の外に出て、インタビューして、アンケート調査を実施するということだ。
2. **定着**：定着は優れた製品によって決まる。発見した課題のソリューションを構築できるかどうかを見極めなければいけない。訪問者が不快感を示して引き返すようなひどいものを普及させようとしても意味がない。Color社[‡]のように十分な定着もなく、時期尚早に拡大しようとしてもうまくいかない。
3. **拡散**：製品やサービスが定着すれば、クチコミを広める時期だ。定着したユーザーの推薦状を持っているのと同じことなので、あなたに興味を持つ人が確実にいるはずだ。

[†] 訳注：「get inside (one's) head」で「理解する」というイディオムだが、直訳のほうが趣があった。これ以降「頭のなかに入る」で統一している。

[‡] 訳注：写真共有サイトの会社。合計4,100万ドルを調達したが失敗した。

そうした新規訪問者の獲得や登録のプロセスをテストしよう。バイラルを使えば、有料のプロモーションを何倍にも増幅できる。広告などの非オーガニックな手法にお金をかけて顧客を獲得する前に、うまく準備しておきたい。

4. **収益**：この時点でマネタイズしたくなるだろう。まだお金を請求していないという意味ではない。多くのビジネスでは、最初の顧客から料金を支払ってもらう必要がある。ここで言いたいのは、最初のうちは収益よりも成長にフォーカスしているということだ。たとえば、無料トライアル・無料ドリンク・無料版を提供していたはずだ。これからは、収益の最大化と最適化にフォーカスする。
5. **拡大**：収益が生まれるようになると、ビジネスの成長から市場の成長へと移行する。ここでは、新たな客層や地域から新規顧客を獲得する必要があるだろう。ユーザーベースを成長させるために、チャネルや販路に投資することもできる。顧客と直接やり取りをすることはあまり重要ではないからだ。すでに製品／市場フィットを通過して、定量的に分析しているのである。

5章で説明したように、ぼくたちはこの5つのリーンアナリティクスのステージを提案する。よほどの理由がない限り、図14-1に示す順番で進んでほしい。

ぼくたちが見てきたのは技術系企業（特にB2C企業）が多いが、この5つのステージはレストランにも当てはまるし、エンタープライズソフトウェア企業にも当てはまる。

たとえば、レストランについて考えてみよう。

1. **共感**：お店を開く前にオーナーは、地域のレストラン、レストランに求められるもの、手に入らない食材、食のトレンドについて学ぶ。
2. **定着**：それからメニューを開発して、お客さんにテストする。テーブルが満席になり、常連客が何度もやってくるまでそれを続ける。お客さんに何かを提供したり、テストしてもらったり、考えを聞かせてもらったりする。変動性が高く、在庫も確定しないので、コストはかかる。
3. **拡散**：お店に来ていただく頻度を高めるために、会員プログラムを開始したり、お客さんの友達にお店を紹介してもらったりする。あるいは、YelpやFoursquareを使ってもらうようにする。
4. **収益**：バイラルが始まったら、利益を確保する。たとえば、無料提供品を減らしたり、コスト管理を厳しくしたり、標準化に取り組んだりする。
5. **拡大**：最後に、ビジネスが軌道に乗ったら、収益の一部をマーケティングやプロモーションにまわす。たとえば、レストランのレビューア・旅行雑誌・ラジオ局に問い合わせる。そして、二軒目を開店する。あるいは、お店をフランチャイズ化する。

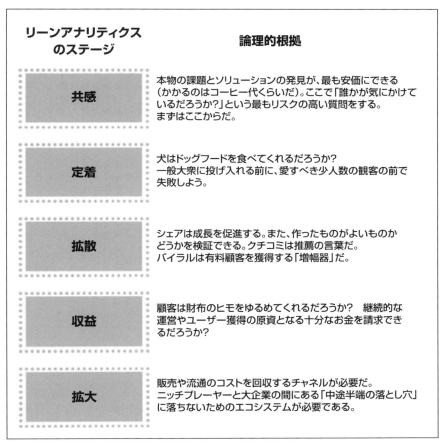

図14-1　リーンアナリティクスの5つのステージをこの順番にしている理由

次に、大企業にソフトウェアを販売する企業を考えてみよう。

1. **共感**：創業者が解決されていないニーズを発見する。その業界で働いていた経験があり、うまくいっていない既存のソリューションを担当していたからである。
2. **定着**：最初の見込み客に会って、コンサルティング契約のようなものを結ぶ。そして、最初の製品を作る。特定の顧客にかかりっきりにならないように、カスタム機能には高額な価格を設定し、標準的なソリューションに誘導する。このステージでは、サポートスタッフのような「間接層」を作らず、エンジニアが直接顧客をサポートする。したがって、自分たちが開発した製品の欠点や弱点に直面することになる。
3. **拡散**：製品が完成したので、満足度の高い顧客に推薦の言葉をお願いする。直販を開

始して、顧客ベースを増やす。ユーザーグループを発足して、サポートを自動化する。APIをリリースして、サードパーティーによる開発を推進し、自分たちで直接開発することなく潜在的な市場規模を広げる。

4. **収益**：コストを管理しながら、パイプライン・販売利益・収益の増加にフォーカスする。作業は自動化・アウトソース化・オフショア化されている。機能追加は期待できる収益と開発コストをもとにスコアをつける。定期的なライセンスの更新やサポートの収益が、全体の収益のなかで大きな位置づけとなる。

5. **拡大**：大手代理店と契約する。グローバルコンサルティングファームにツールのデプロイとインテグレーションを担当してもらう。展示会に出展して、契約成約率と顧客価値に対する顧客獲得コストを計測しながら見込み客を集める。

これらの5つのステージを今後も使用する。また、5章でやったように他のフレームワークと関連付ける。それから、次のステージに移動するときに通過する「ゲート」についても説明する[†]。

ぼくたちは企業の「ステージ」に細心の注意を払っている。企業がフォーカスする指標はビジネスのステージに大きな影響を受けているからだ。まだ重要ではないことにフォーカスしたり最適化したりすると、スタートアップを確実につぶしてしまう。それでは、リーンアナリティクスの5つのステージを掘り下げていこう。

14.1　今いるステージを選択しよう

今はどのステージにいるだろうか？　書き出してみよう。このあとに続く5つのステージの章を読み終わったら、自分の答えが変わるかどうかを確認しよう。おそらく自分のいるステージのより詳細な側面に集中する必要がでてくるだろう（共感ステージであれば、課題やソリューションの検証になるだろう）。複数のステージに重なっている場合もあるだろうが、その場合はすべてを読んだあとに決めてほしい。

[†] リーンスタートアップの創始者は「課金型成長エンジン」「定着型成長エンジン」「バイラル型成長エンジン」の3つの成長エンジンを考案し、企業はそれぞれの成長エンジンをピボットできるとしている。ぼくたちはこれを「最適化が必要な3項目」だと考えている。優れたスタートアップは、課金（と顧客獲得への投資）と定着（と繰り返し発生する収益）とバイラル（とその結果としてのクチコミ）をすべて持っている。一度にひとつのことにフォーカスしても構わないが、スタートアップを成長させるにはこの3つすべて（と関連する指標）を作る必要である。

15章
ステージ1：共感

まずは、みんなにとって大事なものを見つけ、その課題に共感しよう。調査方法は聞き取りだ。他人を思いやることで、機会を掘り起こすのである。今やるべきことは、自分の頭のよさを証明することではない。ソリューションを発見することでもない。

誰かの頭のなかに入っていくことだ。

つまり、課題の存在を確認し、ソリューションが有効かどうかを見極めるのである。

15.1　共感ステージの指標

共感ステージでは、課題インタビューとソリューションインタビューを行い、定性的なフィードバックを集めることにフォーカスする。ここでのゴールは、解決に値する課題の発見と、初期のトラクションを集めるのに十分なソリューションの発見だ。こうした情報を集めるには、**建物の外に出よう**。建物の外に出たことがないのであれば（それぞれのインタビューで少なくとも15人にインタビューしていないなら）急いで外に出るべきだ。

インタビューするときには、最初から詳細な記録をつけておこう。あとでスコアをつけて、関心の高かったニーズやソリューションを把握するためだ。こうすれば、実用最小限の製品（MVP）にどの機能を入れるべきかがわかる。

15.2　最高のアイデアだ！（解決に値する課題の発見方法）

起業家は常にアイデアを思いつく。「アイデアなんか楽勝」と言う人もいるが、必ずしもそうではない。アイデアを思いつくのは難しい。いいアイデアを思いつくのはもっと難しい。いいアイデアを思いついて、建物の外に出て、何かを作れるところまで検証するのは、本当に本当に難しい。

課題（やアイデア）の発見は、人の話を聞くところから始まる。誰もが課題についての不満を言ってくれる。だが、その不満をまともに聞いてはいけない。そういう話の真理やパターンについて、積極的に（貪欲に）耳を傾ける必要がある。大成功したスタートアップは、それまで誰も気がつかなかった課題に独創的なソリューションをもたらした結果なのだ。

「発見」がスタートアップを起ち上げる刺激になる。

ただし、わざわざ発見する必要のない課題もある。それがスタートアップを起ち上げる理由になることもあるだろう。たとえば、組織内のスタートアップや法人向けの販売がそうだ。

組織内起業家であれば、顧客サポートの問い合わせのパターンから新製品のニーズに気づくかもしれない。法人向けの販売であれば、過去にエンドユーザーとして足りないものを感じていたかもしれない。ベンダーの元社員であれば、何らかの機会を見つけているかもしれない。

アイデアはスタート地点にすぎない。飛びつく前にしばらく寝かしておこう。何でもすぐにやればいいと思っているかもしれないが、方向を考えてからすばやく進むのと、何も考えずにやみくもに突っ走るのとは違う。まずはアイデアを友達に話してみようと思うかもしれない。リーンスタートアップでは触れられていないが、はじめの一歩としては悪くない。できることなら関心のある友達や信頼できるアドバイザーに話してみて、アイデアの現実性のチェックを済ませておこう。

信頼できる友達やアドバイザーは、おそらく率直に答えてくれるはずだ（素直な意見は嫌いじゃないぜ！）。場合によっては、あなたの気持ちを傷つけないように配慮して、率直に答えてくれないこともある。だがそれでも、少なくとも半分くらいは正直なフィードバックが得られるはずだ。競合やターゲット市場に関する情報、アイデアの斬新な解釈といった思いもよらなかった発想が手に入るかもしれない。

アイデアを思いついてから最初の数日間は、実際に作業を開始せずに、こうした簡単な「においかぎ試験」を実施するといいだろう。アイデアがこの試験を通過してから、リーンスタートアップのプロセスを適用するのである。

15.3　解決すべき課題の発見（課題の確認方法）

最初のステージのゴールは、**課題が十分に苦痛であるか、それを十分な人数が気にかけているかを判断し、すでに解決しようとしている方法を**学ぶことである。それぞれ詳しく説明しよう。

課題が十分に苦痛である
　人間は慣性で動く。あなたは自分のビジネスに役立つように、何らかの行動をしてもらいたいと思っている。そのためには、こちらの望む行動（サインアップや支払いなど）を実行してもらえるだけの不快感が必要だ。

十分な人数が気にかけている
　誰かひとりのために課題を解決する人のことを「コンサルタント」と呼ぶ。だが、起業家であるあなたには手の届きやすい市場が必要だ。マーケッターは顧客セグメントの特性として、**ホモジーニアス**（セグメント内にはこちらからアピールできる共通点がある）と**ヘテロジーニアス**（セグメント間には違いがあり、それぞれ専用のメッセージで集中的に扱う）を求めている。

すでに解決しようとしている方法
　課題を把握し、それが本物であるならば、すでに何らかの対処がなされているはずだ。他に方法がないのであれば、おそらく手動で解決しているはずだ。現在のソリューショ

ンは、それがどんなものであれ、最初の競合相手となる。それがみんなにとって最も楽な解決方法だからだ。

市場が課題に気づいていない場合もある。ウォークマン・ミニバン・タブレット端末が登場する前は、いずれも市場にニーズは存在しなかった。iPadが登場する十数年前にAppleのNewtonという不幸な代物があったが、当時の市場にそのようなニーズがなかったことを証明している。市場が課題に気づいていない場合は、課題をテストするだけでなく、**課題を気づかせる**ことができないかも考えてみよう。市場で「雪かき」をする必要がありそうならば、ビジネスモデルで検討するためにも、どれほどの労力が必要なのかを把握しておきたい。

次のステージに進む前に、以上のことを検証する必要がある（他にもいくつかやることがある）。ここでアナリティクスが中心的な役割を担う。

すでに指摘したが、まずは定性的な指標を使って、取り組む価値のある課題かどうかを評価する。見込み客に課題インタビューをするところからプロセスを開始しよう。

インタビューの人数は15人がいいだろう。数人と話せばパターンが見えてくるかもしれないが、そこでインタビューを中止してはいけない。15人のインタビューが終われば、次のステップを明確にする検証結果が手に入るはずだ。

インタビューの相手が15人も見つからないというのであれば、15人に販売するのがどれほど大変かを考えてみてほしい。ごちゃごちゃ言わずにオフィスの外に出よう。誰も必要としないものを作っていたら時間もお金もムダだ。

このステージで収集するのは定性的データだが、それが「この課題は十分に苦痛だから、なんとしてもソリューションを構築すべきだ」と心の底から思えるくらいの確固たる判断材料でなければいけない。ひとりの顧客だけでは市場とは言えない。数人と話しただけで包括的で肯定的なフィードバックが手に入り、飛び込む価値があるかどうかを判断できるわけがない。

パターン | 取り組む価値のある課題を発見したサイン

定性的データの鍵は、パターンとパターン認識だ。インタビューするときに見逃してはいけない肯定的なパターンを見ていこう。

- すぐにお金を支払おうとする。
- 課題を積極的に解決しようとしている（解決しようとしたことがある）。
- いろいろ話したり質問したりして、課題に対する情熱を見せてくれる。
- 前のめりで勢いがある（肯定的なボディランゲージ）。

注意すべき否定的なパターンも見ておこう。

- 注意散漫である。
- いろいろ話してくれるが、課題に関することではない（とりとめもない話をする）。
- 椅子の後ろに寄りかかっていたり、肩が落ちていたりする（否定的なボディランゲージ）。

課題インタビューが終わったら、自分の意思を確認しよう。

「これから5年間は、この課題の解決に専念できるだろうか？」

パターン | Running Leanとインタビューの実施方法

アッシュ・マウリアは、リーンスタートアップムーブメントのリーダーのひとりである。彼は、リーンスタートアップのプラクティスを数年かけて自身のスタートアップで実験し、それを名著『Running Lean』（オライリー・ジャパン）にまとめた。こちらも本書とあわせて読んでほしい。

彼は、リーンスタートアップの初期段階における顧客インタビューについて、規律のある体系的な手法を説明している。

まずは、課題インタビューを実施する必要がある。ソリューションを課題から切り離して（ソリューションに夢中なのはわかってるよ！）、課題だけにフォーカスする。ここでのゴールは、解決に値する課題を見つけることだ。忘れないでほしいのだが、顧客はソリューションにうんざりしている。生活が快適になるという魔法の商品を絶えず売り込まれているのだ。だが、ほとんどの場合、売り込む人は顧客の本当の課題を理解していない。

『Running Lean』からインタビューのヒントを引用しよう。

- **直接会ってインタビューする**。話を直接聞けるだけでなく、話す様子も目にすることができる。対面すると相手が注意散漫になりにくいので、質の高い答えを聞かせてもらえる。
- **中立的な場所を選ぶ**。相手のオフィスでインタビューすると、売り込みをしているような印象を与えてしまう。コーヒーショップなどのカジュアルな場所を探そう。
- **インタビューを録音しない**。アッシュの経験によれば、インタビューを録音すると相手が自意識過剰になるそうだ。それによって、答えの質も落ちてしまう。
- **台本を用意する**。時間をかけて台本を調整するのは構わないが、「自分の求めている答えを聞きたい」や自分の好みに合わないといった理由で何度も修正するのはよくない。このプロセスでは誠実でいよう。

台本を作るところが最も難しい部分だろう。最初は何を聞けばいいかもわからないと思う。初期段階でアンケート調査がうまくいかないのはそのためだ。つまり、意味のある情報を集めるために、何を質問すべきかがわからないのだ。だが、台本があればインタビューの一貫性が確保されるので、あとから比較できるようになる。

ほとんどの課題インタビューはオープンエンド型である。相手には話したいことを自由に話してもらいたいし、安心できる自由回答形式で答えてもらいたい。

『Running Lean』には台本の例が載っている。以下に課題インタビューの台本をまとめておこう。

- **場の設定**：インタビューの準備をする。インタビュー相手に何を聞きたいかを説明する（お願いする）。インタビューのゴールを示し、心の準備をしてもらう。
- **顧客セグメントのテスト**：顧客情報を収集して、顧客セグメントをテストする。基本的な質問をして、その人について学習し、当てはまる市場セグメントを理解する。こうした質問はインタビューする相手によって変わる。最終的には（こちらが解決したい課題の文脈のなかで）相手のビジネスやライフスタイルとそこでの役割について学習したい。
- **課題の文脈の設定**：ストーリーを伝えることで文脈を設定する。解決したい課題をどのように見つけたのか、なぜその課題が重要なのかを相手に説明する。自分の課題であれば簡単だ。課題をよく理解していなかったり、解決する課題の仮説を持っていなかったりする場合は、この時点で明確にする。
- **課題のテスト**：あらためて課題について説明して、重要度の順番に並び替えてもらう。深く掘り下げすぎるのもよくないが、こちらが説明していない課題が存在していないかどうかを確認しておきたい。
- **ソリューションのテスト**：相手の世界観を探索する。相手に発言権を渡して、ひたすら話を聞く。重要度の高いものから順番に、ひとつずつ課題を取り上げてもらい、現時点の解決方法について質問する。ここでは台本は存在せず、相手に話してもらうだけである。これが解決に値する課題かどうかを定性的に評価するときのインタビューのポイントだ。課題の解決をお願いされてうまくいくこともあるが、「別に……」と言われることもあるだろう。その場合は、あなたのビジネスと現実世界が切り離されているのだ。
- **今後の協力依頼**：最後に今後の協力をお願いする。売り込みのように思われてしまうので、ソリューションの説明をするわけではないが、相手を興奮させるようなハイレベルのピッチを伝えておこう。何か見せられるものができたときには、ソリューションインタビューに協力してもらおう（課題インタビューの相手が最初の顧客になるかもしれない）。課題インタビューを続けるために、似たような境遇の人を紹介してもらおう。

これでわかったと思うが、インタビューにはやるべきことがたくさんある。最初はうまくいかないかもしれないが、それでも大丈夫。本書やその他の情報源が有用なツールになるはずだ。台本を用意して、練習して、できるだけ早く外に出よう。何度かインタビューをやっていれば、そのうち慣れてくる。傾向が見えるようになったり、価値のある情報が集まったりするようになる。課題のことを明確に簡潔に説明できるようになる。ブロガーのアウトリーチ活動、投資家との話し合い、マーケティングの販促グッズなどに利用できる素材も手に入るだろう。

定性的指標とは傾向である。フィードバックのなかからパターンを見つけ、真実を解きほぐしていく。そのためには、とにかく優秀な聞き手にならなければいけない。相手に感情移入しながらも、個人的な感情に流されてはいけない。名探偵になって、物語の背景にある「赤い糸」を見つけ出さなければいけない。それが複数のインタビュー相手の共通点であり、正しい方向を示すものである。規模が大きくなれば、パターンは定量的にテストできる。仮説を探し求めるのだ。

定性的な指標の本質は、野生の勘（心の奥底に残る感情や直感）を経験にもとづく推測に変えることである。残念ながら、定性的な指標は主観的なものであり、対話によって収集するものなので、ウソをつきやすい。

定量的な指標も間違うことはあるが、ウソをつくことはない。数字が違っていたり、統計をミスしていたり、結果の解釈を間違えたりすることはあるが、データそのものは正しい。定性的な指標はバイアスをかけやすいことで有名である。聞き手が誠実でなければ、インタビューで聞きたいものだけを聞いてしまう。人間はすでに信じていることを信じようとする。インタビュー相手は聞き手に同意してしまうのである。

パターン ｜ 答えを誘導しない方法

ぼくたちは弱く、考えの浅い種族である。人間というのは、相手が聞きたいことを考えて話してしまう。群れを作り、多数派に寄り添う。このことはインタビューの結果に悪い影響をもたらす。誰も欲しがらないものを作りたいとは思わないが、欲しいと言われたものはウソかもしれない。どうすればいいのだろう？

人間の本質的な特性は変えられない。インタビューのバイアスは有名な認知バイアスである。政治キャンペーンで答えを誘導するときに悪用されているものだ（「プッシュポーリング」とも呼ばれる）。

それでも以下の4つの対策が可能である。

手の内を明らかにしない

ぼくたちは相手に期待されていることを把握するのが驚くほど得意だ。インタビュー相手は（潜在意識のレベルで）あらゆる手段を使い、あなたが何を話してもらいたいかを探ろうとしている。さまざまな手がかりに気づくのである。

- 「〜だと思いますか？」のような**バイアスのかかった表現**も手がかりになる。質問に対して肯定的な答えを返してしまうので、**黙従バイアス**とも呼ばれる。回避策としては、相手に答えてもらいたいことの**反対**の質問をする方法がある。相手がこちらの意見に反対して、ソリューションのニーズを表明してきたら、それは解決に値する課題の強いシグナルである。
- 顧客開発プロセスの初期において、オープンエンド型の質問が有効なのはこのためだ。答えに色がついていないし、他にもいろいろ話してもらえる。
- **先入観**も強い影響力を持っている。相手があなたのことを知っていたら、答えはそれに引きずられてしまうだろう。たとえば、あなたがベジタリアンだと知っていたら、相手は環境保護に賛同する答えを返すだろう。あなたのことを知らないほうが、答えのゆがみは少ない。したがって、自分のことは話さないほうがうまくいく。こちらの口を閉じて相手に話してもらったり、標準的な台本を用意したりするのはそのためだ。
- **外見**にも手がかりがある。あなたの外見が相手にヒントを与えるのだ。今はオンラインで何でも公開できるので、個人的な情報を隠すのが難しくなっている。インタビュー相手ともソーシャルネットワークで接触しているかもしれない。だが、当たり障りのない格好をして、強い立場をとったりシグナルを発したりするような行動をとらなければ、質の高いデータが手に入るだろう。

質問をリアルにする

答えをリアルにするには、相手の居心地を悪くさせるという方法がある。

> 興味を持ってもらうには、相手を怒らせるに限る。
> —— アラン・ド・ボトン《Alain de Botton》（作家・哲学者）

次に誰かにインタビューするときは「この製品を使ってもらえますか？」とお願いするのではなく（おそらく善意で「yes」と言ってくれるだろうが、それでは意味がない）、実際に 100 ドルを支払ってもらえるようにお願いしてみよう。おそらく答えは「no」だろう。おもしろいのはここからだ。

お金の支払いをお願いすると、確実に雰囲気が悪くなる。お願いしたほうも居心地が悪い。当然だ。だが、そのことを気にかけるべきだろうか？　誰かにお金をいただくものを構築しているのなら、そんなものは気にしなくてもいい。

質問を具体的にすれば、答えがリアルになる。相手に興味を示してもらうよりも、実際に購入してもらおう。財布を開いてもらおう。製品を使ってくれそうな友達 5 人の名前を教えてもらおう。その友達を紹介してもらおう。そうすれば、彼らに投資をしたことになる。あなたの代わりに何かをやってもらうためのコストだ。雰囲気が悪くなることによって相手に好かれる必要性がなくなり、相手が本当は何を感じているかがわかる

ようになる。

　インタビュアーを喜ばせようとする気持ちに打ち勝つには、友達について質問するという方法もある。たとえば、「マリファナを吸っていますか？」と質問しても、正直に答えてくれる人はいない。倫理的な批判を受ける可能性があるからだ。だが、「マリファナを吸っている友達は何％いますか？」と質問すれば、相手の認識を反映した正確な答えが返ってくる。

深く掘り下げる

　顧客開発インタビューでは、「なぜ？」を3回聞くといいだろう。二歳児かよと思われるかもしれないが、これがうまくいくのである。質問をして、相手が答え終わるのを待つ。3秒ポーズ（話を聞いていることが相手に伝わり、最後まで確実に話を聞ける）。それから「なぜ？」と聞く。

　「なぜ？」を何度か質問して、言葉の裏側を説明してもらおう。答えが矛盾していたり、一貫性がなかったりすることもよくあるが、それでも構わない。**やりたいと言っていることと、これから実際にやることの違い**がわかるからだ。

　起業家としては後者を重視する。内面の道徳的な基準に反するような行動を強制することはできないからだ。『社会はなぜ左と右にわかれるのか』（紀伊國屋書店）の著者であるジョナサン・ハイト《Jonathan Haidt》は、「真実を重視する人は、理由を崇拝してはいけない」と言っている。インタビューで聞ける理由よりも、本当の信念やモチベーションのほうが興味深い。

　インタビューで居心地の悪い沈黙の時間を作り出せば、それが手がかりになることもある。おそらく相手は、役に立つアイデアやおもしろい話で沈黙の時間を埋めようとするだろう。それが課題やニーズの多くを明らかにする。

その他の手がかりを探す

　多くの人は自分の気持ちを言葉にしない。非言語的コミュニケーションはこれまでの研究で少々大げさに扱われてきたが、それでもボディランゲージは気持ちや感情を言葉よりもうまく伝えることができる。たとえば、質問に答えるときに居心地の悪さを感じると、神経性のチック[†]や「言動」が表れることがある。あるいは、許可を求めるために誰かに目線を向けることもある。

　インタビューするときには、その人と直接対面する必要がある。誰かに同行してもらい、書記をお願いしておこう。そこで非言語的なシグナルも記録してもらうのである。それによって、相手と打ち解けたり、答えに集中したり、重要な意識下のメッセージを見逃したりしないようになる。

　「刑事コロンボ」の質問も忘れないでほしい。ピーター・フォーク《Peter Falk》のように、意表をついた質問を最後まで残しておいて、別れを告げたあとに聞いてみるの

[†] 訳注：自分の意思とは関係なく、体の一部が動いたり、声を発したりする症状。

だ。これで相手はガードを下げる。インタビューで聞いた重要なことを裏付けるために、あるいは否定するために使えるやり方である。

15.4　課題インタビューの収束と発散

　本書を書くときには、起業家やブログの読者にアイデアをテストしてもらった。そのなかで最も議論になったのは、課題インタビューのスコアだ。これをいいアイデアだと言ってくれる人もいた。ニーズの発見がどれだけうまくいっているかを理解できるし、ソリューションの要望にランクをつけることもできるからだ。だが、その他の人たちは異議を唱えた。なかには「スコアをつけるなんてダメだ！」と大声で言ってくる人もいた。このステージはオープンで模索的なので、そのあたりと干渉するのだろう。

　スコアのフレームワークはあとで紹介するとして、その前に妥協点を提案しておきたい。**課題の検証には 2 つのステージが存在する。**

　課題インタビューの目的は常に同じで、次のステージに進むための十分な情報や自信の有無を決定することだが、それを達成するための戦術にはさまざまなものがある。

　本章で説明したアッシュ・マウリアのフレームワークでは、最初にストーリーを伝えて、課題の文脈を設定していた。それから具体的な課題を示して、それぞれにランクをつけてもらう。これは**収束**型のアプローチだ。意図的にひとつの方向に集中させて、課題の緊急性や普及度を定量化するのである。そうすれば、課題の比較ができるようになる。収束型の課題インタビューでは、相手に自由に話してもらうので、流れをあまりきちんと決めていない。何も考えずに進めるのではなく、インタビューの詳細部分にフォーカスするのである。

　収束型の課題インタビューは、インタビュー相手にとって重要な課題を自由に見つけてもらうというよりも、あなたが重要だと思う課題にフォーカスするものなので、そのための明確な道筋が存在する。したがって、意図していない隣接の市場やニーズを明らかにするよりも、インタビュー相手をこちらの質問の流れに引き戻すことになる。

　それとは反対に、**発散**型の課題インタビューは模索的である。これから構築するものを探す範囲を広げるために行うものだからだ。こちらの課題インタビューでは、大きな問題領域（ヘルスケア・タスク管理・輸送・休暇の予約など）についてインタビューし、どのような課題があるかを教えてもらう。こちらから課題を提示したり、ランクをつけてもらったりすることはないが、そこで探し求めていた課題が見つかる可能性がある。インタビューの成功は、インタビュー相手が課題に言及した頻度で（部分的に）計測できるだろう（すぐには判断できない）。

　発散型の課題インタビューのリスクは、扱う課題の範囲が広くなりすぎて、インタビュー相手に集中してもらえないことだろう。扱う課題が多すぎたり、共通点のある課題が少なすぎたり、次にやるべきことが明確ではなかったりするというリスクもある。

　インタビューのバランスをとるには練習が必要だ。インタビュー相手には欲しいものを言ってもらいたいが、こちらが重要だと思うものを見つけたときにはフォーカスできるようにしておきたい。また、相手に受け入れられないのであれば、提示する課題に取り組むべき

ではない。

まだスタートしたばかりで調査の練習をしているのであれば、発散型の課題インタビューからやってみるといいだろう。ここではスコアはあまり重要ではない。最初のフィードバックを集めて、みんなが自由に話してくれた課題がどれだけ一致するのかを確かめるのである。それがうまくいったら、今度は収束型の課題インタビューを他の人にも実施して、もっと大きな規模で課題に共感してもらえるかを確かめよう。

15.5 苦痛を伴う課題を把握するには？

これまでに収集したデータは定性的なものだったが、それらを定量化する方法がある。そうして得られた情報をもとにして、これから前進するかどうかを意思決定するのである。ここで OMTM となるのが、**苦痛**だ。具体的には、あなたが共有した課題に対してインタビュー相手が感じている苦痛である。それでは、どのように苦痛を計測するのだろうか？

簡単なのは、課題インタビューにスコアをつけることだ。スコアはどこかしら恣意的になるので、とても科学的だとは言えない。だが、インタビューのアシスタントや書記を担当してくれる人がいれば、一貫性のあるスコアをつけることは可能であり、そこから価値を導き出すこともできる。

収束型の課題インタビューの質問にスコアをつける基準は複数ある。それぞれの答えには重みがつけてある。結果を合計することで、自分の立ち位置がつかめるだろう。

インタビューが終わったら、以下の質問を自分にしてみよう。

1. インタビュー相手は課題にうまく優先順位をつけたか？		
はい	まあまあ	いいえ
インタビュー相手は強い関心を持って課題に優先順位をつけた（優先順にそのものは関係ない）。	どの課題が本当に苦痛なのかを決めかねていたが、課題については興味を持っていた。	優先順位をつけることに苦戦していた。あるいは、その他の課題について言及することが多かった。
10点	5点	0点

特定の課題にフォーカスした収束型の課題インタビューであっても、インタビュー相手とその他の課題について話をする余裕は十分にある。これは素晴らしいことであり、非常に重要なことでもある。こちらが示した課題が正しい課題とは限らない。それはこれから計測して正しいと証明するものだ。このプロセスでは広い心を持っておきたい。

インタビューにスコアをつけて苦痛を計測するのが目的ということは、スコアが悪ければインタビューが失敗しているということになる。インタビュー相手がその他の課題ばかり言及していれば、あなたが検討中の課題はあまり苦痛ではないということだ。だが、インタビューは失敗しても構わない。それがもっと興味深いものへとつながったり、あなたの心の

痛みを取り除いたりする可能性があるからだ。

2. インタビュー相手は積極的に課題を解決しようとしている／したことがあるか？		
はい	まあまあ	いいえ
ExcelやFAXを使って課題を解決しようとしている。宝の山を見つけたかもしれない。	少しだけ時間を使って課題を解決しようとしているが、仕方のないことだと思っている。本気で解決しようとしていない。	課題の解決にまったく時間をかけておらず、現状のままで不満がない。大した課題ではない。
10点	5点	0点

こちらの示した課題を解決しようとしているほどよい。

3. インタビュー相手はインタビューに熱心で集中していたか？		
はい	まあまあ	いいえ
あなたの言葉をすべてもらさず最後まで聞いて、スマートフォンに目を向けることはなかった。	興味はあるようだったが、注意散漫であり、こちらから積極的にお願いしなければコメントをくれなかった。	無関心だったり、手元の電話を見ていたり、時間を切り上げようとしたりと、終始心ここにあらずな状態だった。頼まれたから仕方なく会いに来た、というような感じだった。
8点	4点	0点

　インタビュー相手にはこのプロセスに積極的に参加してもらいたい。注意深く話を聞いてくれたり、熱心に話してくれたり、前のめりになってくれたりすると理想的だ。インタビューの経験を何度か重ねると、積極的に参加してくれる人と、そうでない人の違いがわかるようになる。
　この質問の点数は、これまでの2つの質問よりも低くなっている。インタビューへの参加の度合いは計測が難しく、どうしても主観的になってしまうからだ。それに、参加の度合いをあまり重く受け止めたくはない。それほど重要ではないからだ。なかには5年間も課題を解決しようとしてきたのに、インタビューになると上の空という人もいる。そういう人の苦痛は大きい……のだが、おそらく気が散りやすいだけだろう。

4. 今後の（ソリューションを披露する）ミーティングやインタビューに協力してくれたか？		
はい（こちらから頼まなくても）	はい（こちらから頼めば）	いいえ
ソリューションを「大至急」必要としている。	ミーティングの予定を入れても構わないと言いながら、突然来月までの予定が埋まったりする。	両者がソリューションを見ても（見せても）意味がないとわかっている。
8点	4点	0点

　課題インタビューのゴールは、みんなが解決したいと思うほどの苦痛を発見することである。インタビュー相手があなたにソリューションを求めてくるのが理想的だ。次のステップはソリューションインタビューである。そこまで連れて行くことができれば、よい兆候だと言える。

5. 他のインタビュー相手を紹介してくれたか？		
はい（こちらから頼まなくても）	はい（こちらから頼めば）	いいえ
こちらから頼まなくても積極的に推薦してくれる。	最後にこちらから頼むと推薦してくれる。	誰も推薦してくれない。
4点	2点	0点（それで市場に広くリーチできるのかと自分に問いかけてみよう）

　インタビューの終わりに誰かを紹介してもらおう。紹介相手も属性が似ていたり、同じ課題を共有していたりする可能性が高い。
　このステージで重要なのは、誰かを紹介してくれるかどうかを確認することである。ためらいもなく紹介してくれれば、それが明確な目安となる。相手にそのほうが得になると思わせたのだ。逆に面倒なヤツだと思われたら、誰も紹介してくれないだろう。

6. ソリューションにすぐにお金を支払ってくれようとしたか？		
はい（こちらから頼まなくても）	はい（こちらから頼めば）	いいえ
こちらから頼まなくても製品にお金を支払うと言い、価格も指定した。	製品にお金を支払うと言った。	製品を購入したり使用したりしないと言った。
3点	1点	0点（それで市場に広くリーチできるのかと自分に問いかけてみよう）

お金の支払いを要求するのはソリューションインタビューのとき（ソリューションを実際に見せるとき）が多いが、ここでやっておくと「度胸試し」になる。それに、ここで財布を開いてくれたら儲けモノだ。

スコアの計算

スコアの合計が 31 点以上あれば合格だ。31 点未満はダメだ。インタビューしたすべての人のスコアを計算して、何人が合格だったかを数えよう。これはあなたが解決したい課題がうまくいくかどうかを表している。合格だった人とそうではなかった人の違いは何だろう。市場セグメントが違ったからかもしれない。インタビューのときの服装がよかったからかもしれない。コーヒーショップでインタビューしたのがよくなかったのかもしれない。**すべては学習のための実験**だ。

課題の優先順位を利用することもできる。提示した 3 つの課題のうち、最も優先順位の高かった課題は何だろう？　それが掘り下げるべき課題であり、ソリューションを（ソリューションインタビューで）提示する課題である。

課題に同じ（あるいは似たような）優先順位をつけた人たちが、インタビューのスコアも高いというのが最高のシナリオだ。これは正しい課題と正しい市場を見つけたという**強い自信**につながるだろう。

> ### ケーススタディ ｜ Cloud9 IDE の既存顧客へのインタビュー
>
> Cloud9 IDE はクラウドベースの統合開発環境 (IDE) である。この IDE を使えば、ウェブやモバイル開発者がリモートチームと協力して、いつでもどこでも仕事ができるようになる。今は主に Node.js を対象にしているが、今後はそれ以外のアプリケーションもサポート予定である[†]。すでに Accel Partners 社と Atlassian 社からシリーズ A の資金を調達している。
>
> Cloud9 IDE チームは最初の課題インタビューのステージを通過しているが、定期的に顧客と話して、体系的に顧客開発を行っている。プロダクトマネージャーであるイヴァー・プラウン《Ivar Pruijn》は、このように言っている。
>
>> 「我々は製品／市場フィットに近づいています。そのことが顧客と話をするときに大いに役立っています。顧客のニーズを満たしているか、我々の製品がどのように使用されているのかを理解できるからです」
>
> 彼は、先ほどのスコアを自分のインタビューの質問に合わせて使っている。
>
>> 「我々は実際に製品を使っていただいている顧客と話をしていますので、質問は大き

[†] 訳注：現在は Ruby on Rails や django なども利用できるようになっている。

く変えています。ただ、点数については変えていません」

彼がインタビューのあとに自分に問いかけているのは以下の2つの質問だ。

1. 我々の製品が解決している、あるいはこれから解決する課題について、インタビュー相手が言及したか？
2. 我々の製品が解決している、あるいはこれから解決する課題について、インタビュー相手は積極的に解決しようとしている、もしくは過去に解決しようとしたことがあるか？

「これらの質問によって、顧客の課題をどれだけ解決しているのかを判断しようと思っています。スコアが低ければ、何かが間違っているのです」

幸いにもほとんどのスコアがよかった。だが、彼はさらに深く掘り下げて、多くのことを学習することができた。

「製品を改善するために、フォーカスすべき顧客種別を特定できました。インタビュー相手のなかで、2つの顧客セグメントが高いスコアをつけていたのです。特にスコアが高かったのは、ニーズに合っているかの質問と、課題を解決しているかの2つの質問です」

インタビューにスコアをつけてから、彼は2つの方法で結果とスコアを検証した。まずは、上位のアクティブユーザーのインタビューだ。彼らの働き方を深く理解するためである。次に、製品の使用状況に関するデータウェアハウスを分析した。これらの検証によって、「2つの顧客セグメントが製品から大きな価値を得ている」という彼の発見が裏付けられた。

「おもしろい話ですが、この2つの顧客グループは最初に追いかけていたグループとは違いました。これによって、今どこに時間や労力をかけるべきかがわかりました」

この事例では、共感ステージを終えた企業がオープンエンド型の質問にスコアをつけることで、急成長に適した定着のよい市場セグメントを明らかにした。さらにイヴァーは、インタビューの質問にスコアをつけたことで、行動につながる可能性の高い結果にフォーカスでき、インタビューを改善できたと言っている。

まとめ

- Cloud9 IDE は、共感ステージの通過後も顧客インタビューにスコアをつけている。
- 顧客インタビューによって、顧客が幸せであることだけでなく、2 つの顧客セグメントが製品から高い価値を得ていることが明らかになった。
- そこで得た知見を使って分析データを比較し、2 つの顧客セグメントの製品の使い方が他とは違うことを確認した。今ではその結果をもとにして、機能やマーケティングの優先順位を変えている。

学習したアナリティクス

どのステージにいても顧客インタビューやスコアリングは可能である。インタビューによってフィードバックが得られるだけでなく、ターゲットにする課題やニーズを持った市場セグメントを特定できる。

15.6　現時点の課題の解決方法は？

　解決に値する課題というのは、多くの人がすでに解決しようとしている、あるいは過去に解決しようとしたことのある課題のことだ。本当に苦痛を伴う課題ならば、それを解決するために人は何でもやろうとする。よくあるのが、課題を解決するために作られていないが、「それでも十分」な製品を使うことだ。あるいは、自分で何かを作って使っていることもある。定性的なインタビューは数値化できないように思うかもしれないが、以下のようにあとから数値化できるところもある。

- 課題を解決しようとしていない人はどのくらいいるだろうか？　まったく解決しようとしていない場合は、先へ進むのは注意したほうがいい。まずは課題に気づいてもらうべきだろう。
- 「それで十分」なソリューションを使っている人はどのくらいいるだろうか？ソリューションインタビューではソリューションについて説明するが、「それで十分」の力を過小評価しているスタートアップが多い。靴下の不一致は、誰もがうまく解決できない普遍的な課題である。

　夢見るスタートアップは、市場の慣性を過小評価している。顧客にとって意味のないフィーチャー・機能性・戦略などで市場リーダーを攻撃しようとする。彼らの MVP はあまりにも「最小」すぎて、変化を引き起こせない。それなのに、自分たちのやっていること（ピカピカの UI、シンプルなシステム、ソーシャル機能など）は間違いなくうまくいくと思っている。そんなことでは「それで十分」なソリューションがあとからケツにかみつくぜ[†]。

[†]　訳注：「bite in the ass」で「しっぺ返しを食らう」というイディオムだが、直訳のほうが趣があった。

スタートアップの成功のハードルは、市場リーダーよりもはるかに高い。市場リーダーはすでに地位を確立しているし、たとえ後退するにしてもそのペースは遅いからだ。スタートアップはできるだけ早く拡大する必要がある。誰かに気づかれる前に、市場リーダーよりも10倍うまくやらなければいけない。つまり、他より100倍も創造的で、戦略的で、ずる賢く、積極的である必要がある。市場リーダーは顧客に接する機会が少なくなっているかもしれないが、他の誰よりも顧客のことを知っている。

既存企業から顧客を奪うには、もっと一生懸命働く必要がある。既存企業の修正すべき「明確な」不備（デザインがダサいなど）をただ見ているだけではいけない。深く掘り下げて、顧客の苦痛を見つけ出し、それをすばやくうまく対処しなければいけない。

15.7　課題を気にしている人は十分にいるか？（市場の理解）

苦痛を伴う課題を見つけたら、次は市場の規模と将来性を理解する。ひとりの顧客だけでは市場は成立しない。気にする人のいない課題を解決しないように注意しよう。

市場規模を見積もる場合は、トップダウンとボトムアップの両方で分析してから、それぞれの結果を比較するといいだろう。これなら計算を確認できる。

トップダウン分析は、大きな数字を小さな部分に分けていく。ボトムアップ分析は、その逆だ。たとえば、ニューヨーク市のレストランで考えてみよう。

- トップダウン分析では、アメリカ全体の外食費、ニューヨーク市の割合、ニューヨーク市のレストランの数を求めてから、最後に一店舗あたりの収益を算出する。
- ボトムアップ分析では、レストランのテーブル数、テーブルの満席率、テーブルごとの平均単価を求めてから、年間の営業日数をかけて（季節の調整をしてから）収益を算出する。

ただし、これは単純化しすぎている。実際には、立地やレストランの種類などのさまざまな要因を考慮する必要がある。最終的には、2つの年間収益の見積もりが手に入るはずだ。その2つが大きく違っていれば、ビジネスモデルに何か間違いがあるということになる。

課題インタビューのときには、相手の属性データを忘れずに質問しよう。インタビューの質問内容は、話す相手やビジネスの種類によって違ってくる。たとえば、法人を対象にするのであれば、会社での地位・購買力・予算設定・季節変動・業界について詳しく知りたいだろう。コンシューマーを対象にするのであれば、ライフスタイル・関心事・ソーシャルグループなどに興味を持つはずだ。

15.8　課題に気づいてもらうために必要なものは？

相手は課題に気づいていないが、あなたはそのニーズの確証をつかんでいる場合、どうすればそのことを気づかせることができるのか、どの程度気づかせる必要があるのかを理解しなければいけない。

たとえ課題を抱えていなくても、あなたの主張する課題に同意することがあるので注意してほしい。それはあなたを傷つけたくないからだ。いい人であろうとして、課題を抱えているふりをするのである。課題を抱えているが、まだその課題に気づいていないと思うのであれば、そのことをテストする方法を見つけなければいけない。

正直な答えを手に入れる方法はいくつかある。

- 早い段階からプロトタイプを見せる。
- ペーパープロトタイピングを使う。あるいは、PowerPoint・Keynote・Balsamiq で簡単なモックアップを作る。そして、こちらから何も説明せずに、どのように操作するのかを観察する。
- すぐにお金を支払ってくれるかどうかを確認する。
- 友達に説明しているところを観察して、メッセージの伝え方を理解しているかどうかを確認する。
- 課題を抱えている人を紹介してもらう。

15.9　顧客の「ある一日」

課題インタビューでは、顧客について深く理解したい。属性データを収集して、顧客をグループに分けることについては説明したが、さらに一歩進んで、多くの気づきを得ることが可能である。つまり、もっと頭のなかに入っていくことができるのだ。

顧客も人間である。生活をしている。子どもがいたり、食べ過ぎたり、寝不足だったり、病欠で電話したり、退屈だったり、リアリティ番組を見過ぎたりする。理想的で経済的に合理的な購買者を想定すると、おそらく失敗するだろう。顧客のことを長所も短所も含めて理解して、顧客の生活に自然に溶け込むようなものを作れたら、顧客はきっとあなたのことを愛してくれるはずだ。

そのためには、顧客の生活に潜入する必要がある。「潜入」といっても悪い意味ではない。あなたが成功するには、顧客にアプリケーションを使ってもらう必要がある。顧客にアプリケーションを使ってもらうには、顧客の生活に自然な感じで入り込む必要がある。顧客の生活を理解するというのは、顧客の行動と時間をすべて記述できるということだ。適切な手法を使えば、その**理由**も理解できるだろう。また、影響を及ぼす人（上司・友達・家族・従業員など）・限界・制約・機会も特定できるようになる。

顧客の行動を記述するには、「ある一日（day in the life）」のストーリーボードを使う方法がある。ストーリーボードとは、視覚的に（色とりどりの付箋紙を壁に貼り）顧客の生活の流れを示し、ソリューションの効果が最も高いところを特定するものだ。図15-1にストーリーボードの例を示す。

このような地図を作ることで、誰が・どのように・いつソリューションを使用するかが見つけやすくなる。ユーザーに割り込みをかけたり、生活に侵入したりといったさまざまな戦術を実験できるようになる。適切なレベルの好ましいアクセスであれば、製品をうまく使っ

てもらえるようになるはずだ。

　顧客の生活を地図にすると、顧客について理解していなかったことが明らかになる。そこがすぐに取り組むべきリスクの高い領域だ。ソリューションがいつどのように使用されるかを明確に理解すれば、成功する MVP の機能セットを決定できる可能性が高い。

　「ある一日」のストーリーボードを使えば、ターゲット市場や顧客セグメントを決めるだけでなく、ソリューションの詳細なユースケースを記述できるようになる。結局のところ、ソリューションは人に販売するものだ。ソリューションが必要とされる適切なタイミングで、どのようにリーチするのか、どのように割り込みをかけるのか、どのように生活を変えるのかを把握する必要がある。

図 15-1　子育てのカオス状態を示した HighScore House のストーリーボード

　ユーザーが考えていることを理解するために、UX デザイナーはメンタルモデルを使用する。メンタルモデルとは、現実世界にあるものを観念的に表現したものだ。人間が理解できるように、簡略化されていることが多い。コンピュータの「ゴミ箱」のように、比喩を使うこともある。仲間への忠誠や、外敵に対する恐怖（ゼノフォビア）のように、人間の脳の奥底にあるハ虫類脳の単純で基本的なパターンの場合もある。

　Adaptive Path 社の共同創業者であるインディ・ヤング《Indi Young》が、メンタルモデ

ルに関する詳細な本を書いている[†][‡]。顧客の生活やパターンを製品・サービス・顧客対応と結び付けるさまざまな方法を開発しているのである。彼の成果の一例を図15-2に示そう。顧客の朝の行動と製品カテゴリを一覧にしたものである[§]。

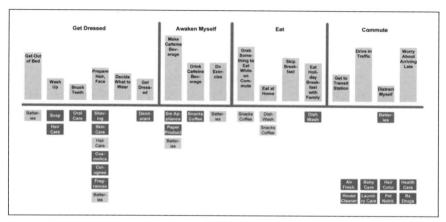

図15-2 顧客の朝の行動とメンタルモデルの詳細な分析

　まずは、顧客がタスクを実行するときの振る舞いのアウトラインを描く。そして、それらに関連するアクティビティや機能を並べる。そうすれば、顧客の影響を与える機会（エンゲージメントの向上・アップセリング・推薦の言葉など）が見つかるだろう。フィットネスのツールを作っているのであれば、ジムに行く、休日の暴飲暴食、朝の入浴などのタイミングで使用してもらえれば、適確で魅力的な体験を作り出すことができる。

パターン ｜ 話しかける人を探す

　現代では、物理的な接触は好まれない。離れた場所にいる人と絆を深める方法はいくつもある。ニーズを探そうとしても、うまくいかないことが多い。直接会わなければ、後ずさり・微妙なボディランゲージ・細かな息づかい・すくめた肩が見えないので、それが本当の課題かどうかもわからない。

　テクノロジーが悪いわけではない。昔に比べると、見込み客を探すツールはいくつも存在する。前任者には超人的な力に見えるかもしれない。オフィスから急いで外に出る前に、話す相手を見つけよう。効率的に見つけることができれば、幸先がよいと言える。

[†] http://rosenfeldmedia.com/books/mental-models/info/description/
[‡] 訳注：『メンタルモデル ユーザーへの共感から生まれる UX デザイン戦略』（丸善出版）
[§] インディ・ヤングの『メンタルモデル』（丸善出版）のメンタルモデル図。Flickr で Creative Commons Attribution-ShareAlike 2.0 Generic license で共有されている（http://www.flickr.com/photos/rosenfeldmedia/2125040269/in/set-72157603511616271/）。

アイデアを受け入れてもらえれば、類似した人を見つけることができるし、そこから顧客基盤を築くこともできる。

ここでは、話し相手を探し、メールを送り、学びを得る方法を紹介しよう。当たり前に思えるかもしれないが、「なぜ俺は気づかなかったんだ！」というような方法だ。

Twitterの「高度な検索」

スタートアップにとって、Twitterは金脈だ。Twitterの非対称性（私が相手をフォローしても、相手は私をフォローしなくていい）と垣根の少ない庭園は、みんながそこで交流を期待していることを意味する。それにみんな自意識が強い。誰かにメンションされたら、わざわざ見に行って、発言主が誰なのかを知ろうとする。この仕組みを悪用しなければ、人を探す素晴らしい方法となる。

たとえば、弁護士向けの製品を作っているのであれば、近所にいる弁護士に話しかけたいと思うだろう。図15-3のように、Twitterの「高度な検索」にキーワードと地名を入力してみよう。

そうすると、図15-4のように条件が類似した組織や人の一覧が手に入る。

ここから慎重にやれば、対象に接触できるだろう。決してスパムを送ってはいけない。まずは、相手のことを把握しよう。どこに住んでいて、何を言っているだろうか。関連する話題について、いつ発言しているだろうか。あるいは、いつこちらから話しかけるのがいいだろうか。単にメンションするだけでなく、きちんとアンケート調査に協力してもらおう。

Twitterに関連する興味深いツールは他にもある。Moz社にはFollowerwonkというツールがある。無料で使える人の検索エンジンTwellowというものもある。

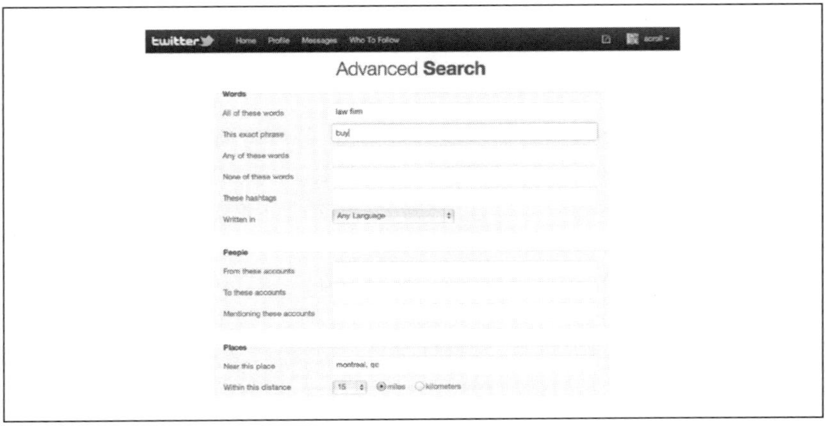

図15-3　Twitterの「高度な検索」で話す相手を探す

15.9 顧客の「ある一日」 | **161**

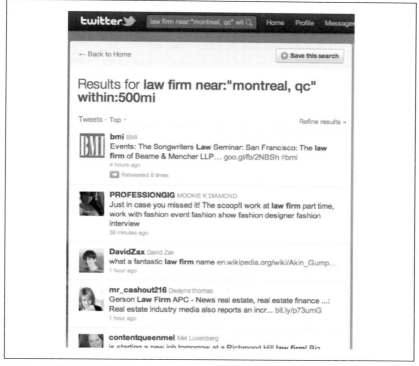

図 15-4　本物の顧客はすぐそこのツイートにいる

LinkedIn

スタートアップにとって役に立つものがもうひとつある。LinkedIn だ。図 15-5 のように、検索から膨大な属性データにアクセスできる。

検索で出てきた人たちに LinkedIn でつながる必要はない。名前と会社の電話番号を調べて、電話をかけてみればいい。ただし、共通の友達がいなければ、最初の言葉をしっかりと考えておこう。

LinkedIn にはグループもある。検索もできるし、参加することもできる。こうしたグループは興味に合わせて作られている。したがって、関連する人を見つけることもできるし、ある程度の背景調査もできる。

図15-5　このような利用可能な情報が近くにある

Facebook

　Facebookには少しリスクがある。相互関係がある（お互いに友達になる必要がある）からだ。だが、図15-6に示すように、検索結果から市場規模の感覚をつかむことができる。あるいは、グループに参加して、テストに協力してもらったり、フォーカスグループの議論に参加してもらったりすることもできる。

図15-6　詳細は見えないが、誰に連絡すべきかはわかる

以上のような手法は当たり前のように思えるかもしれない。だが、オフィスの外に出る前に少しでも（オフラインでもオンラインでも）準備しておけば、それが大きな違いとなる。優れたデータがすばやく手に入るし、ビジネスの想定を数週間ではなく、数日間で検証できるだろう。

15.10　大規模に回答を得る

　顧客インタビューを（最初の 10 〜 20 人程度までは）続けるべきだ。質問して、深く掘り下げて、学習することを何度も繰り返すのである。だが、取り組みの範囲を広げて、定量的分析に進むこともできる。それでは、**大規模**に回答を得る話をしよう。

　それができれば、以下のことが実現する。

- 議論が主観的から客観的になる。
- 大規模に注目を集められるかどうかをテストできる。注目は成長に必要である。
- 分析やセグメントの定量的情報が得られる。それによって、単一のグループだけではわからなかったパターンが明らかになる。
- 回答者がベータユーザーやコミュニティのベースになる可能性がある。

　大規模に人と話すときには、アンケート調査やランディングページなどの戦術が使える。そうすれば、広範囲の人たちにリーチできる。また、インタビューの定性的なフィードバックに確固たるデータ駆動の裏付けを用意できる。

> ### ケーススタディ｜「Mechanical Turk」で TechStars 入りした LikeBright 社
>
> 　LikeBright 社は、オンラインデートサービスを手がけるアーリーステージのスタートアップである。2011 年に TechStars Seattle のアクセラレータープログラムに参加した。だが、それは簡単な道のりではなかった。創業者のニック・ソーマン《Nick Soman》によれば、Seattle プログラムのマネージングディレクターであるアンディ・サック《Andy Sack》から「顧客がよくわからない」と言われ、最初は拒否されたそうだ。
>
> 　申し込みの締め切りが近づいてきたときに、アンディはニックに課題を言い渡した。それは、100 人の独身女性にデートの不満について話を聞いて、そこから学んだことを TechStars に伝えるというものだった。
>
> 　ニックは困ってしまった。どうすればそんなに大勢の女性に短期間で話しかけることができるのだろうか？　可能なことだとは思えなかった。少なくとも簡単ではないと思った。そこで、Mechanical Turk を試してみることにした[†]。

[†]　http://customerdevlabs.com/2012/08/21/using-mturk-to-interview-100-customers-in-4-hours/

Mechanical Turkとは、少額のお金を支払って、誰かに簡単な作業をしてもらうというAmazonのサービスである。通常は、ロゴや色調のフィードバックをすばやくもらったり、写真のタグ付けやスパムのフラグ設定のようなちょっとした作業を依頼したりするときに使う。

　彼のアイデアは、このMechanical Turkを使って、独身女性100人にアンケートするというものだった。該当する女性に「ニックに電話する」というタスク（Mechanical TurkではHITと呼んでいる）を依頼したのである。代金は2ドル。インタビュー時間は10～15分だった。ニックはこのように言っている。

> 「Mechanical Turkには、さまざまな人たちがいることがわかりました。デートの経験を語ってくれる教養の高い女性も多数見つかりました」

　ニックは、Google Voiceの電話番号を複数設定して（追跡や再利用ができないように使い捨てにして）、何人かの友達に協力をお願いした。

　オープンエンド型の簡単なインタビュー台本も用意した。まだ課題を検証するステージにいたからである。

> 「得られたフィードバックに驚きました。条件に合う独身女性100人のインタビューが4時間で終わったのです」

　LikeBright社は、潜在的な顧客とこれから直面する課題について深い理解を得ることができた。そして、TechStarsとアンディ・サックのところへノウハウを持ち帰り、受け入れてもらえるだけの印象を与えることができた。現在、LikeBright社のユーザーの50%が女性である。最近では、資金調達も行っている。ニックは今でもMechanical Turkのファンだ。

> 「最初に顧客インタビューをしたときから、Mechanical Turkで1,000人以上と話をしています」

まとめ

- LikeBright社は技術的ソリューションを使って、短期間で多数のエンドユーザーにインタビューした。
- 24時間以内に100人の見込み客にインタビューしたあと、スタートアップアクセラレータープログラムに受け入れられた。
- Google VoiceとMechanical Turkの組み合わせがうまくいくことがわかったので、LikeBright社では継続的に使用している。

学習したアナリティクス

定性的データの代わりになるものはないが、テクノロジーを使って効率的にデータを収集することはできる。共感ステージでは、多くの人からすばやく良質なフィードバックを得られるツールを構築すればいい。顧客開発にコードは不要だからといって、そこに投資してはいけないということはない。

LikeBright 社は、大規模に人と接触するために Mechanical Turk を選んだ。だが、そのようなツールは他にもある。すでに十分な顧客開発をして、質問の内容を把握しているのであれば、アンケート調査でも効果的に実施できるだろう。アンケート調査で難しいのは、回答者を探すところである。また、これまでの一対一のインタビューとは違い、作業の自動化と統計ノイズの処理をする必要がある。

ソーシャルネットワークやメーリングリストを使っていれば、そこから手をつけることもできる。だが、すでに知っている人よりも、新しい話し相手を探すことが多いだろう。そこには新しい情報があり、バイアスがあまりかかっていないからだ。つまり、まだリーチしていないグループに（できればソフトウェアを使って）リーチするのである。そうすれば、手動で招待状を発送する必要がない。

Facebook にはターゲットを特定できる広告プラットフォームがある。属性データや興味などのさまざまな情報でセグメント化できる。Facebook 広告の CTR は極めて低いが、このステージでは数を増やす必要はない。最初は 20 ～ 30 人で十分だ。メッセージも広告でテストできる。ランディングページに誘導して、連絡先を登録してもらうこともできる。

LinkedIn ではさまざまなターゲットに広告を出すことができる。広告にはお金がかかってしまうが、連絡先やグループから最適な人を見つけることができれば、LinkedIn の広告でメッセージをテストしてみようと思うかもしれない。

Google ではターゲットを絞ったキャンペーンが簡単に実現できる。アンケートやウェブのサインアップに誘導したいのであれば、高い精度でそれを実現できる。AdWords を設定するには、図 15-7 のようにターゲットの［地域］や［言語］などの情報を入力する。

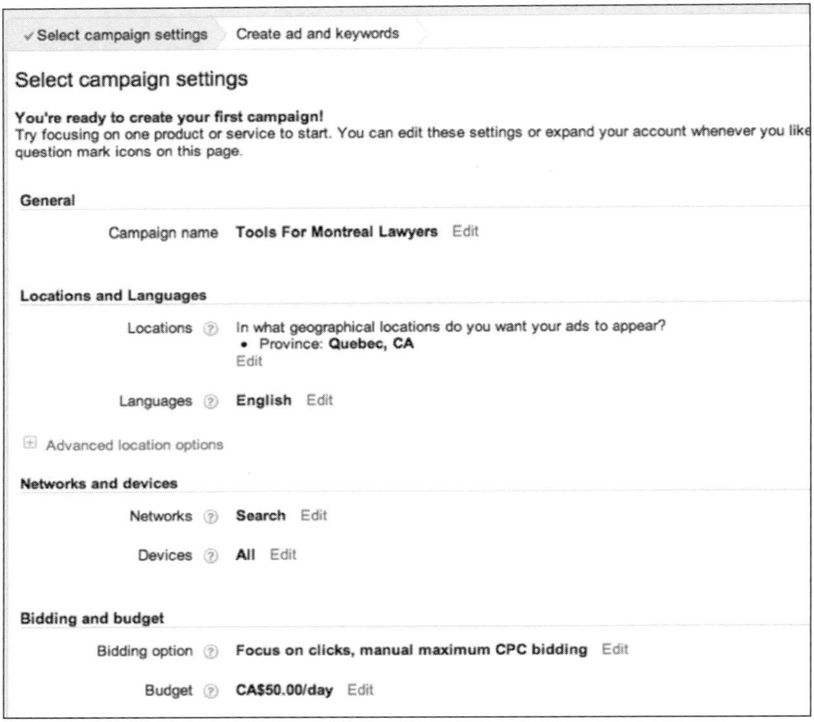

図15-7　広告を見る人を設定できる

　設定が終わったら、図15-8の画面でメッセージを作る。複数のタグラインやアプローチを試すのに優れた方法だ。クリックされなかったものでも何かを示している。何を言うべきではないかがわかるからだ。恐怖・貪欲・愛・富などの基本的な感情に訴えてみよう。何がクリックしてもらえるのかを継続的に研究し、アンケートやメールアドレスの登録に結び付けよう。
　Googleは顧客から情報を収集する「Google Customers Surveys」というサービスも提供している[†]。Googleの出版／広告ネットワークは広大なので、全体から統計的に代表的なセグメントの結果を得られる。

---

†　http://www.google.com/insights/consumersurveys/how

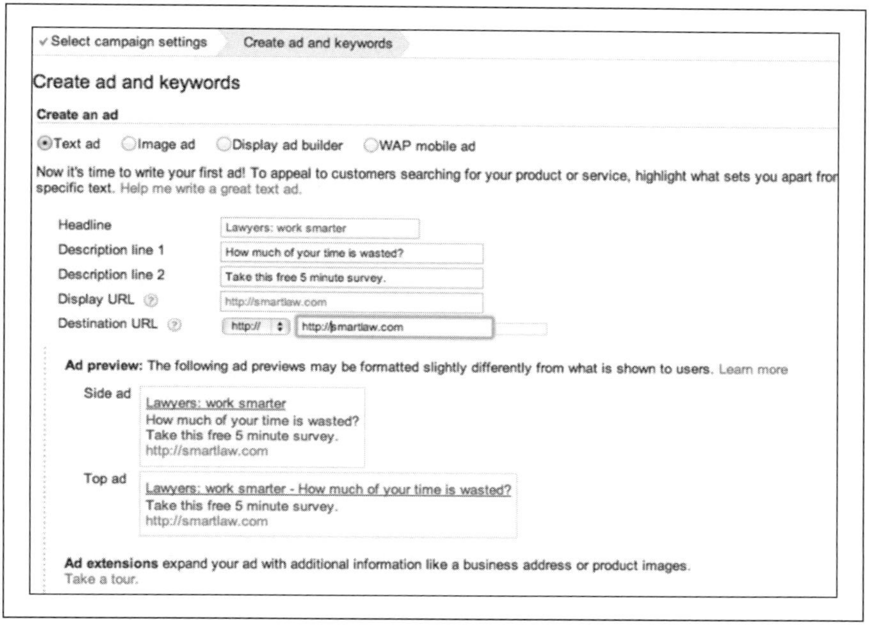

15.10　大規模に回答を得る | 167

図15-8　この広告をクリックする？

　Googleの技術は「Survey Wall」の手法を使っている[†]。アンケートのプロセスを簡略化して、ひとつの質問が1〜2クリックで完了するようになっているので、回答率は23.1%である（インターセプト法は1%、電話調査は7〜14%、インターネットのパネル調査は15%である）[‡]。ただし、一問一答形式になっているので、多重回答を収集して相関関係を導き出すのは難しい。したがって、分析やセグメンテーションの手法に制限がかかるところもある。

パターン | 大規模キャンペーンの実施

　効果的なアンケート調査には、重要な手順が含まれている。それは、設計・テスト・送信・収集・分析だ。だが、これらの手順に着手する前に、まずは質問の理由を考えてみよう。リーンとは、リスクを特定して定量化することに他ならない。アンケート調査によって、どのような不確実性を定量化するのだろうか？

- 業界のなかですぐに思いつくブランドは何かと質問したとする。この情報を使っ

[†] 訳注：コンテンツを有料化する「ペイウォール（Paywall）」という手法になぞらえて、お金をいただく代わりにアンケートに答えてもらう手法を「サーベイウォール（Survey Wall）」と呼ぶ。
[‡] http://www.google.com/insights/consumersurveys/static/consumer_surveys_whitepaper_v2.pdf

て、市場に打って出ることはできるだろうか？　競合の脅威を特定できるだろうか？　パートナーを選択できるだろうか？
- 顧客に製品やサービスをどのように見つけているのかと質問したとする。この情報を使って、マーケティングキャンペーンを実行できるだろうか？　キャンペーンで利用するメディアを選択できるだろうか？
- 課題にどれだけのお金を使っているかと質問したとする。この情報を使って、どのように価格戦略を洗練できるだろうか？
- タグラインや UVP のテストを実施したとする。この情報を使って、顧客に最も共感されたものを選択するつもりだろうか？　それとも参考にするだけなのだろうか？

単に質問するだけではいけない。「その質問の回答がどのように行動につながるのか」を考えておくべきだ。言い換えるなら、アンケート調査する前に評価基準を設定するということだ。初期の課題インタビューでは機会を明らかにしたが、ここではその機会が市場に存在するかどうかを確認する。定量化できる質問のそれぞれについて、「よい」スコアは何なのかを決めておこう。そして、忘れないようにどこかに記録しておきたい。

設計

アンケート調査には 3 種類の質問を含めるべきだ。

- 属性データと心理的属性データ。これは回答をセグメント化するときに使える。たとえば、年齢・性別・インターネットの利用頻度など。
- 定量化できる質問。統計的に分析可能である。たとえば、レーティング・賛成／反対・一覧から選択など。
- オープンエンド型の質問。回答者が定性的なデータを追加できる。

セグメント化のための質問を常に先にして、あとからオープンエンド型の質問をしよう。このようにすれば、相手がターゲット市場に所属しているかどうかがわかる。また、最後の質問に回答が得られなくても、定量的な質問だけで自信の持てる結果が得られる。

テスト

アンケートを送信する前に、内容を見ていない人に試してみよう。どこかで詰まってしまったり、理解できなかったりするところがあるはずだ。ターゲット市場にいる少なくとも 3 人が、何の疑問もなしに完了できて、**それぞれの質問の意味を説明できる**ようになるまで、アンケートを送信してはいけない。これは誇張ではない。誰もが内容を誤解してしまうのだ。

送信

　全然知らない人にリーチしたいのに、アンケートフォームやランディングページのリンクをツイートしても、周囲にいる人たちしか回答してくれない……。このような場合は、お金を支払って知らない人にアクセスしよう。

　アンケートフォームにリンクする広告の設計には、いくつかのやり方がある。

- **ターゲットを示す**（「あなたは独身女性ですか？　簡単なアンケート調査と課題の解決にご協力ください」）。
- **課題について触れる**（「よく眠れていますか？　我々が解決しましょう。あなたの情報を提供してください」）。
- **売り込みをせずに、ソリューションや UVP について触れる**（「我々の会計ソフトは自動的に節税をしてくれます。今後の製品ロードマップの作成にご協力ください」）。ただし、答えを誘導しないように注意したい。ポジショニングを決めていない場合は、まだ使ってはいけない。

　最初に答えるべき質問は「調査に協力してもらえるだけの説得力のあるメッセージだったか？」であることを忘れないでほしい。あなたはさまざまな価値提案をしようとしている。場合によっては、アンケート調査そのものはどうでもいいと思うかもしれない。ぼくたちの知っている起業家は、リンク先をスパムサイトにしているくらいだ。どのタグラインが最もクリックしてもらえるかを知りたいだけなので、素性を明かさないでやっているようだ。

　それから、メーリングリストを使うこともできる。関連のあるテーマであれば、ユーザーグループやニュースレターがウェブページやメールで取り上げてくれることもある。

収集

　アンケート調査を実施するときには、回答あたりのコストを算出しよう。まずは数十人に小さなテストをする。回答率が低ければ、ClickTale などの分析ツールを使って、特定の項目で中断していないかを調べよう。もし中断していたら、その項目を削除して回答率を再度調査するのである。アンケートを小さく分割したり、質問の数を減らしたり、行動要請を変更したりすることもできる。

　情報を収集するときには、連絡先の情報や連絡の許可を得ることも忘れないようにしておきたい。課題のソリューションが完成したら、ベータ顧客になるかもしれないからだ。

分析

　最後にデータをうまくかみ砕く。実際には、以下の 3 つのことを判断する。

- 市場の注目を集めることができたか？ 広告やリンクはクリックされたか？ どれが最もうまくいったか？
- 正しい方向に進んでいるか？ 収集したデータで何を決定できるのか？
- ソリューションや製品を試してもらえるか？ 何人に引き続き連絡を取れるか？ 何人がフォーラムやベータプログラムに参加してくれたか？ 何人がオープンエンド型の回答に連絡先を書いてくれたか？

ここでは統計が重要だ。数字を徹底的に活用して、学べることはすべて学ぼう。

- 定量化できる質問の平均値・中央値・最頻値・標準偏差を算出する。どのメッセージが勝利しただろうか？ どれが競合だろうか？ 明らかな勝者はいるだろうか？ それとも違いは微妙だっただろうか？
- セグメントごとに定量化できる質問を分析して、特定のグループがまったく違った回答をしていないかを確認する。こうした分析にはピボットテーブルを使用する（詳しくはピボットテーブルとは？を参照）。ピボットテーブルを使えば、特定の回答が特定のグループに相関していることがすぐにわかる。したがって、意思決定にフォーカスできるようになる。あるいは、結果をゆがめている回答がわかるようになる。

ピボットテーブルとは？

ほとんどの人が表計算ソフトを使っていると思う。分析スキルを高めたかったら、ピボットテーブルを使うべきだ。この機能を使えば、多くの行を分析できる。データベースがなくても、データベースのように使えるのである。

アンケート調査の回答者が1,000人いたとしよう。それぞれの回答が一行になっている。最初の列は日時、次の列はメールアドレス、それ以降が質問に対する回答だ。たとえば、性別、1週間あたりのゲームのプレイ時間、年齢について質問したとする。

性別	プレイ時間	年齢
男	8	50～60
女	7	50～60
男	12	30～40
女	10	20～30
女	7	40～50
男	14	20～30

性別	プレイ時間	年齢
女	7	50～60
男	11	30～40
女	8	30～40
男	11	40～50
男	6	60～70
女	5	50～60
女	9	40～50
平均：	8.85	

　プレイ時間を単純に合計して平均値を出せば 8.85 になる。だが、それは基本的な分析であり、誤解を招く可能性がある。

　そんなことよりも、回答を比較したいことのほうが多いだろう。たとえば、「男性のほうが女性よりもプレイ時間は長いのか？」といったことだ。ピボットテーブルはこうしたことに向いている。まずは、ピボットテーブルにソースデータの位置を伝える。次に、セグメント化するディメンジョンを指定する。そして、求める計算（平均値・最大値・標準偏差など）を設定する。すると、結果は以下のようになる。

性別	合計
女性	7.57
男性	10.33
総計	8.85

　ピボットテーブルの本当の力がわかるのは、2 つのセグメントを比較したときだ。たとえば、性別と年齢でカテゴリ分けをすれば、以下のようにいろいろなことがわかる。

年齢	女性	男性	総計
20–30	10.00	14.00	12.00
30–40	8.00	11.50	10.33
40–50	8.00	11.00	9.00
50–60	6.33	8.00	6.75
60–70		6.00	6.00
総計：	7.57	10.33	8.85

　この分析によれば、ゲームのプレイ時間は性別よりも年齢に影響されることがわかる。これでターゲットとする属性データがわかった。ピボットテーブル

> はすべてのアナリストが満足できる強力なツールだが、見逃されていることが多いツールでもある。

15.11　構築する前に構築する（ソリューションの検証方法）

　課題の検証はできたので、次はソリューションの検証だ。

　またしても顧客インタビューから開始する（リーンスタートアップでは**ソリューションインタビュー**と呼ぶ）。ここで、MVPの構築に必要な定性的なフィードバックと自信を獲得するのである。また、アンケート調査やランディングページを使って、引き続き定量的なテストを実施することもできる。これは、メッセージ（リーンキャンバスのUVP）と最初の機能セットのテストを開始する絶好の機会である。

　他にもソリューションを構築する前にテストする実践的な方法がある。このときまでにソリューションの最もリスクの高い部分と（すでにソリューションがあれば）成功するためにソリューションをどのように扱ってほしいかを決めておく必要がある。ここでは、プロキシを使って仮説をテストする方法を見ていこう。製品でやってほしいことを同様のプラットフォームや製品を使って実験する方法だ。つまり、隣のシステムをハックするのである。

> **ケーススタディ｜TwitterをハックしたLocalmind**
>
> 　Localmindは、場所と結び付いたリアルタイムQ&Aプラットフォームである。場所に関連した質問があれば（特定の場所でも地域でも）Localmindで回答が得られる。モバイルアプリからも質問を送信できるし、質問への回答もできる。
>
> 　Localmindはコードを書く前に、誰も質問に回答してくれないのではないかと懸念していた。それが大きなリスクだと思っていたのである。回答がつかないとユーザーはひどい体験をするし、Localmindを使うのをやめてしまうからだ。見ず知らずの質問に回答してくれるかどうかなんて、どうすればアプリを作る前に証明（あるいは反証）できるのだろうか？
>
> 　このチームはTwitterで実験することにした。（数日間で最も多かったタイムズスクエアを中心に）位置情報のついたツイートを追跡して、直前にツイートした人宛に@をつけて返信したのである。「混雑していますか？」「地下鉄は時間どおりに運行していますか？」「○○はオープンしていますか？」といったその地域に関する質問だ。こうした質問は、Localmindでも質問されるだろう。
>
> 　回答率はとても高かった。これによって、見ず知らずの人の質問にも回答してもらえるという自信を得ることができた。Twitterには変数が多く（たとえば、ツイートにプッシュ通知で気づいたのか、自分から気づいたのかはわからない）、実験のための「完ぺきなシステム」ではなかったが、ソリューションのリスクを減らすプロキシとしては十分に機能した。そして、Localmindを構築するのに十分な自信を得ることができた。

まとめ
- Localmind は、ビジネスプランの大きなリスク（見ず知らずの人の質問に回答する人がいるか）を特定して、定量化した。
- コードを書くのではなく、位置情報つきのツイートを使った。
- 結果はすぐに簡単に得られた。それはチームが MVP に進むのに十分なものだった。

学習したアナリティクス

あなたの仕事は製品を構築することではない。ビジネスモデルのリスクを減らすことである。そのために製品を開発しなければいけないこともあるだろうが、もっと楽にリスクを定量化できる計測可能な方法がないかを常に探してみよう。

15.12　MVP をローンチする前に

　最小限の（共感ステージで特定したリスクをテストできるだけの機能を持った）製品を構築するときには、引き続きフィードバックを（アンケートで）収集し、アーリーアダプターを（ベータ登録サイト・ソーシャルメディア・予告ページなどで）獲得する。このようにすれば、フィードバックをくれるテスターやアーリーアダプターが、MVP をローンチするまでにクリティカルマスを超える。つまり、テスト対象者を育てているのである。このときの OMTM は、参加人数やソーシャルリーチなどの MVP のユーザーにつながる指標となる。すばやく学習や反復をするための指標だ。これは映画「フィールド・オブ・ドリームス」の逆。「**彼らが来れば、それを作る**」だ。

　どこまで MVP を作るかを決めるのは難しい。時間は貴重なので、容赦なくカットする必要があるが、ユーザーには「アハ！」を体験してもらいたい。これは解決に値する重要で忘れられないものを見つけたときの感覚だ。この魔法が解けないようにしよう。

> クラークの第三法則：十分に発達した科学技術は、魔法と見分けがつかない。
> ── アーサー・C・クラーク《Arther C. Clarke》『未来のプロファイル』（1962）

> ゲイムの推論：魔法と見分けがつく科学技術は、十分に発達していない。
> ── バリー・ゲイム《Barry Gehm》『Analog Science Fiction & Fact』（1991）

15.13　MVP に含めるものを決める

　ソリューションインタビュー・定量的分析・「ハック」のすべてを使って、ローンチする MVP に含める機能セットを決める。

　MVP はユーザーや顧客に約束した価値を生み出さなければいけない。価値が小さければ、人々は関心を示さずに失望するだろう。逆に大きすぎても、困惑して不満に思うだろう。いずれにしても失敗だ。

MVPはスモークテストとは違う。たとえば、ソーシャルネットワークにリンクするティザーページを LaunchRock で作成したとする。これがスモークテストであれば、サインアップにつながる説得力のあるメッセージかどうかのテストになる。これが MVP であれば、製品がニーズを解決できないリスクのテストになる。ここで言うニーズの解決とは、製品を使用することで振る舞いが大きく変わることを意味する。前者は課題のメッセージのテストであり、後者はソリューションの有効性のテストである。

MVP を設計するときには、インタビュー相手に相談しよう。ワイヤーフレーム・プロトタイプ・モックアップを見せるのである。何かを構築する前に、肯定的な強い反応を獲得しよう。検証した課題を起点にして、UVP、MVP、成功につながる指標に至るまで、まっすぐに引いた直線上にないものは、すべて排除しよう。

MVP は製品ではなくプロセスである。これは、このステージにいる複数のスタートアップたちと Year One Labs で一緒に学んだことだ。機能セットが決まったらすぐに構築して、あらゆるマーケティング戦術を動員し、トラクションを追い求めてしまうかもしれない。あるいは、あまり意味がないとわかっていても、有名な技術ブログで取り上げられると嬉しくなってしまうかもしれない。だが、ここではリーンスタートアップの「構築→計測→学習」の基本に忠実でいよう。次のステップの準備ができる前に、MVP は数多くのイテレーションを通過しなければいけない。そのことを理解しよう。

15.14　MVPの計測

実際の分析作業は、MVP を開発してローンチしたときからスタートする。顧客と MVP のインタラクションが、分析するデータになるからだ。

まずは、OMTM を選択する必要がある。よくわからなければ、指標の「成功」基準が決まっていないことになるので、まだ何も作ってはいけない。最初の MVP で構築するものは、OMTM に関連したものであり、何らかの影響を与えるものでなければいけない。それから、評価基準も明確に設定しなければいけない。

このステージでは、ユーザー獲得の指標は無関係である。うまくいくかどうかを証明するために、数十万人のユーザーは必要ない。数千人ですら不要だ。ビジネスの最も複雑なところでさえも、範囲を大幅に限定できるのである。

- 中古品のマーケットプレイスを構築しているのであれば、地域を限定できる。たとえば、マイアミだけの中古物件情報などである。
- 位置情報を使うアプリケーションにも同じことが言える。位置情報アプリは密集していることが重要だ。たとえば、ガレージセールを検索するアプリであれば、近接の地域に限定してみよう。
- マーケットプレイスのテストにひとつの製品種別（たとえば、80年代の X-Men のコミック）を選択することもできる。そこでビジネスを検証して、あとで拡大する。
- ゲームメカニクスの中心部分をテストしたいのであれば、ミニゲームのアプリをリ

リースして、エンゲージメントの状況を調べよう。
- 保護者の連絡ツールを構築しているのであれば、ひとつの学校で有効性を確認しよう。

重要なのは、ビジネスで最もリスクの高い部分を特定し、継続的なテストと学習のサイクルでリスクを減らしていくことである。リスクを克服できたかどうかを計測したり学習したりするために、指標が必要となる。

起業家・作家・投資家であるティム・フェリス《Tim Ferriss》は、1万人を幸せにすることにフォーカスすれば、いずれ100万人にリーチできる、とケヴィン・ローズ《Kevin Rose》のインタビューで言っている[†]。フェリスの指摘は正しい。MVPを最初にローンチするときには、もっと小さなものを考えることができるかもしれないが、うまく進めるためには総合的なフォーカスが欠かせない。

最も重要な指標はエンゲージメントである。

- 「製品を使っているか？」
- 「製品をどのように使っているか？」
- 「製品のすべてを使っているか？ それとも一部を使っているか？」
- 「使い方や振る舞いはこちらの期待どおりか？ それとも期待と違っているか？」

利用やエンゲージメントに関する指標のない機能を作ってはいけない。すべての指標がOMTMにつながるようにしておこう。そのようなデータが集まり、完全なストーリーとなるのである。製品の機能やコンポーネントを計測できないのであれば、慎重に追加しよう。変数を追加すれば、それだけ管理が難しくなるからだ。

ひとつの指標にフォーカスしていても、価値を付加できているかを確認する必要がある。たとえば、新しいSaaSサービスをローンチしたとしよう。ユーザーが30日間使わなければ、チャーンしたと考えている。つまり、チャーン率がわかるまでに30日間必要だということだ。それでは長すぎる。顧客はそれまでにチャーンしているのである。すぐに記録しておかなければ、エンゲージメントがあると勘違いしてしまうだろう。最初のエンゲージメントが強力であっても、価値を提供できているかを計測する必要がある。たとえば、訪問の間隔を調べる方法がある。間隔はいつも同じだろうか？ 次第に長くなっていないだろうか？そうしたなかで、有用な先行指標が見つかるかもしれない。

定性的な分析を無視しない

MVPのプロセスでは、ユーザーや顧客と話をするべきである。製品が手元にあるのだから、多くのことを学ぶことができる。彼らがウソをついたり、誇張表現を使ったりすることはないはずだ。あなたはユーザーや顧客に約束し、彼らはそれを届けてもらうことを大いに期待しているのである。アーリーアダプターは寛容なので、荒削りの製品でも問題ない（むしろ

[†] http://youtu.be/ccFYnEGWoOc

それを望んでいる)。それでも MVP と接する時間が長くなれば、フィードバックはより正直で率直になっていくだろう。

機能を外す準備をする

　機能を外すのは難しいが、それが大きな違いになる。機能が使われなかったら、あるいは使っても価値のないものだったら、それを削除してみて何が起きるかを確認してみよう。機能を削除したら、既存のユーザーのエンゲージメントや使用を継続的に計測しよう。**何か違いはあるだろうか?**

　誰も気にしなければ、それで終わりだ。既存のユーザーから抵抗があれば、考え直す必要がある。削除した機能の存在を知らない新しいユーザーから同様の要求が出てきた場合は、既存のユーザーベースとは異なる新しいニーズを持った新規のユーザーセグメントが登場したのかもしれない。

　機能を削除して、フォーカスや価値提案を狭めることで、顧客の反応に何らかの影響を与えなければいけないのである。

ケーススタディ ｜ 注文プロセスを簡略化した Static Pixels 社

　Static Pixels 社はマッシモ・ファリーナが創業したアーリーステージのスタートアップである。Instagram の写真を再生紙にプリントしたものをユーザーが注文できるようになっている。最初にローンチしたときは、InstaOrder と呼ばれる機能がついていた。これは、Instagram から直接写真を注文するものだった。InstaOrder は簡単に使えるので、マッシモは注文が増えると思っていた。

> 「ローンチ前にフィードバックを手に入れていましたので、ユーザーは気に入ってくれると思っていました」

　この機能の構築には 2 週間かけた。小さなチームにしてはコストがかかっている。しかし、リリース後もあまり使われることがなかった。

> 「この機能はユーザーには使いにくいものだったのです。特に支払いのプロセスが複雑でした」

　図 15-9 が示すように、InstaOrder の初回の注文プロセスには、余計なステップが含まれていた。支払いの許可を得るために、PayPal に訪問する必要があったのだ。2 回目からは Instagram から直接注文できるので、初回の注文については仕方がないとマッシモは考えていたのである。

「その後の利便性のほうが大事だと考えていました」

だが、マッシモと彼のチームは間違っていた。注文数だけでなく、この機能を紹介するランディングページのページビューも増えなかったのだ。直帰率も高かった。反響がなかったのである。

この機能を削除してから2週間後、注文数は2倍になり、さらに上昇を続けた。新しいランディングページの直帰率も改善され、ゴールとなる登録数も増えた。

Static Pixels社のチームは何を学んだのだろうか？ マッシモはこう言っている。

「初心者がInstagramから直接注文することはありません。まったく新しい外部のプロセスが必要になるからです。これまでにソーシャルプラットフォームのインターフェイスから直接注文するものはありませんでした。それに、Instagramに写真を投稿するときに写真を注文することを考えているユーザーはいないと思います」

多くの開発時間を失うことになったが、（主に写真プリントの注文数の）分析にフォーカスしたところ、プロセスを妨害しているところを見つけ、（最初はそれがUVPだと思っていた）機能を削除するという苦渋の選択をすることになった。そして、その結果を追跡した。

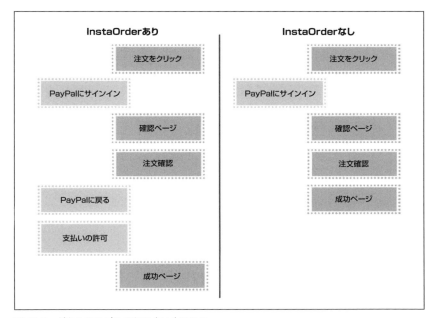

図15-9　どちらのモデルがうまくいくのか？

まとめ

- Static Pixels 社の注文形式には大きな抵抗があった。
- 注文のステップが少ないほうが、実装も簡単であり、コンバージョン率も高かった。

学習したアナリティクス

　最初だけ注文を難しくしておいて、その後は簡単にするというシステムの構築は、アイデアそのものはよかったが、未熟なものであった。この会社が最初に答えるべき質問は「何度も購入する人がいるか？」ではなく、「写真プリントを購入してくれるか？」だったのだ。チームが作ったこの機能は、間違った質問のリスクを下げるものだった。何のリスクを削減しているのかを常に把握しよう。そして、それを実現できているかを確認する最小限の機能を設計しよう。

15.15　共感ステージのまとめ

- ここでの目的は、多くの人がお金を支払ってくれて、自分が解決することのできるニーズを特定することである。分析とは、最初のアイデアから目的の実現に至るまでの進捗を計測するものである。
- 最初の段階では、定性的で探索的なオープンエンド型の議論をして、未知のチャンスを発見する。
- そのあとに、定量的で収束的な議論に移り、課題の正しいソリューションを見つけ出す。
- 何の製品を作るかを見極めるために、大規模に回答を収集するツールを使ったり、認知度を高めたりすることもできる。

これから解決する課題のアイデアを思いつき、リーチできる大きな市場から本物の関心が集まっているという確信があれば、彼らが戻って来るようなものを作るときだ。

定着を獲得するのである。

エクササイズ | 次のステージに移るべきか？

以下の質問に答えよう。

解決に値する課題を見つけたという確信を持てるだけの顧客インタビューを実施したか？	
はい	いいえ
解決に値するほどの苦痛を伴う課題だと思う理由を列挙しよう。	もっと顧客インタビューを実施しよう。

顧客を十分に理解したか？	
はい	いいえ
そう思う理由を列挙しよう。顧客を理解するために何をしただろうか？	「ある一日」のストーリーボードを作って、顧客に対する理解のギャップを特定しよう。

ソリューションが顧客のニーズに合うと思っているか？	
はい	いいえ
そう思う理由を列挙しよう。ソリューションを検証するために何をしただろうか？	ソリューションを（どんな形式でも構わないので）もっと顧客に見せよう。フィードバックを集めて、深く掘り下げよう。

16章
ステージ2：定着

市場の頭のなかに入ったら、今度は何かを作るときだ。ここでの大きな疑問は、構築したものにユーザーが定着するかどうかである。ローワン・アトキンソン《Rowan Atkinson》のコメディ「ブラックアダー」に「We're in the stickiest situation since Sticky the stick insect got stuck on a sticky bun.」というセリフが出てくる†。これがビジネスを持続させる方法だ。

16.1　MVPの定着

ここでのフォーカスは、定着とエンゲージメントである。日次・週次・月次のアクティブユーザー、非アクティブになるまでの期間、非アクティブユーザーにメールを送ったときにアクティブになるユーザー数、どの機能にユーザーは時間を使っているか、どの機能が無視されているか、などを見ることができるだろう。これらの指標をコホートでセグメント化して、何らかの変更によってユーザーの行動が変化するかどうかを確認するのである。たとえば、2月にサインアップしたユーザーは、1月にサインアップしたユーザーよりも定着しているだろうか？

エンゲージメントのサインが欲しいだけではない。製品がユーザーの生活の必需品となり、切り替えが難しい状況になっているという**証拠**が欲しいのだ。すばやい成長を目指しているわけではない。それを期待してもいけない。どれだけ早くユーザーに定着するかではなく、定着するかどうかのテストをしているのだ。つまり、100人のユーザーが定着しなければ、100万人のユーザーを定着させることはできないのである‡。

ここでの最優先事項は、定期的に正しく使用される中心的な機能を作ることだ。ユーザーは少人数でも構わない。その機能がなければ、成長の基礎は築けない。最初のターゲット市場は小さくても構わないので、意味のある結果を生み出すと思われる最少人数に徹底的に

---

† 訳注：シーズン4エピソード3「Major Star」より。sticky（定着）という単語が何度も出てくるセリフ。「面倒な状況になった。不快なナナフシがスティッキーバンに絡みついている」という意味。ちなみにスティッキーバンとは、ベトベトしたシナモンロールのこと。

‡ このルールには例外がある。クリティカルマスが必要なビジネスだ。たとえば、サービスに1,000件の不動産情報、1万人の出会いを求めている人、3分圏内にいる車の情報が必要であれば、定着のテストにフォーカスする前に人工的にでもデータを集める必要がある。これはツーサイドマーケットプレイスにも共通する課題だ。

フォーカスすべきである。

拡散ステージへ進む前に、以下の2つのことを証明する必要がある。

- ユーザーはこちらの期待どおりに製品を使っているか？　そうでなければ、ユースケースや市場を変更する必要がある。たとえば、PayPalはPalmPilotからウェブベースの決済システムに変更した。Autodeskはデスクトップオートメーションの開発を中止して、設計ツールにフォーカスした。
- ユーザーは製品から十分な価値を受け取っているか？　製品のことは好きだが、お金は支払わない、広告はクリックしない、友達に紹介しないというのであれば、ビジネスは成立しない。

注目をエンゲージメントに転換できるようになるまでは、新たなトラフィックを増やしてはいけない。ユーザーが定着してから、ユーザーベースを成長させよう。

16.2　MVPのイテレーション

前述したように、MVPはプロセスであり、製品ではない。ユーザーに何かを届ければ、それで終わりではない。顧客の獲得にフォーカスする前に、MVPのイテレーションを何度もまわす必要がある。

MVPのイテレーションをまわすのは難しい。退屈な作業である。手順も決まっている。イノベーションっぽくないと感じるかもしれない。イテレーションは進化であり、ピボットは革命である。ついカッとなった創業者が、ユーザーに偶然気に入ってもらえるかもしれないと思いながら、何度もピボットするのはそのためだ。その誘惑に抵抗しよう。

イテレーションの目的は、中心的な指標を向上させることである。OMTMが大きく向上しなければ、その新機能は削除しよう。下手に修正や調整をしてはいけない。この時点では不要だ。ここでは、適切な製品と適切な市場を模索しているのである。

> **ケーススタディ　|　ユーザーの追加方法を変更したqidiq**
>
> qidiqはメールやモバイルアプリを使って、少人数のグループに簡単なアンケート調査を行うツールである。スタートアップアクセラレーターのYear One Labsの協力を得てローンチしたものだ。最初のバージョンでは、質問者が回答者をグループに招待するようになっていた。回答者がサインアップしてアカウントを作成してから、メールやiPhoneクライアントに届いた質問に答えるのである。
>
> 招待された人が実際にアカウントを作成して回答する確率は低かった。そこで、創業者たちはテストに工夫を凝らすことにした。回答者がすでにアカウントを持っているものとして、ワンクリックやワンタップで回答できる質問を送信すれば、回答率の変化を確認できないだろうか？と考えたのだ。つまり、回答を暗黙的な入会として扱うのであ

る。あとからアカウントにログインしたければ、パスワードリマインダーを使えばいい。

図 16-1に示すように、qidiq チームはすぐにアプリケーションを変更した。そして、自分たちで作ったグループにアンケートを送信した。最初はメールだけで調査を行った。結果は目を見張るものだった。回答率が 10 ～ 25% から 70 ～ 90% に跳ね上がったのだ。チームは、モバイルアプリの開発を見直すことになった。モバイルアプリは、クロスプラットフォームで利用できるユビキタス性や即時性において、メールには対抗できない。最初からメールで十分だったのだ。これ以上モバイルアプリを修正する必要はないし、Android に移植する必要もなかった。

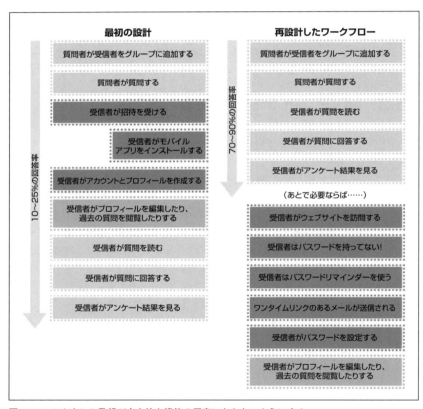

図 16-1 アカウント登録が中心的な機能の邪魔にならないようにする

共同創業者のジョナサン・エイブラムス《Jonathan Abrams》はこのように言っている。

「回答率という主要指標にフォーカスしたことで、セクシーなモバイルアプリを開発

するという誘惑に打ち勝つことができました。メールはあまりセクシーではないですが、重要なのは回答率ですので、我々にとっては好ましい戦略でした」

qidiqが追跡していた指標は、質問の回答率だった。これは製品全体の基礎となるものであり、正しい指標だったと言える。これによってチームは、製品を大きく転換するときにサービス全体の設計を考え直すことができた。

まとめ

- 対象とするユーザーと「アハ！」体験を結ぶ最も単純かつ最短の道筋をMVPに含めるべきである。
- あらゆることを十分に検討すべきである。ユーザーになじみのあるアカウント登録プロセスなどは、よく理解できているコンセプトなので再投資すべきではないが、テストのためにはゼロから自由に考えるべきである。
- 回答率などの単一の指標にフォーカスするべきである。そうすることで、チームはビジネスのすべての部分を調整できるようになる。サインアップからプラットフォームまで、すべてである。

学習したアナリティクス

MVPを作っても、製品が手に入ったわけではない。どのような製品を作るべきかを発見するツールが手に入ったのである。qidiqのチームは「ユーザーがすでに登録していると考えたらどうか？」という型破りな質問をしたことで、回答率は4倍になり、コストの高い非本質的な開発を回避することができた。

16.3　早すぎる拡散

多くのスタートアップは、特にコンシューマー相手のスタートアップは、拡散（バイラル）に最初にフォーカスしてしまう。ユーザーの行動を理解する前に、ユーザー獲得の機能や戦術を取り入れようとするのである。これには以下の2つの理由がある。

- コンシューマー向けアプリケーションの成功が難しくなっているからだ。数年前は数十万人のユーザーで多いと言われていた。だが、今は100万人がベンチマークである。間もなく1,000万人がベンチマークになるだろう。それだけ大勢のユーザーが必要なのだ。ソーシャルネットワークやECサイトなどは、少数の巨大プレーヤーがしのぎを削り、硬直化しているので、新規参入できる隙間がない。
- コンシューマー向けアプリケーションはネットワーク効果に依存しているからだ。ユーザーが増えれば、すべての人にとっての価値が高まる。たとえば、利用者が1人しかいないときに電話を使いたい人はいない。ロケーションベースのアプリケーションにはある程度の規模が必要となる。マーケットプレイスやユーザー制作コンテンツ

のビジネスも同様だ。おもしろくするのに十分なトランザクションや議論が必要なのである。ユーザーがクリティカルマスを超えなければ、Facebookは中身のない抜け殻だっただろう。製品に期待される価値を届ける第一歩は、このクリティカルマスを早急に達成することである。

コンシューマー向けアプリケーションやマルチプレーヤーゲームの創業者たちは、拡散とユーザー獲得にフォーカスすべきであると主張している。それがすべての問題を解決してくれるからだ。だが、ユーザーの数が多ければ、それだけでトラクションが得られるわけではない。ユーザーがエンゲージメントして、定着する必要がある。

早すぎる拡大は、悲惨な結果を招くだけである。ユーザー獲得に時間やお金のすべてを投資すると、ユーザーがすぐにチャーンしてしまう。戻ってきて利用を再開せずに、どこかへ行ってしまうのである。入会は初回だけ。二度目のチャンスはない。

16.4 定着がゴール

製品とユーザー（や潜在的なユーザー）のエンゲージメントが高まると、定着する可能性も高くなる。拡散による成長を（とりあえず今は）無視しておけば、MVPに次に何を含めるかを楽に決めることができる。「いま作っている機能（あるいは変更したい機能）は定着を改善できるか？」と自分に問いかけるのだ。答えが「ノー」であれば、その機能は諦めよう。「イエス」であれば、テスト方法を見つけて、その機能を構築しよう。

パターン ｜ 機能を作る前に自分に問いかける7つの質問

定着を改善する機能のアイデアを数多く持っているはずだ。それらに優先順位をつける必要がある。新機能を作る前に自分（とチーム）に問いかけるべき7つの質問を紹介しよう。

1. なぜ改善できるのか？

作る理由がなければ、機能を作ってはいけない。定着ステージでは、定着にフォーカスしよう。機能リストを見てから、「なぜこの機能が定着を改善できるのか？」と質問するのである。

他社がやっていることをコピーしたくなるかもしれない。たとえば、ゲーミフィケーションでエンゲージメント（やその後の定着）を高めている会社を見ると、なんだかうまくいっているように見えてしまう。だが、他社のやり方をコピーしてはいけない。qidiqは常識的なサインアッププロセスやモバイルアプリの開発を無視することで、エンゲージメントを4倍にすることができた。既存のパターンをコピーしても構わないが、それをやる理由を理解しておこう。

「なぜ改善できるのか？」の答えを仮説として（紙に！）書いておこう。そうすれば、

自然と仮説の実験につながっていく。特定の指標（定着など）に取り組むのであれば、機能の実験は簡単だ。「機能 X が定着率を Y% 改善する」という仮説を立てればいい。評価基準を設定しておくことが重要である。

2. 影響を計測できるのか？

機能の実験では、影響を計測する必要がある。影響は定量化しなければいけない。それなのに、定量的な検証ができない機能を製品に追加することが多すぎる。これはスコープクリープや機能の膨張につながってしまう。

新機能の影響を定量化できなければ、その価値を評価できない。長期的にその機能で何をするのか、本当のところが理解できない。そのような場合は、そのままにしておくか、何度かイテレーションするか、削除してしまおう。

3. 構築にどれくらい時間がかかるのか？

時間は貴重なリソースであり、取り返しのつかないものである。したがって、機能リストにある開発工数を相対的に比較しなければいけない。たとえば、開発に 1 か月かかるとすれば、それが大きな影響を与えるという確信が必要だ。もっと小さな単位に分割できないだろうか？ MVP やプロトタイプでリスクをテストできないだろうか？と質問しよう。

4. 複雑にならないか？

複雑性は製品を殺す。ウェブアプリケーションのユーザーエクスペリエンスを見れば明らかだ。複雑でわかりにくければ、ユーザーはすぐに簡単なものに乗り換えてしまう。

「それから」は成功の敵だ。機能についてチームと話し合うときに、どのように機能が説明されているかに注意を払おう。

> 「この機能は○○ができる。**それから**、○○をするのにも役立つ。**それから**、○○も可能である。**それから**、○○もできる」

この時点で警告音を鳴らさなければいけない。複数のニーズをわずかに満たせるだけの機能を正当化するよりも、**ひとつのニーズをうまく満たす機能のほうが優れている**ことを理解すべきである。

アダルトサイトのモバイル分析の専門家が、新機能のルールは簡単だと言っていた。「片手で 3 タップ以内にできなきゃダメ」だ。ユーザーの行動や期待を把握することがすべてである。機能が複雑すぎて、市場・顧客獲得・定着などのテストの邪魔になるようであれば意味がない。

5. リスクの程度は？

新機能にはリスクがつきものだ。コードベースに影響を与える技術リスクもあれば、

ユーザーの反応に影響を与えるユーザーリスクもある。今後の開発に影響を与え、進みたくない道を進まざるを得なくなるようなリスクもある。

新機能は開発チームに（時には顧客にも）感情的なコミットメントを生み出す。アナリティクスによってそれを破壊し、公正に計測して、可能な限りの情報を集め、できるだけ最適な意思決定を実現しよう。

6. どれだけ革新的か？

やることすべてが革新的なわけではない。ほとんどの機能は革新的なものではない。機能単体よりも製品全体の価値が上がると思いながら、細かな修正を加えているだけなのである。

だが、機能に優先順位をつけるときは革新的かどうかを考えるべきだ。簡単なものが大きな影響を与えることはない。まだ定着ステージなので、正しい製品を見つけよう。たとえば、登録ボタンを赤から青に変えると、コンバージョン率は飛躍的に向上するかもしれないが（古典的な A/B テスト）、だからといって失敗ビジネスが大きく成功するわけではない。誰もが簡単にコピーできるからだ。

大きな賭けをするのもいいだろう。ホームランを狙うのもいいだろう。過激な実験をするのもいいだろう。破壊的なものを作るのもいいだろう。ユーザーの期待が低いのであればなおさらだ。

7. ユーザーは何と「言う」だろうか？

ユーザーは重要である。ユーザーからのフィードバックも重要である。だが、ユーザーの言葉に頼るのは危険だ。ユーザーからの情報だけで、優先順位を決めないようにしたい。ユーザーはウソをつく。あなたを傷つけたくないからだ。

MVP のプロセスで機能に優先順位をつけるといっても、これは精密科学ではない。ユーザーの行動は言葉よりも雄弁だ。構築したすべての機能について、テスト可能な仮説を作ろう。そうすれば、成功か失敗かをすばやく検証できる。アプリケーションにあるさまざまな機能の利用頻度を追跡すれば、それが機能しているのか機能していないのかがわかる。ユーザーが［キャンセル］や［戻る］ボタンを押す前に使っていた機能を見れば、可能性のある問題領域が明らかになる。

事前に計画して、なぜ作るかを理解しておけば、機能の構築は簡単だ。ハイレベルのビジョンと長期的なゴールを機能レベルに結び付けることが重要である。こうした調整をしておかなければ、うまくテストができず、ビジネスを推進できない機能を構築するというリスクを招いてしまうことになる。

ケーススタディ | リーン手法で新機能を構築した Rally 社

　Rally Software 社は、アジャイルアプリケーションライフサイクル管理ソフトウェアを作っている。2002 年に創業し、多くのアジャイルベストプラクティスの先駆者となっている。同社が製品の構築を継続して成功させていることについて、チーフテクノロジストであるザック・ニース《Zach Nies》に話を聞いた。

会社のビジョンを作る

　Rally 社では、3～5 年のビジョンからすべてが始まる。ビジョンは 18 か月ごとに刷新している。全社がこのビジョンに足並みをそろえており、長期的なゴールを達成可能なものにする最初の中間地点となっている。この長期的なビジョンが年間計画の重要なインプットになる。ザックはこのように言っている。

> 「まだ会社が若くて規模が小さかった頃は、3 年も先のことは考えていませんでした。ですが、今の規模では重要なプロセスとなっています」

　年間計画は、最初は少数のエグゼクティブだけで作成する。ザックはこれを最初のイテレーションと呼んでいる。成果は企業戦略の草案である。これは Rally 社の年間の業績ギャップと目標値・反省点・論的根拠を明確で簡潔に示したものである。エグゼクティブチームは、年間ビジョンを達成するためにフォーカスが必要な箇所を 3～4 個特定する。ザックはこのように言っている。

> 「ここでアイデアの草案を作り、ふりかえりの検討材料とします。翌年にエグゼクティブチームが何を重視するかのまとめです」

　2 回目のイテレーションは、部門別のふりかえりである。Rally 社では、これを ORID (Objective：客観的、Reflective：内省的、Interpretive：説明的、Decisional：決定的) と呼んでいる。R. Brian Stanfield『The Art of Focused Conversation』(New Society Publishers) [†] から引用したものだ。

> 　このプロセスはすべての社員にアイデアを求め、過去・現在・未来に関する価値のある物語を提供する。完了した作業・進行中の作業・計画した作業・年間の指標・来年の予測・今後の見通しなどを各部門の ORID から学んでいく。子どもたちなら自然と学べるが、大人たちには学習のための内省の仕組みが必要だ。このプロセスがその仕組みを作るのである。

[†] http://www.amazon.com/Art-Focused-Conversation-Access-Workplace/dp/0865714169

エグゼクティブの計画と ORID が、年間計画プロセスの次のステップの情報源となる。社員の 60％ をファシリテーションの整ったミーティングに招集し、その年のビジョンを明らかにして、達成方法についての意識を合わせるのである。

製品計画を立てる

製品チームは会社の年間戦略の定義に積極的に参加する。その大部分は、会社と製品の方向性を合わせることである。製品チームは何よりも「why」にフォーカスする。ザックはこのように言っている。

> 「なぜやるのかを明確にして、自分たちのフォーカスを常に問いかければ、みんながひとつのビジョン・会社・製品に集まってきます。それによって、顧客との感情的な結び付きが生まれます。『why』を理解しなければ、『what』や『how』に目を向けることはできません」

現在の Rally 社は、製品を掘り下げる準備ができている。このプロセスにはやることが多くありそうだが、それでも反復的でリーンに行っている。実際に機能を開発する前に、**構築→計測→学習**サイクルを複数のレベルで何度も通過しているのである。

何を作るかを決める

機能開発は、何を作るのか、どうやって作るのかを決めるところから本格的に開始する。Rally 社には、機能を決定するオープンでプロセス指向の方法が存在する。四半期ごとに社員が、製品の方向性に関する短い提案をするのである。この提案は組織の誰でも提出できるが、それよりも顧客とのインタラクションに大きな影響を受ける。

ザックはこのように言っている。

> 「製品のマネジメントに関係している人（製品マーケティング・プロダクトオーナー・エンジニアリングマネージャー・営業リーダー・エグゼクティブ）全員が、この意思決定プロセスに携わっています。大変なプロセスと思われるかもしれませんが、みんなから提案を受け付けたり、意識を合わせたりすることのメリットには、四半期ごとに十数時間をかける以上の価値があると思っています。みんなで意識を合わせることで、うまくやれるのです」

Rally 社はソフトウェアを「リリース」しない。ユーザーや顧客に「機能を合わせる」のである。ほとんどの機能は Rally 社の判断で、顧客ごとにオン／オフの切り替えができるようになっている。これにより、多くの顧客の目に問題が触れるリスクを軽減しながらも、アーリーアダプターからフィードバックを受け取り、コードを段階的にユーザーに展開していくことが可能となっている。

進捗を計測する

　Rally 社の機能開発プロセスの根底にあるのは、計測へのフォーカスである。ザックはこのように言っている。

> 「我々は社内にデータウェアハウスを持っています。ここには、サーバーやデータベースのカーネルレベルのパフォーマンスの測定結果から、ブラウザとサーバーの HTTP 通信から抽出したユーザーのハイレベルな行動まで、ありとあらゆる情報が記録されています」

チームが機能の利用状況やパフォーマンスを計測することが目的である。

> 「機能を開発したら、開発を続けるために必要な使用量を製品チームが算出します。それから機能をオンにして、その値と実際のデータを比較するのです。データには利用状況やパフォーマンスの情報が含まれていますので、その機能がプロダクション環境のパフォーマンスや安定性に与える影響をリアルタイムで把握できます」

実験から学んだこと

　深いレベルの計画や製品開発の包括的な手法があっても「社内や顧客からの要求にしたがって盲目的に機能を作らない」ように注意しているとザックは言っている。その代わり、学習のための実験をしているのである。

　ザックによれば、すべての実験は以下の質問から始まるそうだ。

- 何をなぜ学習したいのか？
- 解決しようとしている根本的な課題は何か？　誰が苦痛を感じているのか？　これによって、関係者全員が共感を抱いてくれる。
- 仮説は何か？　仮説は「［繰り返し可能な行動］によって［期待する結果］が生まれる」の形式で書く。このように書けば、実験の成否が明確になる。
- どのように実験をするか？　そのために何か作るものはあるか？
- 実験は安全か？
- どのように実験を結論付けるか？　結論から得られた課題を解消するために何ができるか？
- 仮説をデータで検証するために計測するものは何か？　ここには、実験が続けられないことを示す計測も含まれる。

　3 か月間に 20 回以上の実験を行い、重要なユーザーインターフェイスのどの部分がユーザーを満足させるのかを正確に学んだ。これは単なる推測ではなく、規律のある発

見プロセスである。ユーザーインターフェイスにフォーカスしたのは、この年の製品ビジョンがユーザーインターフェイスの洗練だったからだ。そして、Rally 社の企業ゴールを直接サポートするものでもあったからだ。

まとめ

- データ駆動による製品の開発方針は、最初にトップが決める。これを反復的で秩序のあるプロセスで回していく。
- すでに製品を構築して、ロイヤル顧客がいたとしても、すべては実験である。
- 機能のオン／オフを実現して、ユーザーの行動の変化を計測するには、エンジニアリングの工数が余分にかかる。しかし、その投資はサイクルタイムの削減と効果の高い学習によって相殺できる。

学習したアナリティクス

　Rally 社は計測を次のレベルに引き上げた。ある意味では、Rally 社は 2 つの企業と言える。ひとつはライフサイクル管理ソフトウェアを作る企業であり、もうひとつはユーザーと製品のインタラクションを理解するために、大掛かりで継続的な実験を繰り返している企業である。それには規律と集中が必要になる。あらゆる機能のテストや計測を可能にするエンジニアリングも必要になる。だが、それによってムダが減り、製品の品質は高くなり、顧客のニーズに常に対応できるようになるという成果がもたらされる。

16.5　ユーザーからのフィードバックの扱い方

　顧客は起業家と共通点を持っている。どちらもウソつきなのだ。意図的にウソをついているわけではないが、製品がどのように動作するのかを忘れたり、自分が製品を使って何をしているのかを忘れたりする。

　図 16-2 は、個人向け銀行取引アプリ Mint のレビューである。多くのレビューアーが星を 1 つにして、「危険！この製品はあなたの口座情報を取得しようとする！」と言っている。**だが、それが Mint の機能だ**。

　あなたがプロダクトマネージャーであれば、このようなフィードバックは無視したいと思うかもしれない。しかし、これはマーケティングや説明がうまくいっていないために製品の評価が下がり、市場が狭くなっていることを意味している。

　顧客はあなたが耳にしたくないフィードバックを返してくることもある。そういう人たちはメンタルモデルが違うのだ。ターゲット市場にいるわけでもない。そのことを忘れないようにしよう。製品を正しく使うトレーニングを受けていないことも多いのだ。

　インタビューのところで認知バイアスについて説明したが、既存のユーザーも同様のバイアスを持っている。期待や文脈があなたとは違うのだ。そのことを考慮して、フィードバックを見る必要がある。

　バイアスのひとつに、サンプリングバイアス（標本の偏り）がある。予測可能で退屈な体

験をしたときに、わざわざフィードバックを返す人は少ない。フィードバックを返すのは、嬉しいときや激怒したときだ。特に憤慨している人には耳を傾けてしまう。

図16-2　銀行取引アプリに口座情報を入力するのは危険！？

　ユーザーは自分の価値がわかっていない。たとえば、SaaS製品が無料で使えるのは、サービスがそのように提供されているからだと思っている。パンが無料で食べられるのは、料理の値段がそのように決まっているからだと思っている。サービス提供者はユーザーの価値を理解しているが、ユーザーはまるでわかっていない。不満を抱いたユーザーは、自分が世界で最も重要な人だと思っている。そのようなユーザーが、不当な扱いを受けて激怒しているのだ。あるいは、逆に尊重されて嬉しくなっているのである。

　それから、顧客は自分の課題の制約やニュアンスがわかっていない。アメリカのテレビ番組が海外で見られないと文句を言うのは簡単だが、外国為替・検閲・著作権の複雑さに対して文句を言っているわけではないはずだ。課題を解決したいと思っていても、それを正しく解決する方法を理解しているわけではないのである。

　ローラ・クレイン《Laura Klein》は、UXの専門家・コンサルタントであり、本書と同じくリーンシリーズの『UX for Lean Startups』（O'Reilly）の著者でもある。彼女は「Users Know」という素晴らしいブログを書いている。なかでも「Why Your Customer Feedback is Useless（なぜ顧客のフィードバックは使えないのか）」はぜひ読んでほしい[†]。

[†] http://usersknow.blogspot.ca/2010/03/why-your-customer-feedback-is-useless.html

フィードバックをうまく解釈するために、ローラは3つの提言をしている。

- **事前にテストを計画して、何を学習したいかを把握する**。ローラはこのように述べている。言っている。「フィードバックの解釈が難しいのは、情報量が多すぎて、ひとつのテーマにまとまっていないからです。何に関するフィードバックを集めているのかを正しく把握し、規律正しく集めていけば、解釈は簡単になります」。
- **誰にでも話しかけない**。ローラはこのように言っている。「フィードバックを類似した人でまとめるべきです。たとえば、車に関する感想をF1ドライバーとうちの母親に聞けば、きっと矛盾した回答が得られるでしょう」。回答する人のタイプはさまざまなので、フィードバックのバランスをとるのは難しい。「誰が顧客なのかを見つけて、特定のタイプにフォーカスして調査しましょう」。
- **収集したデータをすばやくレビューする**。ローラはこのように言っている。「データの収集が終わるまで放置してはいけません。たとえば、数日かけて1人に1時間ずつ5人にインタビューしたとしましょう。最初の人が言ったことを覚えているでしょうか」。ローラはインタビューに誰かを同席させることを推奨している。そうすれば、あとでその人から報告を聞くことができるし、そこから知見を得ることもできる。

実際には、ユーザーは常に不満を言っている。ユーザーなんてそんなものだ。製品を使っていても、エンゲージメントの指標がよくても、定着していても、それでもユーザーは不満を言うのである。そうした不満に耳を傾けて、できるだけすばやく（過剰反応せずに）根本原因を突き止めよう。

16.6　実用最小限のビジョン

実用最小限のビジョン（MVV：Minimam Viable Vision）とは、Year One Labsのパートナーであるレイモンド・ラック《Raymond Luk》の言葉だ。

> 「優れた会社を作り、周囲を巻き込もうとしているのであれば、MVPを見つけるだけでは不十分です。MVVが必要です」

MVVは魅力的だ。拡大できる。可能性がある。斬新で説得力がある。創業者としては、世界を変える大胆なビジョンを片手に持つべきだ。そして、もう片方の手には、実践的で、実用的で、勘と経験の現実感を持つべきだ。資金を獲得するために必要なMVVには、市場で優位にある破壊的なプレーヤーになるまでの説得力のある説明が求められる。

以下に紹介するのは、MVVの要素を手に入れたときの兆候だ。

- **プラットフォームを作っている**。他の何かを生み出す環境を作っているのであれば、それはよい兆候である。MapQuestなどの地図アプリは数多く存在するが、なかでも

Google Maps は地図を組み込んだり、注釈をつけたりすることが簡単にできるようになっている。それによって、多くのマッシュアップや賢い使い方が生み出された。そして、地理情報システム（GIS）の入門レベルのデファクトプラットフォームになった。注釈によって、地図がさらに便利になったのである。

- **繰り返しお金を儲ける方法がある。**一度だけお金を請求する方法もあるが、毎月お金を支払ってもらえるように説得できれば、そのほうが成功につながりやすい。たとえば、Blizzard Entertainment 社のゲーム World of Warcraft の収益を見てみよう。月額 14.95 ドルのサブスクリプション料と比べると、デスクトップクライアントの販売で得られるお金はごくわずかである。

- **価格が自然に段階化されている。**37Signals 社[†]・Wufoo 社[‡]・FreshBooks 社のように、顧客が自らアップセリングできるようになれば、ユーザーを基本機能で引きつけて、必要な機能のあるところへアップグレードさせることができるようになる。こうすれば、新規ユーザーからの収益だけでなく、既存ユーザーからの収益も増える。

- **破壊的変化とつながっている。**成長傾向の産業（情報共有・モバイル端末・クラウドコンピューティング）であれば、成長できる確率も高い。上げ潮がすべての船を持ち上げるように、成長している技術セクターにいれば、時価総額が上がってイグジットできる。

- **導入者が自動的に支援者になる。**オンラインマーケティングの古典的な例を見てみよう。Hotmail のすべてのメールには、移行を促す短いメッセージが書かれていた。その結果、成長率は指数関数的に増加し、創業者はイグジットで大成功を収めることができた[§]。また、Expensify のような経費管理システムは、承認ワークフローに人を簡単に追加できる。これは自然的拡散を促すものである。

- **買収競争を作り出せる。**業界の巨人が欲しがるソリューションを持っているのであれば、素晴らしい立ち位置にいると言える。大企業は時間があれば何でも作れるが、あなたが大企業の売上を脅かすのであれば、あるいは大企業がそれによってもっと簡単に大幅に売上を伸ばせるのであれば、あなたの会社を買収しようとするだろう。たとえば、Pepsico 社・Cadbury-Schweppes 社・Coca-Cola 社などの飲料業界の巨人たちは、Odwalla 社・Tropicana 社・Minute Maid 社・RC Cola 社などの有望企業を定期的に買収している。既存のサプライチェーンで簡単に投資額を回収できることを知っているからだ。

- **環境の変化の流れに乗っている。**環境と言っても、環境保護運動のことではない。戦略的マーケティングにおいては、ビジネスエコシステムで対象となるあらゆる環境的影響力のことを指す。たとえば、政府指令のプライバシー法や公害防止規制などが含まれる。誰もが導入せざるを得ないもの（医療や支払いのプライバシーに関する制定

[†] 訳注：現在は Basecamp 社に改名。
[‡] 訳注：現在は SurveyMonkey 社が買収。
[§] http://www.menlovc.com/portfolio/hotmail

間近の法律を遵守した製品など）を作っているのであれば、イグジットは約束され、その分野を支配できる可能性がある。

- **継続的に圧倒的な優位性を確保している**。圧倒的な優位性ほど投資家が好むものはない。低コスト・市場注目度・パートナー・プロプライエタリな方法などの圧倒的な優位性を維持できれば、投資家に興味を持ってもらえるレベルのビジネスにまで拡大できる。ただし、政府指令の独占以外は長期的に優位性を確保できないので注意したい。
- **限界コストがゼロに近づいている**。ユーザーを追加したときの増分コストが下がっている。つまり、N人目の顧客のコストがゼロに近いのだ。素晴らしい。健全な規模の経済を楽しんでいることだろう。たとえば、あるアンチウィルスソフトの企業では、ソフトウェア開発と研究の固定コストをすべての顧客で負担している。だが、クライアントが増えてもコストの合計にはほとんど変化がない（無視できるくらいである）。ビジネスが収益を上げながらも増分コストは変わらない、もしくは低下している場合、一夜にして大きく成長する可能性がある。
- **ビジネスモデルにネットワーク効果がある**。ネットワーク効果のあるビジネスの古典的な例は、電話システムである。電話を使う人が増えれば、ますます便利になっていく。ネットワーク効果のあるビジネスはすてきだ。ただし、これは諸刃の剣でもある。1,000万人のユーザーがいれば素晴らしいが、それほど簡単に製品やサービスを導入してくれるはずがない。とはいえ、小さな市場で価値をテストするのも難しい。ネットワーク効果の影響が現れるところまでの計画が必要だ。
- **マネタイズの方法が複数ある**。ひとつの課金モデルでうまくいくことはないだろう。お金を儲ける方法が複数あれば（主要なものがひとつ、二次的なものが複数）、収益の流れが多様化し、イテレーションが楽になり、成功の確率が高まる。メモ：AdWordsと分析データの販売だけではおそらく不十分だ。
- **顧客がお金を稼いだときにお金を稼げる**。人間は基本的に2つのことでモチベーションが上がる。「恐怖」と「欲」だ。少しばかり利己的な印象を与えてしまうが、人間はそのように進化してきたのである。ビジネスにおける「恐怖」とは、コストやリスクのことだ。リスクやコストを削減できれば、それはそれで素晴らしいことだが、それだけでは説得力がない。顧客はリスクを正当化して、節約しようとするからだ。その一方で、「欲」を使ってお金を稼ごうとすれば（ビジネスの世界では、それを「収益」と呼ぶ）、顧客は儲けをもたらしてくれる。人は収益につながる製品を信じやすい。宝くじや一獲千金の話と、節約や保険のビジネスを比べてみればわかるだろう。EventbriteやKickstarterはそのことをわかっている。
- **周辺にエコシステムが形成されている**。これはプラットフォームモデルと似ている。SalesforceやPhotoshopの例がわかりやすいだろう。SalesforceのAppExchangeには、CRM（顧客管理）を便利でカスタマイズ可能にするサードパーティのアプリケーションが多数登録されている。Photoshopのプラグインを使えば、Adobe社が開発するよりも早くアプリケーションに機能を追加できる。

つまりは、大胆でなければいけないのである。会社を本当の意味で斬新で、幅広い市場にアピールできるもの、あるいは金のあるニッチ市場の必需品となる「ビッグアイデア」へと転換していく方法を理解する必要がある。

16.7　課題／解決キャンバス

　Year One Labs では、課題／解決キャンバスというツールを開発した。スタートアップが規律を守り、一週間単位にフォーカスするためのものである。アッシュ・マウリアのリーンキャンバスからヒントを得ているが、こちらはスタートアップの日々の業務を扱っている。ぼくたちは、スタートアップが直面する重要な1～3個の課題に狙いを定めるために使っている。みんなで課題に合意して、優先順位をつけるのだ。

　創業者がよくやるのは、目の前の課題に間違った優先順位をつけることである。これは驚くべきことではない。スタートアップの創業者は同時にさまざまなことをやっていて、クレイジーなサーカスの曲芸師のように空まで届く帽子を被っているからだ。それからご存じのように、どちらもウソつきである（だけど、どっちも好きだよね！）。メンターやアドバイザーとしての仕事（公平な立場から価値を提供すること）の大部分は、起業家が最も重要なところへと戻れるように導くことなのだ。

　課題／解決キャンバスは、2ページのドキュメントである。リーンキャンバスのように、複数のボックスに分かれている。ぼくたちは毎週、創業者たちに課題／解決キャンバスの用意とプレゼンをしてもらっている。このキャンバスがステータスミーティングの中心となり、ミーティングを生産的に維持するのに役立っている。

　図16-3の初めのページを見てみよう。

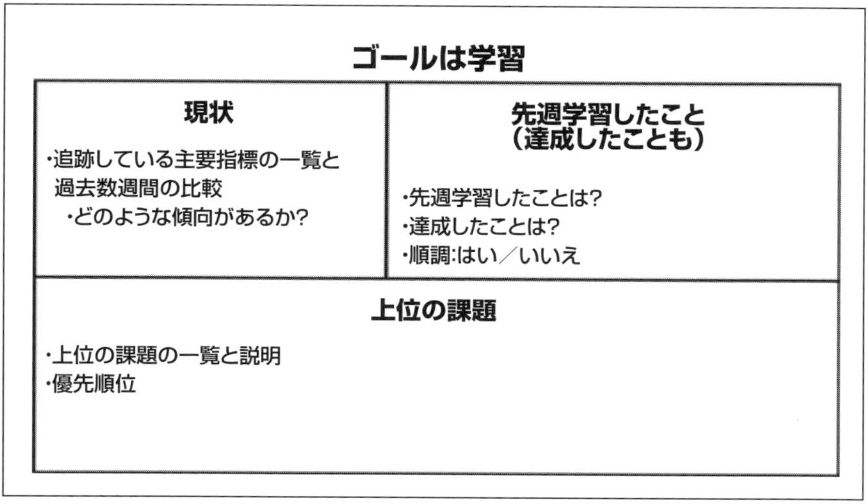

ゴールは学習	
現状 ・追跡している主要指標の一覧と過去数週間の比較 　・どのような傾向があるか？	**先週学習したこと** **（達成したことも）** ・先週学習したことは？ ・達成したことは？ ・順調:はい／いいえ
上位の課題	
・上位の課題の一覧と説明 ・優先順位	

図 16-3　毎週このページを埋めたら何が学べるだろうか？

最初に気づくのは「ゴールは学習」というタイトルだろう。ここが重要だ。起業家に何をしようとしていたかを思い出してもらうためである。何か「モノ」を作ることではなかったはずだ。機能を追加することでもない。何か告知をすることでもない。ここでの成功の指標は「学習」なのである。

次に、創業者は追跡している（定性的または定量的）主要指標にフォーカスして、「現状」のボックスに最新情報の概要を記入する。他よりもボックスが小さくなっているところに注目してほしい。

「先週学習したこと」のボックスには、学習したことを箇条書きで記入する。その下に「（達成したことも）」とあるのは、起業家に（少しくらいは）自慢してほしいからだ。驚くことではないかもしれないが、ここには虚栄の指標も含まれているので、あまり時間をかけることはない。「順調：はい／いいえ」のベンチマークは、知的誠実性のテストのために用意している。いま起きていること・うまくいっていること・うまくいっていないことを起業家は正直に答えられるだろうか？　答えることができるのであれば、ぼくたちはもっと役に立てるはずだ。

最後は、そのときに直面している「上位の課題」の一覧である。最大3つの課題に重要度で優先順位をつけたものだ。課題／解決キャンバスのこの部分は、議論につながることが多い。みんなのゴールや期待を再設定するのは、常に健全で重要なことである。

現状の課題が理解できたので、図16-4にあるキャンバスの2ページ目を見ていこう。

課題#1 [課題の名前を記入]

ソリューションの仮説	指標／証拠 ＋ ゴール
・翌週に取り組むソリューションを一覧にする。優先順位もつける。 ・なぜソリューションが課題の解決につながると思うのか？　あるいは課題を完全に解決すると思うのか？	・（左にある）ソリューションが期待どおりに（課題を解決）できるかどうかの指標を一覧にする。 ・そのための（定性的な）証拠も一覧にする。 ・指標のゴールを定義する。

課題#2 [課題の名前を記入]

ソリューションの仮説	指標／証拠 ＋ ゴール
・翌週に取り組むソリューションを一覧にする。優先順位もつける。 ・なぜソリューションが課題の解決につながると思うのか？　あるいは課題を完全に解決すると思うのか？	・（左にある）ソリューションが期待どおりに（課題を解決）できるかどうかの指標を一覧にする。 ・そのための（定性的な）証拠も一覧にする。 ・指標のゴールを定義する。

図16-4　課題はいろいろあるが、3つだけ選べるだろうか？

ここでは、創業者があらためて課題を一覧にして、ソリューションの仮説を立てる。ソ

リューションが仮説なのは、まだうまくいくかどうかがわからないからだ。これは翌週に創業者が行う実験でもある。ぼくたちは、いつも成功（と失敗）を計測する指標と評価基準を決めてもらうようにしている。たとえば、エンゲージメントが最も重要な課題だとしたら、エンゲージメントの実験に使うソリューションを記入して、そのために必要な指標（デイリーアクティブユーザー率など）を定義し、ターゲットを設定しなければいけない。「**何が課題であり、どのように解決しようと思っていて、どうすればそれが成功したとわかるのか**」。これが課題／解決キャンバスの核心だ。

　ぼくたち（メンターやアドバイザー）にとって、これは非常に価値のある演習だった。課題／解決キャンバスは意思決定にも使える。リーンキャンバスよりも抽象度のレベルが低く、短い期間（1〜2週間）の具体的で詳細なレベルにフォーカスしている。

ケーススタディ｜課題／解決キャンバスでビジネス課題を解決したVNN社

　Varsity News Network（VNN）社はミシガンにあるアーリーステージのスタートアップである。2012年のカンファレンスの講演で、創業者のひとりであるライアン・ヴォーン《Ryan Vaughn》にベンが出会っている。この企業のプラットフォームを使えば、高校の運動部の監督たちが情報を発信する地元密着型のメディアを作り、ソーシャルコミュニケーションを楽に管理できるようになる。運動部の認知度を高め、金銭的および精神的なサポートにつなげることが目的だ。

　ライアンに課題／解決キャンバスを紹介したところ、取締役会ですぐに使い始めてくれた。ライアンはこのように言っている。

> 「当時は増資したばかりで、多くの重要なビジネス課題をすぐに解決する必要がありました。課題／解決キャンバスを使って、取締役会のメンバーの考えを統一し、先へ進むためにやるべきことにフォーカスしました」

　VNN社はリーンのプロセスに従っていた。特に創業時は、価値提案を決定したり、それを高校スポーツのコンテンツに結び付けたりするときにリーンのプロセスを使っていた。この企業は今でもリーンである。新機能のテストやリリースを何度も繰り返し、生み出した効果や価値を計測している。

　とはいえ、最初は取締役会が課題／解決キャンバスを受け入れないかもしれないとライアンは懸念していた。

> 「リーンスタートアップのプロセスは、アメリカ中西部では広く採用されていませんでした。しかし、取締役会がこの方法論に触れたことで、課題／解決キャンバスを使いながら進捗の速度を上げることができました」

VNN社では、課題解決が重要な時期に課題／解決キャンバスを数か月間使用した。その結果、関係者全員が重要なタスクに集中することができた。課題／解決キャンバスを使って、VNN社は多くの仮説を検証し、直販を含む拡大可能な成長モデルを設計した。これによって、収益を生み出せることが十分に証明され、セカンドラウンドの増資計画を立てられるようになった。

図16-5と図16-6でキャンバスの一例を見よう。

5月の課題／解決ダッシュボード

指標
- 販売学校数:1
  - 先月:3
  - 合計:34
- 学校あたりの広告売上:4,750ドル
- 販売員あたりの広告売上:6,150ドル
- 学校あたりのトラフィック数:1931.9
- 過去3か月で200増加
  （新しいテーマ）

先月学習したこと（と達成したこと）
- 先月学習したことは？
  - 販売員1人あたりの月間売上は1万ドル増やせる
  - 個人向けスポーツのウェブサイトという市場が存在する
  - スケジュール > 写真 > 記事
- 達成したことは？
  - カメラマンが写真を投稿してくれた
  - インディアナポリスの2回めのテストマーケットを実施
- 順調:はい

上位の課題
- 1. フルタイムの販売員1人が達成できる売上がわかっていない
  - 限定的なデータから考えると、広告1万ドルと学校5校はいける
  - パートタイムの販売員1人が、数か月で5校以上に販売した
  - パートタイムの販売員1人が、2か月で1万ドルの広告を販売した
- 2. スポーツに特化したサイトの市場を知らない
  - コーチは月に20〜30ドル支払う。どのように販売／サポートすべきだろうか？
- 3. 広告主に十分な価値を示せていない
  - 年間で50％以上の再契約率が必要。現在は50％。

図16-5　VNN社は内省に時間をかけている

課題#1［フルタイムの販売員1人が達成できる売上がわかっていない］	
ソリューションの仮説	指標／証拠 + ゴール
・1. アナーバーでフルタイムの販売員を採用して、イーストミシガンで広告と学校への販売をしてもらう。 　・平均的な販売員ができることを示す ・2. インディアナポリス在住の2人と契約し、新しい市場を開拓する。 　・エリートの販売員ができることを示す	・指標：販売員1人あたりの学校数と広告売上 ・アナーバー：7月末までに3校、8,500ドルを販売する ・インディアナポリス：7月末までに4校、7,500ドルを販売する

課題#2［スポーツに特化したサイトの市場を知らない］	
ソリューションの仮説	指標／証拠 + ゴール
・1. ミシガン内外のコーチにインタビューする 　・質問は需要の有無・価格・機能 ・2. 市場があれば、コーチ用のMVPを構築して販売 　・これは市場の究極的なテスト 　・「どうやって」販売するのが最適かが疑問	・指標：インタビューの回答内容と事前注文 ・1. コーチにインタビュー 　・興味を示したかどうか、提示された価格 ・2. 事前注文の有無

図16-6　販売数と市場規模を知ることが重要

まとめ

- VNN社は、資金調達のときに課題／解決キャンバスを使って、取締役会とうまくコミュニケーションをとることができた。
- 課題／解決キャンバスを使ったことで、イテレーションが収益につながり、増資に向けた体制を作ることができた。

学習したアナリティクス

全員の考えを統一することの力を過小評価してはいけない。関係者全員にわかるように情報を1ページにまとめれば、課題の明確化や定義に役立つ。変化の速い環境では特にそうだ。

16.8　定着ステージのまとめ

- ここでのゴールは、みんなが戻ってくるようなやり方で課題を解決していることを示すことである。
- このステージで重要なのは、エンゲージメントである。エンゲージメントは、ユーザーがインタラクションに費やした時間や復帰率などで計測する。収益や拡散についても追跡するが、まだフォーカスする時期ではない。
- 作っている製品は最小限であっても、ビジョンは顧客・従業員・投資家を引きつける

- だけの大きなものでなければいけない。また、現状から未来のビジョンにつながるまでの信頼できる方法がなければいけない。
- こちらの求めることをユーザーに確実にやってもらえると証明できるまでは、速度を上げてはいけない。途中で速度を上げてしまうと、すぐに離れてしまうユーザーを引きつけるために、お金や時間をムダに費やすことになる。
- 製品の定着度を最適化するときは、コホート分析で継続的改善の影響を計測する。

エンゲージメントの数値が高く、チャーンが比較的低いときは、ユーザーの増加にフォーカスする時期だ。とはいえ、すぐに広告に手を出してはいけない。まずは、説得力のあるキャンペーンプラットフォームを活用しよう。そのプラットフォームとは、既存ユーザーのことである。それでは、次の拡散ステージへ進もう。

エクササイズ #1 ｜ 次のステージへ移るべきか？

1. 製品は期待どおりに使ってもらえているか？
- もしそうであれば、次のステップへ。
- もしそうでなければ、価値を感じながら違った使い方をしているだけなのか？　それとも、そもそも価値がないのか？

2. アクティブユーザーを定義しよう。
ユーザーや顧客の何％がアクティブなのだろうか？　それを書き出してみよう。もっと増やすことはできるだろうか？　エンゲージメントを高めるために何ができるだろうか？

3. 機能を追加する前に7つの質問に答えて、機能のロードマップを評価しよう。
機能開発の優先順位は変わるだろうか？

4. ユーザーからの不満を評価しよう。
今後の機能開発にどのような影響を与えるだろうか？

エクササイズ #2 ｜ 最大の課題を特定したか？

課題／解決キャンバスを作ってみよう。15～20分以上かけてはいけない。作ったキャンバスを誰か（投資家・アドバイザー・従業員）と共有してみよう。そして、現在直面している重要な懸念が示されているかどうかを自問してみよう。

17章
ステージ3：拡散

　1997年にベンチャーキャピタルのDraper Fisher Jurvetson社が、ネットワークに支えられたクチコミ現象を表す「バイラルマーケティング」という言葉を最初に使った[†]。この会社は、Hotmailのバイラル（拡散）の力を目の当たりにしたのである。Hotmailのすべてのメールには、ウィルス感染の媒介が記載されていた。今では有名となった「アカウントの取得を促すリンク」である。

　数十年前にマーケティング科学の創始者のひとりであるフランク・バス《Frank Bass》が、メッセージが市場に広がる様子について述べている[‡]。1969年の論文「A New Product Growth Model for Consumer Durables」[§]では、メッセージがクチコミによってどのように市場に浸透するかが説明されている。最初はゆっくりと広がり、それについて話す人が増えると、急速に広がっていくのだ。だが、メッセージを聞いた人が増えすぎると、市場は飽和し、広がる速度も落ちていく。このモデルは図17-1のようなS字で表され、「バスの普及曲線」として知られている。

　研究者たちがHotmailの広がりをバスのモデルの予測と比較したところ、ほぼ完全に一致したそうだ。

　拡散ステージでは、ユーザー獲得や成長にフォーカスする。ただし、定着にも注意を払う必要がある。

- エンゲージメントを犠牲にして、拡散やクチコミを構築するにはリスクが伴う。アーリーアダプターとは違う新規ユーザーを増やしていくと、それによってアーリーアダプターが離れてしまうのだ。あるいは、マーケティング活動でUVPが失われてしまい、アーリーアダプターとは異なる期待を新規ユーザーに抱かせてしまう。
- 定着から早く離れすぎないように注意したい。ユーザーの増加に投資しても、チャーンが高いままであれば、十分な投資収益率が得られない。早すぎる成長はお金や時間のムダだ。すぐにスタートアップがダメになる。

[†]　http://www.dfj.com/news/article_25.shtml
[‡]　http://en.wikipedia.org/wiki/Bass_diffusion_model
[§]　訳注：1969年の論文は「A new product growth for model consumer durables」だと思われる。「A new product growth model for consumer durables」は1967年の論文。http://bassbasement.org/BassModel/Default.aspx

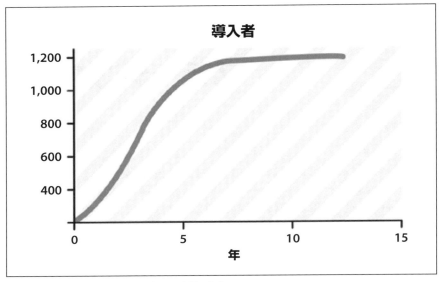

図17-1　3つの確実なこと：死・税金・市場の飽和

17.1　3つの拡散方法

ユーザーがあなたの製品やサービスをシェアしてくれることを「拡散（バイラル）」と呼ぶ。拡散には以下の3つの種類がある。

自然的拡散
　製品に組み込まれており、機能を使用したときに発生する。

人工的拡散
　強制的なものであり、報酬システムに組み込まれていることが多い。

クチコミ
　満足したユーザーによる会話であり、製品やサービスとは別に存在している。

この3つすべてが重要である。ただし、それぞれ別々の成長形態として扱うべきものであり、もたらされるトラフィックの種類によって分析する必要がある。たとえば、人工的拡散が一時的なトラフィックをもたらし、自然的拡散が収益につながる熱心な顧客をもたらすといった違いが判明することもある。

自然的拡散

多くの製品には自然的拡散の機能が組み込まれている。たとえば、TripItを使うと、旅行プランを仲間と共有できる。Expensifyを使うと、経費報告書を転送して承認してもらうことができる。FreshBooksを使うと、顧客は電子請求書を閲覧できる。

これは最高の拡散だ。誠実さを感じられるし、受信者は製品やサービスを使ってみようと思うだろう。流行性の病のようでもある。意図的なものではない。わざわざやっているのではなく、自然に発生するのである。

人工的拡散

自然的拡散がベストだが、人工的拡散も使える。Dropbox には自然的拡散（同僚や友達とファイルを共有できる機能）があるが、それと同時にユーザーに報酬を与えている。Dropbox についてツイートしたりリンクを張ったりして、新規顧客の獲得を手伝えば、ユーザーは追加容量という報酬がもらえるのである。このサービスが急成長したのは、ユーザーが無料の容量を増やすために、友達にサインアップを促したからだ。

人工的拡散とは、既存ユーザーに報酬を与えて、友達に広めてもらうことである。Dropbox のようにうまくやれば効果があるが、そうでなければ強制されているような感じを与えてしまう。基本的には自己資本のマーケティング活動を製品に組み込んでいることになるが、それによって本物の機能が犠牲になることもある。

クチコミ

最後はクチコミである。追跡は難しいが、効果は非常に高い。信頼できるアドバイザーからの「推薦の言葉」になるからだ。ブログやソーシャルネットワークを見ていれば、クチコミの様子がわかるだろう。クチコミを発している人に接触できるのであれば、なぜ製品やサービスをシェアしたのかを探ってみよう。そして、それを繰り返し可能で、持続的な成長戦略につなげていこう。

製品やサービスの認知向上につながる議論をしている人たちに、発言の影響力のスコアをつけたいと思ったのであれば、Klout や PeerReach のようなツールが使えるだろう。こうしたランキングはメッセージを広める能力の尺度となる。

17.2　拡散フェーズの指標

顧客獲得にお金を支払いたくないのであれば、拡散の成長を計測することが重要である。ここで追跡する数値は「バイラル係数」だ。ベンチャーキャピタリストのデヴィッド・スコック《David Skok》は、このことを「既存顧客がコンバージョンできる新規顧客の数」であるとうまく言い表している[†]。

バイラル係数の計算方法は以下になる。

1. 招待率を計算する。これは送信した招待状の数をユーザー数で割った数値である。
2. 受入率を計算する。これはサインアップや入会の数を招待状の数で割った数値である。
3. 以上の2つの数値をかけ算する。

[†] デヴィッド・スコックのバイラル係数の計算に使う2つの表計算シートは、以下からダウンロードできる。http://www.forentrepreneurs.com/lessons-learnt-viral-marketing/

表17-1は、2,000人の顧客がいる企業が5,000通の招待状を送り、500通が受け入れられた（クリックされた）例である。

表17-1　バイラル係数の計算例

既存顧客数	2,000		
招待状の数	5,000	招待率	2.5
クリック数	500	受入率	10%
		バイラル係数	25%

簡略化しすぎていると思うかもしれない。理論上は、顧客の25%がさらに25%の顧客を招待し（全体の6.25%）、それがずっと続いていく計算になる。だが実際には、デヴィッドが指摘するように、ユーザーは継続して友達を招待することはない。興味のありそうな友達を招待して、そこで終了してしまう。招待された人の多くは、同じ友達グループに所属している。つまり、招待名簿が飽和してしまうのだ。

他にも考慮すべき要因がある。サイクルタイムだ。招待までに1日もかからないのであればすぐに成長できるが、それが数か月もかかるとなれば成長は遅い。

サイクルタイムは大きな違いを生み出す。デヴィッドはバイラル係数よりもサイクルタイムのほうが重要だと考えている。ワークシートのサンプルデータを使って、彼はこのことを指摘している。

> 「サイクルタイムが2日であれば、20年後にユーザー数は2万470人になります。サイクルタイムを半分の1日にすれば、ユーザー数はなんと2,000万人です！」

バスの方程式では、メッセージが市場に広がる様子と、顧客がイノベーションを少しずつ導入する様子を説明するために、さまざまな要因が考慮されている。

最終的に狙うバイラル係数は、1よりも大きい数値である。これは製品が自立運転していることを意味する。バイラル係数が1よりも大きければ、すべてのユーザーが1人以上の新規ユーザーを招待していることになる。そして、その新規ユーザーがまた別の新規ユーザーを招待してくれる。先ほどの例では0.25だったので、バイラル係数を1にするためにまだまだできることがある。

- 受入率の増加にフォーカスする。
- 顧客ライフタイムを延長して、長期間招待してもらえるようにする。
- 招待のサイクルタイムを短くして、成長を速くする。
- 顧客にもっと招待してもらえるように働きかける。

17.3　バイラル係数以外の指標

　3種類の拡散の成長は、扱いを変えるべきである。それぞれが異なるコンバージョン率を持っていて、やってくるユーザーも異なるエンゲージメントを持っている。それによって、どこにフォーカスするかが決まる。

　拡散フェーズの重要な指標は、アウトリーチや新規ユーザーの導入に関するものである。最も基本的なものはバイラル係数だが、ユーザーから送信された招待状の数や、招待するのにかかった時間を計測することもできる。

　法人向けに販売している企業であれば、クリック型の招待制度を使った拡散を使うことはないので、また違った指標を使うことになる。そのひとつは「ネットプロモータースコア（推奨者の正味比率）」である。これは、製品のことを友達に伝えるかどうかをユーザーに質問して、推薦者とそれ以外の人数を比較するというものだ[†]。顧客にビジネスの推薦者や紹介者になってもらったり、マーケティングの販促物で言葉を引用させてもらったりすることができるので、これが拡散の代わりとなる。

　拡散はあらゆるビジネスで重要な役割を担うわけではない。拡散にまったく向いていない製品もあるが、最初から拡散に向いている製品はほとんどない。それでもバイラル係数を1よりも大きくするために、さまざまなことができる。言い換えれば、すべてのユーザーに少なくとも1人以上のユーザーを招待してもらうのだ。つまり、理論上は永遠に成長できるということになる。

　しかしながら、バイラル係数を持続的に1よりも大きくするのは、スタートアップにとっては困難な目標である。

　これは拡散を無視するということではない。有料マーケティングを成功させるための強化策として扱うということだ。拡散ステージが収益や拡大のステージよりも前に来ているのはそのためだ。マーケティングを大成功させたいのなら、まずはバイラル型成長エンジンを最適化する必要がある。

> **ケーススタディ　｜　拡散のためにコンテンツのシェアを実験したTimehop**
>
> 　ジョナサン・ウェゲナー《Jonathan Wegener》とベニー・ウォン《Benny Wong》は、2011年2月にハッカソンプロジェクトでTimehopを開始した。最初は1日で開発した4SquareAnd7YearsAgoと呼ばれる製品だった。Foursquareのチェックインを集約して、1年前のものをメールで毎日送るというものである。去年どこに行ったかをふりかえるのは楽しいものだ。このプロジェクトは多くの注目を集めた。オーガニッ

[†]　フレデリック・F・ライクヘルド《Frederick F. Reichfeld》がEnterprise Rent-A-Car社の事例を記事にしたものが、ネットプロモータースコア（NPS）のはじまりである。NPSでは、熱狂的な回答者だけを対象にする。「また借りに戻ってくるだけでなく、友達にも紹介してくれる」からだ。詳しくは、http://hbr.org/2003/12/the-one-number-you-need-to-grow/ar/1を参照。

クな成長を数か月間眺めてから、彼らはフルタイムでこの製品に取り組むことにした。ブランド名を Timehop に変更して、ベンチャー投資家やエンジェル投資家から 110 万ドルを調達したのである。

　最初はエンゲージメントへのフォーカスにほとんどの時間を費やした。幸いにも多くの人が製品に夢中になってくれた。そのことは中心的な指標のなかで明らかになった。ジョナサンはこのように言っている。

> 「メールの開封率が今までずっと 40 〜 50% でした。それでみんなが気にかけているエンゲージメントの高い製品だとわかりました」

　Timehop がエンゲージメントの高い製品であると証明することも重要だが、エンゲージメントが定着につながると証明することも重要である。

> 「Timehop は約 2 年間、飽きず離れず使ってもらうことができました。最初は、開封率・解約数・コンテンツ密度（1 年前の行動のデータが存在し、メールを受け取ることのできるユーザーの数）を厳密に追跡していましたが、すべての指標がよかったのです」

　OMTM を変更するのに最適な時期だ。
　エンゲージメントや定着が得られたことによって、創業者たちは次の大きな課題を追跡する必要性を確信することになった。

> 「ピクセルトラッキングをしたところ、メールの 50% が iOS のデバイスで開封されていましたので、モバイルアプリにフォーカスすることになりました。コンテンツのシェアによる成長にはモバイルが向いています」

　Timehop ではメールがシェアされていたが、メールそのものはソーシャルではない。メールを**受け取る**が、シェアしないこともあるからだ。Timehop としては、ジョナサンの言う「過去のソーシャルネットワーク」を構築したいと考えていたので、モバイルへの移行によって、ソーシャルな行動が促進されることになった。実際、モバイルユーザーはメールだけのユーザーよりも 20 回多くシェアしている。だが、それだけは十分ではなかった。

> 「今フォーカスしているのはシェアです。アクティブユーザーのデイリーのシェア率を指標として見ています。バイラル係数が 1 に満たないことはわかっていますが、今はそちらにフォーカスしたくありません。ユーザーがアプリで何をしているかがわかる数値を追跡したいのです」

この数値を大幅に改善するために、今は実験やテストを行っている。高速に開発して、学習や結果の追跡にフォーカスしている。評価基準も設定している。

「少なくともアクティブユーザーのデイリーのシェア率を20〜30%にしたいと思っています」

Timehopが注目しているのは、拡散による成長だけである（拡散には主にコンテンツのシェアを使っている）。

「今重要なのは拡散だけです。それ以外の広報や告知などは、岩を山頂に押し上げるようなものです。決してスケールできません。それを拡散で実現したいと思っています」

まとめ

- Timehopの創業者たちは、1日のハッカソンプロジェクトから会社を起ち上げた。持続的なオーガニックグロースと高いエンゲージメントを目の当たりにしたからである。
- メールの50%がiOSデバイスで開封されていたので、Timehopはモバイルアプリを構築することにした。それに伴い、OMTMをエンゲージメントと定着から拡散へと変更した。
- 創業者たちは、ほぼコンテンツのシェアだけにフォーカスしている。ユーザーを持続的に増加させるために、コンテンツをシェアしているデイリーアクティブユーザーの比率を上げようとしている。

学習したアナリティクス

製品がどのように使われているかがわかれば、これからどこへ進めばよいのか、次のステージへ（たとえば、定着から拡散へ）どのように進めばよいのかがわかってくる。バイラル係数などの指標は、抽象度のレベルが高すぎるかもしれない。拡散を生み出す行動に注目して、それを正しく計測して、ターゲットとなる評価基準を設定しよう。

17.4　拡散パターンを利用する

ヒーテン・シャー《Hiten Shah》のProductPlannerというサイトには、獲得のパターンが豊富にそろっていた[†]。入会プロセスから、メールのバイラルループ、友達の招待まで、いくつもの顧客獲得ワークフローがカタログ化されており、それぞれのステージの指標が提示されていたのである。図17-2は、Tagged社の招待メールを使ったバイラルループを示している。

[†] ProductPlannerは最近なくなってしまった。以前はhttp://productplanner.comにあった。

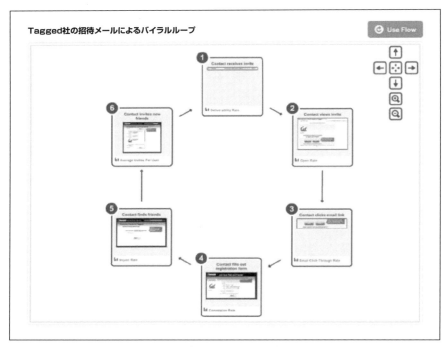

図 17-2　招待メールによるバイラルループには単純なステップと追跡する指標がある

　ProductPlannerはもう見ることができないが（創業者はKISSmetricsをやっている）、このモデルを使って自分のパターンを作ることができる。プロセスで追跡する指標もすぐにわかる。自分でバイラルループを作ってみて、うまくいかないところがあればそれを修正し、どうにかしてバイラル係数を1に近づけよう。

17.5　グロースハック

　スタートアップはゆるやかな成長だけでは生きていけない。それでは遅すぎる。成長には圧倒的な優位性が必要だ。未来を変える必要がある。ハックが必要になる。

　グロースハックとは、データ駆動のゲリラマーケティングのことを指す人気急上昇の用語である。ビジネスの要素がどのように関連しているのか、顧客の経験を調整することで、他のところにどのような影響を与えるのかを深く理解しなければいけない。たとえば、以下のようなことが含まれる。

- ユーザーのライフサイクルのなかで早期に計測できる指標（たとえば、招待した友達の数）を実験で見つける。すでにデータがあれば、優れたユーザーの共通点を分析して見つけることもできる。

- その指標と重要なビジネスゴール（たとえば、長期的なエンゲージメント）の関係を理解する。
- その指標の今日の値からゴール（たとえば、90日間で何人のユーザーをエンゲージメントできるか）を予測する。
- 今日の指標が明日のゴールの変化を**引き起こす**という前提で、今日のユーザー体験を修正（たとえば、ユーザーの知り合いかもしれない人を推薦するように）して、明日のビジネスゴールを改善する。

グロースハックのプロセスで重要なのは、早期の指標である（将来を予測するために今日わかっていること。**先行指標**とも呼ばれる）。比較的単純なことのように思えるが、優れた先行指標を見つけて、会社の将来の影響を決める実験を行うというのは大変な作業だ。これは今日の多くの起業家が、成長を加速するときに使った方法でもある。

先行指標を攻める

Academia.edu の創業者であるリチャード・プライス《Richard Price》がブログに書いているが†、スタートアップで成功を収めたベテランたちが、グロースハッキングカンファレンス‡でそれぞれの先行指標を共有してくれている。

- Facebook の元グロースチームリーダーであるチャマス・パリハピティヤ《Chamath Palihapitiya》は、アカウント作成後 10 日以内に複数の友達とつながれば、そのユーザーはあとから「エンゲージメント」すると言っている。Twitter で働いていたジョシュ・エルマン《Josh Elman》は、Twitter でも同様の指標を使っていると言っていた。新規ユーザーが一定の人数をフォローすると（そのなかの一部からフォローを返されると）、そのユーザーはエンゲージメントするのである。実際、Twitter には 2 種類のユーザーがいる。過去 1 か月間に最低 1 回は訪問した「アクティブ」ユーザーと、過去 1 か月間に最低 7 回は訪問した「コア」ユーザーである。
- Zynga の元 GM であるナビール・ハイアット《Nabeel Hyatt》は、プレーヤーが 4,000 万人いるゲームを運営していた経験がある。彼が言うには、Zynga では初日の定着を見ていたそうだ。ゲームにサインアップして 1 日で戻ってきたユーザーは、エンゲージメントする可能性が高い（ゲーム内課金する可能性もある）。ハイアットは、OMTM を特定すること、次へ移動する前に最適化することの重要性を強調している。
- Dropbox のチェンリ・ワン《ChenLi Wang》は、1 台の端末に 1 つのフォルダを作り、少なくとも 1 つのファイルを保存したユーザーは、エンゲージメントする可能性が高いと言っている。
- LinkedIn のエリオット・シュマクラー《Elliot Schmukler》は、長期的なエンゲージ

† http://www.richardprice.io/post/34652740246/growth-hacking-leading-indicators-of-engaged-users
‡ http://growthhackersconference.com/

メントを確立するには、一定期間で何人と関係を築けばよいかを追跡したと言っている。

だが、ユーザー数の増加がすべてではない。収益などの重要なゴールもハックすることになるだろう。ジョシュ・エルマンが言うには、初期のTwitterはフィードビュー数の増加にフォーカスしていたそうだ。ユーザーがフィードを見たときに広告が表示されるようになっており、収益と結び付いていることを知っていたからである。収益ステージに行く前から、フィードビュー数が収益の先行指標だったのだ。

優れた先行指標とは？

優れた先行指標には共通の特徴がある。

- 先行指標は、ソーシャルエンゲージメント（友達との接続）・コンテンツ制作（投稿・シェア・いいね）・再訪問頻度（最終訪問からの日数・滞在時間・訪問あたりのページ数）などに関係している。
- 先行指標は、ビジネスモデル（ユーザー数・デイリートラフィック・拡散・収益など）と明確につながる必要がある。結局のところ、改善するのはビジネスモデルである。ユーザーの友達の数を増やすだけではなく、ロイヤリティの高いユーザーの数を増やすべきだ。
- 先行指標は、**ユーザー**のライフサイクルやコンバージョンファンネルの最初のほうに来るべきである。これは単純な数字のゲームだ。ユーザーの初日に起きたことを見ておけば、すべてのユーザーのデータポイントが手に入る。だが、ユーザーの再訪問を待っていると、手に入るデータポイントは少なくなる（多くのユーザーはすでにチャーンしているからだ）。つまり、先行指標が正確ではなくなるのだ。
- すばやく予測するには、早めに推測すればいい。8章でケヴィン・ヒルストロムが言っているように、ECサイトのフォーカスが「ロイヤリティ」なのか「獲得」なのかを把握するには、最初の90日間の再購入率を見ればいい。何のモードなのかを理解するのに1年間待つのではなく、最初の90日間で推測するのである。

先行指標を見つけるには、セグメンテーションとコホート分析を使う。定着しているグループとそうではないグループを調べて、共通点を見つけるのである。

相関関係で明日を予測する

何かと相関している先行指標を見つけることができれば、将来を予測できるようになる。素晴らしい。Solare（6章で説明したイタリアンレストラン）の場合は、午後5時の予約数が、その日の夜の顧客数を示す先行指標になっていた（それを使って、スタッフや食材の最終調整をしていた）。

ユーザー制作コンテンツのサイトであるredditは、トラフィックやユーザーエンゲージメントの情報を公開している[†]。広告から収益を得ているので、サイトが有望であることを広告主に説得するためだ。だが、制作されるコンテンツとトラフィックの量が合っていなかった。サイトの**訪問者**の約半数はログインユーザーである。エンゲージメントは悪くない。ジェレミー・エドバーグ《Jeremy Edberg》はこのように言っている。

> 「アカウントを作成したほぼ全員が、1か月以内に戻ってきています。戻ってこなくなるのは、数か月が経過してからです」

redditのトラフィックに先行指標はあるのだろうか？ 表17-2は、ログインユーザー（アカウントあり）と匿名の訪問者のページビューを比較したものである。

表17-2　redditにおけるログインユーザーと非ログインユーザーのページビューの比較

	ログインユーザー			非ログインユーザー		
最終訪問からの経過日数	訪問回数	ページビュー	訪問あたりの閲覧ページ数	訪問回数	ページビュー	訪問あたりの閲覧ページ数
0	127,797,781	1,925,000,000	15.06	242,650,914	3,478,000,000	14.33
1	5,816,594	87,339,766	15.02	13,021,131	187,992,129	14.44
2	1,997,585	27,970,618	14	4,958,931	69,268,831	13.97
3	955,029	13,257,404	13.88	2,620,037	34,047,741	13
4	625,976	8,905,483	14.23	1,675,476	20,644,331	12.32
5	355,643	4,256,639	11.97	1,206,731	14,162,572	11.74

このデータは、ロイヤリティの高い（アカウントを持っていて、サイトに何度も戻ってくる）ログインユーザーのほうが、訪問あたりの閲覧ページ数が多いことを示している。それでは、初回の訪問者のページビュー数が多ければ、それが登録につながる先行指標になるのだろうか？

因果関係で未来をハックする

相関関係は素晴らしい。だが、変化を**引き起こす**先行指標が見つかれば、そちらのほうが絶大な力になる。未来を直接変えることができるからだ。たとえば、初回の訪問者のページビュー数が登録を**引き起こす**のであれば、ページビュー数を増やすために何ができるだろうか？ これがグロースハッカーたちの考え方である。

2章でエンゲージメントしたユーザーとしていないユーザーを比較したCircle of Friendsの創業者マイク・グリーンフィールドは、エンゲージメントしたユーザーの多くは母親であることを発見した。マイクにしてみれば、ユーザーが母親であるかどうかは、将来のエンゲー

[†] http://www.reddit.com/about

ジメントを示す先行指標だった。これは市場にフォーカスしたものである。現在の母親のサインアップ数を見て、半年以内に購入するサーバーの台数を決定することができた。だが、本当に重要だったのは、マーケティングで母親をターゲットにして、ユーザーのエンゲージメントを大きく変えることができたことだ。

マイクのハックは市場に関するものだったが、グロースハックにはさまざまな形式や規模がある。たとえば、価格の変更・期日限定の提供・パーソナライゼーションなどが考えられる。いずれにしても規律正しく実験することが重要だ。

製品にフォーカスしたグロースハックは、ライフサイクルの最初のほうに実施しなければいけない。できるだけ多くのユーザーに影響を与えるためである。チャマス・パリハピティヤは、これを「アハの瞬間」と呼んでいる。ソーシャルサイトが登録開始直後に友達を推薦するのもこのためだ。

先行指標を見つけるために、実験やプロモーションを実施することもできる。たとえば、音楽販売のBeatportは、購入額を増やすためにCyber Mondayというプロモーションを実施した。休日の一週間前に、すべての顧客に10%の割引コードを送付したのである。この割引コードを使って購入した顧客には、さらに20%の割引コードを送付した。その割引コードを使った顧客には、これで最後となる時間制限つき1回限りの50%の割引コードを送付した。その結果、購入頻度も1回あたりの購入額も増加したのである。

ぼくたちはこのキャンペーンの有効性を示すデータは持っていないが、誰がプロモーションに反応するのか、割引と購入量がどのように関連しているのかについて、この会社が豊富な情報を持っていることは明らかだ。それによってロイヤル顧客は、自分が愛されていると感じるのである。

グロースハックとは、本書で紹介した多くの方法を組み合わせたものである。ビジネスモデルを発見し、現在のステージにおける最も重要な指標を特定し、組織がよりよい未来へとつながるように、その指標を継続的に学習して、最適化するのである。

17.6 拡散ステージのまとめ

- 拡散とは、既存の「感染した」ユーザーから新規のユーザーにメッセージを広めることである。
- すべてのユーザーが1人より多くのユーザーを招待できれば、成長は保証されたようなものである。このようなことはめったに起きるものではないが、クチコミによって顧客が増え、全体的な顧客獲得コストを下がるのは本当である。
- 自然的拡散は、ユーザーと製品のやりとりのなかで自然に発生するものである。人工的拡散は、報酬を伴うものであり、あまり純粋なものではない。クチコミは、意図的に作り出すのも追跡するも難しいが、初期の導入を大量に生み出すものである。この3種類の拡散からやってくるユーザーはセグメント化する必要がある。
- バイラル係数に加えて、バイラルサイクルタイムも気にかける必要がある。他のユーザーを招待するまでの時間が短くなれば、それだけ成長も速くなる。

17.6 拡散ステージのまとめ | 213

- 拡散ステージや収益ステージで成長するなかで、未来の成長につながる先行指標を見つけようとするだろう。それはユーザーライフサイクルの初期に計測する指標であり、それがあれば未来を予測（もしくは制御）できるようになる。

推薦や招待でオーガニックに成長すれば、顧客獲得に費やすお金を最大限に活用できるだろう。収益の最大化にフォーカスし、その一部を新規の顧客獲得にまわす時期である。それが次の収益ステージだ。

エクササイズ ｜ 収益ステージに進むべきか？

以下の質問に答えよう。

- 3種類の拡散（自然的・人工的・クチコミ）のいずれかを使っているだろうか？ そのやり方を説明してみよう。拡散が弱いのであれば、製品に拡散を組み込むアイデアを3〜5個ほど書き出してみよう。
- バイラル係数の値は？ それが1未満だったとしても（普通にあり得ることだ）、持続的な成長や顧客獲得コストの低下に役立っているだろうか？
- バイラルサイクルタイムの値は？ どうすれば速度を向上できるだろうか？

ビジネスモデルが対象にするユーザーのセグメントやコホートは何だろうか？ そこに共通点はあるだろうか？ 顧客ライフサイクルのできるだけ早い段階で特定するために、製品・市場・価格設定を変更できるだろうか？

18章
ステージ4：収益

　ある時点からお金を稼がなくてはいけない。定着や拡散の先へ進むと指標が変わる。稼いだお金の一部を新規ユーザーの獲得にまわすようになると、新しいデータを追跡したり、新しいOMTMを見つけたりするようになる。顧客ライフタイムバリューと顧客獲得コストは、成長を促進するものである。ロイヤルユーザーを安価に獲得できるように、請求の方法・時期・対象を調整しながら実験することになるだろう。リーンアナリティクスの収益ステージへようこそ。

　収益ステージのゴールは、フォーカスを変えることである。「アイデアの正しさを証明する」から、スケール可能で一貫性のある継続的な方法で「お金を稼げることを証明する」へとフォーカスを変えるのだ。ピニャータ†のフェーズだと考えればいい。キャンディーが出てくるまで、ビジネスモデルをさまざまな方法でたたくのだ。

　スタートアップの有識者のなかには、最初からお金を請求すべきだという人もいる。このことは、チャーン・獲得コスト・構築しているアプリケーションの種類など、さまざまな要因によって決まるものである。だが、**最初からお金を請求**と**収益や粗利にフォーカス**では意味が違う。これまでのステージでは、たとえビジネスが赤字であっても、無料でアカウントを提供したり、返金に応じたり、単価の高い開発者にサポート電話を担当させたりしても、問題はなかった。だが、これからは変えなくてはいけない。製品を作っているだけではダメだ。ビジネスを作っていかなくてはいけない。

18.1　収益ステージの指標

　収益の計測は簡単である。ただし、収益は「右や上へ進む」だけなので、順調かどうかの指標としては「平均顧客単価」のほうが適している。こちらは比率だ。比率のほうが学べることは多い。たとえば、収益が上がっているのに平均顧客単価が下がっているとしたら、これまでと同じペースで成長を続けるためには、今まで以上に多くの顧客が必要ということになる。それは実行可能だろうか？　納得できる話だろうか？　比率を使うことで、スタートアップの意思決定にフォーカスできるのである。

---

† 訳注：『フリー百科事典ウィキペディア日本語版』の「ピニャータ」の説明によれば「メキシコや他の中・南米の国の子供のお祭り（誕生日など）に使われる、中にお菓子やおもちゃなどを詰めた紙製のくす玉人形のこと」。http://ja.wikipedia.org/wiki/ピニャータ (2013年10月29日 (火) 16:01 UTC の版)より取得。

結果として、クリックスルー率や広告収益、コンバージョン率やショッピングカートのサイズ、サブスクリプションや顧客ライフタイムバリューなどのお金につながるものを見ることになるだろう。そして、チャーンよりも多く獲得できた新規ユーザーの獲得コストと比較する。マネタイズできる訪問者・ユーザー・顧客の純増数が、成長率になるからだ。

　また、最もお金を使ってくれる顧客と最高価格のバランスをとりながら、適切な価格設定にも熱心に取り組むことになるだろう。バンドル・サブスクリプションの段階・割引など、価格を決めるさまざまな仕組みを実験することになる。

18.2　1セントマシン

　ある起業家が、カエデ材の床の役員室に入って行った。ここはフリーウェイ280号のそばにある。部屋には身なりのよい投資家たちが集まっている。起業家は奇妙なマシンを取り出した。高さは約60センチ。幅は約30センチ。それを慎重にテーブルの上に置き、電源プラグを差し込んだ。

　部屋は期待感で静まりかえった。

　「誰か1セント硬貨を持っていませんか？」

　ゼネラルパートナーは片眉を上げた。スタッフのひとりが色あせた赤銅色の硬貨を起業家に手渡した。

　「見ていてください」

　起業家はマシンの上から硬貨を投入し、小さなレバーを引いた。低い機械音が鳴り響いた。音が鳴り止むと、マシンの下の小さなトレイに5セント硬貨が落ちてきた。
　聞こえてくるのはパロアルトの暖かい空気を冷やす換気システムの音だけだ。

　「素晴らしい」

　そう言ったのは、白髪のゼネラルパートナーだった。姿勢を正して椅子に座り直し、低刺激性のラグに茶色のメフィストの靴をこすりつけながら「もう一度やってみてくれないか」と言った。
　スタッフが硬貨を手渡した。起業家が再びマシンの上から硬貨を投入し、レバーを引くと、5セント硬貨がもう1枚落ちてきた。

　「最初から入れておいたんだろ」

身なりが整っていない技術アナリストが攻撃的に言った。

「中身を見せなさい」

起業家は黙ったまま、側面にある小さな留め具を外し、マシンを開いた。内部はチューブとワイヤがいっぱいで、5セント硬貨を隠せるだけのスペースはない。技術アナリストは少し嫌な顔をした。起業家がマシンを閉じていると、ゼネラルパートナーは身を乗り出してこんな質問をした。

「硬貨は1時間に何枚入るんだ？」

「クールダウンに5秒かかりますので、1時間に720枚投入できます。5セント硬貨の合計は36ドルになりますから、1時間の利益は28.8ドルで、粗利は80%です」

ゼネラルパートナーはアーロンチェアにもたれかかり、フリーウェイを横切ってウッドサイドヒルズへと目を向けた。そして、しばらくしてから再び質問した。

「5セント硬貨は投入できるか？」

「10セント硬貨でやったことがあります。きれいに折りたたまれた1ドル札が出てきました。試したことはありませんが、5セント硬貨でも大丈夫だと思います」

「それを何台作れるんだ？ 同時に何台動かせるんだ？」

ゼネラルパートナーが質問した。部屋の全員が明らかに同じことを考えていた。

「24時間稼働するマシンが500台できると思います。1台につき3万ドルのコストがかかります。製造には2か月かかります」

ゼネラルパートナーの最後の質問だ。

「これはビジネスになると思う。しかし、同じものを作ろうとする人が他にいないのはなぜかね？」

「重要な部分が知的財産権で守られているからです。法定通貨製造者として、アメリカ合衆国造幣局と独占契約を結んでいます」

もちろんこれはベンチャーキャピタル向けの本物のピッチではない。だが、完璧に近いものとなっている。この1セントマシンからは多くのことを学べる。スタートアップのCEOが投資家のように考えるための優れた比喩となっている。

　1セントマシンにはお金を生み出す能力がある。お金を投入すれば、それ以上のお金が出てくるからだ。誰もが1セント硬貨が何かを理解している。1セントマシンほどわかりやすいビジネスはないかもしれないが、すべてのCEOはビジネスモデルをできるだけ簡潔にして、社外の人でも理解できるものにしなければいけない。そうすれば、収益が生まれる理由が明らかになる。

　ビジネスはどれだけ成長できるのか？　粗利はどのくらいか？　参入障壁はあるのか？　起業家はこうした重要な質問に合理的な答えを出した。

　プレゼンテーションは観客を魅了した。ストーリーを語る空気ができあがった。観客たちは頭がよく、こちらの求める質問をしてくれた。起業家は質問内容よりも少しだけ詳細な、それでいて詳細になりすぎない答えを提供して、その質問を待っていたことを示した。

　この段階では、技術的に詳細な説明をする必要はなかった。投資家たちは、それが合法か、倫理的か、詐欺ではないかを判断するために、あとから技術について慎重に調べるだろう。だが、それはこのミーティングでやることではない。マシンを開けて中身を見せることで、部屋にいる全員が理解できる証拠となった。

　起業家は自分の評価を提示しなかった。投資家たちが自分で評価できるように、潜在的な収益・粗利・コストなどの必要な情報を与えた。投資家たちは、コスト・時間・投資収益率をもとにして、マシンの製造に必要な運転資金を計算することもできた。

　ベンチャーキャピタルを探しているスタートアップのCEOは、この1セントマシンの話を忘れないでほしい。ベンチャーキャピタリストのように考える練習になるはずだ。このミーティングのようにピッチが簡潔にならなければ、それは引き返して考え直す必要があるという警告である。

1セントマシンとマジックナンバー

　これは、ピッチの準備をしている起業家をおもしろおかしく表現した比喩ではない。投入したお金よりも多くのお金を生み出すマシンが、あなたの会社だと考えてほしい。インプットとアウトプットの比率を計測すれば、それが優秀なマシンなのか、壊れたマシンなのかがわかるはずである。

　2008年にOminture社のジョシュ・ジェイムス《Josh James》は、SaaS企業の動向を把握して、ひとつの方法を提案した。その方法とは、これから加速していくべきか、ビジネスモデルを再考すべきかを決定するためのものである[†]。中身は簡単。マーケティングの投資収益率を見るだけだ。SaaS企業では、新規顧客を獲得するために営業やマーケティングにコストをかける。うまくいけば、その直後の四半期の収益が上がる。

　マシンの健康状態を計測するには、直前の四半期の経常収益をコストで割ればいい。この

[†] http://larsleckie.blogspot.ca/2008/03/magic-number-for-saas-companies.html

計算には、以下の3つの数値が必要になる。

- 現在の四半期の経常収益（QRR[x]）
- 直前の四半期の経常収益（QRR[x - 1]）
- 直前の四半期の営業とマーケティングのコスト（QExpSM[x - 1]）

四半期のコストがわからなければ、年間のコストを4で割ればいい。こうすれば、マーケティングの費用や季節的な変動を平準化できる。現在の四半期の売上は、直前の四半期ではなく、それ以前の営業の成果という可能性もあるからだ。

計算式は以下のようになる。

$$\frac{QRR[x] - QRR[x-1]}{QExpSM[x-1]}$$

結果が0.75未満だと問題だ。マシンにお金を投入しても、出てくるお金のほうが少ないからである。ビジネスモデルに根本的な欠陥があるという意味なので、このステージのビジネスではよくないことになる。

結果が1よりも大きければ、うまくいっている。収益の一部をマシンに再投入して、営業やマーケティングにかける費用を増やせば、成長に投資できることになる。

18.3 収益の流れを見つける

このステージのスタートアップは、すでにユーザーが気に入っていたり、他のユーザーに紹介していたりするような製品を作っているはずだ。製品をマネタイズする最善の方法を見つけようとしているのだろう。ここで、セルジオ・ジーマンのマーケティングの定義を思いだそう（「より多くの商品を、より多くの人に、より頻繁に、より高い価格で、より効率的に売る」）。収益ステージでは、こうした「より」のなかから、エンゲージメントした顧客の平均単価を最大化する「より」を見つける必要がある。

- 物理的に取引ごとのコスト（直販・購入者への商品発送・出店者との契約など）がかかっているのであれば、**より効率的**がビジネスモデルの供給や需要に大きく貢献する。
- バイラル係数が高ければ、**より多くの人**が適している。顧客獲得につながる強い力を手にしているからだ。
- ロイヤリティの高い何度も買ってくれるような顧客がいれば、**より頻繁**がいいだろう。頻繁に戻ってきてもらえるように説得するのである。
- 一回限りの高額な取引をしているのであれば、**より高い価格**が役に立つ。顧客から収益を得る機会は一度だけなので、儲けの機会をできるだけ逃さないようにしよう。
- サブスクリプションモデルであり、チャーンの問題に対応しているのであれば、収益

を増加させる最善の方法は、機能の多い高性能のパッケージにアップセリングすることである。したがって、時間をかけて**より多くの商品**を販売しよう。

お金はどこからやって来る？

繰り返し何度も請求するサービスでは、すべての人に請求するのか、それともプレミアムユーザーだけに請求するのかを決める必要がある。フリーミアムモデルも考えられるが、常にうまくいくとは限らない。無料ユーザーの維持にお金がかかったり、有料サービスとの違い（プロジェクト数やストレージ容量など）がわかりにくかったりする場合は特にそうだ。

フリーミアムの一種に「プライバシー課金」がある。これはお金を支払って明示的に隠さない限り、ユーザーの作ったコンテンツがすべての人に公開されるというものだ。SlideShare がこれを使っている。このサイトは広告から収益を得ているが、アップロードしたコンテンツが見えないようにするプレミアムモデルも提供している。今は LinkedIn の一員となったが、このビジネスモデルは継続されている。

ユーザーにお金を支払ってもらうのであれば、試用期間や割引などのインセンティブを設けるかどうかを決める必要がある。結局のところ、最高の収益戦略は素晴らしい製品を作ることだ。最高のスタートアップは、スティーブ・ジョブズの言う「insanely great（異常なほどすごい）」を持っている。顧客はそこに本物の価値を見いだして、お金を支払おうとするのである。

ユーザーがお金を支払わないのであれば、広告収益に依存するか、助成金をもらうなどして、かかった費用を負担しなければいけない。

多くのスタートアップは、これまでに見た6つのビジネスモデルのいくつかを混ぜて、独自の収益モデルを作っている。それから、収益を拡散や顧客獲得に注ぎ込む方法を探している。つまり、利益の一部を成長に投資しているのだ。

18.4　顧客ライフタイムバリュー　＞　顧客獲得コスト

収益を顧客獲得にまわすときの基本的なルールは、顧客から得られる以上のお金を使わないことである。

これはあまりにも単純化しすぎているが、これからもビジネスを続け、成長を見越して人を採用し、調査に費用をかけ、投資に見合った収益を生み出すつもりであれば、獲得に費やすお金は収益のごく一部にするしかないだろう。

CLV（顧客ライフタイムバリュー）と CAC（顧客獲得コスト）の計算をするときは、顧客獲得から収益発生までの遅延を考慮に入れる必要がある。投資や融資というものは、収支を合わせるためだけではなく、顧客から収益を得るために行うものである。

多くのビジネスモデルの中心にあるのは、獲得と収益とキャッシュフローのバランスをとることである。サブスクリプションによる収益に依存していたり、顧客獲得にお金を支払っていたりするビジネスは特にそうだ。これらのバランスをとるために扱う変数は、以下の4つである。

- 最初から銀行にあるお金（あなたが投資したお金）
- 顧客獲得にかかる毎月のコスト
- ユーザーからの収益
- ユーザーのチャーン率

これらをうまく計算しよう。ユーザーはお金を支払ってくれるが、獲得はその前に行わなければいけない。第三者の資金を入れすぎると会社のオーナーシップが薄められてしまうし、資金を入れなさすぎるとキャッシュが足りなくなってしまう。

ケーススタディ ｜ Parse.ly と収益へのピボット

　Parse.ly 社は、大手ウェブ出版社向けに、トラフィックが最も多いコンテンツを把握する分析ツールを作っている。最初はコンシューマーのためのニュースリーダーとして、2009 年にフィラデルフィアの Dreamit Ventures 社から資金を調達してローンチされたものである。その 1 年後、会社はアプローチを変えた。読者が次に読もうとしているものがわかるようになったので、出版社からコンテンツを提案するようにしたのである。読者にサイトに長時間滞在してもらうためだ。2011 年に再びアプローチを変えた。今回は、何がうまくいっているかを知りたい出版社のために、レポーティングツールを提供したのである。これが、現在の製品になった。出版社のための分析ツール「Parse.ly Dash」だ[†]。

　今も Dash は成功している。だが、持続可能なビジネスモデルを模索するなかで、過去の成果を破棄する必要があった。

> 「コンシューマー向けのニュースリーダーから移行するのは苦渋の決断でした。すべての指標がよかったからです」

　Parse.ly 社のプロダクトリードであるマイク・スクマノフスキー《Mike Sukmanowsky》はこのように語っている。

> 「ユーザーは数千人もいました。製品も急速に成長していました。TechCrunch・ReadWriteWeb・ZDNet などの有名な技術メディアにも取り上げられました。製品は問題なく動いていましたし、改良するアイデアも無数にありました。ですが、ビジネスを成長させる重要な指標がありませんでした。収益です。我々はテストや調査を行いました。その結果、ユーザーは Parse.ly Reader を好んで使ってくれ

[†] Parse.ly チームがこの変更について詳しく説明している。http://blog.parse.ly/post/16388310218/hello-publishers-meet-dash

ていましたが、お金を支払うほど愛してくれているわけではないことがわかりました」

創業者たちは製品のコードは持っていたが、収益がそれに伴っていなかった。しかもコストが増えていた。この原因の一部は、スタートアップアクセラレーターたちがプロトタイプに集中しているからだとマイクは考えている。プロトタイプは顧客開発を犠牲にすることが多い。

> 「アクセラレーターの課題は、製品とプレッシャーをあまりにも重視しすぎていて（リリースやデモを短期間で求められる）、顧客開発を製品開発と同時並行で行わなければいけないところにあります。実際、大きな疑問点については、最初のバージョンを届けたあとに答えが出ています」[†]

会社がビジネスモデルを変更すると決めてから、ニュースリーダーの開発は完全に中止された。新製品はスクラッチから作っているが、ニュースリーダーの開発で学んだ技術やアーキテクチャが活用されている。現在は、直販チームが製品を販売している。評価のための試用期間を用意して、その後は月額使用料を請求している。

アナリティクスの会社になってからは、Parse.ly のチームは大量のデータを収集・分析している。Dash のデータだけではなく、エンゲージメントと営業チームの強化のために Woopra を、時系列データの追跡のために Graphite を、稼働時間と可用性のために Pingdom を使っている。

さまざまなビジネスモデルを試していくなかで、追跡する指標もそれに合わせて変更していった。

> 「Parse.ly Reader の重要な指標は、ユーザーのサインアップとエンゲージメントでした。広告記事から得られる 1 日あたりの新規サインアップ数と、ユーザーアカウントの 1 日あたりのログイン数に注意を払っていました。Parse.ly Publisher Platform では、推薦した記事のインプレッション数とクリックスルー率にフォーカスしていました。これらの指標については、API の利用状況を見るために今でも注意を払っています」

現在のレポーティングツールでは、もっと多くの指標を追跡している。

- 試用アカウントの 1 日のサインアップ数

[†] 今では収益重視に変化しているとマイクは指摘している。http://go.bloomberg.com/tech-deals/2012-08-22-y-combinators-young-startups-tout-revenue-over-users/

- サインアップとアクティベーションのコンバージョン率
- アクティブユーザー数とアカウントの招待活動
- ユーザーエンゲージメント（Woopraのデータによる）
- GraphiteにあるAPI呼び出しの利用状況
- Google Analyticsにあるウェブサイトアクティビティ
- 監視サイト全体のページビューとユニーク訪問者数

　このソフトウェアは複数のサイトにインストールされているので、平均投稿数・平均ページビュー・上位のリファラーなどのデータも追跡している。それから、社員数・顧客数・サーバー台数・収益・コスト・利益などの基本的なビジネス指標も追跡している。

　コンシューマービジネスでは明らかに成功していたにもかかわらず、Parse.lyは苦渋の決断をしなければいけなかった。最もリスクの高いマネタイズのテストをしなかったからだ。だが、2回目のピボットの前に、エンタープライズの顧客にダッシュボードの話をする時間を作った。その答えは明らかだった。マイクはこのように言っている。

> 「これから提供する分析ツールの概念実証を示したところ、あちらから強く要望されたのです。以前に提供していたレコメンデーションよりも、新しい分析ツールの将来性に興味を持ってもらえました」

まとめ

- 重要な側面（ユーザー数やエンゲージメント）がうまく増加していても、それをお金や価格に転換できなければ意味がない。
- ビジネスをピボットしたらOMTMも変わる。
- あらゆる企業がエコシステムのなかで生きている。この例では、読者・出版社・広告主がエコシステムのなかにいる。新しい製品を作るよりも、新しい市場にピボットするほうが簡単だ。新しい市場にピボットしたら、その市場のためにどのような製品を最初に作ればいいかがわかるだろう。

学習したアナリティクス

　お金儲けはビジネスモデルに欠かせないものだと認識しよう。ビジネスモデルのリスクを下げるには、早い段階からマネタイズのテストをする必要がある。収益を追求するなかで、ビジネスが大きく変化する可能性がある。時にはビジネスを中止することも視野に入れておこう。

18.5　市場／製品フィット

　信じられないほどうまくいかないとき、ほとんどの人は機能を増やそうとする。これまで見てきたように、これは正しいアプローチではない。ひとつの機能が顧客の課題をすぐに解

決する可能性は低いからだ。

　うまくいかなければ、新しい市場にピボットしよう。問題は製品ではなく、ターゲット顧客にある。もちろん完璧な世界では、何かを作る前に市場を検証しているはずだ。だが、現実の世界ではそうではない。顧客開発プロセスをせずに、製品開発に着手してしまう。しかも、作った製品を捨てたくないという気持ちになってしまう。だが、製品よりも市場を変えたほうが簡単なこともあるのだ。

　多くのスタートアップの創業者は、成長の途中にリーンスタートアップのことを知る。すでに製品を作っており、トラクションも少しある。だが、興奮するほど十分な量ではない。難しい決断に直面している。このまま現在の道を歩み続けるか？　それとも変更するか？その答えを求めている。まだトラクションを増やす方法を探している。諦める準備もできていない。これは大企業や組織内起業家にも共通している。市場に提供するものはあるが、思っていたほどスケールしないので、成長率や市場シェアを高める方法を探しているのである。

　新機能を追加したり、スクラッチから作り直したりする代わりに、製品を新しい市場に向けてみよう。ぼくたちはこれを**市場／製品フィット**と呼んでいる。**製品／市場フィット**の逆で、既存の製品に合うような市場を見つけるからだ。これはビジネスモデルの変更にも適用できる。今後の拡大方法を見つける合理的な手法でもある。あらためて言うが、市場の変数（ビジネスモデル）を変更して、製品は（比較的）そのままにしておくのだから、これは「市場／製品フィット」である。

　既存の製品をそのままにして、新しい市場を見つける方法をいくつか紹介しよう。

古い仮説を見直す

　製品を投入したいと思っていた市場を見直してみよう。何の仮説も持たずにうまくいくと思っていたのであれば、今からふりかえって事後分析をしてみよう。なぜうまくいかなかったのだろうか？　その市場でトラクションが得られなかった原因は何だろうか？　解決しようとしていた課題は、市場が本当に苦痛と感じていたことだったのだろうか？

　これまでに取り組んできた市場に関連する市場を見ていこう。これらの市場について何を知っているだろうか？　これまでの市場との類似点や相違点は何だろうか？

　建物の外に出て、新しい市場で課題インタビューをすれば、今の製品が苦痛を伴う課題を解決するかどうかを判断できるだろう。新しい市場から得られた情報と、既存の顧客ベースから得られた情報の事後分析の結果を比較できるようにしておきたい。

排除プロセスを開始する

　これから市場やビジネスモデルをすばやく排除できるようになるだろう。たとえば、フリーミアムモデルには大量の見込み客が必要だ。リンカーン・マーフィー《Lincoln Murphy》は「SaaSにおけるフリーミアムの現実」というプレゼンテーションのなかで、市場規模の算出方法を提示している[†]。彼の結論は、潜在的な巨大な市場と数多くの要因がなければ、フリー

[†] http://www.slideshare.net/sixteenventures/the-reality-of-freemium-in-saas

ミアムはうまくいかないというものだ。

さまざまな市場とビジネスモデルの構造を理解することで、どの組み合わせが最もうまくいくかを三角測量できるようになる。

深く潜る

可能性のある新しい市場と見込みのあるビジネスモデルを特定できたら、深く潜って本格的に顧客開発に取り組もう。市場ごとに 10 ～ 15 人の見込み客と話をして、彼らの課題に関する仮説を検証するのである。このプロセスでは遅いと感じるかもしれないが、すでに販売する製品の準備はできている。その製品がうまく合致しない市場を回避しているのだから、これでうまくいくはずだ。

それと同時に、もっと幅広いアプローチを使うこともできる。ランディングページや広告を使って関心度を評価して、大規模に顧客にリーチするのである。ただし、課題インタビューの手順を省略してはいけない。

類似性を見つける

このステージで市場を見るときは、できるだけ狭くしてニッチを目指す必要がある。市場の指標として「企業規模」を使うのは適切ではない。いつも目にするが、SMB（中堅中小企業）は市場ではない。それではカテゴリが広すぎる。

市場を広く定義してから、そこに含まれる企業の類似性を見つけよう。まずは業界から始めるのがいいだろう。ただし、地理・製品の購入方法・最近購入したもの・予算・業界の成長・季節性・法的制約・意思決定者なども考慮に入れるべきだ。こうしたすべての要因が、これから追い求める適切な市場の決定に役立つ。

今持っている製品をピッチしよう。ただし、現状のままピッチする必要はない。正しい市場やビジネスモデルを見つけるのと同時に、製品やパッケージの変更について考える必要がある。製品を作り直すわけではない。それでは大変な作業になってしまう。新たにターゲットとする市場から学んだことをもとにすれば、既存の製品を修正したバージョンのピッチができないはずがない。

既存の製品は基本的に MVP である。できるだけ大きな変更をせずに、MVP としてうまく使いたい。必要なのはちょっとした調整だけでいい。顧客は製品を届けるスピードに興奮するだろう。

既存の製品の新しい市場を見つけるのは難しい。市場が見つからないこともある。その場合は大きくピボットするか、ゼロからやり直すことになるだろう。だが、そうなる前に立ち止まってふりかえり、すでにあるものにお金を支払ってくれる顧客を探してみよう。これをうまくやるには、リーンスタートアップのプロセスと顧客開発に専念し続ける必要がある。ただし、最初からやり直す必要はなく、プロセスの途中から再開すればいい。

18.6　損益分岐の評価基準

重要な財務指標は収益だけではない。あなたは**損益分岐**してほしいと思っているはずだ。つまり、定期的に収益がコストを上回ってほしいのだ。利益性を追求するのは正しいことではないかもしれない。それよりもユーザー獲得などの指標にフォーカスしたいと思うかもしれない。だが、損益分岐について何も考えないというのは責任感がなさすぎる。損益分岐にたどり着くことができなければ、お金と時間をムダにするだけだ。

これはつまり、運営費や粗利などのビジネス指標を見るということである。ビジネスの損失を考えると、特定の顧客セグメントを切ったほうがよいこともあるだろう。B2Bのスタートアップでは特にそうだ。そのことを念頭に置いて、「拡大」ステージに移行する準備ができたかどうかを判断する「ゲート」を紹介しよう。

変動費の損益分岐

スタートアップは収益よりも成長にかけるコストのほうが大きい。自己資本のブートストラップではなく、資金調達をしている場合は特にそうだ。投資家たちは、損益分岐している企業の一部を担いたいとは思っていない。彼らが必要としているのは、買収やIPOで何倍もの価値になる企業だ。

顧客から得られるお金が顧客獲得やサービス提供のコストを超えているのであれば、うまくいっていると言える。そのお金を新しい機能や人材の採用などに使えるだろう。そのことで顧客にコストがかかることはない。

顧客になるまでの時間の損益分岐

収益がうまく増加していることの主要指標は、顧客ライフタイムバリューが顧客獲得コストを超えているかどうかである。これは戦略的予算策定にも使える。表18-1に示すように、11か月で27ドルを使用する顧客がいたとする。顧客獲得コストは14ドルだ。

表18-1　顧客が利益につながるまで

27ドル	顧客ライフタイムバリュー
11か月	アクティベーションから離脱までの期間
2.45ドル	1か月あたりの平均顧客単価
14ドル	顧客獲得コスト
5.7か月	顧客が損益分岐に到達するまでの期間

この収益で成長しようとしているのであれば、もっとお金が必要になるだろう。表計算ソフトを起動して、数値をいじってみよう。会社を維持するには、5.7か月分の資金が必要だということがわかる。

EBITDAの損益分岐

EBITDAはドットコムバブルの崩壊とともに人気のなくなった会計用語である（税引前利

益に特別損益・支払利息・減価償却費を加算した値）。多くの企業がこのモデルを使っていたのは、巨額の設備投資や負債を無視できたからだ。だが、今日のスタートアップの世界では、クラウドコンピューティングのような都度払いが主流であり、事前の資本支出はあまり必要とされなくなっている。したがって、どれだけうまくいっているかを考えるときには、EBITDAも十分に許容できる方法である。

ハイバネーションの損益分岐

保守的な損益分岐指標はハイバネーションである。会社を最小限に縮小できれば（仕事を続けながら既存の顧客にサービスを提供し、それ以外のことを簡略化すれば）、今後も生き残ることができるだろうか？　このことを「ラーメン代稼ぎ」と呼んだりもする。追加のマーケティング費用はかからない。成長はクチコミや拡散によってもたらされる。顧客が新機能を手に入れることはない。そこが「運命の支配者」となる損益分岐点である。無限に生き残ることが可能になるからだ。自己資本のスタートアップであれば、このモデルを使用するといいだろう。そうすれば、資金調達の交渉のときに立場が強くなる。

18.7　収益ステージのまとめ

- 収益ステージの重要な方程式は、顧客がもたらすお金から顧客獲得コストを引いたものである。これは獲得に対する投資の見返りであり、成長を促進するのである。
- 収益ステージは、正しい製品を作っていることの証明から、本物のビジネスを営んでいることの証明へと移行している途中である。それにあわせて、製品の利用パターンからビジネス的な数値へと指標も移行している。
- ビジネスのことをお金を増やすマシンだと考えてみよう。投入したお金と出てきたお金の比率とそこに投入できる最大の金額が、ビジネスの価値を決める。
- 「より効率的」「より多くの人」「より頻繁」「より高い価格」「より多くの商品」のどれにフォーカスするかを見つける。
- うまくいかなかったら、スクラッチから製品を作りなおすよりも、新しい市場へとピボットしたほうが簡単かもしれない。
- ゴールは成長だが、損益分岐にも目を向けるべきだ。自分で支払いが可能であれば、無限に生存可能である。

ビジネスモデルで設定した収益と粗利の目標を達成すれば、組織として成長する時期である。これまで自分でやってきたことの多くは、従業員・営業チャネル・サードパーティなどにやってもらわなければいけない。これからは「拡大」ステージだ。

19章
ステージ5：拡大

定着のある製品を手に入れた。マーケティング効果を高めてくれる拡散も手に入れた。ユーザーや顧客を獲得するための原動力となる収益も入ってきた。

スタートアップの最終ステージは拡大である。顧客の幅を広げるだけでなく、予測可能性や持続可能性の低い新しい市場に参入し、新しいパートナーと付き合うことも含まれる。もっと大きなエコシステムで、知名度の高い活発な参加者となるわけだ。収益ステージはビジネスの証明だった。拡大ステージは市場の証明である。

19.1　中途半端の落とし穴

ハーバード大学教授のマイケル・ポーター《Michael Porter》は、企業の競争における3つの基本戦略について解説している[†]。ニッチな市場にフォーカスするか（集中戦略）、効率性にフォーカスするか（コスト戦略）、独自性を見いだすか（差別化戦略）だ。たとえば、グルテンを使わない地元のコーヒーショップは、ニッチな顧客にフォーカスしている。コストコは、効率性と低コストにフォーカスしている。Appleは、ブランドデザインと独自性にフォーカスしている[‡]。需要と供給でフォーカスが異なる企業もある。たとえばAmazonでは、供給側のバックエンドのインフラは徹底的に効率化しており、需要側ではブランドの差別化をはかっている。

市場シェアの高い企業（Apple・Costco・Amazon）は利益性も高いが、それは市場シェアの低い企業（地元のコーヒーショップ）でも同じであるとポーターは述べている。ここで問題となるのは、市場シェアが低くもなく、高くもない企業だ。彼はこのことを「中途半端の落とし穴（hole in the middle）[§]」問題と名付けている。ニッチ戦略を採用するには規模が大きすぎ、コストやスケールで競争するには規模が小さすぎる企業が直面している問題だ。中規模の企業が生き残るには、まずは差別化する必要がある。そのあとでスケールしたり、効

[†]　http://en.wikipedia.org/wiki/Porter_generic_strategies
[‡]　最高の企業は効率性と差別化の両方にフォーカスしている。Coca-Cola社やRed Bull社がブランド広告に莫大なお金をかけているのも、Costco社がKirklandという独自のブランドを持っているのも、Apple社が新しい製造システムを設計するのもそのためだ。だが、ほとんどの企業はいずれかに注力している。
[§]　訳注：『［エッセンシャル版］マイケル・ポーターの競争戦略』（早川書房）には「スタックインザホール」という言葉が掲載されているが、本書の「hole in the middle」については出典元が見つからなかった。ただし、Wikipediaには該当する記述がある。http://en.wikipedia.org/wiki/Porter's_generic_strategies

率化したりすればいい。

　拡大ステージが重要なのはそのためだ。スタートアップのすべてのリスクを特定し、定量化する最後のテストになる。成長したあとの姿を見つけるステージだ。

19.2　拡大ステージの指標

　このステージは会社の将来像を思い描くところである。競合他社へのフォーカスが早すぎると、顧客のニーズを学ぶよりも他社の動きに目がくらむ可能性がある。だが、そろそろ外の世界を見てもいい頃だ。おそらく混雑した世界が見えるはずだ。そこはあらゆる人たちと注目の奪い合いをする世界だ。

　十分な量の適切な注目を集めるのは難しい。それは30年前からわかっている。1981年に認知科学者・経済学者のハーバート・サイモン《Herbert Simon》は、我々は情報化時代に生きており、情報は注目を消費していると述べた。つまり、注目は貴重なリソースなのである。周囲に情報があふれていくと、注目の価値も増加する。このステージでは、最初の中心的な顧客がそうであったように、アナリスト・競合他社・代理店たちがあなたのことを気にかけているかどうかを確認する。大勢の注目を集めることができれば、継続的に愛情や食事を与えなくても製品やサービスが自立できるようになる。

　拡大ステージでは、BackupifyのOMTM（顧客獲得コストの回収）のような抽象度の高い指標をチャネル・地域・マーケティングキャンペーンなどで比較することになる。たとえば、チャネルで獲得した顧客は自分で獲得した顧客よりも価値が低いのだろうか？　直販やテレマーケティングは回収期間が長いのだろうか？　海外からの収益は税金が障害になっていないだろうか？　組織の成長以外に拡大できない理由はあるのだろうか？といったことだ。

19.3　ビジネスモデルは正しい？

　拡大ステージでは、これまでビジネスを最適化するために使ってきた指標の多くが、これからは会計システムのインプットになる。売上・粗利・顧客サポートコストなどのデータは、キャッシュフローの計画や必要な投資額の理解につながる。

　リーンはこうしたことについて言及しようとしない。だが、すでに製品／市場フィットを発見している大規模確立された組織や、リスクを恐れるステークホルダーを説得しなければいけない組織内起業家にとっては重要なことである。厳密には「リーン」ではないと思っていても、うまくスケールするにはピボットする必要があるだろう。

　たとえば、製品を直販していると考えてみよう。これから製品をチャネルに紹介するのであれば、製品の販売やサポートの準備がチャネルに整っていないかもしれない。そうすると、自社のサポートコストが増加する。そのチャネルで購入した顧客からの返品や離脱が増加する。それでは、ここで何をすべきだろうか？

　チャネルの市場を変更するという方法がある。直販で顧客からニーズの相談を受けながら密にやり取りをして、カスタマイズの少ない簡潔なバージョンを提供するのである。あるいは、自分のチャネルの市場を変更することもできるだろう。たとえば、政府機関・高等教育

を受けた人・自分で問題を解決できる人に販売するのである。

リーンのピボットではないと思われるかもしれないが、これまでに製品や価格の意思決定で参考にしたのと同じ規律や実験手段を使っている。

ビジネスが優れていれば、すぐに競合他社・チャネルパートナー・サードパーティの開発者といったエコシステムが登場する。そのなかで成功するには、市場におけるポジションを主張して、競合他社の参入障壁を築き、粗利を確保する必要がある。リーンスタートアップからは遠のいているが、反復型学習を中止するわけではない。

収益を増加させる拡大は素晴らしいが、エンゲージメントの低下・初期市場の飽和・顧客獲得コストの増加には気を付けなければいけない。チャネルのチャーンに変化があれば、最も重要な資産（顧客）の増加、あるいは拡大に伴う注目の低下を示している。

ケーススタディ｜定着から（収益を経由して）拡大へ進んだ Buffer 社

Buffer 社は、2010 年にトム・ムーア《Tom Moor》・レオ・ウィドリッシュ《Leo Widrich》・ジョエル・ガスコイン《Joel Gascoigne》が創業したスタートアップである。見つけたコンテンツを定期的に Twitter に投稿するのが面倒だったという自身の苦痛から、ジョエルが着手したのが始まりだ。定期的にツイートするソリューションはすでに存在していたが、ジョエルが求めていたのはもっと簡単で使いやすいものだった。その後、トムとレオと手を組んで、Buffer 社を創業した。

ソーシャルソフトウェアを開発している企業とは異なり、彼らはすぐに顧客にお金を請求することにした。ジョエルには 2 つの仮説があった。これは苦痛を伴う課題であり、お金を支払う価値があるというものだ。3 人はリーン手法を採用して、アプリケーションを開発し、ローンチした。そして、7 週間で最初の有料顧客を獲得した[†]。

Buffer 社の OMTM は収益だった。ジョエルはこのように言っている。

> 「私たちの制約は環境でした。これまでの実績がないこと。それから（ニュージーランドという[‡]）場所です。これでは資金調達に支障があります。Buffer に専念するだけの資金もありませんでしたし、他のクライアントのためにフルタイムで仕事をしていましたから、最重要の指標は収益だったのです。元の仕事を辞める余裕ができるまで、収益を増やす必要がありました」

ジョエルとチームは、フリーミアムでやっていくことに決めた（今もやっている）。だ

[†] http://blog.bufferapp.com/idea-to-paying-customers-in-7-weeks-how-we-did-it
[‡] 訳注：「ニュージーランドという」の部分は著者が補足したものだが、Wikipedia やジョエルのブログなどを見ても、そうした記述は見つからなかった。Buffer 社はイギリスのバーミンガムで起業してから、シリコンバレーに拠点を移している。その後は、香港やイスラエルを経て、再びアメリカに戻っているようだ。

が、収益が最重要の指標であることに変わりはない。他にもサインアップ・アクティベーション・コンバージョンなどの指標も見ている。

> 「最初は、アクティベーション・定着・収益が重要な指標でした。このときの優れた指標は、しっかりとした製品かどうかを判断できるものでした。収益は最も重要な指標でした。仕事を辞めるために、何人のユーザーが必要なのかをコンバージョンから計算していました。目標となる金額を達成すると、成長は加速していきました。『ラーメン代』を稼げるようになってから、すぐに飛行機に飛び乗ってサンフランシスコへ行きました。そして、インキュベーターの AngelPad からシードラウンドの資金を調達しました」

ジョエルが数値を共有してくれた。

- 訪問者の 20% が、アカウントを作成する（獲得）。
- サインアップした 64% が、「アクティブ」になる（創業者たちが Buffer を使って投稿した人をアクティブであると定義した）。
- サインアップした 60% が、最初の 1 か月以内に戻ってきている（エンゲージメント／定着）。
- サインアップした（まだアクティブな）20% が、6 か月後に戻ってきている（エンゲージメント／定着）。

無料から有料へのコンバージョン率は 1.5 〜 2.5% である。ジョエルはコホート分析を使って、これらの結果を評価した。そして、Buffer は Evernote と似ていることがわかった。どちらも時間をかけてユーザーを有料顧客にしているのである。

> 「たとえば、2012 年 2 月にサインアップしたユーザーのコホートは、製品を使い始めた最初の月に 1.3% がアップグレードしています。6 か月後、同じコホートの 1.9% が有料顧客になっています」

こうした数値が明らかになって一定の値を保ち、Buffer 社が儲かるだけの収益を得られるようになったところで、ジョエルは獲得にフォーカスする時期だと感じるようになった。小さな規模で製品や定着を証明していたところから、高速な成長を目指すところへの大きな転換である。

> 「最初の頃は、Buffer を数百万人のユーザーがいるサービスにできたら満足だと思っていました。それからチャーンを確認したのですが、それは獲得にフォーカスする前に把握しておくべきだと考えたからです」

ジョエルの目標値は 5% 未満だったが、実際の数値は 2% 前後だった。チームは改善に時間を費やす必要がなく、安心して獲得にフォーカスすることができた。

Buffer 社は利益が出ているので、獲得を推進したり、新規チャネルに挑戦したりすることが柔軟にできる。キャッシュを使い切ることもなく、資金調達に頭を悩ませることもない。最終的に獲得にフォーカスすると決める前に、彼らは他の指標にも目を向けている。ジョエルはこのように言っている。

「もっとしっかりとやっていれば、有料顧客へのコンバージョンを 2 倍にできたかもしれません。何でもそうだと思いますが、そのためにはフォーカスが必要です。ですが、それはあとからでもできます。今必要なのは、多くのユーザーです」

現在は成長モードに入っている。新しいチャネルを試して、ユーザー獲得にフォーカスしている。ただし、コンバージョンや収益にも目を向けている。

「有料顧客にコンバージョンしてもらえるように、新しいチャネルのファンネルも計測しています」

まとめ

- 最初の頃の Buffer 社は、定着の指標として収益を使っていた。多額の収益を生み出して拡大することがゴールなのではなく、適切で拡大可能なビジネスを裏付けるだけの収益を生み出すことがゴールだった。
- Buffer 社は継続的にコホート分析を行い、製品とマーケティングにおける変更を評価している。
- 製品が定着していることがわかると、フォーカスを獲得に移して、低コストで多くのユーザーを獲得しようとしている。

学習したアナリティクス

現実を直視する必要がある。収益にフォーカスする時期は、業界や景気という現実に左右される。最初の提供に対してユーザーが十分な金額を支払ってくれたのであれば、それは適切な市場を発見しただけでなく、これから自由に成長や発展をしていけることの証明にもなる。収益とエンゲージメントを組み合わせよう。拡大できるだけの長期的な価値が製品にあるかどうかを把握しよう。そこに到達すれば、獲得を拡大できる。

ここまでに大きな組織になっているはずだ。より多くの人、より多くのこと、より多くの方法のことを気にかけているだろう。だが、それではすぐに注意力が散漫してしまう。指標に集中する簡単な方法を教えよう。これは意見の相違による堂々巡りの綱引きを避けながら、変化に対応するための指標である。ぼくたちはこれを **3 つのスリーモデル** と呼んでいる。16

章で紹介した「課題／解決キャンバス」を組織に適用したものだ。

パターン｜3つのスリーモデル

　このステージでは、マネジメントに3つの階層ができているだろう。戦略的な課題や大きな転換にフォーカスした取締役や創業者たちは、毎月あるいは四半期ごとにミーティングをする。戦術や管理にフォーカスしたエグゼクティブチームは、毎週ミーティングをする。実行にフォーカスした一般職は、毎日ミーティングをする。

　誤解しないでほしいのだが、多くのスタートアップでは、この3つのミーティングは同じ人が参加する可能性がある。取締役会に参加するのとコーディング・梱包・販売交渉をするのとでは、異なるマインドセットが必要になるというだけのことだ。

　3つよりも多くのことを覚えておくのは難しい。取り組むべきことを3つまでにしておけば、何をやっているのか、なぜそれをするのかを会社のみんなが理解できる。

3つの仮説

　現在のビジネスモデルには、基本的な仮説があるはずだ。たとえば、「みんなが質問に答えてくれる」「組織はカンファレンスの開催に不安を抱えている」「親御さんたちからお金をいただける」などである。なかには「Amazon Web Services はユーザーが十分に信頼できるものである」といったプラットフォームに関する仮説もあるだろう。

　仮説には関連する指標と評価基準がある。これは大きな賭けである。取締役として管理する表計算のセルである。給料が支払えるかどうか、これからどれくらいの投資が必要なのか、マーケティングキャンペーンがコスト以上の効果をもたらしているか、ビジネスモデルが絶望的・致命的・破滅的かどうか。これらを判断するためのものである。

　このような仮説は（アクセラレータープログラムや何らかの時間制約がない限り）月に何度も変えるものではない。拡大ステージでは頻繁に変更すべきではないのである。バタバタしていると勢いが落ちる。ヨットの舵を何度も動かしているのと同じだ。ビジネスモデルの仮説を変更するには、取締役会の承認が必要になるだろう。うまく伝えなければ、顧客を遠ざけてしまう可能性がある。従業員も戸惑ってしまうだろう。拡大ステージでは、取締役とアドバイザーが一緒に仮説を作るべきである。

　適切にやっていれば、3つの仮説はリーンキャンバスに書き込まれているはずだ。もちろんビジネスモデルを大きく変更していれば、もうひとつのリーンキャンバスがあるはずなので、また別の3つの仮説も持っているだろう。

　この3つの仮説を毎月、組織全体で共有する必要がある。エグゼクティブチームには、次のミーティングで仮説の正否を決める責任がある。

3つの行動

　エグゼクティブレベルでは、仮説を実行するための戦術を決める必要がある。この戦

術は会社全体が把握しておかなければいけない。それを今週やるべき3つの行動に分解するのもエグゼクティブチームの仕事である。

役員レベルのそれぞれの仮説について指標を正しい方向に進めるには、どのような戦術レベルの3つの行動を実施すべきだろうか？ たとえば、製品を改良する機能追加やマーケティング戦略を考えているのであれば、今週の開発ロードマップやマーケティングキャンペーンといった行動になるだろう。これらは定期的に変更するものである。継続するか中止するかを判断するために、すばやく調査・テスト・プロトタイピングを実施しなければいけない。アジャイル開発のスクラムとよく似ている。

エグゼクティブには大きな自由度があり、変化をもたらすためにいろいろと挑戦できるが、月の終わりには創業者や取締役に報告しなければいけない。イノベーションと予測可能性のバランスをとりながら、ビジネスモデルから大きく外れないようにするのである。後期ステージの会社には、こうしたことが必要だ。

3つの実験

日々の仕事としては、戦術的な行動を実現するための作業をする。実験は会社の誰もが実施できる。たとえば、顧客と話をしたり、機能を調整したり、アンケート調査をしたり、価格を変更したりといったことだ。それを事前に文書化して、結果を翌週の行動につなげるのである。うまくできているか間違っているかを判断する指標となるのは実験だけだ。実験は毎日行うものであり、スクラムのスプリントのようなものである。

それぞれの行動について、どのような3つの作業をすべきだろうか？ どのような3つの実験をすべきだろうか？ どのようにして正解を選ぶのだろうか？ それは担当者と毎日議論しながら実行するしかない。ある程度の枠組みは必要になるが、ここにも大きな自由度がある。

19.4　拡大するときの規律を見つける

後期ステージのスタートアップが成功するためには規律が重要になる。実行段階に入ったスタートアップにとっては特にそうだ。もはやインスピレーションを求めてバタバタすることはできない。周囲に投資家・従業員・期待してくれる人たちがいるからだ。だが、それと同時に、アジャイルに適応型で行動する自由度も必要になる。

ビジネスモデルを支える仮説を明確に把握しよう。そして、ステークホルダーの承認を得てから、そのなかのひとつを変更するのである。どの機能が仮説を改善できるだろうか？　その変更内容をエグゼクティブチームに渡そう。それから、機能を実験する毎日の活動を計画するのである。顧客と話をしたり、アンケート調査を実施したり、新しいコードをテストするセグメントを作ったり、モックを試したりするのだ。このようなアジリティと規律正しい厳密さの組み合わせが、優秀なスタートアップと立ち往生しているスタートアップの明暗を分けるのである。

技術イベントではよく「最後のピボットを教えてください」という質問が出る。これが本

当にひどい。どうしようもない創業者たちが「今もピボットしています」と答えているが、本来なら「注意力に欠陥があります」と答えるべきだ。「**だらしないピボット**」はやめよう。計画がなければ、風にたなびいているのと同じだ。規律を持ってこそ、説明責任を果たせるのである。

19.5 　拡大ステージのまとめ

- 拡大するときには、すでに製品と市場について把握しているはずである。ここで指標となるのは、エコシステムの健全さと新しい市場に参入する能力である。
- このステージでは、以前は気が散るものでしかなかった報酬・APIトラフィック・チャネルとの関係・競合他社などを見ていく。
- 効率性と差別化のどちらにフォーカスしているのかを理解する必要がある。拡大の手段として両方を同時に手がけるのは難しい。効率性にフォーカスすれば、コストを抑えることになる。差別化にフォーカスすれば、粗利を上げることになる。
- 成長していけば、同時に複数の指標が必要になる。戦略・戦術・実行がゴールにつながるように、指標の階層を設定しよう。これを **3つのスリーモデル** と呼ぶ。

拡大ステージを抜けることはない。組織が「大企業」のようになっても、イノベーションには悪戦苦闘するだろう。おめでとう。これであなたも現状と戦い、内部から物事を変えていく組織内起業家だ。30章で説明するが、内部からのイノベーションには独特の課題がある。まずは、ビジネスモデルとステージを組み合わせて、現在重要となる指標を見つけていこう。

第Ⅲ部 評価基準

　これまでに、ビジネスモデル・ステージ・現在の最適な指標を把握できた。だが、何が「普通」と言えるのだろう。評価基準を決めなければ、うまくいっているのかそうでないのかはわからない。ぼくたちは「普通」の実態をつかもうと思い、スタートアップ・アナリスト・ベンダーたちからデータを収集した。どれだけ使えるかは状況次第だが、少なくともそれがどのようなものかはわかるだろう。

　　　成功は決定的ではなく、失敗は致命的ではない。大切なのは続ける勇気である。
　　　　　　── ウィンストン・チャーチル卿《Sir Winston Churchill》

20章
追跡する指標は
モデルとステージで決まる

　リーンアナリティクスの背景にある中心的な考えは、ビジネスの種類を把握し、現在のステージを知れば、今すぐに OMTM を追跡・最適化できるというものである。このプロセスを繰り返すことで、アーリーステージの企業やプロジェクトに内在するリスクの多くを克服し、時期尚早な成長を回避し、本物のニーズ・明確なソリューション・満足度の高い顧客といった強固な基盤を構築できるだろう。

　図 20-1 は、リーンアナリティクスのステージと、次のフェーズへ進むための指標とクリアすべき「ゲート」を示している。

　ここまでにビジネスモデルと現在のステージを把握できているので、成長の次のステージへ到達するための指標を選択する絶好の立場にいることになる。ビジネスモデルが成長するなかで重要となるものを例を使って以下に示そう。

　気にかけるべき指標が見つかったら、その次の質問は明確だ。「何をすればいいのか？　何が正常なのか？」である。

　それでは、見つけていくことにしよう。

20章　追跡する指標はモデルとステージで決まる | 237

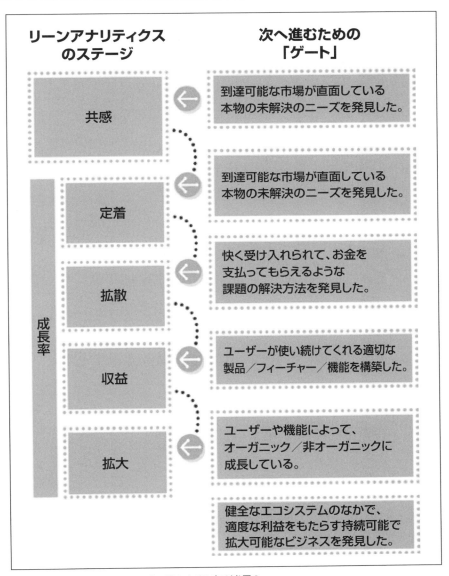

図20-1　今日はどこにいる？　次へ進むために何が必要？

表20-1　それぞれのビジネスモデルとステージで重要な指標

会社のステージ	EC	ツーサイドマーケットプレイス	SaaS	無料モバイルアプリ	メディア	ユーザー制作コンテンツ
本当に重要な質問	十分な金額で買ってくれるか？	十分な金額で買ってくれるか？	お金を支払ってでも解決したい苦痛を解決できるか？	お金を支払ってでも解決したい苦痛を解決できるか？	コンテンツに何度もエンゲージしてくれるか？	コミュニティは存在するか？それを特別でユニークなものにしているのは何か？他の人はどのようにコミュニティに参加するのか？成長はどのくらい速いか？
共感ステージ（課題の検証）：市場のなかに入り、解決できそうな本物のニーズを発見する。定性的な議論やオープンエスチョンを使う。	購入者はどのようにしてニーズに気づくのか？どのようにしてソリューションを見つけようとする。商品をどのように見つけているのか？購入の結果に伴う苦痛は何か？属性情報や技術知識は？	購入者は販売場所が必要か？販売者は購入市場が必要か？今はどのように取引しているのか？商品をどのように見つけているのか？既存のチャネルで買わない理由は何か？	見込み客は解決すべき苦痛を知っているか？それはソフトウェアを使って解決できるか？ソリューションについてどのように学ぶのか？購入プロセスはどのようなものか？	ターゲット市場は？すでにうまくいっているゲームやモデルはあるか？類似した価格体系やゲームプレイの例はあるか？	そのテーマで十分な注目を集めることができるか？情報はどのように消費されるのか？	コミュニティは存在するか？それを特別でユニークなものにしているのは何か？他の人はどのようにコミュニティに参加するのか？成長はどのくらい速いか？
共感ステージ（ソリューションの検証）：定性的および定量的な手法を使う。精選したMVPや局所的なテストを使うこともある	提案している製品の競合はどこか？製品やサービスの価格弾力性はどうなっているか？	購入者は売上を共有してもらえるか？そもそもマーケットプレイスの外に出ていしまうか？利益になるか？価値を追加する機能は何か？掲載情報を自分で生成できるのか？マーケットプレイスに人がやってくるか？	提供する機能は相手のプロセスに合致しているのか？苦痛を解決すれば、お金を支払ったり、友達に紹介したりしてもらえるか？	基本的なゲーム構造は機能しているか？ユーザーテストで見せたゲームのMVPをユーザーは好んでいるか？	なぜコンテンツを消費するのか？何のツール・アプリ・プラットフォームを使って、コンテンツを届けているのか？	コミュニティがついてくるか？今はどこで開催されているのかどのようにやり取りしたいと思っているか？プライバシーの要望などのようなものか？ユーザーが広告に対する耐性はあるか？

20章　追跡する指標はモデルとステージで決まる

表20-1　それぞれのビジネスモデルとステージで重要な指標（続き）

ビジネスモデル						
会社のステージ	EC	ツーサイドマーケットプレイス	SaaS	無料モバイルアプリ	メディア	ユーザー制作コンテンツ
成長するか？	あなたを見つけることができるか？誰かに伝えるか？		サインアップするか？誰かに伝えるか？	定着するか？	利益が出るほどトラフィックを増やすことはできるか？	
定着ステージ：意味と価値のある方法で顧客をエンゲージメントするMVPを構築する。	コンバージョンやショッピングカートのサイズ、獲得・新規の購入者を見つけるコスト、ロイヤリティ：90日以内に戻ってくる購入者の割合。	在庫補充率、検索の種類と頻度、価格弾力性、掲載情報の質、不正率	エンゲージメント、チャーン、訪問者／ユーザー／顧客のファンネル、機能の段階的な提供、機能の利用（あるいは放置）	ユーザー数、導入、プレイのしやすさ、「フック」までの時間、日次・週次・月次の長期的なチャーン、起動回数、離脱、プレイ時間、地域別のテスト	トラフィック、訪問数、再訪問数、トピック別のビジネス指標のセグメント、カテゴリ・著者、RSS、メール、Twitterフォロワー、クリックスルー	コンテンツ制作、エンゲージメントファンネル、スパム率、コンテンツやチャコミによるシェア、主要獲得チャネル
拡散ステージ：自然的・人工的・クチコミによる拡散で導入件数を増加させる。バイラル係数とサイクルタイムを最適化する。	獲得モード：顧客獲得コスト、シェアの量、ロイヤリティやリピーター：再アクティベーション、再訪問する購入者の人数。	販売者の獲得・買い手の獲得・自然的拡散やクチコミによるシェア。アカウント作成やロ設定。	自然的拡散、顧客獲得コスト	アプリストアの評価、シェア、招待、ランキング	コンテンツ・拡散、検索エンジンのマーケティングや最適化、ページ滞在時間の増加	コンテンツによる招待、ユーザーによる招待、サイト内のメッセージ、サイト外のシェア

表20-1 それぞれのビジネスモデルとステージで重要な指標（続き）

ビジネスモデル 会社のステージ	EC	ツーサイドマーケットプレイス	SaaS	無料モバイルアプリ	メディア	ユーザー制作コンテンツ
収益源	取引		アクティブユーザー		広告収益	
収益ステージ：最適な価格を支払うようにユーザーを説得する。手に入れたお金の一部を顧客獲得にまわす。	取引価格、平均顧客単価、獲得コストとランタイムバリューの比率、直販の指標	取引、手数料、掲載料、プロモーション、写真撮影などの価値を高めるサービス	アップセリング、顧客獲得コスト、顧客ライフタイムバリュー、アップセリングの経路やアップロードマップ	ダウンロード数、プレイヤーあたりの平均収益、プレイしているプレイヤーの平均収益、獲得コスト	CPE、アフィリエイト収益、クリックスルー率、インプレッション数	広告（メディアと同じ）、寄付、ユーザーデータのライセンス供与
拡大ステージ：顧客の獲得・チャネルとの関係構築・効率化や市場エコシステム発見、市場エコシステムへの参加により、組織を成長させる。	アフィリエイト、チャネル、ホワイトレーベル（OEM）、製品評価、レビュー、サポートコスト、返品、返金や返品・チャネルの衝突	関連商品、サードパーティのバンドル（貸切サイトでレンタカーを提供したり、手工芸マーケットプレイスで発送サービスを提供したりするなど）	APIのトラフィック、マジックナンバー、アプリのエコシステム、チャネル、代理店、サポートコスト、コンプライアンス、オンプレミスやプライベートのバージョン	スピンオフ、出版社や代理店の取引、国際的なバージョン	シンジケーション、ライセンス、メディアイベントとのパートナーシップ	アナリティクス、ユーザーデータ、自社やサードパーティによるサードモデル、API広告モデル

21章
もう十分なのか？

『Lean Analytics』で解き明かしたい最大の疑問は「何が正常なのか？」である。「追跡している指標の正常値や理想値をどうすれば求められるのか？」「うまくいっているのか、そうじゃないかはどうすればわかるのか？」「指標を継続して最適化すべきなのか、それとも他の指標に移るべきなのか？」いつも聞かれるのはこうした質問だ。

最初の頃は、多くの人から「指標の典型的な値を探すのはやめたほうがいい」と言われたものである。スタートアップとはルールを破るものであり、常にルールを書き換えるのである。だが、ぼくたちは2つの理由から「正常」の定義が重要だと考えている。

1つめは、想定の範囲内かどうかを知る必要があるからだ。現在の振る舞いが他人とかけ離れたものならば、そのことに気づくべきである。逆にうまくいっていれば、先へ進むべきだ。主要指標が最適化されていれば、さらに改善しても収穫逓減になる。

2つめは、プレイしているスポーツの種類を知る必要があるからだ。オンラインの指標は流動的であり、現実的な基準値を見つけるのが難しい。たとえば、数年前の典型的なECサイトのコンバージョン率は1〜3%だったが、上位のサイトは7〜15%を獲得していた。オフラインでマインドシェアを獲得し、「デフォルト」の購入ツールとなるべく懸命に取り組んでいたからである。だが、近年ではこうした数値が変化している。ウェブそのものが「デフォルト」の購入先となったからだ。たとえば、ピザの宅配会社は**極端**に高いコンバージョン率を獲得している。それはつまり、みんながウェブでピザを注文しているからだ。

言い換えれば、ほとんどの指標には正常値や理想値がある。斬新なビジネスモデルであってもメインストリームになれば、その正常値は大きく変わる。

ケーススタディ ｜ 2% の解約率を発見した WP Engine 社

WP Engine 社は、WordPress のホスティングに特化した急成長企業である[†]。成功した起業家であり有名なブロガーであるジェイソン・コーヘン《Jason Cohen》が、2010年7月に創業した会社だ。2011年11月には、成長の加速とビジネスの継続的な拡大に対応するために、120万ドルを調達した。

[†] すべてを明らかにしておくと、本書のキャンペーンサイトのホストもここだ。

WP Engine 社はサービス企業である。顧客は、WP Engine 社が高速・高品質・持続的なホスティングサービスを提供してくれることを期待している。WP Engine 社は素晴らしい仕事をしているが、それでも顧客は解約することがある。あらゆる企業が解約（またはチャーン）を経験するだろう。これは追跡や理解が必要な最も重要な指標である。顧客ライフタイムバリューなどの計算に必要となるだけでなく、間違った方向に進んでいたり、競合ソリューションが登場したりしたときの警戒信号となるからだ。

だが、解約数だけでは不十分だ。製品やサービスの使用を**なぜ**停止したのかを理解する必要がある。そこでジェイソンは、解約した顧客に電話をかけた。

> 「全員が話を聞かせてくれたわけではありません。なかには電話に出てくれなかった人もいます。ですが、十分な人数が話を聞かせてくれました。すでに解約しているにもかかわらずです。そこで解約した理由を知ることができました」

ジェイソンによれば、解約の理由は会社がコントロールできない要因（ホスティングを必要としたプロジェクトの終了など）がほとんどだった。だが、ジェイソンはさらに深く掘り下げようと考えた。

解約の指標や理由を手に入れるだけでは不十分である。ジェイソンは建物の外に出て、解約率のベンチマークを見つけた。スタートアップにとっては、比較対象となる数値（や評価基準）を見つけるのが最も難しい。ジェイソンは投資会社やアドバイザーに依頼して、ホスティング業界のことを調査した。WP Engine 社の投資会社には WordPress の Automattic 社があり、かなり大きなホスティングビジネスを持っている。

ジェイソンは、すでに確立されたホスティング企業には、毎月の解約率が「ベストケース」だったときのベンチマークがあることに気づいた。それは 2% である。つまり、最高の巨大なホスティング企業であっても、毎月必ず 2% の顧客が解約するということだ。

一見すると大きな数値に思えるかもしれない。ジェイソンはこのように言っている。

> 「我々のチャーン率は 2% 前後でした。最初に見たときはとても心配になりましたが、ホスティングビジネスで 2% というのは非常に低いということがわかりました。それからは見方が大きく変わりました」

ホスティング業界の正常な数値だとわかっていなかったら、動きもしない指標を動かそうとして、時間やお金をムダにしていたことだろう。投資先ならもっと適切なところがあるはずである。

ベンチマークがわかれば、解約率の変動に目を向けながらも、その他の課題や KPI にフォーカスできる。ジェイソンは解約率を 2% 未満にすることを目指していないわけではない（それができれば大きな価値になる）。会社の将来の成功を視野に入れながら、現在のビジネスやトラブルが発生する場所を考慮して、優先順位をつけているのである。

まとめ

- WP Engine 社は順調な WordPress ホスティングビジネスを構築したが、毎年24%の顧客を失っていることを創業者は気にかけていた。
- 周囲に聞いて回ったところ、月2%のチャーン率は業界では正常（むしろ良好）だということが判明した。
- 正常な評価基準がわかったので、チャーンを必要以上に最適化するのではなく、その他の重要なビジネス目標に集中できるようになった。

学習したアナリティクス

すぐに指標の数値がよくないと考えて、その改善のために多くの時間やお金を投資してしまうが、競合に対する立ち位置や業界の平均値がわかるまでは、何も見えていないのである。ベンチマークがあれば、特定の指標に取り組むべきか、次の課題に移動するべきかを判断できるようになる。

21.1 平均値では不十分

The Startup Genome プロジェクトでは、Startup Compass 社のサイトを使って、数千のスタートアップから主要指標を収集した[†]。共同創業者のビョルン・ラッセ・ハーマン《Bjoern Lasse Herrmann》が、「平均的」なスタートアップの指標を公開してくれている。これは、平均値では不十分であることを強く思い出させてくれるものだ。評価基準によって次の KPI へ移動する準備ができたかどうかがわかるのだが、ほとんどの企業はその評価基準の近くにいないのである。

毎月のチャーン率が5%を下回っていたら（理想的には2%に近ければ）、それなりに定着のある製品だと言える。だが、ビョルンの平均値を見ると、12%（間接的にマネタイズしているサイト）から19%（ユーザーに直接課金しているサイト）になっている。これらの数値は、次のステージへ移動するには遠く及ばない。

コンシューマー向けアプリケーションの CAC と CLV の比率はほぼ 1:1 である。つまり、稼いだお金のすべてを新規のユーザーの獲得に費やしていることになる。これまで見てきたように、顧客獲得コストは顧客単価の 1/3 未満が理想的だ。高額な（CLV が5万ドルを超えている）アプリケーションは別にして、ほとんどの企業は CLV の 0.2〜2% を獲得に費やしている。

Startup Compass 社は、他社と比較するときの有益な知見を提供してくれている。みなさんも有効活用してもらいたい。ただし、ほとんどのスタートアップが失敗する理由の存在にも気づいてほしい。つまり、**平均値では不十分**なのだ。

[†] http://www.startupcompass.co

21.2　何であれば十分なのか？

　（すべてではないかもしれないが）ほとんどのビジネスモデルに適用できる指標は少ない。たとえば、成長率・訪問者のエンゲージメント・目標価格・顧客獲得・拡散・メーリングリストの効果・稼働時間・サイト滞在時間などである。次はこれらについて見ていこう。次の章からは、これまでに説明した6つのビジネスに特化した指標を掘り下げていく。自分のビジネスモデルの章へ移動する前に、他のビジネスモデルのところにも関連または重複した指標があることを忘れないでほしい。それらもきっと役に立つはずだ。他のビジネスモデルについても、何が正常なのかを見ておくといいだろう。

21.3　成長率

　投資家のポール・グレアムは、「スタートアップは急成長を目的とした会社である」と指摘している[†]。スタートアップと靴修理やレストランなどのベンチャーの違いは、急成長の有無である。ポールによれば、スタートアップには3つの成長フェーズがあるそうだ。

- 低速：組織が取り組むべき製品と市場を探しているところ。
- 高速：製品を開発したり、大規模に販売したりする方法がわかったところ。
- 再び低速：組織が大企業となり、内部の制約や市場の飽和に直面し、ポーターの言うところの「中途半端の落とし穴」を克服しようとしているところ。

　ポールのスタートアップアクセラレーターであるY Combinatorのチームは、成長率を毎週追跡している。毎週にしているのは、期間が十分に短いからだ。

> YCで成長率のよいところは、週に5〜7%はある。週に10%も達成できれば、非常にうまくやれていることになる。どうにか1%になったという程度であれば、自分が何をしているのかがまだわかっていない証拠だ。

　会社が収益ステージならば、成長は収益で計測できる。まだお金を請求していないのであれば、成長はアクティブユーザー数で計測できる。

成長のためならいくら費用がかかってもいいのか？

　成長が重要であることに疑問の余地はない。だが、成長にフォーカスするのが早すぎるのはよくない。自然的拡散（製品の使用に組み込まれたもの）のほうが、あとから追加した人工的拡散よりも優れていることはわかっている。新規の訪問者が殺到するとユーザーは拡大するが、ビジネスにとっては有害になる可能性もある。同様に、成長のなかにはよいものもあれば、持続しないものもある。まだ定着していないのに課金型成長エンジンを稼働するといった早すぎる拡大は、製品の品質・キャッシュフロー・ユーザーの満足度などに悪影響を

[†] http://paulgraham.com/growth.html

及ぼす。いずれ自分の首を絞めることになるだろう。

ショーン・エリスが言及しているが、成長の新しい方法については、グロースハッカーたちが常にテストや調整を行っている。ただし、注意も必要だ。

> すぐに全体像を見失ってしまう可能性がある。全体像を見失えば、崖から落下するように成長が低下する。[†]

彼は続けてこのように述べている。

> 持続的な成長プログラムを構築するには、最も情熱的な顧客が考えるソリューションの価値を理解することだ。

5章で紹介したショーンのスタートアップ成長ピラミッドでは、製品／市場フィットと圧倒的な優位性を発見したあとに、ビジネスの成長がきていた。言い換えれば、拡大の前に拡散が必要であり、拡散の前に定着が必要なのである。

Y Combinator のスタートアップのほとんどが（YC 以外のスタートアップでも同じだが）、製品／市場フィットの前に成長にフォーカスしている。ネットワーク効果に依存している場合など、それが必要なこともあるだろう。誰も使っていない Skype は役に立たない。だが、急速な成長によって製品／市場フィットをすばやく達成できるとしても、適切なタイミングでなければスタートアップを破壊してしまう。

ポールの成長戦略は、B2C の世界観のバイアスがかかっている。B2B の組織にはまた違った流れがある。つまり、コンサルタント的に接する初期の顧客から、汎用的で規格化された製品やサービスを受け入れる後期の顧客に至るまでの流れだ。B2B の組織が未熟なまま成長すると、収益は滞り、売上の増加に必要な紹介・事例・推薦の言葉が手に入らず、ビジネスを支援してくれたロイヤル顧客を遠ざけることになりかねない。

これは普遍的な問題であり、**テクノロジー導入ライフサイクル**モデルで説明されている。このモデルは、ジョージ・ビール《George Beal》、エヴェリット・ロジャース《Everett Rogers》、ジョー・ボーレン《Joe Bohlen》が提唱し[‡]、ジェフリー・ムーアが広めたものである[§]。アーリーアダプターからラガードに至るまで（製品が主流となり、導入障壁が下がるまで）は、多くの作業が必要となる。

要点

課題とソリューションを検証するときは、5% の成長率を維持できるだけの人数が存在するかどうかを確認しよう。ただし、成長率を追い求めるあまりに、顧客を深く理解することや

[†] http://startup-marketing.com/authentic-growth-hacks/
[‡] http://en.wikipedia.org/wiki/Technology_adoption_lifecycle
[§] http://www.chasminstitute.com/METHODOLOGY/TechnologyAdoptionLifeCycle/tabid/89/Default.aspx

意味のあるソリューションを構築することを怠ってはいけない。製品／市場フィットを達成した、あるいは間もなく達成しそうなスタートアップであれば、アクティブユーザーが週に5% 増加するかどうかが評価基準となる。すでに収益をあげているスタートアップであれば、週に 5% の成長率を達成すべきである。

21.4　エンゲージメントした訪問者数

フレッド・ウィルソンは、Union Square Ventures 社のポートフォリオ企業において、エンゲージメントしたユーザーや同時利用ユーザーの人数に一定の割合があると言っている[†]。ウェブサービスやモバイルアプリケーションについては、彼は以下のように言っている。

- 登録ユーザーの 30% が、月 1 回はウェブベースのサービスを使っている。モバイルアプリをダウンロードしたユーザーの 30% が、毎月アプリを使っている。
- 登録ユーザーの 10% が、サービスやモバイルアプリを毎日使っている。
- 同時利用ユーザーの人数は、最大でデイリーユーザー数の 10% である。

話を大きく一般化してあるが、ソーシャル・音楽・ゲームなどの多くのアプリケーションに「30/10/10 の比率」が当てはまるとフレッドは言っている。定期的な利用やエンゲージメントのステージに到達すれば、成長を目指す時期である。拡散・収益・拡大のステージにビジネスを移行しよう。

要点

登録ユーザーの 30% に月 1 回は訪問してもらえるようにしよう。登録ユーザーの 10% に毎日訪問してもらえるようにしよう。成長に関する信頼度の高い先行指標を見つけ出し、ビジネスモデルの予測に使おう。

21.5　価格の指標

何に対してお金を請求すべきかを知るのは難しい。あらゆるスタートアップはさまざまな方法でお金を稼いでおり、企業を横断して価格を比較するお手軽な方法など存在しない。ただし、複数の価格設定から学べることはある。

価格戦略の基本的な要素は弾力性だ。つまり、価格を高くすれば売れにくくなり、価格を安くすれば売れやすくなるのである。1890 年にアルフレッド・マーシャル《Alfred Marshall》は、**需要の価格弾力性**を以下のように定義した。

> 市場における需要の価格弾力性（反応性）は、価格の下落による需要の増加の度合い、および価格の上昇による需要の減少の度合いによって強さが決まる。[‡]

[†] http://www.avc.com/a_vc/2011/07/301010.html
[‡] http://en.wikipedia.org/wiki/Price_elasticity_of_demand

マーシャルとは違い、あなたは自由に使える世界最高の価格の実験場を持っている。インターネットだ。割引コードやプロモーション、さらには価格体系についても、実験によって何が起きるかを調べることができる。

それでは、製品の価格の実験をしてみよう。価格を変更したときの販売数がわかっているとする（表 21-1 参照）。

表 21-1　価格が販売数に与える影響

価格	$5	$6	$7	$8	$9	$10	$11	$12	$13	$14	$15
1ヶ月の購入者数	100	90	80	75	70	65	60	55	50	45	40
収益	$500	$540	$560	$600	$630	$650	$660	$660	$650	$630	$600

収益をグラフにすると、特徴的な曲線を描くだろう（図 21-1）。グラフを見れば、最良の価格は 11 〜 12 ドルの間ということがわかる。収益が最大になるからだ。

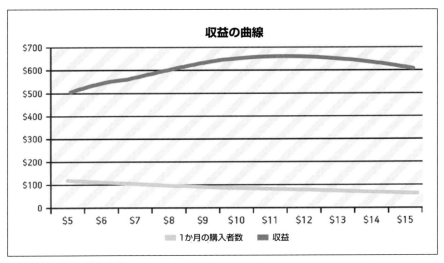

図 21-1　曲線の頂点を目指せ

誰もが望んでいるのは、収益の最適化である。ただし、収益がすべてではない。

- 価格が高すぎると、競争に負けてしまうだろう。Apple 社の FireWire は優れた通信技術だったが、特許にライセンス料をかけた結果、USB に負けてしまった[†]。価格が高すぎると、市場で失速することもある。
- Mac を使っている訪問者に高額の商品を推薦した Orbitz のように、ユーザーやメッセージで実験すると炎上することもある。
- 価格が低すぎると、買い手から怪しまれる。何かよからぬことを企んでいるのではないか、詐欺なのではないかと思われてしまう。顧客からすると、提案の価値が低く見えるのだ。
- 価格が高すぎると、拡散が思うように広がらなかったり、製品に必要なネットワーク効果の実現に時間がかかったりする。
- ヘルスケアに関する製品などは、価格をいくらにでも設定できる。ミネラルウォーターのようなものについても、価格を上げて品質がよいと感じてもらえれば、それだけ多く売れる。たとえば、Pellegrino や Perrier がうまくやっている。
- 段階価格を単純化すれば、コンバージョンがよくなる。価格設定サービスの Price Intelligently 社の共同創業者・CEO であるパトリック・キャンベル《Patrick Campbell》は、複雑な段階価格・迷ってしまいそうな価格経路・常に使うわけでもない機能を備えた会社よりも、理解しやすい段階価格・明確な価格経路を備えた会社のほうが、顧客のコンバージョン率がはるかに高いと言っている。
- 上司の承認の必要がない「レーダーに見つからないように飛んでいる」製品は、コンバージョン率が高い。予算の捻出が簡単だからだ。

Red Gate Software Ltd の共同 CEO であり、『Don't Just Roll the Dice』(Red Gate Books) の著者であるニール・デビッドソン《Neil Davidson》は、このように言っている。

「価格に関する最も大きな誤解は、製品やサービスの価格が開発や運用のコストと結び付いているというものです。これは間違いです。価格は顧客が支払う気になっているものと結び付いているのです」

ケーススタディ | 価格の基本的な指標を発見した Socialight 社

　Socialight 社は、2005 年にダン・メリンガー《Dan Melinger》とマイケル・シャロン《Michael Sharon》が創業し、2011 年に Group Commerce 社に売却した会社である。2004 年にニューヨーク大学のチームでダンがやっていた、デジタルメディアがコミュニケーションに与える影響の研究がアイデアのきっかけとなっている。

　当時はソーシャルネットワークが始まったばかりで、Friendster がソーシャルプラッ

[†] http://www.guardian.co.uk/technology/2012/oct/22/smartphone-patent-wars-explained

トフォームを支配していた時期である。最初のSocialightは、Javaが動作する携帯電話向けのソーシャルネットワークだった。これは当時のモバイルアプリ技術の最高峰と考えられていた。Socialightを使えば、世界中に「付箋紙」を貼り付けることができた。この付箋紙を使って、友達やコミュニティと協力したり、組み合わせたり、共有したりすることができた。

当時のダンは、価格のことを考えていなかった。だが、Socialightをローンチして間もなく、パワーユーザーが別の機能を求めていることに気づいた。

> 「モバイルソフトウェアの市場は成熟しつつありました。ロケーションベースのサービスやiPhoneなどの端末が登場していました。企業からモバイル向けのソーシャルアプリの開発やホスティングの依頼を受けるようになったのもこの頃からです」

これがB2CからB2Bへのピボットの始まりだった。誰でもアプリケーションが開発できるようにAPIを用意して、モバイルアプリを作るための製品を構築したのである。これには確かなトラクションがあった。1,000以上のコミュニティが、これを使ってアプリを開発したのである。

B2Bに移行してから、Socialight社は3つの段階価格のあるフリーミアムのビジネスモデルを起ち上げた。2つの有料価格は、それぞれプレミアム版（月額250ドル）とプロ版（月額1,000〜5,500ドル）と呼ばれた。プレミアム版とプロ版の主な違いは、Socialightの協力の度合いである。プロ版のほうが多くの時間をかけて、積極的に顧客に関わるのである。

フリーミアムのビジネスモデルを起ち上げて4か月がたってから、会社はある問題に気づいた。プロ版の顧客のほうが収益は多いのだが、**膨大な**コストがかかっていたのである。ダンはこのように言っている。

> 「プロ版の顧客から得られる粗利は、プレミアム版の粗利に遠く及ばないことがわかりました。ですが、収益はプロ版のほうが多いのです。また、プロ版の顧客はクローズまでに時間がかかっていました。我々はこうしたことを十分に理解できていませんでした」

ここでは、価格の指標に関する理解や知識が重要となる。Socialight社のように、価格帯ごとに収益を追跡するところから始めるのもいいが、その他の基本的なビジネス指標のほうが重要かもしれない。たとえば、Socialight社がコストと収益の問題を特定できたのは、顧客獲得コストと顧客ライフタイムバリューの比率に注目したからだ。もちろん最初から粗利に注目することもできただろう。これならもっと簡単に収益の問題を特定できたはずだ。最終的にSocialight社は、プロ版を月額5,500ドルだけにして、顧客のサポートに対応できるようにした。

Socialight 社は価格戦略を変えて実験することはしなかった（経験で決めたのだ！）。ダンは実験したい気持ちもあったと言っている。

「プロ版の機能を減らして、価格を大きく下げることもできたと思います」

　これはフリーミアムと複数の段階価格モデルの絶妙なバランスを示している。提供する機能やサービスを適切なパッケージにして、適切な価格を設定するにはどうすればいいのだろうか？　ダンの場合は、価格以外の指標を使って実験した。顧客に無料のサービスを使ってもらってから、プレミアム版にコンバージョンしてもらえる方法を模索したのである（プロ版にはあまりフォーカスしなかった）。無料版から有料版へのコンバージョンにフォーカスすることで、有料ユーザーを収益性の高い価格帯に移行してもらうことが可能となり、Socialight 社はビジネスを成長させることができた。

まとめ

- Socialight 社はコンシューマーからビジネス市場に移行した。そのためには、価格の変更が必要だった。
- 創業者は収益だけでなく、サービスを届けるコストについても分析した。その結果、高収益の顧客は利益が低いことを認識した。
- 段階価格のひとつを意図的に高く設定して、提供は継続しながらも、顧客が購入しにくくなるようにした。

学習したアナリティクス

　価格が顧客の行動に与える影響について、正と負の両面から考えよう。価格は顧客に行動を要請するための重要なツールである。販売コストだけでなく、売上原価や粗利なども常に考慮に入れるべきだ。

　価格弾力性の調査は、若くて成長している市場に適用するものである。髪を切るときに価格を確認することはないはずだ。それは一定の範囲内に収まることを知っているからである。そこで 500 ドルを請求されたら、きっと激怒するだろう。あらかじめ期待している価格が明確に存在するからだ。だが、スタートアップは若くて成長している市場に生きている。そこでは価格は確立されていない。大きくて安定した市場では、価格相場・価格規制・大量購入割引・長期契約・その他の外部要因によって、価格の弾力性が複雑になっている。

　ビジネスモデルは価格に影響を受ける。メディアサイトであれば、すでに広告オークションというかたちで収益が最適化されている。ツーサイドマーケットプレイスであれば、自分たちの利益を最大化するためにも、販売者の価格設定を支援する必要があるだろう。UGC サイトであれば、価格を気にかける必要はないかもしれない。とはいえ、ユーザーの最も効果的な報酬やインセンティブを決めるときに、類似の手法を適用したいと思うかもしれない。

パトリック・キャンベルが133社を調査した結果、図21-2のように競合他社の価格と比較している会社がほとんどだった。推測で決めていたり、コストと粗利から算出したりしているところもあった。21%は顧客開発を使用していた。

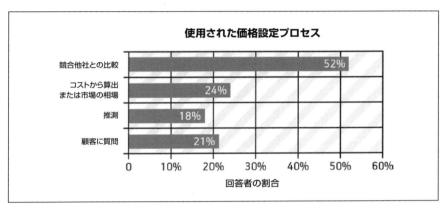

図21-2　価格について真剣に考えている企業は少ない

価格設定はチームの取り組みのように思えるかもしれないが、実際には図21-3に示すように、創業者が最終決定をしている。

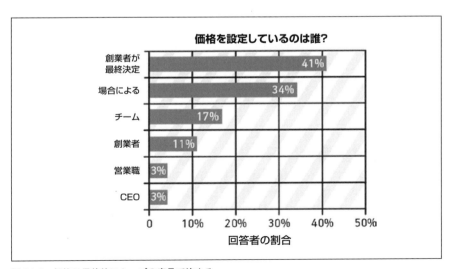

図21-3　価格は最終的にトップの意見で決まる

価格のことを本気で考えたい組織のためには、複数のテスティングツールが用意されてい

る。だが、競合の価格を調査する以上のことをしている企業は少ない。図21-4が示すように、顧客の価格感度を何らかの方法でテストしているところは18%だけだ。

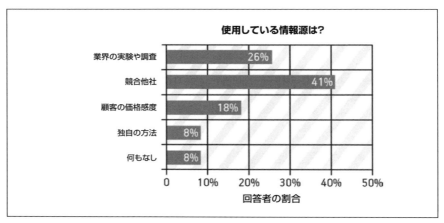

図21-4　ほとんどが盲目的に競合他社を追いかけている

パトリックの調査結果が示しているのは、価格を適切に設定すれば多くの恩恵が受けられるはずなのに、ほとんどのスタートアップが実際のデータを見ていないということである。つまり、何も考えずに衝動的に行動しているだけなのだ。

要点

価格に関する明確なルールは存在しない。とはいえ、どのような価格モデルを選択するにしても、重要なのはテストである。ユーザーや顧客の人数と収益のバランスをとるのであれば、市場における適切な段階価格と価格弾力性を理解することが不可欠である。収益の「スイートスポット」を発見して、それより10%程度低いところに価格を設定すれば、ユーザーが増加するだろう。

21.6　顧客獲得コスト

新規顧客を獲得するコストを求めるのは不可能だが、顧客ライフタイムバリューの割合から決めることはできる。顧客ライフタイムバリューとは、顧客があなたとやり取りをするなかで生み出す収益の合計だ。これはビジネスモデルによって違ってくるので、詳しいことはこのあとの各ビジネスモデルの章を参考にしてほしい。原則としては、顧客獲得コストは顧客ライフタイムバリューの1/3未満にすべきである。厳格なルールではないが、広く使われているものだ。この背景にある理由を紹介しよう。

- 計算した CLV はおそらく間違っているからだ。あらゆるビジネスモデルには不確実性が存在する。顧客からいくらお金を稼げるかは推測するしかない。予想に反して獲得にコストがかかりすぎることもあれば、チャーンを低く見積もりすぎたり、顧客からの収益を多く見積もりすぎたりしたことが、あとになって判明することもある。ザック・ニースは、「私の経験では、チャーンは CLV に最も大きな影響を与えます。ですが、残念ながらチャーンは遅行指標なのです」と言っている。早い段階からチャーンを正確に把握するために、最初は月額のサブスクリプションプランだけを提供したほうがいいと彼は言っている。
- 獲得コストもおそらく間違っているからだ。顧客の獲得コストは事前に支払うものである。したがって、新規の顧客には事前のコスト（登録費用やインフラの増設コストなど）が発生する。
- 獲得にお金をかけたときから、その投資を取り戻すまでに、顧客にお金を「貸している」ことになるからだ。取り戻すまでの時間が長ければ、それだけ多くのお金が必要となる。そのお金は銀行からの融資や出資者からの投資によるものだ。したがって、利子を支払ったり、資本が薄められたりすることもあるだろう。このバランスをとるのは難しい。キャッシュフローの管理がうまくいかなければ、スタートアップは死んでしまう。
- 顧客獲得コスト（CAC）を CLV の 1/3 未満に抑えれば、すぐに獲得コストを検証できるからだ。そうすれば、自分に正直になれる。つまり、手遅れになる前にミスを認識できるのだ。製品やサービスの提供や運用のコストが高ければ、1/3 に抑えることができなくなってしまう。CLV に対する CAC の割合を下げて、財務モデルを機能させる必要があるだろう。

　獲得コストを**本当の意味で**決定づけるのは、基本となるビジネスモデルである。獲得コストの業界標準などないかもしれないが、達成すべき目標となる粗利と、獲得にかけるコストの割合を設定すべきである。つまり、顧客獲得にかけるコストを決定するときには、まずはビジネスモデルから考えなければいけない。

要点

　正当な理由がなければ、顧客（とその顧客が紹介した顧客）から得られる収益の 1/3 以上のコストを顧客獲得に費やしてはいけない。

21.7　拡散（バイラル）

　拡散には2つの指標があったことを思い出そう。既存のユーザーが招待した新規のユーザー数（バイラル係数）と、それにかかった時間（バイラルサイクルタイム）である。拡散に「正常値」は存在しない。いずれの指標も製品の特性や市場の飽和度によって違ってくる。
　バイラル係数が持続的に1よりも大きくなれば、それは成長を示す強い指標であり、新規

のユーザーを定着させることにフォーカスすべきという合図である。バイラル係数が低かったとしても、顧客獲得コストを下げてくれることに変わりはない。たとえば、100人のユーザーを獲得するのに1,000ドルのコストがかかっていたとしよう。CACは10ドルだ。このときにバイラル係数が0.4であれば、100人のユーザーが40人以上のユーザーを招待してくれることになる。そして、その40人がまた16人を招待してくれる。それがずっと続いていくと、100人のユーザーが最終的に約165人のユーザーになる。CACは実質6.06ドルだ。言い換えれば、拡散は「注目喚起効果」を増幅してくれるのである。うまくやれば、圧倒的な優位性のひとつになるだろう。

人工的拡散と自然的拡散を区別することも重要だ。サービスが自然的拡散を使っているのであれば（SkypeやUberconfのように、製品に招待機能が含まれているのであれば）、招待されたユーザーはその製品を使う正当な理由があると言える。あなたが招待したSkypeのユーザーは、あなたと通話するために参加するのである。招待された参加したユーザーは、それ以外の方法（たとえばクチコミなど）で参加したユーザーよりもエンゲージメントが高い。

一方で、拡散が強制的な（たとえば、5人の友達を招待すればベータ版が使えるようになったり、何かをツイートしたら追加機能が使えるようになったりする）ものであれば、招待されたユーザーに定着は見られない。その点、Dropbox社は頭のいい方法を見つけている。実際にはほとんど人工的なのだが、自然的拡散に**見える**ようにして、価値のあるもの（クラウドストレージ）を送ったのである。コンテンツをシェアする必要があるからではなく、容量がほしいから誰かを招待するわけだ。その後、しばらくしてから自然的拡散であるシェア機能が追加された。

メールのシェアを見落としてはいけない。12章で述べたように、オンラインにおけるシェアの80%近くがメールである。メディアサイトや年配の顧客は特にそうだ。

要点

スタートアップの「典型的」な拡散は存在しない。バイラル係数が1より小さくても、顧客獲得コストを下げてくれる。1より大きければ、これから成長していけるだろう。0.75以上であれば、うまくいっていると言える。製品に自然的拡散を組み込んで、ビジネスモデルを考慮しながら追跡しよう。人工的拡散は顧客獲得と同じように扱い、獲得したユーザーがもたらす価値でセグメント化しよう。

21.8　メーリングリストの効果

メーリングリストのプロバイダーであるMailChimpは、メーリングリストを活用するための膨大なデータを公開している[†]。メーリングリストの開封率は業界によって大きく違う[‡]。2010年の調査によれば、建築・家庭菜園・写真に関するメールの開封率は30%だったが、

[†] http://mailchimp.com/resources/research/

[‡] http://mailchimp.com/resources/research/email-marketing-benchmarks-by-industry/

医薬品・政治・音楽に関するメールは 14% と低いものであった。これらはスパムではなく、受信者が登録した正規のメールである。

開封率を上げる方法はいくつもある。セグメントごとにメッセージを調整すれば、クリック率や開封率を 15% 近くも改善できる。また、メールの開封率は時間によって大きく変わる。午後 3 時の開封率が最も高く、週末にメールを開封する人は少ない。それから、メッセージにあるリンクの数が多いほどクリックされやすい。そして、新規の購読者のほうがリンクをクリックしやすい。

ジェイソン・ビリングズレイは、ユーザーのサインアップの時間に合わせて、送信スケジュールを設定するテストを推奨している。たとえば、ユーザーが午前 9 時にサインアップするのであれば、送信スケジュールを午前 9 時に設定するのである。

「ほとんどのメールツールはそのような設定を用意していません。ですが、これは大きな成果をもたらす価値の高いテストです」

メーリングリストの効果を高める最も大きな要因は、とても単純なことである。それは、優れたタイトルだ。優れたタイトルがつけられたメールの開封率は 60〜87% だが、よくないタイトルがつけられたメールの開封率は 1〜14% と落ち込む[†]。結局のところ、受信者に関係のあるわかりやすいメッセージが開封されやすいのである。Experian 社の報告によれば、メールプロモーションキャンペーンにある「限定」という言葉だけで、開封率が 14% も向上すると言われている[‡]。

メールプラットフォームの CakeMail 社の CEO であるフランソワ・レーン《François Lane》は、メール配信に関する指標の相関について警告している。

- メールを送信する回数を増やすと、バウンス率や人間がスパム判定をする確率は下がる（そうしたアドレスはすぐにリストから削除されるからだ）。ただし、開封率やクリックスルー率などのエンゲージメントの指標も下がる傾向にある。受信者がメール疲れになってしまうからだ。
- 機械がスパム判定する確率が上がると、人間がスパム判定する確率が下がる。受け取っていないメールに文句を言う人はいないからだ。
- 開封率は欠点のある指標である。隠し画像の読み込みはメールクライアントに依存しているからだ（最近のメールアプリケーションではデフォルトで有効になっていない）。ニュースレターのデザイナーが、画像のないレイアウトを使っているのもそのためである。開封率が使えるのは、主にタイトルのテストや、キャンペーンを複数のメーリングリストで試すようなときだ。ただし、あくまでもサンプルであり、歪めら

[†] http://mailchimp.com/resources/research/email-marketing-subject-line-comparison/
[‡] Experian Marketing Services「The 2012 Digital Marketer: Benchmark and Trend Report」http://go.experian.com/forms/experian-digital-marketer-2012

れたデータであることに変わりはない。

要点
開封率やクリックスルー率は大きく変化する。キャンペーンをうまくやれば、開封率は20〜30%になり、クリックスルー率は5%以上になるだろう。

21.9　稼働時間と信頼性
ウェブは完璧ではない。2012年の調査では、10社のクラウドプロバイダーで運営されている静的ウェブサイトから、3%近くのエラーが発生していることがわかった[†]。つまり、サイトが常時動いていたとしても、インターネットやその下のインフラに問題が発生する可能性があるのだ。

稼働時間を99.95%以上にするにはコストがかかる。これは1年間の停止時間が4.4時間を下回る計算だ。ユーザーのロイヤリティやエンゲージメントが高ければ、わずかな停止時間は許容してもらえるはずだ。ソーシャルネットワークで情報の透明性を高め、事前に告知するようにしておけばもっとよいだろう。

要点
ユーザーが依存している有料サービス（メールアプリケーションやプロジェクトマネジメントアプリケーションなど）であれば、稼働率は最低でも99.5%くらいは必要だろう。停止時間についても常にユーザーに情報を提供する必要がある。その以外のアプリケーションであれば、サービスレベルを下げてもいいだろう。

21.10　サイトエンゲージメント
誰もがサイトエンゲージメントを気にかけている（モバイルアプリは例外だが、その場合もウェブサイトからダウンロードしてもらう必要がある）。場合によっては（たとえば、取引にフォーカスしたECサイトであれば）、サイト訪問者のエンゲージメントをすぐに高めたいと思うだろうが、一方で（広告から収益を得ているメディアサイトのように）、訪問者の滞在時間を増やしたいと思うサイトもある。

アナリティクスを扱うChartbeat社は、多くのサイトのページエンゲージメントを測定している。ここでは、過去数秒以内に、ページを開いて、スクロールして、情報を入力して、ページと通信したユーザーを「エンゲージメント」ユーザーとして定義している。同社のデータサイエンティストであるジョシュア・シュワルツ《Joshua Schwartz》は、このように言っている。

「ランディングページとその他のページでは、獲得できるエンゲージメントに違いがあ

[†] 2011年12月15日から2012年1月15日まで、Bitcurrent/CloudOps ResearchがWebmetricsと共同で行ったクラウドプロバイダーの調査による。

ります。我々が調査したサイトでは、ランディングページの平均エンゲージメント時間は 61 秒でしたが、その他のページでは 76 秒でした。もちろんページやサイトによって数値に違いはあります。ですが、妥当なベンチマークと言えるでしょう」

要点

ページのエンゲージメント時間は 1 分間が標準だが、サイトやページによって大きな違いがある。

21.11　ウェブパフォーマンス

度重なる調査の結果、高速なサイトは重要なすべての指標（サイト滞在時間・コンバージョン率・ショッピングカートのサイズなど）でよい結果をもたらすことが証明されている[†]。それなのに多くのウェブスタートアップは、ページの読み込み時間を後回しにしている。Chartbeat 社が、顧客数百社のデータを匿名で分析した[‡]。トラフィックの少ない小規模なサイトを見ると、読み込みに 7 〜 12 秒かかっている。図 21-5 に示すように、読み込み時間が非常に遅いページには、同時接続ユーザーがほとんどいない。

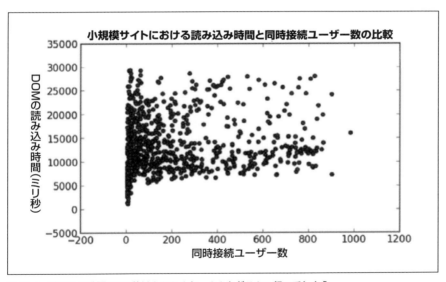

図 21-5　読み込み時間に 10 秒以上かかると、みんなどこかへ行ってしまう

ジョシュアはこのように言っている。

[†] http://www.watchingwebsites.com/archives/proof-that-speeding-up-websites-improves-online-business/
[‡] Chartbeat 社はオプトアウトした顧客のデータを分析データに含めていない。また、トラフィックが異常に高いアメリカの選挙期間を除外している。

「実際の閾値は 15 〜 18 秒のようです。そこまでユーザーは待ってくれませんので、それ以上かかるようだとトラフィックが大きく落ちます。調査対象で最も大規模な（同時接続が数千件の）サイトは、ページの読み込み時間が最も速く、ほとんどのページで 5 秒以下でした」

要点

サイトの速度は自分でコントロールできる。そして、大きな利点をもたらしてくれる。最初の訪問時のページ読み込み時間を 5 秒未満にしよう。10 秒だと苦しい。

エクササイズ ｜ 自分の評価基準を作る

本章とこれから続く 6 つの章では、目指すべき評価基準（基準値）を示している。すでに追跡している（あるいはこれから追跡したい）主要指標の一覧を持っているはずなので、これから紹介する評価基準と比較できるだろう。では、どのように比較すればいいのだろうか？　どの指標が悪いのだろうか？　その指標は OMTM だろうか？

22章
ECサイト：評価基準

ECサイトの具体的な指標を見る前に、「店頭」のセグメントに関する重要な点を強調しておきたい。

モバイルの利用はすべて同じものだと考えてしまうが、それは間違いである。投資家・起業家のデレク・ゼトー《Derek Szeto》は、このように言っている。

> 「最近不満に思っているのは『モバイル』のトラフィックの定義です。タブレットとスマートフォンがモバイルであると定義されていますが、商売的にはその2つはまったく違います。私がマーケットプレイスやストアを運営するなら、デスクトップ・タブレット・スマートフォンの3つに分けて分析するでしょう」

これらのセグメントが違うのは、オンラインの世界に対するユーザーの姿勢が異なるからだ。それぞれ、製作（キーボードのあるコンピュータ）・交流（スマートフォン）・消費（タブレット）に分けられる。したがって、タブレットと携帯電話を同じカテゴリに入れるのは大きな間違いである。PCよりもタブレットでメディアを購入する人が多いのは、タブレットがコンテンツを消費するものだからである。

言い換えれば、**有用性が変わる**ということだ。有用性は、ECサイトのフォーカスが獲得なのかロイヤリティなのか、購入者がタブレット・携帯電話・デスクトップのどれを使って購入するのか、そうしたさまざまな重要な側面によって決まってくる。そのためには、計測・学習・セグメント化を適切にやるしかない。

22.1 コンバージョン率

2010年3月にニールセンオンラインが、コンバージョン率の高いオンライン小売業者を報告した[†]。表22-1を参照してほしい。

[†] http://www.marketingcharts.com/direct/top-10-online-retailers-by-conversion-rate-march-2010-12774/

表 22-1　上位の EC サイトのコンバージョン率

企業	コンバージョン率
Schwan's	40.6%
Woman Within	25.3%
Blair.com	20.4%
1800petmeds.com	17.8%
vitacost.com	16.4%
QVC	16.0%
ProFlowers	15.8%
Office Depot	15.4%

Amazon・Tickets.com・eBay などの大手 EC サイトのコンバージョン率は、これよりも低い（それぞれ 9.6%、11.2%、11.5%）[†]。

これらの企業は3つの大きなカテゴリに分けられる。それぞれ「カタログサイト」（トラフィックの大部分が紙のカタログ経由のサイト）、eBay や Amazon などの「巨大小売業者」、オンラインフラワーショップなどの購入意思の高い「ギフトサイト」である（花を何気なく見ることはなく、事前に買う物を決めてからサイトに訪問する）。

ニールセンのレポートで上位だった企業は、いずれもロイヤリティの高いオンライン小売業者である。したがって、高いコンバージョンが期待できる。オンライン雑貨ストアの Schwan's は、商品を眺めたり比較したりするようなサイトではない。一方の Amazon や eBay などは、信じられないほど強力なブランドを持っており、ウェブに接続しているかどうかに関係なく顧客の意識にすり込まれている。ビル・ダレッサンドロはこのように言っている。

> 「私の経験からすると、自社の商品を販売するにしても、他社の商品を販売するにしても、EC スタートアップのコンバージョン率は最大で 1 〜 3% です。ビジネスモデルの実行可能性を判断するときには、コンバージョン率を 8 〜 10% に設定しないようにしましょう。そのような数値にはなりません。2% から 10% に押し上げる要因は、ロイヤルユーザー・大量の在庫・リピート顧客の3つです。たとえこの3つがあったとしても、成し遂げるのは大変です」

典型的なコンバージョン率は業界によって大きく異なる。2007年にその違いを示した FireClick の調査データを引用した記事が Invesp に投稿された（表 22-2 を参照）[‡]。

[†] http://www.conversionblogger.com/is-amazons-96-conversion-rate-low-heres-why-i-think-so/

[‡] http://www.invesp.com/blog/sales-marketing/compare-your-site-conversion-rate-to-ecommerce-site-averages.html

表 22-2　業界別のコンバージョン率

サイトの種類	コンバージョン率
カタログ	5.8%
ソフトウェア	3.9%
ファッション／アパレル	2.3%
高級品	1.7%
エレクトロニクス	0.50%
アウトドア／スポーツ	0.40%

　これらのカテゴリ以外のコンバージョン率については、2～3%が一般的であると広く受け入れられているようだ。ベストセラー作家・講演家・デジタルマーケティング専門家であるブライアン・アイゼンバーグ《Bryan Eisenberg》が、この数値について説明している。2008年の数値を見ると、Shop.orgのコンバージョン率もこの範囲に収まっている。FireClickの指標によれば、すべての業界のコンバージョン率も2.4%だった[†]。ブライアンは、リーディング企業のほうが訪問者の意思にフォーカスしているので、数値が高いと主張する。たとえば、花を購入するときには、すでに購入意思は固まっており、あとはどの花にするかを決めるだけである。2012年の調査では、ウェブ全体の平均コンバージョン率は2.13%と試算されている[‡]。

要点

　オンライン小売業者であれば、最初のコンバージョン率は（業界によって違いはあるが）2%前後になるだろう。10%を達成できれば、信じられないほどうまくいっている。サイトの訪問者が強い購入意思を持っていれば、もっとうまくいくだろう。ただし、そのような意思を持ってもらうには、どこかで投資しなければいけない。

　Mine That Data社のケヴィン・ヒルストロムは、ここで平均値を使うのは危険だと警告している。調査するだけの「立ち寄り」訪問者が多いエレクトロニクス分野の小売業者では、コンバージョン率は0.5%と低いところが多い。とはいえ、平均注文量とコンバージョン率には相関関係がある。

22.2　ショッピングカートの破棄

　2012年の調査によれば、購入者の65%以上がショッピングカートを破棄していると試算されている[§]。破棄の原因の内訳は、配送料が高すぎるが44%、購入の準備ができていないが41%、価格が高すぎることに気づいたが25%であった。2012年2月の調査では、ショッピングカートの破棄は77%に上昇している[¶]。これを65%未満にするのは困難と思われるかもしれ

[†] http://www.clickz.com/clickz/column/1718099/the-average-conversion-rate-is-it-myth
[‡] http://www.ritholtz.com/blog/2012/05/shopping-cart-abandonment/
[§] http://www.ritholtz.com/blog/2012/05/shopping-cart-abandonment/
[¶] http://www.bizreport.com/2012/02/listrak-77-of-shopping-carts-abandoned-in-last-six-months.html

ないが、諦めていない企業もいる。

- Fab.com はキュレーション型のカタログサイトである。ショッピングカートに時間制限をつけて、購入者にプレッシャーを与える戦術を使っている。すぐに買わなければ、誰かに買われてしまうのだ。このサイトのブランドである排他性と、先に登録した人に提供するという手法は、カートの時間制限によって強化されている。
- Facebook は、広告を購入しようとして途中で中断した人に対して、支払いの再開を促すための広告クレジットを送っている。

価格も要因になるだろう。Listrak 社は破棄率を 77% と試算していたが、2011 年 12 月 14 日に 67.66% まで下がっている。その日は「配送料無料の日」だったのだ[†]。

毛孔性角化症（一般的な皮膚疾患）に効くスキンケア商品を販売する KP Elements 社は「商品 30 ドル（送料 5 ドル）」と「商品 35 ドル（送料無料）」の価格テストを実施した。商品価格と送料に違いがあるだけだが、コンバージョン率はそれぞれ 5% と 10% になった。合計価格はどちらも 35 ドルだが、「送料無料」のほうが顧客を 2 倍も引きつけたのである。

2012 年に Baymard Institute 社は、15 種類の破棄の調査を行った。そして、図 22-1に示すように、破棄率は平均 66% であるという結論を出した[‡]。

価格だけが破棄の原因ではない。ジェイソン・ビリングズレイは、破棄の調査のほとんどが配達予定日などの重要な変数を無視していると言っている。

> 「時間に制約のある購入はオンラインに移行していますので、配達時期も重要なデータになっています。小売業者はフルフィルメントや発送の日付だけでなく、配達予定日も公開すべきです」

要点

購入ファンネルを進んで行った人の 65% が、支払い直前に購入を破棄している。

22.3　検索効果

コンシューマーにとって検索は、最初の企業調査からサイト内のナビゲーションまで、商品に関する調査や発見のデフォルトの方法になっている。これは、メディアサイト・ユーザー制作コンテンツ（UGC）・ツーサイドマーケットプレイスでも同様だ。

特に EC サイトでは、オンラインショップの顧客の 79% が、買い物時間の少なくとも 50% を商品の調査に費やしている。また、44% が検索エンジンから買い物を開始している[§]。

[†] http://www.internetretailer.com/2012/02/02/e-retailers-now-can-track-shopping-cart-abandonment-daily
[‡] http://baymard.com/lists/cart-abandonment-rate
[§] 検索に関する統計情報については、http://blog.hubspot.com/Portals/249/docs/ebooks/120-marketing-stats-charts-and-graphs.pdfなどを参照してほしい。Chikita は iOS の検索数を提供している。Search Engine Land はモバイルによる購入数を提供している。

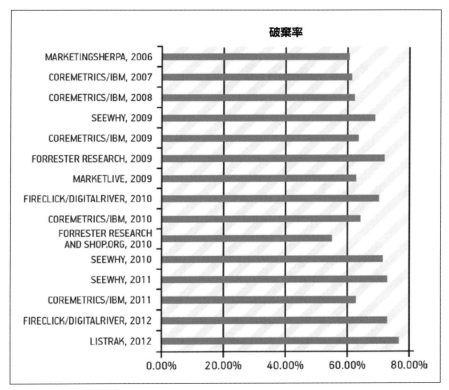

図 22-1　メタ調査はすごくメタ

モバイル検索のトラフィックの多くが購入につながっている。インターネット全体の検索に占める割合は 36% であるのに対し、iOS のウェブトラフィックは 54% が検索である。モバイル検索の 9 割が何らかの行動を起こし、その半分が購入につながっている。

要点

単に「モバイルファースト」だと考えてはいけない。むしろ「検索ファースト」だと考えるべきだ。ウェブサイトや製品における検索指標の計測に投資して、ユーザーが何を探しているのか、何を見つけることができないのかを把握すべきである。

23章
SaaS：評価基準

23.1 有料入会

　SaaS 企業のチャーン・エンゲージメント・アップセリングといった指標は、いずれもよく似たものになる。だが、多くの指標に大きな違いをもたらす要因がひとつだけある。それは、トライアルのときに事前の支払いをしてもらうかどうかだ。

　顧客インテリジェンスとエンゲージメントの SaaS プロバイダーである Totango 社は、SaaS 企業 100 社以上のトライアル・コンバージョン・チャーン率のデータを持っている。そして、サインアップのときにクレジットカードの入力を求めると、訪問者の 0.5 〜 2% がトライアルにサインアップするが、クレジットカードの入力が**なければ**、5 〜 10% に上昇することを発見した。

　もちろんサインアップだけがゴールではない。トライアルユーザーには有料顧客になってもらいたい。クレジットカードを入力し**ていない**トライアルユーザーは、約 15% が有料サブスクリプションに登録している。一方で、クレジットカードを入力し**ている**トライアルユーザーは、40 〜 50% が有料サブスクリプションに移行している。

　ユーザーの期待が明確に設定されていないまま、クレジットカードを事前に入力してもらった場合は、最初の支払いのあとにチャーン率が高まる。トライアル期限が終わったときにお金を支払わなければいけないことを忘れ、クレジットカードの請求を見てそれを思い出し、解約するのである。有料ユーザーの最大 40% が解約する可能性があると言われる。だが、この最初のハードルを乗り越えれば、ほとんどのユーザーは定着する。2009 年の Pacific Crest の調査によれば、上位の SaaS 企業は年間のチャーン率を 15% 未満に抑えている[†]。

　表 23-1 はクレジットカード入力の有無で、指標がどれだけ違うかを簡単にまとめたものだ。

表 23-1　SaaS 製品の試用時にクレジットカードの入力を求めたときの影響

	クレジットカードあり	なし
トライアル	2%	10%
有料サブスクリプション	50%	15%

[†]　http://www.pacificcrest-news.com/saas/Pacific%20Crest%202011%20SaaS%20Workshop.pdf

表 23-1　SaaS 製品の試用時にクレジットカードの入力を求めたときの影響（続き）

	クレジットカードあり	なし
最初の支払いのあとにチャーン	40% 以下	20% 以下
最後まで	0.6%	1.2%

　クレジットカードの有無だけがコンバージョン率の指標ではない。少しだけ興味があって SaaS を試す人もいれば、本気でツールを評価する人もいる。だが、両者は振る舞いが違うので、行動や製品調査にかける時間でセグメント化できるだろう。

　両方のモデルを確かめるために、2 つのファンネルを見ていこう。ここでは、Totango 社の「本気の評価者」の分析にフォーカスして、表 23-1 で最も値の高いものを使いたい。表 23-2 を見てほしい。

表 23-2　エンゲージメントとチャーンの 2 つのファンネル

5,000 人の本気の評価者がサイトに訪問		
	クレジットカードあり	なし
トライアル	100 人（2%）	500 人（10%）
有料サブスクリプション	50 人（50%）	75 人（15%）
最初の支払いのあとにチャーン	20 人（40%）	15 人（20%）
最後まで	30 人（0.6%）	60 人（1.2%）

　この簡単な例では、事前にクレジットカードの入力をお願いした結果、最終的に（5,000 人の訪問者のうち）30 人が有料顧客になっている。入力をお願いしなかった場合は、2 倍の 60 人になっている。ペイウォールが「本気ではない評価者」を退けたのだ。ただし、本気度が中程度の人も同時に退けてしまっている。Totango 社のデータによれば、SaaS プロバイダーに訪問する 20% が本気の評価者、20% がカジュアルな評価者、60% が興味本位の訪問者だそうだ。

　マーケティングはユーザーの行動に合わせることが望ましい。たとえば、本気の評価者には、それが正しい選択であることを納得させ、カジュアルな評価者には、本気になるべきだと納得させるのである。利用分析によって本気の見込み客を見つけ、販売リソースを集中しよう。利用分析（本気の評価者を特定）と門戸解放（ペイウォールなし）を結び付けると、最良の結果が生まれる。

　先ほどの表に 3 つめのファンネルを加えてみよう。SaaS プロバイダーが本気の評価者を積極的に特定して、テイラードマーケティングで口説くのである。そうすれば、サブスクリプションの人数が増え、最終的に残る人数も多くなる（表 23-3 参照）。

表 23-3　3 つめのファンネルは Totango 社による本気の評価者のデータ

	クレジットカードあり	クレジットカードなし	クレジットカードなしの本気のユーザーを説得
トライアル	100 人（2%）	500 人（10%）	500 人（10%）
有料サブスクリプション	50 人（50%）	75 人（15%）	125 人（25%）
最初の支払いのあとにチャーン	20 人（40%）	15 人（20%）	25 人（20%）
最後まで	30 人（0.6%）	60 人（1.2%）	100 人（2%）

　Totango 社の調査によれば、クレジットカードのペイウォールを用意することではなく、ユーザーを 3 つのセグメントに分けることが最善の手法だとわかる。積極的なユーザーには売り込み、カジュアルなユーザーは育て、やじ馬相手に時間をムダにしてはいけない（何かやるとしたら、顧客になりそうな友達にサービスを紹介してもらおう）。

要点
　クレジットカードを事前に入力してもらう場合は、登録してくれるのはサービスを試そうとする訪問者の 2% だけであり、実際に使ってくれるのはその 50% だと考えよう。クレジットカードを事前に入力しない場合は、それぞれ 10% と最大 25% になる。だが、最初の支払いのときに驚かれてしまったら、すぐにユーザーを失ってしまうだろう。先ほどの例で言えば、事前にクレジットカードを入力させた場合のチャーン率は 40% もあるが、評価者のセグメントの行動に合わせて販売しておけば、そのようなことにはならなかったはずだ。

23.2　「フリーミアム」対「有料」

　スタートアップの価格について、特にソフトウェアの価格についてよく議論されているのは、フリーミアムと有料モデルの対立である。

　フリーミアムの提唱者は、導入と注目が最も貴重な通貨であると指摘する。たとえば、Twitter はアクティブユーザーが 100 万人になるまで、広告の導入を控えていた。そして、プロモツイートに対する抗議をよそに成長を続けた。Wired 誌の元編集長であり『ロングテール』（早川書房）の著者であるクリス・アンダーソン《Chris Anderson》は、先に何かを渡して（カミソリの柄）、他の何か（替え刃）からお金を稼ぐアイデアを生み出したのはキング・ジレット《King Gillette》だと言っている[†]。だが、オンラインユーザーはインターネットは無料であるべきだと思っている。価値のあるものであっても、お金を請求するのは難しいという意味だ。

　フリーミアムを批判する人は、Dropbox や LinkedIn などの成功企業の裏側に、無料で提供していたことで廃業したスタートアップ（デッドプール）が無数にあると主張する。ウォー

[†] http://www.wired.com/techbiz/it/magazine/16-03/ff_free

ルストリートジャーナル誌には、請求管理ソフトウェアを提供する Chargify 社の例が載っている。フリーミアムによって、2010 年には崖っぷちまで追い込まれていたが、有料モデルに移行した結果、2012 年 7 月には 900 社の有料顧客を獲得し、利益が出るようになったそうだ[†]。

ニール・デビッドソンは、特にスタートアップ界隈でフリーミアムの人気が高まっていることに懸念を抱いている。

「フリーミアムモデルが長続きする人はほとんどいないと思います。みんなが使いたいと思うようなものを作るのは難しいことです。ですが、有料バージョンに十分な機能の違いがあれば、きっとアップグレードしてくれるでしょう」

ニールは、請求額や自己評価の低いスタートアップが多すぎると考えている。

「顧客に価値を作り出しているのであれば、恥ずかしがらずにお金を支払ってもらえるようにお願いすべきです。そうしなければ、ビジネスになりません」

フリーミアムがうまくいくとしても、ユーザーがお金を支払い始めるまでに時間のかかることもある。Evernote のフィル・リビンが、図 23-1 の「スマイルグラフ」の話をしている。これは、製品を離れた顧客が再び戻ってくるまでの様子を示したものだ[‡]。

フィルは、ユーザーの 1% 未満が最初の 1 か月で有料モデルにアップグレードし、この数字は 2 年後には 12% まで増えると試算している。最終的にアップグレードしてくれるユーザーを時間をかけて大量に抱えたからこそ、デヴィッド・スコックが「**ネガティブチャーン**」と呼ぶ現象を経験したと言える。これは、製品の拡張・アップセリング・クロスセリングからもたらされる収益が、チャーンによる損失を上回ったときに発生する現象だ[§]。ただし、多くのアナリストは Evernote は例外であるとしている。フリーミアムを得意としていないのであれば、無料ユーザーによって破滅することになるだろう。

後期ステージのベンチャーキャピタルであり、グロースエクイティファームである IVP 社のジュールス・マルツ《Jules Maltz》とダニエル・バーニー《Daniel Barney》は、フリーミアムモデルは以下のような製品に向いていると言っている[¶]。

[†] サラ・ニードルマン《Sarah E. Needleman》、アンガス・ロッテン《Angus Loten》、ウォールストリートジャーナル誌（2012 年 8 月 22 日）「フリーミアムが失敗するとき」http://online.wsj.com/article/SB10000872396390443713704577603782317318996.html

[‡] http://www.inc.com/magazine/201112/evernote-2011-company-of-the-year.html

[§] http://www.forentrepreneurs.com/why-churn-is-critical-in-saas/

[¶] http://www.ivp.com/assets/pdf/ivp_freemium_paper.pdf

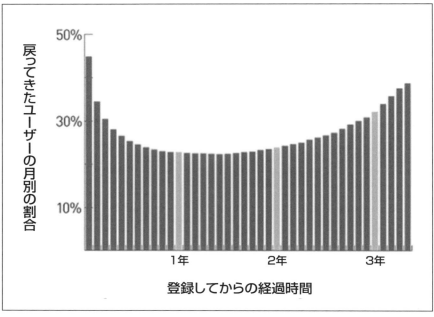

図 23-1　Evernote はスマイルグラフと呼んでいる（形状だけが理由ではない）

- 追加ユーザーにサービスを届けるコストが低い（限界コストが低い）。
- 製品を使ってもらうためのマーケティング費用が格安もしくは無料。
- 長期間の評価やトレーニングが不要な比較的単純なツール。
- 無料であっても「大丈夫」と思える製品やサービス。無料で提供すると心配になるものもある（自宅所有者のための保険など）。
- 使えば使うほど、価値が増える製品。たとえば、写真が増えれば増えるほど、Flickrの価値は上がる。
- バイラル係数が高いもの。無料ユーザーがマーケティング担当者になってくれる。

すでにお金を請求しているとしたらどうだろう？ Price Intelligently 社のクリストファー・オドネル《Christopher O'Donnell》は、スタートアップは販売個数の最大化（ビジネスの成長に合わせて導入を増やす）や価値の認識（購入者に疑われるほど価格を下げない）と、収益の最適化（可能な限りお金を稼ぐ）のバランスをとるべきだと指摘している[†]。それから、販売者は機能やサービスをパッケージにする方法を理解しなければいけない。そして、複数の市場にリーチできるように、バンドル商品に異なる価格帯を設定する方法についても

[†] クリストファー・オドネル「価格戦略の開発」http://price.intelligent.ly/downloads/Developing_Your_Pricing_Strategy.pdf

理解しなければいけない。

すでにお金を請求しているとしても、プロモーション・割引・期限付きなどの形で価格の実験をすることもできる。それぞれが、複数のコホートのテスト（期限付きの場合）やA/Bテスト（訪問者ごとに価格を変える場合）の仮説となる。

オンライン出会い系サイトZooskの創業者であるアレックス・メーア《Alex Mehr》も「最適収益」曲線を理解している。だが、スタートアップは価格を下げたほうがいいと言っている[†]。

> 「10%価格を下げて、顧客を20%増やすのが私の好みです。曲線の頂点から少しだけ左側にいるほうがよいでしょう。収益の最大値の90%あたりです」

ただし、アレックスは価格弾力性・価値認識・戦略的割引のことを見逃している。

23.3　アップセリングと収益の増加

最上位クラスのSaaSプロバイダーは、平均顧客単価を年に20%も高めている。これはサブスクリプションしたユーザーの増加によるものだ。アプリケーションが組織に広まっていることや、サービス段階を複数用意して、アップセリングを簡単にしていることが要因である。うまくやればアップセリングで増えた収益は、チャーンによる毎月2%の損失と相殺できる。だが、そのようにうまくいくのはごく一部だ。彼らは顧客の利用が増えるたびにお金をいただく明確な道筋を提供している。

パトリック・キャンベルは、匿名の集積データを使い、登録者の何人が価格帯を上げるかについて分析した。彼のデータによれば、一定期間内に無料ユーザーの0.6%が有料ユーザーへ、有料ユーザーの2.3%が上位の価格帯へ移行していることがわかった。

要点

顧客からの年間収益を20%上げてみよう。それには顧客数を増やすことも含まれる。また、有料顧客の2%に対して、毎月支払う金額を上げさせてもらおう。

23.4　チャーン

（チャーンはモバイルゲームやツーサイドマーケットプレイスやUGCサイトでも重要）

上位のSaaSサイトやアプリケーションの月間チャーンは1.5〜3%である。その他のサイトは「離脱」の定義によって異なる。Real Ventures社のパートナーであるマーク・マクレオド《Mark MacLeod》は、ビジネスを拡大する前に毎月のチャーン率を5%未満にすべきだと言っている。忘れないでほしいのは、登録者をひどく驚かせてしまったら（たとえば、

[†]　タラング・サー《Tarang Shah》、シータル・サー《Sheetal Shah》『Venture Capitalists at Work: How VCs Identify and Build Billion-Dollar Successes』（Apress）をショーン・エリスがhttp://www.startup-marketing.com/great-guidance-on-pricing-from-zoosk-ceo/で引用している。

注文した覚えのないものを請求してしまったら)、最初の請求時のあとにチャーンは急増するということだ。時には50%になることもあるだろう。こうしたことを考慮して、計算しなければいけない。デヴィッド・スコックもチャーンの閾値は5%だとしている。だがそれは、初期ステージの企業に限ったものである。これから大きく拡大したいのであれば、チャーンを2%未満にする明確な道筋を作る必要がある。彼はこのように言っている。

> 「SaaSビジネスの初期段階においては、チャーンはあまり重要ではありません。たとえば、顧客が毎月3%失われているとしましょう。顧客が100人しかいないとすると、3人がいなくなっても大したことではありません。代わりになる3人はすぐに見つかります。ですが、ビジネスの規模が成長していくと、問題は違ってきます。本当に大きくなって、100万人の顧客がいるとしましょう。チャーンが3%というのは、毎月3万人の顧客がいなくなることです。これは代わりが見つかるような人数ではありません」

ケーススタディ | OfficeDrop社の主要指標（課金チャーン）

OfficeDrop社は、中小企業が資料やファイルをクラウドで管理することを支援している[†]。サービスとしては、検索可能なクラウドストレージと、ファイルをいつでもどこでも同期・スキャン・検索・共有できるダウンロード可能なアプリを提供している。現在では、18万人のユーザーがデータを保管しており、毎月100万個のファイルにアクセスやアップロードが行われている。

この企業は、無料プランのフリーミアムモデルと3つの有料プランを提供している。主要指標と学習したことについて、マーケティングVPのヒーリー・ジョーンズ《Healy Jones》に話を聞いた。

彼は「最も重要な指標は課金チャーンである」と言っている。OfficeDrop社は、無料プランにダウングレードまたは解約した有料ユーザーを月初の有料ユーザーの合計数で割ったものを「課金チャーン」であると定義している。

OfficeDrop社の課金チャーンは、ビジネス全体がうまくいっているかどうかを計測するための主要指標である。ヒーリーはこのように説明している。

> 「たとえば、マーケティングメッセージの効果は有料ユーザーのチャーンを見ればわかります。新規顧客の多くがチャーンしていれば、顧客が求めていたものとメッセージが合っていなかったことが、製品を使い始めてからわかったということになります。また、機能開発が古くからのユーザーが望む方向に進んでいるかどうかもわかります。ユーザーが長期間定着していれば、よい仕事をしていると言えます。逆に

[†] 訳注：現在はNeatco社に買収されている。

すぐにチャーンしていれば、製品開発が顧客の望む方向に進んでいないのです。バグによってユーザーが混乱しているかどうかもわかります。特定の日に多くのユーザーが解約していれば、ユーザーを怒らせるような技術的な問題がないかを調べる必要があります」

この企業は毎月のチャーン率を 4% 未満にしようとしている。

「3% だとうまくいっていると言えます。5% を超えると粗利がプラス成長のビジネスになりません」

最近ではチャーン率が 2% になり、今後はそれを維持していきたいとヒーリーは言っている。

ほとんどの場合、チャーンはエンゲージメントの逆である。OfficeDrop 社は、エンゲージメントは 2 番目の主要指標としている。また、前月に製品を使っていたユーザーをアクティブユーザーと定義している。OfficeDrop 社を起ち上げたとき、創業者たちはユーザーがプログラムをインストールするはずがないと思っていた。そして、その代わりになるリッチなブラウザ体験が必要だと思っていた。

「すべては直感でした。ですが、そのほとんどが間違っていました。ブラウザ体験のほうがエンゲージメントが高いと思っていたのです。そのほうが使いはじめやすいですし、新規顧客になる障壁が低いからです。ですが、エンゲージメントは高まりませんでした。その後、アプリケーションをダウンロードできるようにしたところ、顧客は増加し、チャーンは下がりました」

図 23-2 を見ると、2011 年 6 月あたりにホッケースティックになっている。これは、顧客が増えていることを示している（エンゲージメントが高まり、チャーンが下がった結果である）。

「2011 年の中頃にモバイルに移行して、モバイルアプリの提供を開始しました。それが大きな効果を生み出したのです。少しわかりにくいですが（同様に重要なことですが）、Mac のデストップスキャナーアプリケーションを 2011 年の 1 月にリリースしています。最初のダウンロード可能なアプリです。これが告知にもつながり、エンゲージメントにも貢献しました」

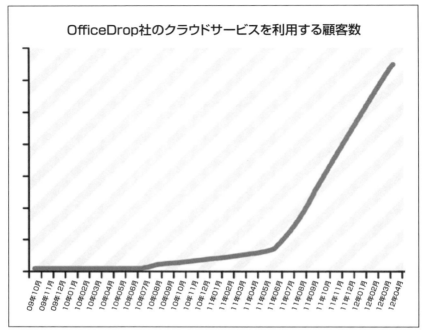

図 23-2　**OfficeDrop** 社がモバイルクライアントアプリを開始した時期がわかるだろうか？

　エンゲージメントが高まると、OfficeDrop 社はモバイルアプリを開発することにした。そして、2011 年 5 月に Android アプリを、続いて 2011 年 6 月に iPhone アプリをローンチした。

> 「最初の想定とは逆に進んでいますが、開発したデスクトップアプリケーションが成功を証明してくれました。これはピボットのようなものだと思います。製品を変更する自信を与えてくれました。結果は明らかです。エンゲージメントは高まり、チャーンは下がりました」

まとめ

- OfficeDrop 社は課金チャーン（無料モデルに移行あるいは離脱した有料顧客）を OMTM として監視していた。
- 最初の製品はブラウザにフォーカスしたものだった。創業者たちの直感によれば、デスクトップやモバイルのクライアントアプリはユーザーに必要とされないものだった。
- スキャナーアプリやモバイルクライアントアプリの導入によって、企業の成長が劇的に向上した。

学習したアナリティクス

トラクションがあったとしても、常に仮説に疑問を投げかけよう。顧客は特定の方法で、特定のアプリケーションを使いたい（たとえば、携帯電話で地図を使いたい）と思っている。顧客の「ある一日」を分析したり、簡単なアプリでピボットのテストをしたりすれば、仮説をすばやく検証できる。そして、それが運命を大きく変えるのである。

特定の製品やサービスが定着しているのは、ユーザー体験がロックインされているからだ。たとえば、写真のアップロードサイトやオンラインバックアップサービスには、データが多く保存されているため、ユーザーは離脱しにくい。したがって、そうした製品分野のチャーンの値は低くなるだろう。一方で、スイッチングコストの比較的低い分野では、チャーンの値は高くなるだろう。

ソーシャルサイトにも裏ワザがある。たとえば、ユーザーがFacebookを離脱しようとすると、身近な友達がさびしくなること、友達の写真を失うことを思い出させるのである。これはデータが感情を左右する例である。この土壇場の罪悪感とも言えるべきものが、ユーザーの離脱率を7%も低下させている。つまり、数百万人のユーザーがFacebookに残るのだ[†]。

ユーザーを定着させるインセンティブ（一か月無料や新しい電話へのアップグレードなど）を提供する場合は、そのコストと新規の顧客獲得コストを比較する必要がある。噂が広まれば、多くの顧客が割引を受けるために離脱すると脅してくる可能性もある。インターネットではすぐに噂が広まってしまうのだ。

要点

他のことを最適化する前に、毎月のチャーンを5%未満にしよう。それよりも高ければ、うまく定着できていない可能性が高い。逆にチャーンが2%前後になれば、非常にうまくいっていると言える。

[†] http://blog.kissmetrics.com/analytics-that-matter-to-facebook/

24 章
無料モバイルアプリ：評価基準

24.1 モバイルダウンロード

モバイルアプリビジネスは知名度の「ロングテール」の被害を受ける。うまくやれるアプリは少なく、ほとんどのアプリがもがき苦しむのである。モバイルゲーム会社 Massive Damage 社の創業者・CEO であるケン・セト《Ken Seto》は、このように言っている。

> 「1 日のダウンロード数がほとんどないインディーズゲームの開発者もいるくらいです。ダウンロード数は、マーケティングや拡散やアプリストアのランキングによって決まります」

あらゆるビジネスには競争相手がいる。モバイルアプリでは、アプリストアのエコシステムによって競争が明らかになる。ランキングやレビューは無視できない。気を抜くこともできないのである。

> 「ここがモバイルアプリの難しいところです。ランキングを維持するのは大変です。誰もがしのぎを削っているからです。広告を打たなければ、あるいは Apple や有料広告でプロモーションしなければ、ランキングは滑り落ちてしまいます。ここには『代表的なやり方』は存在しません」

要点

モバイルアプリの開発では、プロモーション・マーケティング・アプリストア環境の気まぐれに踊らされることになるだろう。アプリストアの戦いは消耗戦である。だが、頭のいいモバイル開発者は、競争相手の情報を収集して何がうまくいくのかを探り、彼らの成功は模倣し、失敗は回避するようにしている。

24.2 モバイルダウンロードサイズ

モバイルアプリケーションは複雑になり、ファイルサイズも増えている。このことが開発者にリスクをもたらしている。接続速度の遅いコンシューマーが、ダウンロードを諦める可

能性があるからだ。Execution Labs 社の共同創業者であり、ゲーム開発のアクセラレーターであるアレクサンドレ・ペルティエ―ノーマンドは、このように言っている。

> 「誰でもどこからでも手軽にダウンロードできるようにしたいなら、オンザポータル[†]のファイルサイズを 50MB 以下にすべきです」

iOS 端末で 50MB 以上の大きなアプリをダウンロードするには、Wi-Fi 接続が必要になる[‡]。つまり、Wi-Fi 接続がなければ、ユーザーはアプリをダウンロードできないということだ。あとからわざわざダウンロードしてくれることもないだろう。

Android であれば、50MB 以上のアプリもダウンロード可能だが、途中で Google Play から警告を受けてしまう。ユーザーは操作を邪魔されてしまうので、ダウンロードを諦める可能性も高くなる。

アレクサンドレは、Apple の App Store や Android のアプリストアにアップロードした（ユーザーに最初にダウンロードさせる）アプリを「オンザポータル」と呼んでいる。

> 「Google や Apple などのポータルには小さなアプリを置いて、ダウンロードの制約を回避する開発者もいます。追加コンテンツについては、自前のサーバーからプレーヤーに『気づかれないように』ダウンロードさせるのです」

要点

ダウンロードの途中でユーザーが離脱しないように、最初にダウンロードするファイルサイズを 50MB 未満にしよう。

24.3　モバイル顧客の獲得コスト

サードパーティのマーケティングサービスにお金を支払って、アプリケーションをインストールしてもらう開発者もいる。ランキングが上がればユーザーやダウンロード数が増えると思い、お金でダウンロード数や評価を水増しするのである。モバイル開発者としては、倫理的にグレーな部分だ。もちろん、モバイルアプリやゲーム開発者のための正規のマーケティングサービスもある。ただし、取引相手には注意しよう。ぼくたちがある人に話を聞いたところ、こうしたサービスはインストールごとに最低でも 0.1 〜 0.7 ドルのコストがかかるそうだ。

お金で買ったインストールもエンゲージドプレーヤーにつながるので、他の指標に影響を与えないように区別しておく必要がある。ここで気にかけるべき指標は、お金で買った**正規のユーザー数**と、そのなかでエンゲージドプレーヤーになった人数である。

さらに正規の獲得方法もある。バナーや他のアプリケーションに表示する広告を使ったも

[†] 訳注：次に説明が出てくる。
[‡] 訳注：iOS 7 から 100MB に倍増された。

のだ。これらは通常であれば、インストールごとに 1.5 〜 4 ドルのコストがかかる。ユーザーは自分でアプリケーションを発見して、自分でインストールを選択しているので、正規のユーザーになる可能性が高い。ケン・セトはこのように言っている。

> 「インストール（お金で買ったインストールと正規のインストールの合計）の平均コストを 0.5 〜 0.75 ドルにするにはコツがあります。ただし、これは（ゲーム内課金で収益を得る）無料ゲームの数値です。有料ゲームのインストールをお金で買うのは、あまり効率的だとは思えません」

多くのアプリ開発者が CLV にお金をかけすぎていることに対して、キース・カッツも警告を出している。

> 「顧客ライフタイムバリューにお金をかけても、採算が合うと考えているモバイルゲーム開発者が多すぎます。収益のなかから政府や州に税金を支払わなければいけないことを忘れているのでしょう。App Store や Google Play に支払う『プラットフォーム税』もあります。これはいずれも 30% です。たとえば、1 ドルかけて 1 ドルの収益が得られたとしても、実際の収益は 0.6 ドル程度しかないのです」

要点

お金で買ったインストールに約 0.5 ドルを支払い、正規のオーガニックなインストールに約 2.5 ドルを支払ったとしても、ユーザーひとりあたりの獲得コストは 0.75 ドル未満にしたい（もちろん合計はライフタイムバリュー未満にすべきである）。こうしたコストは増加傾向にある。その理由のひとつは、大手の開発会社や出版社がモバイルの分野に進出して、コストをつり上げているからである。もうひとつの理由としては、お金でインストールを買うマーケティングサービスに規制がかかっているからである。

ケーススタディ｜モバイル顧客の獲得から学んだ Sincerely

Sincerely Inc. は、Sincerely というギフトネットワークや、Postagram・Ink Cards・Sesame Gifts などのモバイルアプリを開発している会社である。この会社の最初のアプリケーションである Postagram は、世界中のどこからでもポストカードを作成・送付できるようにするものだ。2 つめのアプリケーションである Ink Cards は、パーソナライズされたグリーティングカードを送付できるようにするものだ。最後の Sesame Gifts は、テーマのあるギフトセットをキレイな箱に入れて送付できるようにするものだ。この会社は、簡単な贈り物（ポストカード）から、30 〜 50 ドルのギフトまで発展させたのである。

2010年に創業したときに、共同創業者のマット・ブレジーナ《Matt Brezina》とブライアン・ケネディ《Bryan Kennedy》は、モバイル広告は2000年当時のGoogle AdWordsのようになると思っていた。まだ効率的とは言えない巨大なユーザー獲得チャネルにおいては、最初にモバイル広告を使い始めた人たちが大きな優位性を獲得すると思っていたのである。マットはこのように言っている。

> 「ユーザーを獲得し、クレジットカードを手に入れれば、ギフトネットワークは利益を上げることができるのです。世界で最も簡単なギフトである99セントのポストカードを販売するときに、このことがわかりました。この戦略は自分たちの直感とノーブランドの（Sincerelyのブランドで出していない）アプリで行った実験の成果です」

Sincerely社は、Postagramのモバイル広告でユーザーを獲得することができた。しかし、コストがかからなかったわけではない。

> 「我々の成功指標は、Postagramのユーザーをコストをかけずに獲得し、1年以内に利益を出すようにすることでした。それができなければ、高価なギフトアプリとクロスプロモーションして、1年以内に（最終的には3か月以内に）、利益が出るようにしたいと思っていました」

モバイル広告は高価なだけでなく、追跡も難しく、最初の獲得からインストールして起動するまでのコンバージョン率もひどいものだった。そこで、Postagramの6か月後にInk Cardsをローンチした。カードの価格は1.99ドルに設定した。

> 「クロスプロモーションを使って、Postagramのユーザーのライフタイムバリューを約30％向上させました。しかし、回収期間は**まだまだ**想定に達していませんでした」

現在のSincerely社は、Sesameをローンチしている。これはさらに高価なギフトを提供するものである。

> 「広告を使って、ビジネスを持続的な成長ゾーンに入れたいのです」

だが、コストを考慮してモバイル広告に挑戦した結果、Sincerely社は拡散に力を入れることになった。

> 「モバイル広告がうまくいかなかったこともあり、ユーザーの体験を友達とシェアし

てもらうようにしました。成長を促進する多くのことをそこから学びました。まずは、ユーザーに無料のカードを配りました。これまでに送ったことのない相手に送るためのカードです」

ツールが未成熟で非効率なモバイル業界において、ユーザーの獲得を広告だけに依存しないように、拡散による成長にフォーカスしたのである。

まとめ

- Sincerely 社は、99 セントのポストカードを送る Postagram をローンチした。お金をかけずに効率的に会社を成長させるには、モバイル広告が最適だと考えた。
- ユーザーを獲得することはできたが、お金がかかりすぎるし（モバイル広告は計測が難しく離脱率も高い）、見返りも少ない（顧客ライフタイムバリューが低すぎる）ことがわかった。
- 次に、Ink Cards をローンチした。パーソナライズされた高価格のグリーティングカードを送るサービスである。それによって、ライフタイムバリューは約 30% 向上した。だが、回収期間が長すぎた。それではモバイル広告で収益を上げることはできなかった。
- 最後に、Sincerely 社は Sesame Gifts をローンチした。30 〜 50 ドルのギフトを見立ててくれるサービスだ。創業者たちはこの新しい価格設定であれば、モバイル広告で収益を上げることができると考えた。また、広告チャネルの依存性を減らすために、拡散による成長にもフォーカスした。

学習したアナリティクス

モバイル広告は思っているよりも複雑で高価である。顧客獲得コストは注意深く追跡する必要がある。それから、獲得コストをどれだけ早く回収できるかについても追跡する必要がある。異なるチャネルをテストし、ユーザーの振る舞いを追跡して、拡散で獲得コストを減らしていこう。

24.4　アプリケーションの起動率

アプリケーションをダウンロードしてもらうだけでは不十分だ。そこからユーザーにアプリを起動してもらう必要がある。そして、それには時間がかかることもある。前述したファイルサイズの制限もあるが、ひとつのアカウントを使って、複数のタブレットやスマートフォンで接続し、異なる時間にアプリケーションをダウンロードすることも考えられる。そうした場合は、アプリの起動の分析が歪められてしまう。言い換えれば、分析が複雑になってしまうのだ。

無料アプリであれば、ダウンロードしても見ているだけで、ゲームやアプリケーションに没頭しない人が多い。ゲーム内課金をする人も少ない。ダウンロード率が高くても、起動す

らしないこともある。たとえば、Massive Damage 社のフラグシップゲーム「Please Stay Calm」を起動しているのは、ダウンロードした人の約 83% である。

要点

ダウンロードしてもアプリを起動しない人が多い。無料アプリであれば特にそうだ。

24.5 アクティブモバイルユーザー／プレーヤー率

アクティブ率に関して言えば、初日が常に最高である。それから少しずつ時間をかけて、アクティブユーザーが減っていく。初日の低下率は高くても 80% だろう。その後は毎日少しずつ離脱していく。1 か月後に残っているのは、ユーザーのコホートのわずか 5% である。

モバイル分析の Flurry 社が、2012 年の 10 月に 20 万件以上のアプリを調査したところ、1 か月後まで残っていたユーザーは 54%、2 か月後まで残っていたユーザーは 43%、3 か月後までアプリを使っていたユーザーはわずか 35% だった[†]。種類によってばらつきはあるが、ユーザーは平均すると 1 日にアプリを 3.7 回使っていることになる。

Flurry 社の数値で注目したいのは、全体的なエンゲージメントが高まっているところだ（3 か月で 25% から 35% へ）。ただし、使用頻度は落ちている（週に 6.7 回から 3.7 回へ）。Flurry 社は、端末がエンゲージメントに影響を与えると指摘している。たとえば、スマートフォンユーザーは平均すると 1 週間にアプリを 12.9 回使っているが、時間にするとわずか 4.1 分である。タブレットユーザーは 1 週間に 9.5 回使っているが、時間にすると 8.2 分である[‡]。

要点

アプリを試してくれた人の大部分が、再び使ってくれることはないと心得よう。最初に多くのユーザーが離脱すると、その後はエンゲージドユーザーが少しずつ減っていく。この曲線の形は、アプリ・業界・ユーザー属性によって異なるが、曲線そのものは常に存在する。したがって、いくつかのデータポイントがあれば、チャーンやディスエンゲージメントを事前に予測できるだろう。

24.6 モバイル課金ユーザー率

アプリケーションが有料であれば、有料ユーザーは「全員」になる。拡張機能にお金を支払うフリーミアムモデルであれば、ユーザーの 2% が登録するだろう。

ゲーム内課金のある無料ゲームであれば、約 1.5% のプレーヤーが何かを購入する、とケン・セトは言っている。

ゲーム内課金は典型的な冪乗則にもとづいている。少数の「ホエール」がゲームで多額のお金を費やし、残りの大多数が少額、あるいは何もお金を支払わないのである。

[†] http://blog.flurry.com/bid/90743/App-Engagement-The-Matrix-Reloaded
[‡] http://blog.flurry.com/bid/90987/The-Truth-About-Cats-and-Dogs-Smartphone-vs-Tablet-Usage-Differences

要点

フリーミアムモデルであれば、無料から有料のコンバージョン率の目標を2%にしよう。モバイルアプリやゲーム内課金のあるゲームであれば、ユーザーの約1.5%が何かを購入するだろう。

24.7 デイリーアクティブユーザーの平均収益

デイリーアクティブユーザーの平均収益（ARPDAU：average revenue per daily active user）は、トラクションや収益を計測する粒度の粗い手法である。ほとんどのモバイルゲーム開発者はデイリーアクティブユーザーにフォーカスしているので、デイリーアクティブユーザーが生み出す収益にもフォーカスすることになる。

さまざまなジャンルのゲームにおけるARPDAUのベンチマークをSuperData Research社が公開している[†]。

- 0.01〜0.05ドル：パズル・育成・シミュレーションゲーム
- 0.03〜0.07ドル：探し物・トーナメント・アドベンチャーゲーム
- 0.05〜0.10ドル：RPG・ギャンブル・ポーカーゲーム

GAMESbrief.comは、ゲーム会社3社（DeNA・A Thinking Ape・WGT）から情報を収集している。

> DeNA社[‡]とA Thinking Ape社[§]は、ほとんどのモバイルゲームのARPDAUは0.1ドルを下回ると答えている。Login Conference 2012において、WGT社のCEOであるユーチアン・チェン《YuChiang Cheng》は、ARPDAUが0.05ドル未満であればパフォーマンスが低いということであり、優れたベンチマークは0.12〜0.15ドルだと言っている。チェンはまた、タブレットのARPDAUはスマートフォンよりも15〜20%高いと言っている。

要点

優れた指標はゲームの種類によって異なるが、ARPDAUは最低でも0.05ドルより高くしたい。

[†] http://www.gamesbrief.com/2012/09/arpdau/
[‡] http://techcrunch.com/2012/06/13/the-1-grossing-game-on-android-and-ios-denas-rage-of-bahamut-has-almost-even-revenues-from-both/
[§] http://www.insidemobileapps.com/2011/11/16/a-thinking-ape-interview-kenshi-arasaki/

24.8　モバイルユーザーの月間平均収益

モバイルユーザーの月間平均収益については、ビジネスモデルに依存しているため、うまく一般化して話をすることができない。まずは、競合の価格体系や金額を分析すべきである。そして、効果が期待できるのであれば、ローンチ直後でもためらわずに価格を大幅に変更しよう。モバイルゲーム業界の人に話を聞くと、デイリーアクティブプレーヤーの月間平均収益は3ドル（1日に0.1ドル）だそうだ。

要点

顧客獲得コストと同じように、顧客単価はビジネスモデルと粗利から求められる。業種によって値は異なるが、モバイルアプリの世界であれば、ARPDAU・ユーザーが定着する日数・インストール単価からすぐに計算できる。また、そこから実用可能なビジネスモデルかどうかも判断できる。

24.9　有料ユーザーの平均単価

ARPPUの優れたベンチマークを見つけるのは難しい。アプリの種類（ここではゲームにフォーカスしている）やOSに大きく依存する。

GAMESBrief.comのニコラス・ラベル《Nicholas Lovell》は、プレーヤーを3つのカテゴリに分けている。それぞれ、ミノウ（雑魚）・ドルフィン（イルカ）・ホエール（クジラ）である。

> 「本物のホエールは多額のお金を使います。Social Goldの試算によれば、ライフタイムバリューは1,000ドルを超えるそうです。1つのゲームで20,000ドル以上を使う人もいます[†]。Flurry社によれば、アメリカのiOSとAndroidのアプリ内課金の平均金額は14ドルであり、収益の51%が20ドル以上の課金だそうです[‡]」

ニコラスは、ホエール・ドルフィン・ミノウのARPPUを別々に見ることを推奨している。

- ホエール：プレーヤーの10%。ARPPUは20ドル。
- ドルフィン：プレーヤーの40%。ARPPUは5ドル。
- ミノウ：プレーヤーの50%。ARPPUは1ドル。

ニコラスはこのように言っている。

> 「この平均値はゲームによって違います。プラットフォームやジャンルだけでなく、デ

[†] http://www.gamesbrief.com/2010/06/whats-the-lifetime-value-of-a-social-game-player/
[‡] http://blog.flurry.com/bid/67748/Consumers-Spend-Average-of-14-per-Transaction-in-iOS-and-Android-Freemium-Games

ザインによっても違ってきます。ホエールの ARPPU が 20 ドルに達するには、何人かが 100 ドルを超えている必要があります。それは可能でしょうか？ ドルフィンには、毎月少額を支払い続ける理由が必要です。その理由を用意しているでしょうか？ ミノウは、フリーライダーから購入者に移行する必要があります。彼らを移行させることができるでしょうか？」

要点

無料のマルチプレーヤーゲームでは、ほとんどのユーザーがプレーヤーの「エサ」である。ライフサイクルの初期段階で、1 日のプレイ時間・バトル数・探索エリアなどの先行指標から、無課金プレーヤー・ミノウ・ドルフィン・ホエールの 4 つの種別を見極めよう。そして、それぞれの種別の行動に合わせて、マーケティング・価格設定・プロモーションを調整し、ゲーム内で異なるマネタイズ方法を提供するのである。たとえば、ミノウにはアイテムを販売し、ドルフィンにはコンテンツを販売し、ホエールにはアップグレードを販売する。

24.10　レビューのクリックスルー率

評価の高いレーティングやレビューは、ダウンロードに大きな影響をもたらす。だが、ユーザーにアプリを評価してもらうのは難しい。アプリのポップアップを使って、「このアプリを気に入りましたか？」「もっと機能や無料コンテンツを見たいですか？」などと質問し、「はい」をクリックすると評価ページに遷移するようにしている開発者もいる。

アレクサンドレ・ペルティエ—ノーマンドは、何かを提供してアプリを評価してもらうようなメッセージは不自然であり、アプリストアからブロックされる危険性があると警告する。

> 「ユーザーにアプリの評価をお願いする戦略的な時期というものがあります。それは、ゲームプレイが記憶に残っている直後です。できれば早いほうがいいでしょう。大量のレーティングがすぐに必要だからです。レーティングはアプリのランキングにおいて最も重要な要因です」

レビュー率は、アプリの値段や種類によって違ってくる。Quora に載っていたある開発者の返答によれば、高価な有料アプリは 1.6%、安価な有料アプリは 0.5%、無料のアプリはわずか 0.07% だそうだ[†]。その開発者は、**xyologic.com**などにダウンロードとレーティングに関する詳細なデータがあると言っている。これらのデータを使えば、特定のセグメントの値と比較できるだろう。Massive Damage 社によれば、無料ゲームのダウンロードとレーティングの比率は 0.73% だそうだ。

要点

有料アプリのレビュー率は 1.5% 未満である。無料アプリであれば、1% を大きく下回るだろう。

[†] http://www.quora.com/iOS-App-Store/What-percentage-of-users-rate-apps-on-iTunes

24.11　モバイル顧客ライフタイムバリュー

顧客ライフタイムバリューを算出する優れた方法はない。これは、課金・チャーン・エンゲージメント・アプリケーション設計などから導き出すものだからだ。だが、これはビジネスモデルの基本的な部分であり、顧客獲得コストやキャッシュフローなどの他の要因を支えるものである。

GigaOm 社のライアン・キム《Ryan Kim》[†]は、最近のデータ[‡]（図 24-1）によれば、フリーミアムアプリ（アプリ内で何かを購入するアプリ）は、収益の面でプレミアムアプリ（無料版に対する有料版のアプリ）に勝っていると述べている。

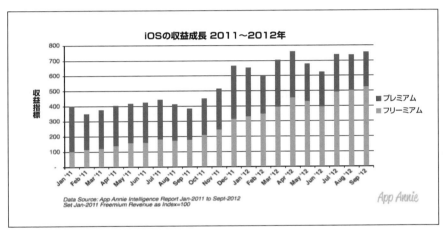

図 24-1　2010 年はプレミアムだった

顧客ロイヤリティもライフタイムバリューと結び付いている。そして、ロイヤリティはアプリの種類に大きく依存している。図 24-2 に示すように、Flurry 社が同社の分析ツールを使っているモバイルアプリについて、広範囲な調査を行っている[§]。

[†]　http://gigaom.com/mobile/freemium-app-revenue-growth-leaves-premium-in-the-dust/
[‡]　http://www.appannie.com/blog/freemium-apps-ios-google-play-japan-china-leaders/
[§]　訳注：図 24-2 のグラフには「Reference」が 2 つ登場しているが、正しいのは右側。もとになったデータは http://www.flurry.com/bid/90743/App-Engagement-The-Matrix-Reloaded にある。

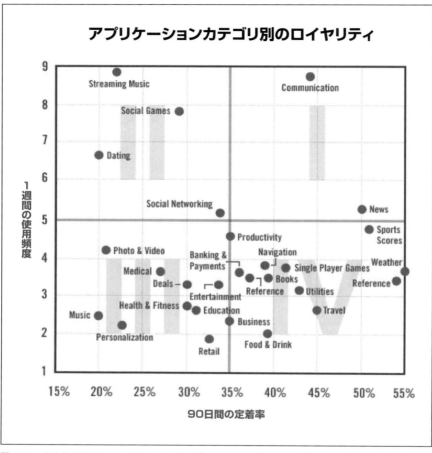

図24-2 あなただけじゃないかも：エンゲージメントはアプリのカテゴリで違う

TechCrunchのサラ・ペレス《Sarah Perez》が指摘するように、アプリケーションを使用頻度と定着率で軸を分けると、さまざまなロイヤリティのパターンが示される[†]。これはユーザーの収益を最大化する価格戦略の情報源となる。

- ロイヤル顧客が定着した使用頻度の高いアプリは、広告・繰り返しの課金・アプリ内コンテンツに適している。
- 使用頻度の高いアプリのなかには、ユーザーのニーズ（家の購入やゲームの攻略）を満たしているが、いずれユーザーが消えてしまう（ロイヤリティが低下する）ものも

[†] http://techcrunch.com/2012/10/22/flurry-examines-app-loyalty-news-communication-apps-top-charts-personalization-apps-see-high-churn/

24.11 モバイル顧客ライフタイムバリュー | 285

ある。その場合は、再びニーズが発生したときにユーザーにリーチできる権利や、トランザクションごとの課金といったものが、長期的なエンゲージメントよりも重要になるだろう。

- 使用頻度もロイヤリティも低いアプリでは、早いうちに「お金を奪取」する必要がある。したがって、有料アプリやワンタイム課金を使ったほうがいいだろう。
- 使用頻度が低く、ロイヤリティの高いアプリは、使用頻度の低いユーザーにアップセリングしたり、他のユーザーを招待してもらったり、アプリを「ユーティリティベルト[†]」に置いてもらったりする必要がある。

---

† 訳注：バットマンが腰につけているようなベルトのこと。いつでも道具を取り出せるようにする（アプリを使えるようにする）という意味。

25 章
メディアサイト：評価基準

25.1　クリックスルー率
（クリックスルー率は UGC サイトにも適用できる）

　関連性の高い広告をうまく配置すれば、クリック数は増える。広告は数字のゲームだが、最高の広告であっても、クリックスルー率が 5% を超えることはほとんどない。

　2012 年 5 月に CPC Strategy 社が、上位 10 件のショッピングサイトとクリックスルー率を一覧にしている（Bing と TheFind はクリックに対してお金を請求していない）†。表 25-1 を参照してほしい。

表 25-1　ショッピングサイト上位 10 社

ショッピングエンジン	コンバージョン率	CPC
Google	2.78%	まだわからない‡
Nextag	2.06%	$0.43
Pronto	1.97%	$0.45
PriceGrabber	1.75%	$0.27
Shopping.com	1.71%	$0.34
Amazon Product Ads	1.60%	$0.35
Become	1.57%	$0.45
Shopzilla	1.43%	$0.35
Bing	1.35%	N/A
TheFind	0.71%	N/A

　グローバル検索マーケティング会社 Covario 社は、全世界の検索広告の平均クリックスルー率は 2% であると 2010 年に報告している（表 25-2 参照）。

---

† http://www.internetretailer.com/2012/05/03/why-google-converts-best-among-comparison-shopping-sites
‡ http://mashable.com/2012/09/11/google-shopping-to-switch-to-paid-model-in-october/

表 25-2 検索広告の平均クリックスルー率

Bing	2.8%
Google	2.5%
Yahoo!	1.4%
Yandex	1.3%

アフィリエイトマーケッターのティトゥス・ホスキンス《Titus Hoskins》は、彼がAmazonのリンクを踏ませた5～10%が最終的に何かを購入していると言っている。これは、他のアフィリエイトプラットフォームから得られる収益よりもはるかに高い[†]。Amazonなどの何かに特化していない小売店は、専門店よりもアフィリエイトパートナーを優遇している。アフィリエイトパートナーは、ショッピングカートにあるすべての商品の何パーセントかを手にすることができる。たとえば、本を購入させようとして訪問者をAmazonに誘導したとする。そこで、訪問者が本ではなく雑貨を購入したとしても、雑貨の売上の数パーセントを報酬として受け取ることができるのだ。アフィリエイトパートナーは、Amazonの広告をさらに目立たせようとするだろう。そのほうがお金になるからだ。

Amazonはコンバージョン率が高いので、アフィリエイトサイトからAmazonへのトラフィックがますます増えているとデレク・ゼトーは感じている。Amazonは、アフィリエイトプログラムを豪華にしている反面、クッキーの期限を比較的短く設定して、両者のバランスをとっている。したがって、24時間以内にアフィリエイトリンクをクリックしてAmazonで購入したときにだけ、アフィリエイトがお金になるのである。

Advertising Research Foundationの調査結果を思い出してほしい。空白の広告のクリックスルー率は0.08%だった。クリックスルー率がこれを下回るようなら、確実に何かが間違っているのである。

要点

ほとんどの広告のクリックスルー率は0.5～2%である。0.08%を下回るようなら、おそらく間違ったことをやっている。

25.2 セッションクリック率

(セッションクリック率はUGC・EC・ツーサイドマーケットプレイスにも適用できる)

検索エンジンや広告をクリックした4～6%がサイトにたどり着いていない。サイトのパフォーマンスや稼働時間を改善すれば、この数値を上げることはできる。だが、それには新機能の追加や実験を犠牲にして、常に気を配りながら調整する必要がある。製品／市場フィットするまでは、この指標の改善に時間を費やすべきではないだろう。

[†] http://www.sitepronews.com/2011/12/30/what-amazon-shows-us-about-achieving-higher-conversion-rates/

要点

サイトにやってくるまでに、クリックした人の約 5% が失われている。まだあわてるような時間じゃない。うまく定着していけば、訪問者は再びやってくる。

25.3　言及

メディアサイトはトラフィックを増やすために、他のサイトからの言及に依存している。Chartbeat 社が、技術や政治などのさまざまなカテゴリのサイトと、Facebook や Twitter を含むソーシャルな言及の比較分析をしている[†]。分析の結果、サイトに言及していた最大同時ユーザー数の平均値は 70 人だった。また、言及からやってきたユーザーの滞在時間は、2 週間で合計 9,510 分だった。

ソーシャルな言及からのトラフィックはエンゲージメントが低い。Facebook では、それぞれ 51 人と 2,670 分だった。Twitter では、28 人と 917 分だった。Chartbeat 社のジョシュア・シュワルツはこのように言っている。

> 「通常の言及と比較して、ソーシャルサイトのエンゲージメントの合計時間が低いのは、ソーシャルで取り上げられてもすぐに消え去ってしまうからです。普通に言及されると数日間は持続しますが、ソーシャルの寿命はもっと短いです」

要点

最も利益のあるトラフィックがどこから来るのか、どういうトピックが求められているのかを学び、そうしたトラフィックの発生源やトピックを育てることに時間を使おう。実験するときは、プラットフォームでセグメント化しよう。たとえば、Facebook のファンは、Twitter のフォロワーとは違ったコンテンツを求めているのである。

25.4　エンゲージメント時間

訪問者数やページビューを計測すれば、トラフィック量がわかる。だが、コンテンツを見ている時間まではわからない（これは**ページ滞在時間**と呼ばれる）。ページに埋め込んだスクリプトを使えば、ブラウザでデータを記録して、結果をレポートすることができる。これは、訪問者がエンゲージメントしている限り可能だ。

Chartbeat 社にお願いして、サイトの種類別に「エンゲージメント時間」の指標をセグメント化してもらった。こちらの思っていたとおり、メディア・EC・SaaS には大きな違いがあり、それぞれのサイトの利用パターンを反映したものになっていた。調査結果を図 25-1 に示す。匿名での分析に同意した顧客のデータを集約したものである。

[†] これには以下のサイトが含まれる。TechCrunch.com、Wired.com、HotAir.com、Drudge.com、RealClearPolitics.com、TheDailyBeast.com、HuffingtonPost.com、Engadget.com、TheNextWeb.com、AllThingsD.com、PandoDaily.com、Verge.com、VentureBeat.com、Gawker.com、Jezebel.com、Mashable.com、Cracked.com、Buzzfeed.com。

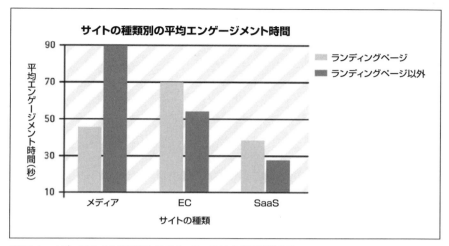

図 25-1　メディアサイトは定着しやすく、SaaS はすぐに移動する

　メディアサイトのランディングページのエンゲージメント時間はわずか 47 秒だが、ランディングページ以外は 90 秒である。これは以前に紹介した平均値（61 秒と 76 秒）とは大きく違っている。SaaS サイトのエンゲージメント時間は特に短い。サイトの目的がユーザーの生産性向上なので、時間が短いほうが理にかなっていると言える。

　ジョシュアはこのように言っている。

「分析をやればやるほど、メディアサイトにはエンゲージメント時間が不可欠だとわかるようになりました。注目を集めることも重要ですが、そのようなトラフィックはすぐになくなってしまいますし、それだけでは不十分です。したがって、メディアサイトの品質を計測する指標は、エンゲージメント時間なのです」

要点

　メディアサイトは、コンテンツページのエンゲージメント時間を 90 秒以上にすべきである。ただし、ランディングページのエンゲージメント時間については、それほど長くなくても構わない（上を目指す必要はない）。訪問者が必要とするコンテンツをすぐに見つかるようにして、そこからさらに深掘りできるようにしておこう。

> **パターン**　**エンゲージメントがゴールや振る舞いに影響するもの**
>
> 　エンゲージメントすれば、1 ページに約 1 分の時間をかけることになる。これはサイトの種類によって違うが、ページによっても大きく違う。それでは、この情報をどのように使うことができるのだろうか？

- **外れ値を見る。**ジョシュアがこのように言っている。「訪問者が多いのに、エンゲージメント時間が短ければ、どうしてすぐに立ち去るのかを考えてみましょう。訪問者は何か他のものを期待していたのでしょうか？ レイアウトに問題はないでしょうか？ ユーザーが長期間滞在するようにページがデザインされているでしょうか？」。
- **注目を集める。**エンゲージメント時間は長いのに、訪問者が少ない場合は、もっと多くのオーディエンスに宣伝してみよう。
- **ページの目的がエンゲージメントと一致しているかを確認する。**ジョシュアはこのように言っている。「ECサイトであれば、ランディングページのエンゲージメント時間は短くてもいいかもしれません。ですが、自分たちでコンテンツを作っているのであれば、記事ページのエンゲージメント時間は増やしていくべきです」。

25.5 他人とのシェア

（UGCサイトにも適用できる）

シェアは拡散のなかのクチコミの一種である。Buzzfeedのジョン・ステインバーグ《Jon Steinberg》とStumbleUponのジャック・クラウチック《Jack Krawczyk》は、2012年3月にAdvertising Ageの記事のなかで、人気のあるストーリーがどれだけシェアされているかについて触れている[†]。その他の多くの指標と同様に、そこには強い冪乗則が見られた。ストーリーの大半は少人数のグループでシェアされており、ほんの一部だけが広くシェアされていたのである。Facebookでは、過去5年間でシェアされたストーリーの上位50件は、数十万（あるいは数百万）のページビューがある。

こうした外れ値があるにもかかわらず、中央値はわずか9だった。つまり、ストーリーがシェアされると9人が閲覧しているということだ。言い換えるなら、ほとんどのシェアは、親密なグループ内で行われているということになる。Twitterでは、5だった。redditでは、人気のあるリンクをホームページで紹介しているためか、36だった。

StumbleUponは、45日間で550万件のシェアがあったとしている。そして、広く一般にメッセージを送信するよりも、「親密に」（他のStumbleUponユーザーやメールでやり取りをしている人に）シェアするほうが、2倍も頻度が高いという結論を出した。

要点

いくつかの目立った例外はあるにしても、シェアは1人が大勢の子分たちとやり取りをする大規模な活動ではなく、同僚や友人とのやり取りからなる「グランズウェル」から発生する。ステインバーグとクラウチックは、そのように結論づけた。

[†] Buzzfeedの社長であるジョン・ステインバーグとStumbleUponのジャック・クラウチックは、ソーシャルプラットフォームにおけるシェアの動向を見ていた。http://adage.com/article/digitalnext/content-shared-close-friends-influencers/233147/

| ケーススタディ | **YouTube を爆笑に巻き込んだ Just For Laughs Gags** |

　1983年以来、世界中のコメディアンたちが、毎年夏にモントリオールで開かれるJust For Laughsフェスティバルに集まる。現在では、世界最大の国際コメディフェスティバルになっている。

　2000年に「Just For Laughs Gags」という音声のない「ドッキリカメラ」が、テレビで放映を開始した。「ドッキリカメラ」がどんなものかは知っているだろう。時間が短く音声を必要としない番組は、飛行機や公共の施設で見るのに最適だ。世界市場にも向いている。

　Just For Laughs のデジタルディレクターであるカルロス・パチェコ《Carlos Pacheco》に、YouTube チャンネル「Gags TV」のマネタイズについて話を聞いた。

既存チャネルの低下

　カルロスはこのように説明している。

> 「最近まで、Gags のテレビシリーズは、テレビの古いやり方で資金(や利益)を得ていました。新しいシーズンごとに、テレビとデジタル著作権を地元や海外のテレビネットワークに販売するのです。このやり方は、シリーズが開始した12年前から続けています」

　だが、プロデューサーたちはライセンス料の低下に気づいた。テレビネットワークはこれまでと同額のライセンス料を支払いたくなかったのである。

　そこで、2007年から YouTube に番組のチャンネルを用意した。だが、コンテンツは少なく、定期的にメンテナンスしていなかった。当初の計画は、専用のウェブサイトを作り、Adobe Flash を駆使して、Just For Laughs の Stand Up や Gags といったコンテンツを配信するというものだった。

> 「この計画が失敗に終わってから、Gags のチームは YouTube に集中することになりました。YouTube のパートナーになったのは2009年からですが、収益の出る動画の存在にプロデューサーたちが気づいたのは、2011年のはじめでした」

　他の動画も収益につながるという仮説を立て、チームは2,000本以上のドッキリ映像をサイトにアップロードした。

　Gags は制作時からテレビ向けにフォーマットされていた、つまり、30分の番組(コマーシャルの時間を含む)で、12～14本のドッキリ映像を流していたのである。YouTube では、この30分の制約がなくなった。ドッキリ映像1本分という短時間の

フォーマットは、テレビよりもウェブに適していたのである。

> 「大量アップロードは戦略的に行ったものではありません。ですが、2,000本の動画のなかから数本が注目され、拡散され、チャンネルの成長につながり、2012年のはじめには、広告収益が大きな意味を持つようになったのです」

広告のバランス

YouTubeでは、コンテンツオーナーは複数の広告フォーマットを選べる。たとえば、クリック可能なリンクを動画の上にオーバーレイすることができる。コンテンツの直前・再生中・直後に広告を挿入することもできる。広告をスキップ可能にするかどうかも決められる。こうした広告戦略を正しく設定することが重要だ。インプレッションや広告が増えれば、それだけ収益が増えることになる(**エンゲージメント単価(CPE)**で計測する)。ただし、こうした広告は視聴者を遠ざけてしまう。

最初にチームが見ていた指標は、デイリービューと収益だけだった。今はもっと洗練されていて、動画の視聴時間・トラフィック源・再生位置・属性情報・アノテーション・視聴者の定着などの指標も見ている。分析の目的は、どこで視聴を中止しているかを把握することである。それを参考にして、カルロスは動画のフォーマットを決めている。

> 「たとえば、数か月前にウェブ限定の『Best of Gags』の制作を開始しました。最初の動画では、イントロに10〜15秒のアニメを使っていたのですが、最初の15秒で30%が離脱していることがわかりました。それ以降、最初の動画も含めて、イントロのアニメを削除しました。視聴者が観たいコンテンツを再生したら、すぐに観てもらえるようにしたのです」

最初は動画にオーバーレイする広告を使っていた。その後、スキップ可能なTrueViewインストリーム広告を動画の直後に挿入した。それによってCPEは上がったが、成長が遅くなることはなかった。カルロスはこのように言っている。

> 「TrueView以外に手をつけるつもりはありませんでした。我々のコンテンツは短いのです。1〜2分のドッキリ映像を観るために、1分の事前広告を見るファンがいるはずがありません」

Revision3などのYouTubeチャンネルでも実験しているが、いずれもよい結果が得られている。

2012年はじめに、YouTubeは長時間のコンテンツを優先的に視聴者に推薦すると発表した。Gagsのチームは、他のコンテンツプロデューサーたちがフルサイズのテレビ番組をアップロードしていることがわかっていたので、カットしていない番組の直前・

再生中・直後に広告をつけるいい機会だと考えた。

　この実験の結果は、動画の時間が長くてもうまくいくが、短いほうがもっとうまくいくというものだった。

- 長時間の動画をアップロードしてから最初の24時間は、平均して3～4万ビューの視聴数があり、2分の動画と同じくらいだった。
- 長時間動画の広告収益は、2分の動画の5倍だった。よさそうに思えるが、2分動画を約12本分まとめたものなので、実際には儲けが少なくなる。
- 長時間動画の視聴数にはロングテールがある。短時間動画よりも平均デイリービュー数は高い。
- 視聴者の定着は大きく違う。長時間動画にはイントロがあり、時間も長いので、途中で40%が離脱してしまう。それに対して、短時間動画の離脱率は15%である。

チャネルでのマーチャンダイジング

　今までは、チャネルで製品を販売する試みをしてこなかった。だが、Gagsチームは、動画とそれに合う音楽を購入したいという要求を受け取った。

> 「1日のインプレッション数が400万を超えていることを考えれば、大きなチャンスを見逃していたと思います。毎日4～500万人がストアにやってきていますが、何も購入するものがありません。この状況を変えることを個人的なミッションにしました。そこから、YouTubeが認証したお店（アノテーションからリンクができる）を利用したり、デジタルディストリビューターとパートナー関係を結んだりしています」

削除する？　しない？

　Gagsはアップロードしたコンテンツのすべての権利を持っている。拡散によって、コンテンツを広くアピールできているが、それによってコピーや目的外利用が何度も発生している。だが、DMCA（デジタルミレニアム著作権法）のテイクダウンは実施していない。これは新しい市場に情報を流通させるためでもある。カルロスはこのように言っている。

> 「ファンが編集して、YouTubeの自分のアカウントにアップロードしたものが、そのファンの市場で拡散することがほとんどです。これによって、我々が今まで思いもよらなかった市場で、ブランドやオーディエンスを拡大することができるのです」

　動画を削除しないもうひとつの理由がある。それはもっとお金に関係することだ。パ

チェコはこのように言っている。

> 「ファンが YouTube チャンネルで我々のコンテンツを『再利用』しているのは、コンテンツ管理システムですべて把握しています。削除するか、苦情を出すか、動画をそのままにしてコンテンツをマネタイズするか、のいずれかを選択できます。我々は、ユーザーが制作した動画をほとんどそのままにしています」

YouTube にフォーカスしてから、このチャンネルは劇的に成長した。カルロスはこのように言っている。

> 「ユーザーが制作した Gags の動画は、去年は平均して 10 万本ありました。これは月間ビューの 40〜50% に相当します。2 時間のマッシュアップ動画が 100 万ビューになっているのを見たこともあります。これは想像すらできなかったことです」

ファンが作った動画は、Gags のオリジナルコンテンツよりもエンゲージメントあたりの収益は低い。だが、視聴数が膨大なので、広告収益の合計も大きい。

> 「ファンの動画編集方法についても注意を払っています。みなさんの成功から学んだり、マネしたりできないかと考えています。我々の動画よりも視聴数が多いですからね」

まったく新しい機会

Gags の YouTube での成長は、Just For Laughs フェスティバルのウェブやソーシャルメディアチャンネルなどのマーケティングからは、完全に独立しているとカルロスは指摘する。2012 年 2 月以前は、Gags は公式の Facebook ページ・Twitter アカウント・ウェブプレゼンスを持っていなかった。カルロスはこのように言っている。

> 「Gags の成長の主な成功要因は、10 年間以上 100 か国以上でテレビ放送されていたことでしょう。ですが、最近まで我々のオンラインでのプレゼンスはほとんど存在していませんでした」

もともとはすべてのコンテツをウェブにアップロードすると、テレビの売上が落ちると思っていた。だが、そうならなかった。テレビの売上は逆に**上がった**のである。Gags が未開拓の市場やオンラインコンテンツプロバイダーに発見された結果だ。それらが、Gags に新しいマネタイズの機会をもたらしたのである。

「過去 12 か月を超える YouTube チャンネルの成功は、Gags を好転させました。プロデューサーたちはもうテレビやケーブルネットワークの言いなりになる必要はありません。それに、YouTube のオリジナルチャンネルなどの資金源がありますので、我々のようなクリエイターが新しいオンライン資産を形成する余地があります。そのことについて本気で考えています」

Gags のコンテンツは音声がなく、国境・文化・言語を超えやすかった。カルロスは、これがブランドの劇的な拡大につながったと感じている。

「数か月以内に 10 億ビューを達成する予定です。すべてのチャンネルと UGC のビューをあわせると、すでに 21 億ビューを超えています」

まとめ

- Just For Laughs Gags は、ウェブに適した短時間で人気のあるコメディ動画を制作した。
- Gags の YouTube チャンネルは、自身のコンテンツとエンドユーザーが制作したコンテンツの両方から収益を得ている。
- 事前広告のない短時間の動画は、長時間のコンテンツよりもお金になることが証明された。

学習したアナリティクス

スクラッチから作るよりも、他社のプラットフォームで何かを作るほうがよいこともある。ユーザー制作コンテンツは、メディアサイトの収益モデルになる可能性がある。ユーザーの行動を学び、それをマネするときは特にそうだ。エンゲージメントを計測し、コンテンツをメディアに最適化することが重要である。

26章
ユーザー制作コンテンツ：評価基準

26.1 コンテンツアップロードの成功

（コンテンツアップロードの成功はツーサイドマーケットプレイスにも適用できる）

サイトでユーザーに求める成功の鍵となる行動があれば、そこには追跡や最適化のためのファンネルが存在する。たとえば、Facebookでユーザーが最もよく行うのは、写真のシェアである。2010年にFacebookのアダム・モッセリ《Adam Mosseri》は、写真アップロードのファンネルを示すデータを明らかにした[†]。

- ユーザーの57%が、写真ファイルを見つけて選択できる。
- ユーザーの52%が、アップロードボタンを発見できる。
- ユーザーの42%が、写真をアップロードできる。

成功の定義は難しい。たとえば、ユーザーの85%が、1つのアルバムに1枚の写真しか選択しなかったことがある。これは、Facebookが想定していた写真の管理方法ではなかった。そこで開発者は、複数の写真を簡単に選択できるように変更した。この変更後、写真が1枚だけのアルバムの数は40%まで下がった。

要点

明確な数字がなくても、コンテンツの作成機能（写真のアップロードなど）がアプリケーションの中心になるのであれば、エラー状態を注意深く追跡して、何が問題の原因なのかを追求し、すべてのユーザーが使えるようになるまで最適化しよう。

26.2 1日のサイト滞在時間

（1日のサイト滞在時間はメディアサイトにも適用できる）

ソーシャルネットワークやUGCサイトには、驚くほど一貫したルールがある。ぼくたちが調査した多くの企業を見ると、1日の平均サイト滞在時間は17分だった。この数値は、TechStarsのアクセラレータープログラムの参加企業が、最近のデモデイで何度も言及して

[†] http://blog.kissmetrics.com/analytics-that-matter-to-facebook/

いたものと一致する。redditが平均的なユーザーと考えている数値も同じだ。ある調査によれば、1日の平均サイト滞在時間は、Pinterestのユーザーは14分、Tumblrのユーザーは21分、Facebookのユーザーは1時間とされている[†]。

要点

訪問者の1日のサイト滞在時間が17分であれば、定着がうまくいっている。

ケーススタディ ｜ reddit パート1――リンクからコミュニティへ

　redditは、ポール・グレアムのY Combinatorの初期メンバーである。スタートアップとしてはごく普通の初心者だったが、今ではウェブで最もトラフィックを稼ぐほどの成長を遂げている。

　最初は単純なリンクシェアのサイトだったが、数年後に大きく変わった。redditの最初の従業員であり、インフラの運用を担当するジェレミー・エドバーグは、このように言っている。

> 「あまりにも機能が多すぎたので、腰を落ち着けて『あったらクールな機能は何か？』と考えてみました。最終的にサイトをローンチしたときには、リンクのシェアと投票だけになりました。コメント機能をつけたのは、（reddit共同創業者である）スティーブ・ハフマン《Steve Huffman》がリンクにコメントをつけたいと思ったのがきっかけです」

　コメント機能が使えるようになってからも、redditで議論する方法は存在しなかった。そこでユーザーたちは、自分たちでやる方法を編み出した。コメントスレッドが、そのまま議論の場になったのである。これを見てチームは、**self-posts**という機能を追加した。ウェブへのリンクを貼らずに、会話を開始できるようにするものである。ジェレミーはこのように言っている。

> 「最初のself-postsはユーザーのハックと同程度のものでしたので、もっと簡単に使えるようにしたいと思いました」

　これはまさに、マーク・アンドリーセン《Marc Andreesen》が言った「本当の見込み客がいる優れた市場では、市場がスタートアップから製品を**引っ張る**」の一例である[‡]。それ以来、self-postsは相互にやり取りをするユーザーのコミュニティを作り出し、サイトに不可欠なものとなった。

[†] http://tellemgrodypr.com/2012/04/04/how-popular-is-pinterest/
[‡] http://www.stanford.edu/class/ee204/ProductMarketFit.html

> 「今では self-posts 以上に投稿のあるものはありません」

reddit はエンゲージメントや熱意のあるコミュニティを維持し、フィードバックが集まるようにうまく設計されている。ジェレミーはこのように言っている。

> 「サイト全体がフィードバックの収集を目的に設定されていますので、ユーザーは簡単にフィードバックを返すことができます。会社としても、どのフィードバックが重要なのかを知ることができます」

だが、ユーザーの声を聞くだけでは不十分であり、ユーザーが何をしているのかを観察する必要があると彼は言う。

> 「ユーザーからのフィードバックは、ユーザーがどのように感じているのかを正確に表していません。それは reddit でも同じです。『行動は言葉よりも雄弁』という言葉が、ビジネス以上に当てはまるところはありません。ユーザーの**行動**こそがビジネスの原動力になるのです」

まとめ

- reddit はユーザーの使い方を観察して、単純なリンクのシェアから、モデレーション付きの議論のプラットフォームへとピボットした。
- 声の大きいユーザーからのフィードバックが多数あったとしても、ユーザーが実際に行っていることが本物のテストである。

学習したアナリティクス

最初の機能セットや中心的な機能（reddit の場合はリンクのシェア）以外を作らないことも重要だが、ユーザーに耳を傾ける方法がわかっていれば、盛り上がっているコミュニティのほうから機能を引っ張ってくれる。reddit には基本的な機能しかなかったが、ユーザーは簡単にサイトを拡張することができた。実際にうまくいっているものを学習してから、reddit は自身のプラットフォームに取り入れることができたのである。

26.3　エンゲージメントファンネルの変化

第一線で活躍しているウェブユーザビリティコンサルタントのヤコブ・ニールセン《Jakob Nielsen》が、オンライン人口の 90% は ROM、9% が断続的に貢献、1% が大きく貢献していると述べたことがある[†]。こうしたパターンはウェブ以前も同じであり、CompuServe・AOL・Usenet などのオンラインフォーラムでも同様のことが起きていた。表 26-1 に彼の試

[†] http://www.useit.com/alertbox/participation_inequality.html を参照。参加率の不均衡を改善するヒントが数多く載っている。

算を示そう。

表26-1 ヤコブ・ニールセンのエンゲージメントの試算

プラットフォーム	ROM	断続的	頻繁
Usenet	?	580,000	19,000
ブログ	95%	5%	0.1%
Wikipedia	99.8%	0.2%	0.003%
Amazon レビュー	99%	1%	ごくわずか
Facebook 寄付アプリ	99.3%	0.7%	?

ニールセンは、ROM を参加者へと移行する手法を数多く知っている。たとえば、参加しやすくするものもあれば、利用が自動的に参加になるものもある。リンクのシェアサイトであれば、ユーザーがリンク先を見てから帰ってくるまでの時間を計り、それでリンクの品質を計測する（ユーザーがリンク先を評価する必要はない）。貢献やエンゲージメントを最適化する試みは、すべて仮説になるのである。

ウェブの利用が生活の一部になってから、ニールセンの比率は変わってきている。2012 年の BBC のオンラインエンゲージメントの調査によれば、英国のオンライン人口の 77% が、写真のアップロードやステータスの更新などでオンライン活動に参加しているそうだ。インターネットが社会プラットフォームとなり、どこからでも利用可能であり、参加が簡単になったということだろう[†]。

Altimeter Group 社のシャーリーン・リーは、エンゲージメントの調査を数多く行っている。彼女のエンゲージメントピラミッドには、さまざまな種類のエンゲージメントが記述されている。著書『Open Leadership』（Jossey-Bass）のなかで彼女は、2010 年の Global Web Index Source を引用している。これは、さまざまな国のウェブユーザーのオンライン活動を調査したものである[‡]。この調査によれば、回答者の約 80% が受動的にコンテンツを消費、62% がコンテンツをシェア、43% がコメント、36% がコンテンツを制作しているそうだ（表26-2参照）。

表26-2 国別のエンゲージメント

	中国	フランス	日本	イギリス	アメリカ
読むだけ：動画を見る、ポッドキャストを聞く、ブログを読む、レビューサイトやフォーラムを読む	86.0%	75.4%	70.4%	78.9%	78.1%

[†] http://www.bbc.co.uk/blogs/bbcinternet/2012/05/bbc_online_briefing_spring_201_1.html
[‡] Global Web Index Wave 2（January 2010）https://www.globalwebindex.net/

表 26-2　国別のエンゲージメント（続き）

	中国	フランス	日本	イギリス	アメリカ
シェアする：動画や写真のシェア、ソーシャルネットワークやブログにアップロード	74.2%	48.9%	29.2%	61.8%	63.0%
コメントを書く：ニュース・ブログ・EC サイトにコメントを書く	62.1%	35.6%	21.7%	31.9%	34.4%
コンテンツを作る：ブログやニュースを書く、動画をアップロードする	59.1%	20.2%	28.0%	21.1%	26.1%

　国の違いは顕著である。中国のユーザーの半数以上がコンテンツを作っているのに対し、フランスやイギリスはわずか 20% 程度である。「正常な」エンゲージメントはユーザーの文化によって決まることがわかる。

　参加は文化的な期待やプラットフォームの目的と結び付いている。Facebook のエンゲージメント率が高いのは、インタラクションが個人的なものだからである。ユーザーが Flickr に写真をアップロードするのは、そこが写真を残す場所だからだ。一方で、プラットフォームの存続目的とは異なる、高度に方向性を持った参加（Wikipedia の記事の執筆や製品レビューの投稿）は、多くのスタートアップには扱いにくいものである。

　BBC のモデルはユーザーを 4 つのグループに区分している。

- インターネットユーザーの 23% は受動的であり、消費だけしている。
- 16% は何らかの反応をしている（投票・コメント・フラグなど）。
- 44% は何かに関与している（コンテンツの投稿・スレッドの開始など）。
- 17% は熱心に貢献している。難しいものやプラットフォームにとって重要ではないものにも取り組んでいる。たとえば、EC サイトの本のレビューなどがそうだ。

　reddit のエンゲージメントについて語るスレッドに興味深い数字があった[†]。あるユーザーの投稿によれば、Imgur に投稿した写真が 24 時間で 7 万 5,000 ビューを獲得したそうだ。そのトピックは、up-votes が 1,347 票、down-votes が 640 票、コメントが 108 件だった。これは 2.5% が「簡単」エンゲージメントで、0.14% が「困難」エンゲージメントであることを示している[‡]。

　ジェレミー・エドバーグによれば、2009 年の reddit のユーザー貢献は、多くの UGC サイトで見られる 80 対 20 のルールに従っていたそうだ。つまり、ユーザーの 20% がログインし

[†] http://www.reddit.com/r/AskReddit/comments/bg7b8/what_percentage_of_redditors_are_lurkers/
[‡] 訳注：7 万 5,000 ビューのうち、投票（1347 + 640 票）の割合が約 2.5%、コメント（108 件）が 0.14% ということ。

て投票し、**そのなかの20%**がコメントしていたのである。サイトがソーシャルでコミュニティ指向になったために、振る舞いは大きく変わったが、コメントする訪問者の比率はまだまだ低い。

ROMの人も含めて、エンゲージメントしていない訪問者も何かをしている可能性がある。MITスローンマネジメントスクールの2011年の調査によれば、彼らの多くがメールや会話などの見えないチャネルで消極的にシェアしているという[†]。Yammerによれば、ユーザーの60%以上が1日のダイジェストを購読しているそうだ。つまり、それだけのユーザーにリーチする許可を得ているということである[‡]。

要点

ぼくたちの試算では、訪問者の25%がROM、60〜70%が簡単で製品やサービスの目的に近いことをして、5〜15%がエンゲージメントやコンテンツの制作をしている。エンゲージドユーザーのなかの少数の活発なグループが、コンテンツ全体の80%を作っている。コンテンツと気軽にやり取りをしているのは2.5%であり、積極的にやり取りをしているのは1%未満である。

ケーススタディ | reddit パート2——ユーザーにはゴールドがある

リンクのシェアからコミュニティにピボットしてから、redditにはエンゲージドユーザーが集まるようになった。だが、それでもお金を稼ぐまでには至らなかった。また、増加するトラフィック負荷に対応するために、インフラの投資に苦労することもあった。広告が収益源となる可能性もあるが、それではユーザーの満足度を犠牲にしてしまう。広告ブロックソフトをブラウザにインストールしているユーザーも多く、そのようなソフトを使っていないユーザーに感謝の広告を出すこともあった。

その後、redditは他の収益源を発見した。寄付である。ジェレミー・エドバーグはこのように言っている。

> 「〇〇の機能が使えるのはredditゴールドだけ、とユーザーがよくジョークを言っていました。親会社からは収益を増やす方法を考えろと言われました（彼らの名誉のために言っておくと、それを言い出したのは3年が経過してからです）。そこで我々は『redditゴールドを本物のゴールドにしてやる』と考えたのです」

redditのチームは「ゴールド」を購入できるようにした。ただし、他人に自慢できるようなものではなかった。

[†] http://papers.ssrn.com/sol3/papers.cfm?abstract_id=1041261
[‡] http://blog.yammer.com/blog/2011/07/your-community-hidden-treasure-lurking.html

「ローンチしたときの特典は、秘密のフォーラムへのアクセスと（電子的な）トロフィーだけでした。値段もつけていませんでした。ユーザーには価値相応の金額を支払ってもらいました。1,000 ドルも支払ってくれる人もいましたし、1 セントの人も何人かいましたが、平均すると約 4 ドルでした。最終的には、これを正規の値段に設定しました」

その後、reddit ゴールドのユーザーには新機能をいち早く提供するようになった。彼らは献身的なユーザーであり、有益なフィードバックを提供する可能性が高い。新機能を利用できる人数を制限することで、サーバーを負荷から守るという意味もあった。

最終的に reddit は、ゴールドのギフト機能を追加した。優秀な記事にはゴールドの褒賞を与えた。ゴールドからの収益額は公開されていないが、利益のかなりの部分を占めている。また、サイトの機能に組み込む対策が講じられている。

「優れたコンテンツに対する『チップ』として、ゴールドを購入している人がいることがわかりましたので、我々はそれを簡単にできるようにしました」

まとめ

- ユーザーは順調に増加しているが、reddit はお金を稼ぐことができず、インフラ投資を節約しなければいけなかった。
- ユーザーからの大きな信頼とフィードバックを獲得し、reddit のチームはコミュニティの雰囲気や文化に合った寄付モデルに挑戦した。
- 「価値相応の金額を支払ってもらう」キャンペーンの結果を分析して、正規の価格を決定した。
- 成功が見えてくると、寄付をもっと簡単にできる方法を構築し、利用を拡大していった。

学習したアナリティクス

ビジネスモデルのパラパラ漫画を思い出してほしい。UGC ビジネスは必ずしも広告から収益を得なければいけないわけではない。Wikipedia や reddit はいずれもコミュニティから収益を得ている。そのほうが文化に忠実であり、ユーザーの維持に役立っている。

26.4 スパムと悪質なコンテンツ

UGC サイトが成長するのは、優良なコンテンツがあるからだ。ぼくたちが話を聞いた多くの UGC 企業（Community Connect や reddit など）は、悪質なコンテンツは大きな問題であり、継続的な分析やエンジニアリングの投資が必要だと言っている。Google や Facebook では、アルゴリズムやヒューリスティックな機械学習を導入するだけでなく、犯罪や不適切なコン

テンツをフィルタリングする人間をフルタイムで雇用しているそうだ[†]。これは大変な仕事である。ジェレミー・エドバーグの試算によれば、redditの開発時間の50%がスパムや不正投票の防止に費やされている。ちなみに最初の18か月間は、ユーザーの投票だけですべてのスパムをブロックできており、スパム防止機能も用意していなかったそうだ。

スパマーは1回限りのアカウントを作成するので見つけやすいが、ハイジャックされたアカウントを使っている場合は見分けがつかない。それでも多くのUGCサイトでは、スパムコンテンツにフラグをつける機能があるので、それによって見極めが容易になっている。ユーザーによって自治管理されたコミュニティは有望ではあるが、悪質なコンテンツを見つけるのに最適な方法ではない。たとえば、redditでフラグのついた投稿の多くは、スパマーが自分**以外**の投稿にフラグをつけたものだった。これは自分のコンテンツが上位にくるようにするためである。ジェレミーはこのように言っている。

> 「ユーザーからの問題報告の質（最終的にスパムと判定された報告の回数）を分析するシステムを構築する必要がありました」

redditでは、モデレーターの他に自動フィルタリングを使って、ほとんどのスパムを捕捉している。2011年に投稿されたコンテンツの約半数がスパムだそうだ。

> 「そのようなコンテンツの半数を投稿したユーザーは、ユーザー全体の50%をはるかに下回っています。不正防止の仕組みを開発できたのは、発生した不正を発見し、なぜ不正が可能だったのかを分析し、コーパスから他の文例を見つけて、不正を検出するモデルを構築したからです」

こうしたスパムは、サイトの広告収益モデルを提示していたとも言える。

> 「スパマーたちはリンク先を見せたがっています。そこで、彼らにお金を支払ってもらい、そのことを判別できるようにすればいいのではないか？と考えました。redditのスポンサードリンクを見ると、2008年頃にGoogleがやっていたスポンサードリンクとスタイルもやり方も同じだと思うでしょう」

要点

人気が高まると、スパム対策に膨大な時間やお金をかける必要がでてくる。どのようなコンテンツが良質／悪質なのか、どのようなユーザーが悪質なコンテンツにフラグをつけてくれるのか。これらを計測するところから始めよう。効果的なアルゴリズムにとって重要なのは、学習データの中身である。コンテンツの質は、ユーザーの満足度の先行指標となる。品質の低下に気を配り、コミュニティを遠ざける前に対処しよう。

[†] http://www.buzzfeed.com/reyhan/tech-confessional-the-googler-who-looks-at-the-wo

27章
ツーサイドマーケットプレイス：評価基準

ツーサイドマーケットプレイスは、ECサイトとユーザー制作コンテンツの2つのモデルを組み合わせたものである。ECサイトのように販売者と購入者の取引で成り立ち、ユーザー制作コンテンツのように販売者が制作して管理する掲載情報に依存しているからだ。その掲載情報の質が、収益やマーケットプレイスに影響を与える。したがって、注意を払うべきアナリティクスの組み合わせも存在する。

マーケットプレイスでアナリティクスが重要な理由はもうひとつある。販売者は、価格の設定・写真の効果・売れるコピーの分析ができないことが多い。マーケットプレイスのオーナーとしては、こうした分析を手伝うことができる。サイトにいるすべての販売者の集約データにアクセスできるので、販売者よりもうまくやれるのだ。

出店者は価格の設定がわからないこともある。自分で分析できるとしても、十分なデータがそろっていないのだ。オーナーは**すべて**の取引にアクセスできるので、出店者の価格の最適化を支援できるだろう（それに合わせて収益も増える）。たとえば、有料の写真撮影サービスが賃貸料に与える影響をテストするときに、Airbnbは不動産オーナーの代わりに実験的に試してみてから、実際にサービスを展開したのである。

これまでにECとUGCの両方のモデルを見てきたが、ここではツーサイドマーケットプレイスに特有の課題を見ていこう。

27.1 取引規模

マーケットプレイスには、頻度が低く価格の高い商品（住宅など）を扱うものもあれば、頻度が高く価格の安い商品（eBayに掲載されているものなど）を扱うものもある。つまり、販売者の掲載情報数や取引価格はさまざまであり、有益な基準値を決めるのは不可能なのだ。

とはいえ、購入額とコンバージョン率には相関関係があることが多い。購入額が高ければ、そのための比較や検討も増える。逆に購入額が少なければ、それだけリスクも低く、衝動や気まぐれで購入してしまう。

要点

典型的な取引規模を説明することはできないが、購入者の振る舞いを理解するためにも、コンバージョン率と一緒に計測すべきである。そして、この情報を販売者に伝えるのである。

ケーススタディ ｜ Etsy が監視するもの

　Etsy は、自分の作品の共有や販売ができるクリエイティブ型のオンラインストアである。オンラインで作品を販売する場所がない画家・写真家・大工たちによって、2005年に設立された。今では年間 5 億ドル以上がこのマーケットプレイスで取引されている。

　Etsy では、多くの指標を見ている。まずは、ショッピングカート（個別の販売）・販売された商品数・月間売上・合計手数料などの収益指標だ。それから、販売者と購入者の増加についても追跡している。これは、新規アカウント数・新規販売者数・承認されたアカウント数から算出したものだ。時間の経過に合わせて、こうした中心的な指標の年単位の増加についても追跡するようになった。

　基本的なもの以外にも、個別の商品カテゴリの増加・ユーザーが最初に販売するまでの時間・平均注文額・訪問から販売のコンバージョン率・購入者の再訪問率・商品カテゴリで目立つ販売者などを追跡している。また、最初に販売するまでの時間と、商品カテゴリごとの平均注文額に分解している。

　最近では、粗利益・訪問者のモバイルとデスクトップの割合・地域別のアクティブな販売者の人数なども注意深く見るようになった。また、過去の平均値を計算して、データの外れ値を特定するための基準値として使っている。

　エンジニアリング部門の VP であるケラン・エリオットーマックレイ《Kellan Elliott-McCrae》は、すべての製品で複数の指標を計算していると言っている。なかでも顕著なのはサイト検索の指標だ。Etsy はその他のアドネットワークと同じように、検索システムを運営しているのである。

> 「検索システムに入力されたすべてのキーワードについて、継続的に需要（検索）と供給（商品）を計測しています。需要と供給の両方があったときに、うまく価格設定や購入ができるようにしています」

　Etsy が継続的デプロイの手法を導入したときに、最初のビジネスダッシュボードに掲載していたのは、1 秒あたりの登録数・1 秒あたりのログイン数（とログインエラー数）・1 秒あたりのチェックアウト数（とチェックアウトエラー数）・新規掲載情報と更新掲載情報・「ハマったユーザー」（エラーメッセージを見たユーザー）の情報だった。

> 「ここで重要なのは、何かが壊れたときにすぐにわかるような指標を使っていたということです。あとからページ読み込み時間の平均値や 95 パーセント値も追加しました。パフォーマンスの後退も監視するようにしました」

　最近では、さまざまな機能が販売に与える影響を明らかにしようとしている。

「たとえば、販売の一部は検索から直接来ていることがわかっています。ですが、最初に閲覧して、**それから**検索する訪問者のほうが、コンバージョン率が高いことが判明したのです。もちろんコンバージョン率は統計的有意性の確保が難しい指標です。サイト全体のクリックストリームを分析できるほどの購入は発生しません。それでは外れ値が手に入るだけです」

ケランは、サイトのなかで購入までのコンバージョン率が最も高いのは、ヘルプページであると指摘する(何かをしようとしたときにヘルプページに行くからだ)。それなのに、ヘルプページをサイトの中心にした商品設計をしていないと冗談を言っている。

「意味のあるデータを手に入れるには、実験をうまく見極めなければいけません」

サイトの販売数は膨大にもかかわらず、会社は急速な成長を求めなかった。

「我々は粗利を薄くしています。これまでもスピードを上げることに慎重でした。それよりも注意深くビジネスの指標を監視し、持続的に成長していきたいと思っています」

需要を喚起すれば販売につながるので、販売者には毎月ニュースレターを送信している。そこには、分析データ・市場リサーチ・履歴データの傾向が書かれている。また、販売者のための市場リサーチツールも用意している。

「たとえば、販売者が『机(desk)』を検索するとします。市場リサーチツールを確認すると、『卓上カレンダー(desk calendars)』が 20 〜 24 ドルで販売されていることがわかります。ダウンロード可能な卓上カレンダーの PDF は 4 ドルです。『卓上ランプ(desk lamps)』は 50 ドルくらいでしょうか。本物の『机』は毎日わずかな台数しか売れないのです」

Etsy は共有のマーケットプレイスである。マーケットプレイスが直面する鶏と卵の問題は、セレンディピティで克服した。

「最初は購入者と販売者が同じ人でした。作品の需要と供給の両方に取引を勧めて、両者を明確にしたのが始まりです。Etsy は作家たちがサポートし合うコミュニティと深い関係がありましたので、お互いを見つけるところをこちらで支援していました」

まとめ

- Etsy は指標駆動である。製品／市場フィットを経過してからは、少しずつビジネスにフォーカスした指標に変わっていった。
- マーケットプレイスが直面する鶏と卵の問題を回避した。最初は購入者が販売者でもあった。
- もっとうまく販売できるように、分析結果を販売者たちと共有した。これが結果的に Etsy の役に立った。

学習したアナリティクス

共有のマーケットプレイスにおける販売者と購入者のモデルは、アドネットワークの広告在庫とよく似ている。購入者が求めるものと、マーケットプレイスがその需要にどれだけ合致しているかを把握する必要があるからだ。これが収益の先行指標となる。分析データの一部を共有して、販売者がうまく販売できるように支援しよう。

27.2　トップ 10 リスト

トップ 10 リストは、マーケットプレイスがどれだけうまくいっているかを理解する優れた方法である。商品セグメントに合わせて、収益や取引数などの KPI に関する質問をしてみよう。

- 販売者のトップ 10 は？
- 購入者のトップ 10 は？
- 収益の大部分を占める製品やカテゴリは？
- 販売がピークになる価格帯・時間帯・曜日は？

あまり役に立たないと思うかもしれないが、トップ 10 のセグメントやカテゴリのリストを作り、何が変化しているのかを見ていけば、マーケットプレイスに関する定性的な見解が得られるはずだ。これがあとから定量的なテストになり、イノベーションにつながっていくのである。

要点

伝統的な EC 企業とは異なり、在庫や掲載情報を大きくコントロールすることはできない。だが、何が売れているかを**把握することはできる**。そのような情報を積極的に手に入れていこう。特定の商品カテゴリ・地域・家の大きさ・色が売れていることがわかれば、そのことを販売者に伝えよう。そうした情報をもっと発見していこう。

28章
基準値がないときに何をすべきか

　これまでに役に立つ基準値の説明をしてきたが、ここまでの7つの章を読んでいれば、これらの数値は始まりにすぎないことがわかるだろう。たとえば、「チャーンを2.5%未満にしたい」「メディアやUGCサイトでは、ユーザーに17分間滞在してもらいたい」「コンテンツに積極的に関わっているのは利用者の2.5%未満である」「ユーザーの65%が過去90日間でモバイルアプリの使用を停止している」といった指標を考えてほしい。**多くの指標には「正常値」が存在しない**のである。

　現実的なやり方としては、市場や製品に合わせて評価基準をすばやく調整していくことになるだろう。それで問題ない。ただし、自分の能力に評価基準を合わせてはいけない。自分の能力を評価基準まで高める必要がある。

　ほぼすべての最適化は収穫逓減になっていく。たとえば、ウェブサイトの読み込み時間を10秒から1秒にするのは簡単だが、1秒を100ミリ秒にするのは難しい。10ミリ秒はほぼ不可能である。やるだけムダだ。こうしたことは、多くの改善活動に当てはまる。

　ここでヤル気をなくしている場合ではない。実際にはこのことが役に立つからだ。結果をプロットしながら極大値に近づくと、漸近線が見えてくる。つまり、改善活動が生み出す成果が減少したときが基準値なのである。それがわかれば、他の指標に移動することもできる。

　訪問者に入会を促すための30日間の最適化を考えてみよう。図28-1を参照してほしい。訪問者1,200人のなかでサインアップしてくれたのは、最初は4人だけだった。コンバージョン率は0.3%。ひどい数値だ。トラフィックの増加は緩やかだが、継続して入会の調整やテストを行った結果、月末には1,462人の訪問者の8.2%が入会してくれた。

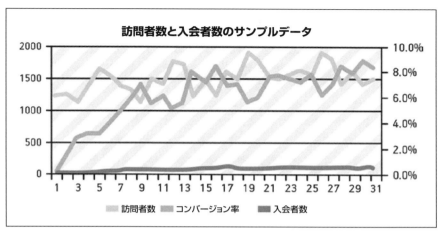

図 28-1　緩やかな改善がわかるだろうか？

　ここで質問してみたい。今後も入会の改善を続けるべきだろうか？　それともすでに収穫逓減にぶち当たっているのだろうか？　コンバージョン率に傾向線を引くと、収穫逓減が見えてくる（図 28-2）。

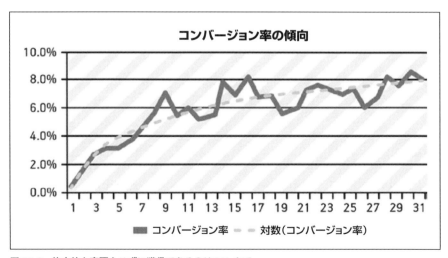

図 28-2　抜本的な変更をせずに獲得できるのは 9% まで

　その他の条件が同じならば、コンバージョン率は 9% 程度まで上げることができるだろう。これが基準値だ。とりまく世界の感覚をもたらすものである。だが、その他の条件が常に同

じということはない。たとえば、ユーザー獲得の戦略が変わると、事態は大きく変化するだろう。

このことは、以前に説明した極大値の議論につながる。現状を反復／改善していくと収穫逓減になるが、ビジネスモデルの一部を成功させるにはそれで十分だ。それが終わったら、次へ進めばいい。この会社のビジネスモデルの場合は、訪問者の7％が登録するようになったら、訪問者の増加などに手をつければいいのである。

何が正常かを把握できないのであれば、このようなやり方を使おう。少なくとも現在のビジネスにおいて、何が正常か（そして何が達成可能か）がわかるはずだ。

これで、ビジネスモデルのアイデア・現在のステージ・比較すべき基準値が手に入ったことになる。それでは、スタートアップ以外でリーンアナリティクスが重要な役割を担う分野に話を進めていこう。企業への販売や組織内起業家である。

第IV部 リーンアナリティクスを導入する

データについて多くのことを理解できたはずだ。ここからは、腕をまくって実際に取り組んでいこう。この部では、エンタープライズにフォーカスしたスタートアップや、組織内に変革をもたらそうとしている組織内起業家にとって、リーンアナリティクスにどのような違いがあるかを見ていく。また、チーム全体が賢く、素早く、反復的に意思決定ができるように、組織の文化を変えていく方法についても説明する。

> 変化を拒絶する者は、衰退のアーキテクトである。
> 進歩を拒絶する人間社会は、墓場だけである。
> —— ハロルド・ウィルソン《Harold Wilson》

29章
エンタープライズ市場に売り込む

リーンアナリティクスはコンシューマー向けのビジネスにしか使えないのだろうか？　そんなことはない。

もちろん実験はコンシューマーのほうが簡単だ。あちこちに存在するし、意思決定が非合理的なので、感情と戯れることができる。クラウドコンピューティングとソーシャルメディアの登場により、何かをローンチして評判を広めるのに大きな事前投資を必要としなくなった。コンシューマー向けのスタートアップはメディアの象徴となり、ハリウッドの映画にもなった[†]。こうしたことに異論を挟む余地はないだろう。SaaSプロバイダーのようなB2Bのスタートアップでさえも、大企業以外をターゲットにしている。

だが、ビジネスにおけるデータ活用の手法は、あらゆる種類の組織に有効である。偉大な創業者たちの多くは、ビジネスの大きな課題を追い求めることでリッチになった。TechCrunchのレポーターであるアレックス・ウィリアムス《Alex Williams》は、このように言っている[‡]。

> 「エンタープライズの分野はひどく退屈かもしれませんが、お金は最悪なところにあるものです」

エンタープライズにフォーカスしたスタートアップは、独特の挑戦をしていかなければいけない。それは、監視する指標やその収集方法さえも変えてしまうものである。だが、それをやる価値はある。

29.1　なぜエンタープライズの顧客は違うのか？

よいニュースから始めよう。エンタープライズのほうが話し相手を見つけやすい。電話帳に載っているからだ。コーヒーを飲む時間くらいは作ってくれるだろう。それに、予算も持つ

[†] 2012年2月、The Next Webのアレン・ガネット《Allen Gannett》は、クラウドの台頭・テクノロジーの大衆化・SaaSモデルの広がりが、エンタープライズソフトウェアの買収の急増につながっているとしている。

[‡] Accelerprise社（エンタープライズスタートアップにフォーカスしたアクセラレーター）が開催したデモデイに参加したウィリアムズの反応については、以下を参照してほしい。http://techcrunch.com/2012/11/09/notes-from-a-startup-night-the-enterprise-can-be-as-boring-as-hell-but-the-whole-goddamn-thing-is-paved-with-gold/

ている。そういう人たちは、新しいソリューションを評価して、ベンダーと打ち合わせをして、会社のニーズを伝えて、うまく解決できるかを確認するのが、**仕事**なのだ。カフェインを摂取できるのであれば、すぐに見込み客と話ができる。

とはいえ、大勢の洗練されていない消費者を相手にするのとは違い、法人営業は難しく、重要な点がいくつも存在する。ベンチャーキャピタリストのベン・ホロウィッツ《Ben Horowitz》は、法人営業の幻想を最初に打ち砕いたひとりだ。

> 　毎日のように起業家・投資家・ベンチャーキャピタリストから耳にするのは、「エンタープライズのコンシューマー化」という新しい刺激的なムーブメントである。彼らの口からは、ロレックスを身につけた昔ながらのコストの高い営業職がいかに過去のものであり、これからはコンシューマーがTwitterを使うように、企業がエンタープライズ製品を積極的に「消費」するという言葉が出てくる。
> 　だが、WorkDay・Apptio・Jive・Zuora・Clouderaなどの成功した新興のエンタープライズ企業と話をすると、いずれもお堅い大企業向けの営業に力を入れている。営業職は人件費が高く、なかにはロレックスを身につけている人もいる。†

高価で密着

エンタープライズにフォーカスしたスタートアップが違うのは、B2Cの顧客開発は標本調査であり、B2Bは全件調査であることだ。

エンタープライズの営業は、高価な商品を少数の顧客に販売するものである。つまり、少しの源泉から多くのお金を稼ぐということだ。高額の商品を販売するとなると、ゲームの内容が大幅に変わる。たとえば、最初はすべての顧客と話をする余裕がある。価格が高いのは、こうした直販型営業の（特に初期の）コストを相殺するためだ。

こうした最初の少数のユーザーが、大きな違いを生むことになる。ここでは、市場全体の代わりに30人と話をしているわけではない。話をした30社のすべてが、そのまま最初の顧客になる可能性が高いのだ。

アナリティクスというのは、大量の情報を理解して、パターンやそれにもとづいた振る舞いを把握することである。だが、B2Bスタートアップの初期段階にはパターンは存在しない。存在するのは顧客だけである。

- すぐに顧客に電話をかけることができる。
- 電話で何が必要なのかを教えてもらえる。
- 部屋に入れてもらえる。
- ただし、統計的に有意なテストができない。テストが失敗したときにやり直すことはできず、顧客を失うだけである。

---

† http://www.bhorowitz.com/meet_the_new_enterprise_customer_he_s_a_lot_like_the_old_enterprise_customer

形式的な手続き

　エンタープライズの購入者には規律がある。直感や感情だけで意思決定はできない。できるのかもしれないが、それには投資対効果検討書による裏付けが必要だ。大企業は抑制と均衡を保つ公開会社である。製品にお金を支払う人（財務部門）は、それを使う人（ライン部門）ではない。この違いを理解することが、製品開発や営業には不可欠である。最初はアーリーアダプターがターゲットになるだろう。このときの購入者は利用者に近い（同じ場合もある）。だが、アーリーアダプターを過ぎると、購入者と利用者が分かれていく。

　企業は形式的な手続きの仕組みを持っている。それによって汚職を防ぎ、監査を可能にするのである。だが、この仕組みが物事の理解を妨げている。担当者が味方になってくれたとしても、別のところに敵がいるかもしれない。あるいは、あなたの気づかないところに懸念を抱いている人がいるかもしれない。最初に直販するのはこのためだ。官僚制度を渡り歩き、外部者に隠されている販売プロセスを理解しよう。

29.2　レガシー製品

　コンシューマーは古い製品を気まぐれに見捨ててしまう。近年のクラウドベースのソフトウェアへの乗り換えからもわかるように、中小企業は簡単に移行できる。だが、大企業は過去に多額の投資をしており、それを適切に減価償却しなければいけない。また、過去の意思決定には、政治的な投資という意味合いもある。こうしたことが変化に対する強い抵抗力となっている。

　ある程度の規模の組織は、自分たちのソフトウェアやプロセスを持っている。そして、あなたにもそれらを当てはめようとする。自分たちのやり方を変えようとはしない。変化するのは難しく、再教育にコストがかかってしまうのだ。そして、このことが開発コストの増加につながっていく。すでにあるものと統合する必要があるからだ。また、製品を設定可能で適応可能なものにしなければいけない。それはつまり、製品が複雑になり、使いにくくなることを意味する。

既存企業

　こうしたレガシーの問題は、別の問題の一部となっている。「既存企業」の問題だ。何かを破壊したり置き換えたりするときには、既存のソリューションよりもあなたのソリューションのほうが優れていることを組織に納得してもらわなければいけない。組織は変化を嫌う。現状を愛しているのだ。製品がまだ技術導入サイクルの初期段階にあれば、新しいというだけで不利である。**コンシューマーは新しいものを好む。ビジネスではそれをリスクと呼んでいる。**

　このことは、既存のベンダーがあなたの売り込みを大きく遅延させることができるということでもある。彼らはあなたの計画をかぎつけて、自分たちも同じようなことを考えていたと主張するだろう。酸素供給用のホースを踏みつけて、自分たちにもできると約束し、あな

たが死んだら前言を撤回するのである。

　大きくて動きの遅い既存企業には、多くの弱点がある。新規参入者としては、採用されやすくして、教育の必要性をなくすという要望に応えれば、相手の市場を奪えるだろう。たとえば、10年前に「フィード」を知っていたのは、ブルームバーグの端末に接続する株式トレーダーだけだった。今ではFacebookやTwitterを使っている人なら誰もが知っている。教育の必要性がないのである。

　簡単に使えるようにするのは、エンタープライズに破壊をもたらすためだけではない。それが「参加費」なのだ。Greylock社の客員データサイエンティストであり、LinkedIn社の元プロダクトヘッドであるDJ・パティルは、このことを「ゼロオーバーヘッドの原則」と呼んでいる。

> 　イノベーションのこうした新しい潮流にある中心的なテーマは、製品の重要な原則をコンシューマーの領域からエンタープライズに適用することである。なかでもエンタープライズ向けに製品を構築している起業家たちと共有しているのは「ゼロオーバーヘッドの原則」という教訓だ。これは、ユーザーの教育コストがかかる機能を入れてはいけないというものである。[†]

サイクルタイムが遅い

　リーンスタートアップのモデルがうまくいくのは、すばやく反復的に学習できるからだ。顧客が注意深くて活発に動かないのであれば、すばやく学習するのは難しい。ターゲット市場のサイクルタイムが遅くなれば、すばやく反復するのも難しくなる。リーンスタートアップの成功物語の多くがコンシューマー向けビジネスなのは、このようなことが主な理由である。

　だが、SaaS市場の登場によって事態は一変した。市場の許可を得ずに、比較的簡単に機能を変更できるようになったからだ。しかし、昔ながらのエンタープライズソフトウェアを販売しているのであれば、あるいは配達用のトラックやシュレッダーを販売しているのであれば、顧客からすばやく反復的に学習することはできないだろう。もちろんそれは競合も同じだ。すばやくやる必要はなく、競合よりも速くやればいいのである。

合理的な裏付け（イマジネーションの欠如）

　すべての企業が大きくて動きの遅いレイトアダプターというわけではないが、リスクを回避することに違いはない。エンタープライズの購入者はコンシューマーのようなリスクを負うことはできないので、思考に制限がかかっている。彼らは実際に何かを試す前に、うまくいくという証拠を求めてくる。したがって、優れたアイデアであっても、投資対効果検討書・投資収益率分析・総保有コストの計算に足を取られることが多い。

[†] http://techcrunch.com/2012/10/05/building-for-the-enterprise-the-zero-overhead-principle-2/

こうした合理的な裏付けが必要とされるのには理由がある。2005年にIEEEの委員会長であるロバート・N・シャレット《Robert N. Charette》は、毎年ソフトウェアに1兆ドルもの資金が費やされていると試算した。その5〜15%がデリバリー前またはデリバリー後間もなく中止されており、残りのほとんどが予定の遅れや大幅な予算超過となっている[†]。同様の調査はPM Solutionsも行っており、ITプロジェクトの37%がリスクにさらされているそうだ[‡]。

会社には人があふれている。多くの人にとって仕事は単なる仕事だ。長期的に組織全体が不利益を被るとしても、自分がミスをしないことのほうが重要である。あなたが約束した変化によって、自分の仕事の負担が増えるかどうかだけを考えている人がいるなら、組織に影響を与えることは難しいだろう。

必要以上に希望のない世界観である。

このような理由により、B2Bスタートアップは2種類の人間で成り立っている。「ドメイン専門家」と「破壊専門家」だ。

- ドメイン専門家は、業界と問題領域に精通している。ローロデックスをくるくるしながら、製品決定の初期段階では顧客の代理として振る舞う。ライン部門出身の人が多く、マーケティング・営業・事業開発の役割を担っている。
- 破壊専門家は、スタートアップにお金をもたらすテクノロジーに精通している。現在のモデルの先を見通すことができ、転換後の業界がどうなるかを把握して、斬新的な手法を既存の市場に持ち込むことができる。いわばテクノロジストである。

29.3　エンタープライズスタートアップのライフサイクル

スタートアップの始まり方はさまざまである。だが、ぼくたちは数年かけてB2Bスタートアップの成長のパターンを見つけた。主に以下の3つが存在する。

エンタープライズへのピボット
　最初はコンシューマー向けの製品を作っていたが、エンタープライズ向けにピボットしたパターンである。たとえば、Dropboxがそうだ。ターゲットを営業職に絞り、エンタープライズITを回避したBlackBerryもそうだと言える。ただし、よくあることではない。エンタープライズの期待や懸念はコンシューマーのそれとは大きく異なるからだ。

コピーと再構築
　コンシューマー向けのアイデアをエンタープライズ向けに作り直すというやり方もある。たとえば、Yammerがそうだ。Facebookのフィードのインターフェイスをコピーして、ステータスアップデートのモデルを再構築した。

[†] http://spectrum.ieee.org/computing/software/why-software-fails/0
[‡] http://www.zdnet.com/blog/projectfailures/cio-analysis-why-37-percent-of-projects-fail/12565

既存の課題を破壊する

業界には多くの破壊的技術が登場してきた。モバイルデータの出現から、IoT（モノのインターネット）[†]、Faxの導入、ロケーションベースのアプリケーションまで、いずれも古いやり方を破壊するほどの大きな利点を提供した。たとえば、Taleoは古い人事管理のビジネスを破壊したものだ。

インスピレーション

ぼくたちが話を聞いたエンタープライズスタートアップの多くは、基本的なアイデアをもとにしてスタートアップを始めていた。こうしたアイデアは、破壊したいエコシステムのなかから生まれたものである。ドメイン知識が不可欠なのはそのためだ。ビジネス（特にバックオフィスの業務）をうまく機能させる重要な要素は、外の世界からは見えない。ボトルネックがわかるのは内部の関係者だけである。

Taleo社の創業者について考えてみよう。彼らは重量級ERPであるBAANから、エンタープライズ向けの人材管理ツールを取り出した。ERPの大きな課題はインテグレーションとデプロイであると認識しており、ウェブを使えば多くの求職者と企業が接触できることに気づいたのである。また、人材の雇用前後において、人材管理はますますデータ駆動になると考えていた。

このように考えたのは、技術トレンドを見ていたからだ。創業者の人事業界の知識は、BAAN時代に培われたものである。うまくいくのは明らかだった。2012年2月にTaleo社は、Oracle社に19億ドルで買収された。

創業チームには、内部の関係者が**いなければいけない**わけではないが、いたほうが役に立つだろう。忘れないでほしいのは、内部の関係者も「建物の外に出て」、仮説を検証する必要があるということだ。既存のドメイン知識が使えなくなる可能性があるからといって、建物の外に出ないで引きこもっていてはいけない。

それでは、リーンアナリティクスのフレームワークの5つのステージをB2Bにフォーカスした企業に当てはめていこう。B2B企業が各ステージでやるべきことと懸念すべきリスクを図29-1に示している。

[†] http://en.wikipedia.org/wiki/Internet_of_Things

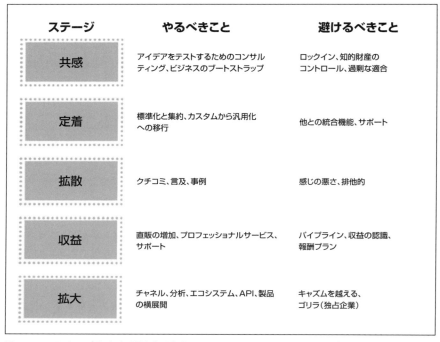

図29-1　エンタープライズに販売するときのリーンアナリティクスのステージ

共感：コンサルティングとセグメンテーション

　ブートストラップしたスタートアップは、コンサルティング組織として誕生することが多い。コンサルティングは顧客のニーズを発見するのに最適な方法であり、お金までいただくことができる。また、初期のアイデアをテストすることもできる。顧客ごとにさまざまなニーズが存在するが、ビジネスを構築できるニーズというのは、ある程度規模が大きくて、手の届きやすい市場に確実に存在するものだからだ。

　そうは言っても、コンサルティング会社は大変な思いをして、サービスプロバイダーから製品開発企業へと移行している。ある時点でサービスの収益を放棄して、製品にフォーカスする必要があるからだ。この移行には、キャッシュフローの観点から激しい痛みが伴う可能性がある。したがって、ほとんどのサービスプロバイダーが移行しない。

　製品に確実にコミットするには、サービスビジネスの「ボートを燃やす」必要がある。つまり、一般的な市場が求める製品を届けるために、大好きな顧客を無視しなければいけない。顧客を喜ばせるためにカスタマイズしてしまいそうになるが、製品開発とサービスの提供を同時に行うことはできない。IBMでさえも2つに分けざるを得なかった。生まれたてのスタートアップにできるわけがない。

ケーススタディ | Coradiant 社の市場の見つけ方

　ウェブパフォーマンス機器のメーカーである Coradiant 社は、1997 年に Networkshop 社として開業し、2011 年 4 月に BMC Software 社に買収された[†]。最初は、パフォーマンス・可用性・ウェブテクノロジー（SSL など）の調査を行う IT インフラのコンサルティング会社だったが[‡]、すぐにエンタープライズやスタートアップからデプロイの支援を依頼されるようになった。依頼してきた顧客たちは、2 台のロードバランサー・ファイアウォール・暗号化アクセラレーター・スイッチ・ルーター・監視ツールといったコストのかかるネットワークインフラを使わざるを得ない状況だった。これらを合計すると 50 万ドルにもなる。それで 100Mbps のトラフィックをさばいていた。だが、顧客はそれだけのキャパシティを必要としていなかった。

　Networkshop 社はフロントエンドのインフラを仮想化して、1Mbps ずつ購入できるようにした。それをひとつの市のひとつのデータセンターにデプロイして、顧客にキャパシティを提供したのである。これが金銭的にうまくいった。インフラの使用率が 35% を超えると、その分だけ利益に直結したのである。

　この事例を武器にして、Networkshop 社は Coradiant 社へと社名を変更し、シリーズ A の資金を調達した。その資金を使って、同様のインフラ「格納庫」を北米のデータセンター全域にデプロイした。そして、サポートサービスを追加して、LoudCloud 社や SiteSmith 社などと同じ MSP（Managed Service Provider）ビジネスの仲間入りを果たした。

　だが、Coradiant 社が使うデータセンターのオーナーたちが、インフラからもっとお金を稼ぐ必要があると考えるようになった。そして、面積あたりの収益を増やすために、同社の競合となるサービスの提供を開始した。Coradiant 社の創業者は決断を迫られた。顧客をホストする同じデータセンター同士で競争するか（よくないアイデア）、データセンターのオーナーの許可が必要ない新しいビジネスモデルにピボットするかである。

　Coradiant 社は、顧客のインフラ管理やパフォーマンス測定をする監視サービス（OutSight）を構築した。そして、2003 年の夏に規模を大幅に縮小した。運用スタッフのほとんどを解雇して、アプライアンスのバージョンを構築する開発者やアーキテクトを採用したのである。新製品には TrueSight という名前をつけて、2004 年にローンチした。これでデータセンターのオーナーにデプロイの許可をもらう必要がなくなった。

　MSP の顧客の一部が、TrueSight のユーザーになった。これにより紹介できるだけの知名度の高い名前がすぐに集まった。TrueSight の初期のバージョンには、基本的な機能しかなかった。たとえば、レポーティング機能はエクセルに出力するだけだった。

[†] 正確に記述すると、アリステア・クロールとエリック・パックマン《Eric Packman》が 1997 年に共同で Networkshop 社を創業し、2000 年に Coradiant 社へと社名を変更した。
[‡] http://www.infosecnews.org/hypermail/9905/1667.html

それでも、初期の顧客と密接にやり取りをするエンジニアリングチームを作り、顧客の作ったレポートの種類やアプライアンスの使い方を見ながら、新しいバージョンに機能を取り入れていった。

製品が成熟するまではチャネル営業をしなかった。直接やり取りをすることで、現場から頻繁にフィードバックを集めたのである。また、年に 2 回ほどユーザー向けのカンファレンスを開催し、製品の使用方法をヒアリングして、脆弱性検出のためのリアルタイムビジュアライゼーションやデータエクスポート機能などの新しい方向へとつなげていった。

結局のところ、コンサルティング時代の遺産によって、ターゲット市場のニーズに気づくことができたわけだ。初期の製品は、ネットワークコンポーネントのコストを多くの顧客で分担して、IT インフラを共有するというものだった。このサービスによって、顧客が監視ツールに求める機能を学ぶことができた。そして、それが新しい製品開発につながったのである。

まとめ

- Coradiant 社はマネージドサービスの販売から出発した。だが、市場の大きな転換によって、市場のダイナミクスが大きく変わった。
- 同社は、ウェブサイトのユーザー体験から、マネージドサービスのサブセットに独自の価値があることを発見した。
- 顧客はサービスではなくアプライアンスとして、この機能を必要とした。

学習したアナリティクス

法律の改正や競合の動向といった環境の変化によって、検証済みのビジネスの仮説が真ではなくなることもある。その場合は、中心的な価値提案を把握してから、それを異なる市場に販売できないか、あるいは変化を克服できるような方法で販売することができないかを確認しよう。Coradiant 社の場合は、サービスのサブセットを残して、アプライアンスとして提供することになった。

コンサルティング会社として始めるのはリスクを伴う。コンサルティングの罠にすぐにはまってしまうからだ。ビジネスが成長していくと、顧客を継続的に幸せにしたいと思うようになり、自分の製品やサービスの構築に専念するサイクルに入れないのである。多くのスタートアップが当初の計画を見失い、コンサルティング会社になってしまっている。なかにはそれで幸せな人もいるだろう。だが、それではポール・グレアムの「拡大可能・再現可能・急成長」の条件には当てはまらない。それはスタートアップではない。

コンサルティング会社からスタートアップへ移行するには、既存の顧客の要求がその他の顧客に広く受け入れられるかどうかをテストする必要がある。ただし、顧客のプライバシー規約に違反するかもしれないので、顧客開発をうまくやる必要がある。既存のクライアント

は、あなたがこれから提供する標準的な製品が自分たちのニーズに合わないと感じるかもしれない。そうした場合は、将来のバージョンの構築コストを多くの顧客に負担してもらうためにも、標準的な製品のほうが優れていることをあなたが説得しなければいけない。

修正すべき課題が見つかり、ソリューションが見込み客やクライアントにとって有効であると検証できたら、顧客対象をセグメント化する必要がある。すべてのクライアントが同じわけではない。地域・業界・担当営業チームごとにセグメントを決めるといいだろう。そうすれば、アーリーアダプターの注目を集めながら、失敗の影響を抑えることができる。

たとえば、採用管理ツールを構築しているとしよう。法律事務所が求職者の発見や採用をするやり方と、ファストフード店のそれとは大きく異なる。にもかかわらず、統合的なツールを構築しようとするのは（特に最初の頃は）いい考えとは言えない。面接の回数・必要とする資質・勤務年数も違うだろう。違うということは、カスタマイズや変数が必要になるということだ。複雑性が増すということだ。DJ・パティルの「ゼロオーバーヘッドの原則」に違反するということだ。

定着：標準化と統合

ニーズを把握して、最初のセグメントを特定したら、製品を標準化しなければいけない。なかには構築前に販売できる製品もあるだろう。MVPの代わりにプロトタイプを作っても構わない。あるいは、顧客が成果物にお金を支払うと約束できるだけの仕様書でもいい。こうした条件付き購入のパイプラインによって、資金調達のコストが下がる。成功の可能性を高めてくれるからだ。

B2Cの世界でスタートアップが気にかけるのは、それを「作れるか？」よりも「気に入ってもらえるか？」である。だが、エンタープライズの市場では「統合できるか？」のほうがリスクが高い。問題の発生源となるのは、既存のツール・プロセス・環境だ。それらと統合するには、そのクライアントのためだけのカスタマイズが必要になる。その結果、それまでに頑張った標準化が台無しになってしまう。

こうしたカスタマイズと標準化の緊張関係を管理することが、初期のエンタープライズスタートアップの最大の課題である。クライアントのユーザーに製品を試してもらえなければ絶望的だ。だが、製品が動いていたとしても、レガシーシステムとうまく統合できなければ、それはあなたの失敗にされてしまう。

拡散：クチコミ・紹介・言及

標準化した製品を初期の市場セグメントにうまく販売できるようになれば、それから先は成長していく必要があるだろう。エンタープライズでは新規参入者は信用されないので、紹介やクチコミによるマーケティングに依存するところが大きい。成功したものから導入事例を作っていこう。満足したユーザーには、見込み客からの問い合わせに電話で対応してもらえるようにお願いしよう。

このステージの成長には、紹介や言及が欠かせない。知名度の高い顧客を集めることが重

要だ。エンタープライズにフォーカスしたベンダーは、事例と引き替えに価格の割引をすることが多い。

収益：直販とサポート

パイプラインが成長して収益が入るようになると、キャッシュフローや営業チームの手数料の仕組みが気になるようになる。持続可能なビジネスかどうかを判断するには、サポートコスト・チャーン・トラブルチケット・継続中のビジネスコストを示す指標を把握して、どれだけの顧客が利益に貢献しているかを理解すればいい。営業利益率が悪ければ、利益にも悪影響を及ぼすだろう。

この時点では、営業チームとサポートグループからのフィードバックが不可欠である。最初の成功が本物なのか、あなたの話に乗ってもらっただけなのかがわかるからだ（後者では長期的に持続できない）。Rally Software 社のチーフテクノロジストであるザック・ニースは、このように言っている。

> 「スタートアップにとって、このことは極めて重要です。ここに大きな強みがあるからです。既存企業の製品開発チームは、現場や顧客から離れすぎていて、市場トレンドのことをよく知りません。スタートアップのほうが既存企業よりも顧客のことを理解しているのです」

拡大：チャネル営業・効率・エコシステム

エンタープライズにフォーカスしたスタートアップの最終ステージでは、拡大を強調することになる。VAR（付加価値再販業者）や代理店を使ったチャネル営業を始めることになるかもしれない。それから、アナリスト・開発者・APIおよびプラットフォーム・パートナー・競合といったエコシステムを形成し、市場を定義して洗練していくことになるだろう。これらは今後も使い続けてもらえるかどうかの指標になる。顧客となる企業は、プロセス、ベンダーとの関係、自分たちでは実現できないテクノロジーに投資しているからだ。エンタープライズ向けのソフトウェア会社を拡大するには何年もかかる。エンタープライズに販売する会社がチャネルを確立して、販売プロセスをマスターするまでに、5〜10年はかかるとザックは試算している。

29.4　それで、重要な指標は？

B2CとB2Bのスタートアップの成長に多くの類似点があるように、コンシューマー向けの指標の多くがエンタープライズ向けの会社にも当てはまる。だが、エンタープライズスタートアップだけに適用したい指標もいくつか存在する。

顧客エンゲージメントとフィードバックの容易さ

顧客と話をしたいと思ったときに、どれだけ簡単に面会できるだろうか？　これから直販型の営業組織を導入するつもりなら、これが製品の販売の先行指標になる。

最初のリリース、ベータ版、PoC の試作のパイプライン

　見込み客と契約を開始するときは、通常の販売指標を追跡する。サブスクリプションやエンゲージメントを見る B2C プラットフォームとは違い、高額で長期的な商品を販売する場合は契約を見ることになる。まだ収益がないのであれば、リード数や予約数を分析すればいい。そこから製品をローンチしたときの営業コストがわかるはずだ。

　はじめから営業ファンネルのステージと、各ポイントのコンバージョン率を明確にすることが重要だ。最初の数回の営業が終わったら、営業サイクルを文書にまとめ、計測して、理解して、再現可能な手法になるかどうかを確認する必要がある。この時点で営業職を増員して、販売量を増やすこともできる。

定着とユーザビリティ

　これまでに見てきたように、破壊的ソリューションのユーザビリティは新規参入者の「参加費」である。企業は使いやすさを期待している。Google や Facebook の使い方について教育する必要はないのだから、あなたからも教育を受けたくはないはずだ。DJ・パティルは、利用や導入を阻む障壁がどこに隠れているかを見つけるために、データを使うことを推奨している。

> 「計測できないのであれば、修正できません。製品を計測してユーザーフローを監視しましょう。そうすれば、新しいアイデアが製品を反復的に改善できるかどうかをテストできます」

統合コスト

　当事者になると忘れてしまいそうになるが、エンタープライズの販売において統合は大きな役割を担っているため、規律正しく計測しなければいけない。営業前後のサポートの真のコストは何だろうか？　カスタマイズはどれくらい必要だろうか？　製品を顧客に届けるまでに、どれだけの教育・説明・トラブルシューティングが必要だろうか？

　こうしたデータを早い段階から取得する必要がある。あなたがスタートアップを作っているのか、それとも高度に標準化されたコンサルティング業務をしているのかを示す指標になるからだ。前者だと勘違いして後者を時期尚早に加速してしまうと、拡大する市場や営業チャネルのサポートで破滅してしまうだろう。こうしたデータは、既存企業の TCO（総所有コスト）分析に使うこともできる。

ユーザーエンゲージメント

　何を構築するにしても、最も重要な指標は「それを使ってくれるかどうか」である。しかし、エンタープライズでは、購入者が実際のユーザーではない可能性が高い。つまり、あなたがやり取りをする相手は、IT プロジェクトマネージャー・調達部の人・エグゼクティブだが、実際に使うのは面識のない一般社員なのである。

実際のユーザーを話をしたいと思うかもしれないが、それは許されていない可能性もある。ウェブサイトに調査用のポップアップを表示することもできるが、一般社員は貴重な時間を使って回答することに難色を示すだろう。

「最終利用時間」のような指標は誤解を招く。ユーザーは**お金をもらって**ツールを使っているからだ。毎日ログインするのは、それが仕事だからである。楽しんで使っているわけではない。本当に聞くべき質問は、**好き**でログインしているかどうか、生産性が向上しているかどうかである。ユーザーには終わらせたい作業がある。あなたの製品がその作業に適したツールであれば成功だ。マーケッターのなかには、顧客セグメントよりも作業（ジョブ）で顧客のニーズを分析すべきだと言う人もいる（「用事」の手法と呼ばれる）[†]。

ソフトウェアをデプロイする前に、現実世界のビジネスに適用する基準値を取得しておこう。1日に入力する注文数は？　従業員が給与情報を取得するのにかかる時間は？　倉庫が管理できる配送トラックの台数は？　通常時の電話の待ち時間は？　デプロイが終わったら、こうした情報を使って進捗を管理しよう。そうすれば、ROIへの貢献を証明するのに役立つだろう。それと同時に、他の顧客に提供できる事例にもなる。

関係の終わり

密着型のコンサルティングビジネスから、顧客との密着度の少ない標準型のビジネスへ移行するときは、顧客との関係の終わりにフォーカスする必要がある。収益やサポート電話の大部分を占める「安定した」顧客を持つことがゴールではない。拡大していく必要があるのだ。

初期に獲得した密着型の顧客をセグメント化して、残りの顧客と比較しよう。密着型の顧客は何が違うのだろうか？　サポートリソースの大半を使っていないだろうか？　彼らの機能要求は他の顧客や見込み客に適したものだろうか？　あなたを支えてくれた会社を無視してはいけない。だが、もはや一対一の関係ではないことを認識しよう。

ザック・ニースはさらに掘り下げて、顧客セグメントを3つに分けることを提案している。

> 「『A顧客』は上顧客です。割引や特典があることを期待しています。『B顧客』は手間のかからない顧客です。大きな割引を求めてきません。あなたのことをパートナーと考えて、有益な情報を提供してくれます。『C顧客』はトラブルを起こす顧客です。対応が面倒で、あなたのビジネスに被害をもたらすようなことを要求してきます。A顧客に時間をかけすぎてはいけません。印象は悪くないかもしれませんが、ビジネスにとって最良の顧客ではありません。できるだけB顧客を相手にしましょう。そして、C顧客については、競合の顧客になってもらうのです」

サポートコスト

ザックのアドバイスは重要な真実にもとづいている。B2Bにフォーカスした多くの企業では、上位20%の顧客が150〜300%の利益をもたらしている。70%の顧客はプラスマイナス

[†] http://hbswk.hbs.edu/item/6496.html

ゼロ。残り10%は50〜200%のマイナスだ[†]。

上位の機能要求・重要なトラブルチケットの数・ポストセールスサポート・コールセンターの待ち時間などのサポート指標を追跡しよう。こうした指標は、どこでお金を失っているのか、製品を標準化すべきかどうか、成長や拡大に移行できるほど安定しているかどうかを示してくれる。

データをセグメント化しよう。誰にコストがかかっているのかを把握するのである。そして、取引の停止を検討しよう[‡]。以前はコストのかかる顧客の特定は難しかったかもしれないが、電子システムを使えば、サポート電話・メール・ストレージの追加・トラックロール（出張サポート）などの活動が、どの顧客によるものかを特定できる。

実際に取引を停止する必要はない。利益が出るような価格に変更するか、顧客が支払えなくて立ち去るような価格に設定すればいい。利益の出ない顧客が拡大の足かせとならないように、ビジネスを成長させる前に適切な価格にしておこう。

ユーザーグループとフィードバック

高額の商品を販売するビジネスであれば、同じように扱える顧客はほとんどいないだろう。エンタープライズにフォーカスしたスタートアップには、既存顧客との非公式のやり取りが有益だ。リーンスタートアップの課題やソリューションの検証ステージにも（検証するのはソリューションではなくロードマップだが）よく似ている。ただし、顧客の数が多かったとしても、ザックはこのように言っている。

「本物の支援者を見つけて、抱きかかえよう」

彼は、支援者のネットワークを作ることを提唱している。たとえば、Rally社はそのためのウェブサイトを使っている[§]。

ユーザーグループのミーティングを成功させるには準備が必要だ。ユーザーは何かを熱心に求める（あるいはすぐに文句を言う）ので、どうしても意見が偏ってしまう。それから、こちらが提案する機能のすべてに賛成する可能性もある。すべてに手を付けることはできないので、代替案を示して選択してもらおう（**離散選択**と呼ばれる）。

ユーザーがどのように選択するかを理解するには、多くの作業が必要となる。バークレー大学のダニエル・マクファデン《Dan McFadden》教授はこのように言っている。

「離散選択とは『イエスかノー』を決めることです。あるいは、複数の可能性から1つ

[†] Robert S. Kaplan and V.G. Naranyanan "Measuring and Managing Customer Profitability," Journal of Cost Management (2001), 15, 5–15, cited in Shin, Sudhir, and Yoon, "When to 'Fire' Customers."

[‡] Jiwoong Shin, K. Sudhir, and Dae-Hee Yoon, "When to 'Fire' Customers: Customer Cost-Based Pricing," Management Science, December 2012 (http://faculty.som.yale.edu/ksudhir/papers/Customer%20Cost%20Based%20Pricing.pdf)

[§] http://www.rallydev.com/community

を選択することです」

彼の離散選択モデリングの手法は、(当時建設中だった) サンフランシスコのベイエリア高速鉄道システムの需要予測にも使用され、2000年にはノーベル経済学賞を受賞している[†]。彼の業績から言える重要な結論は、何かを選択する(コミットメントが必要だと感じる)よりも、必要がないものを諦めるほうが簡単だということだ。したがって、2つの選択肢から1つを諦めるような質問をすると有効だ。

選択モデリングの計算は複雑である。このテーマだけを扱う国際会議もあり、洗剤から自動車まで、あらゆる新製品開発に広く利用されている。なかには初心者でも使えるものもある。たとえば、2つの機能要求を比較して、なくても構わないほうを選んでもらうというものだ。要求のすべてに1〜10で点数をつけてもらうよりも、2つの機能を比較する質問を繰り返したほうが、顧客からよい答えが得られるのである。比較するときの特性については、組み合わせに納得できないものがあったとしても、複数の特性を混ぜておいたほうがいいだろう。

たとえば、新しいダイエット食品を探しているとしよう。購入者に影響を与える特性は、味・カロリー・グルテン含量・地球に優しい材料である。この場合は、カロリーよりも味のほうが重要かと質問すればいい。だが、2つの選択肢から1つを選択してもらったほうが(それが理論的に不可能なことであっても)、よい結果が得られる。たとえば、以下のどちらが好みかと質問するのである。

- おいしくて、グルテンが含まれず、高カロリーだが、人工的な材料で作られたキャンディー
- 味がなく、グルテンたっぷりで、低カロリーだが、オーガニックな材料で作られたキャンディー

組み合わせのバリエーションを何度も顧客に試してもらうことで、予測精度が劇的に高まる。これはアンケート調査やインタビューで使用した多変量解析に相当する。

ユーザー参加型のイベントを企画するときは、会話や実験の設計について学習したいことや力を入れたいことを把握して、適切な製品ロードマップにつながる答えが得られるようにしよう。

ピッチの成功

最初に顧客との面会について計測した。これはあとからチャネルを導入するときにも重要になる。チャネルパートナーはあなたほど知識がないので、こちらから販促品やメッセージを提供して、あなたが支援することなく商談をまとめられるようにする必要がある。彼らはあなたの製品やサービスが拒否されたら、別のものを売るだろう。チャネルに第一印象を与

[†] http://elsa.berkeley.edu/~mcfadden/charterday01/charterday_final.pdf

えるチャンスは一度限りである。

チャネルのためのマーケティングツールを作ったら、自分で実際にテストしてみよう。作った台本を使って、販促電話をかけてみよう。新規の顧客に売り込んでみよう。定型のメールを送って、反応率をテストしてみよう。

これには2つの意味がある。まずは、台本・ピッチ・定型文章を明確にするためだ（すべてが実験だったよね？）。もうひとつは、チャネルの効果を比較する基準値を作るためだ。チャネルパートナーが基準値を満たせなければ、何かが間違っていることになる。パートナーが製品に興味をなくす前に、何か手を打たなければいけない。

チャネル用の販促品を作るのであれば、チャネルを特定するタグをつけておきたい。パートナーを特定するコードを含めた短縮URLをPDFに記載してもいい。そうすれば、どのパートナー経由でサイトのトラフィックが増えているのかがわかる。

撤退障壁

拡大するときも顧客に定着してもらいたい。活発な開発者のエコシステムと健全なAPIを用意すれば、顧客が自らあなたの製品と統合できる。こうすることで、**あなた**が既存企業のベンダーとなり、競合や新規参入者からの脅威を防ぐことにつながる。

Leading Edge Forum社で組織の競争や進化を調査しているサイモン・ワードレイ《Simon Wardley》は、顧客が必要とする機能一覧に優先順位をつけるべきだと指摘している。作る機能が多すぎれば、利益が生まれにくい。作る機能が少なすぎれば、競合に付け入る隙を与えてしまう。彼は、APIが解決策だと言っている[†]。

> すべてのイノベーターは……危険な賭けをしている。コストは削減できても、ゼロにすることはできない。将来の価値と確実性は逆相関している。将来を確実に予測する以外に、この情報バリアを回避する方法はない。だが、自分たちの強みを最大化する方法は存在する。
>
> ユーティリティサービスをAPI経由でアクセス可能にすれば、自分たちの利益になるだけでなく、より広いエコシステムにコンポーネントを解放できるようになる。このエコシステムでイノベーションを促進できれば、危険な賭けや失敗の被害を受けることはない。ただし、成功しても直接の見返りがあるわけではない。
>
> とはいえ、大規模なエコシステムを作ることによって、成功（つまり導入）の緊急速報の仕組みがもたらされる。この仕組みによって、イノベーションを加速できるだけでなく、エコシステムを利用して成功を特定し、それを模倣したり（弱いエコシステム手法）買収したり（強いエコシステム手法）することが可能となる。これこそが、強みを最大化する方法である。

APIを用意したら、クライアントの使用状況を追跡しよう。APIを活発に使用しているク

[†] http://blog.gardeviance.org/2011/03/ecosystem-wars.html

ライアントは、あなたとの関係性を強化しようとしているはずだ。逆に活発ではないクライアントは、簡単にベンダーを変更してしまう。開発者プログラムを用意しているのであれば、検索結果や機能要求を調査して、顧客が求めているツールを特定し、あなたが作らない機能を作ってくれる開発者を探してみよう。

29.5　要点：スタートアップはスタートアップ

エンタープライズにフォーカスしたスタートアップは、通常のスタートアップとは異なることに取り組まなければいけない。とはいえ、リーンスタートアップの基本的なモデルはそのまま残っている。ビジネスで最もリスクの高い部分を特定し、そのための定量化の方法を見つけ、実際に何かを構築し、その結果を計測して、そこから学習することによって、リスクをすばやく緩和するのである。

30章
内側からのリーン：組織内起業家

　第二次世界大戦がヨーロッパで勃発し、アメリカはドイツの航空技術（特にジェット機）の技術進歩に対抗する必要があることを認識した。アメリカ軍は、ロッキード社（当時はLockheed Aircraft Corporation 社）にジェット戦闘機の開発を依頼した。苦肉の策だった。1か月後、エンジニアリングチームは提案書を持ってきた。そして、厳重に保護されたサーカス小屋のなかで、6か月以内に最初の戦闘機を開発した[†]。

　このグループは「スカンクワークス」として有名になった。大規模で動きの遅い組織のなかで、イノベーションを課せられた独立した自主管理グループという意味である。こうしたグループは、会社の規律である制限や予算監督を免れることが多い。既存の「枠を超えた」斬新で独創的なゴールに取り組み、大企業の慣性を緩和するのである。Google 社や Apple 社なども同様の手法を採用しており、Google X Lab のような先端研究グループを作っている[‡]。

　すぐに変化をもたらすのは難しい。そのためには責任に見合った権限が必要だ。組織の内部から変えようとするのであれば、大変な労力が必要となる。ここでスタートアップの世界で学んだ教訓が適用できる。ただし、企業向けに調整を加える必要がある。

30.1　コントロール範囲と鉄道

　大企業にある組織図は、鉄道時代の最高責任者ダニエル・C・マッカラム《Daniel C. McCallum》が生み出したものである[§]。1850年代の鉄道は好景気ビジネスだった。だが、投資家はうまく拡大することができなかった。小さな鉄道は利益を生み出していたが、大きな鉄道はそうでもなかったのである。

　マッカラムはそのことに気づき、鉄道を小さなセクションに分割した。そして、彼が定めた情報を報告する人に各セクションを運営させたのである。マッカラムのライン（この手法をコピーした他のラインも同様に）成功を収めた。マッカラムのモデルは、軍人時代に学んだ規律のある階級制度にインスパイアされたものだ。それを他の産業に適用したのである。

[†]　http://en.wikipedia.org/wiki/Skunkworks_project
[‡]　http://www.nytimes.com/2011/11/14/technology/at-google-x-a-top-secret-lab-dreaming-up-the-future.html?_r=2
[§]　http://en.wikipedia.org/wiki/Daniel_McCallum

マッカラムは、リスクを低減して予測可能性を高めるために、管理・構造・規律を導入した最初の経営科学者である。残念ながら組織内起業家は、安全性や予測可能性を解決するものではない。彼らの仕事は**リスクを引き受ける**ことであり、不明確で予測のできないものを明らかにすることである。変化を引き起こし、現状を破壊するつもりがあれば、マッカラムの導入した組織はあなたのクリプトナイト[†]になる。スカンクワークスのエンジニアたちが数十年前にやったように、あなたも自分自身を守らなければいけない。それと同時に、組織と共存する必要がある。スタートアップとは違い、あなたの仕事の成果は会社と統合しなければいけないからだ。

- あなたの作ったものが、**既存ビジネスと共食い**になる可能性がある。あるいは、従業員の仕事を脅かす可能性がある。人々は非合理的に振る舞う。マーク・アンドリーセンの有名な言葉に「ソフトウェアはすべてを食らう」があるが、ソフトウェアの大好物は仕事だ[‡]。会社がアプリケーションのSaaSバージョンを開発すれば、それまでエンタープライズライセンスを販売していた営業職たちは激怒するだろう。
- **慣性は本物**だ。仕事のやり方を変えてもらうときは、その理由も一緒に伝える必要がある。アップルストアを考えてみよう。そこには中央にあるレジは存在しない。レシートはメールで送られてくる。購入にかかる時間はわずかであり、フロアスペースはうまく活用されている。だが、既存の販売店をこのモデルに変更するには、教育が必要だ。店のレイアウトも変更しなければいけない。
- 仕事をうまくやれば、**エコシステムを破壊**できる。伝統的な音楽レーベルは、ディストリビューターや店舗と関係が深いために、オンラインの音楽配信への移行が難しくなっている。その結果、MP3や高速ブロードバンドなどの破壊的な技術が登場したときに、オンライン小売店にチャンスを明け渡すことになった。
- あなたのイノベーションは、**誰かの手のなかで生きるか死ぬか**が決まる。短絡的な見方をすること（や会社のみんながやっている仕事を軽視すること）は簡単だが、あなたも含めてみんなが同じ船に乗っているのである。リチャード・テンプラー《Richard Templar》は『できる人の仕事のしかた』（ディスカヴァー・トゥエンティワン）のなかで、「問題が起こると、どうしても自分にどんな影響があるかといったことを考えてしまう」と皮肉を込めて書いている。「しかし、会社の視点を身につけてしまえば、自分中心の考え方をやめ、全体に与える影響を考えられるようになる」。

著書『いま、現実をつかまえろ！』（日本経済新聞社）のなかで、ラリー・ボシディ《Larry Bossidy》とラム・チャラン《Ram Charan》は、現実を直視できないリーダーの6つの習慣（ふるいにかけられた情報、情報の選り好み、希望的観測、恐れ、過剰な思い入れ、資本市場の

[†] 訳注：説明の必要はないと思いたいが、スーパーマンの唯一の弱点である鉱石の名前。
[‡] http://beforeitsnews.com/banksters/2012/08/the-stanford-lectures-so-is-software-really-eating-the-world-2431478.html

現実離れした期待）を列挙している。

　組織内起業家が成長するには、これとは正反対の特性が必要だ。そうした特性の多くは、データ駆動で反復すべきものである。つまり、本物の情報にアクセスし、確証バイアスを避けながらデータに導かれて進み、仮説と先入観を横に置いて、高い水準と低い期待値を組み合わせる必要がある。

パターン ｜ 組織内起業家のためのスカンクワークス

　スカンクワークスには、すばやく動くための成果と許可が必要だった。そこで彼らは、14のガイドラインを設定した（「ケリーの14のルールとプラクティス」と呼ばれる。エンジニアリングチームのリーダーであるクラレンス・"ケリー"・ジョンソン《Clarence "Kelly" Johnson》からその名前が付けられた）。これは、内部から会社を変えたいすべての人が利用できるものだ[†]。ただ、ジョンソンには申し訳ないが、ここではぼくたちが作った「リーン組織内起業家のための14のルール」を紹介したい。

1. ルールを破る必要があるなら、変化を引き起こすための責任が必要だ。そして、偉い人の合意によって決まる権限も必要だ。偉い人のスポンサーを見つけよう。そして、あなたが任命されたことを周囲に知らせよう。
2. 会社のリソースと顧客の両方にアクセスしよう。そのためには、サポートチームや営業チームの許可が必要になるだろう。彼らは、あなたが顧客と話をすることで変化や不確実性が持ち込まれることを好ましく思っていないはずだ。でも、やるんだよ。
3. リスクをいとわずに行動につなげてくれるパフォーマンスの高い小規模のアジャイルチームを作ろう。そのようなチームが作れないのであれば、エグゼクティブの**本当の**合意が得られていないのである。
4. 急速な変化に対応できるツールを使おう。買うのではなく借りるのだ。クラウドコンピューティングのようなオンデマンドのテクノロジーがいいだろう。設備投資費ではなく、運営費に計上できるからだ[‡]。
5. ミーティングにこだわってはいけない。あなたへの報告は簡潔で一貫性のあるものにしよう。あとで分析できるように、進捗はきちんと記録しよう。
6. データを最新状態にして、組織に公開しておこう。取り組んでいるイノベーションの短期的なコストだけでなく、全体的なコストも考慮しよう。
7. 優秀であれば、新規のサプライヤーも選択肢に入れよう。組織の規模や既存の契約が役に立つようなら、それらもうまく利用しよう。

[†] http://www.lockheedmartin.com/us/aeronautics/skunkworks/14rules.html
[‡] http://www.diffen.com/difference/Capex_vs_Opex

8. テストプロセスを効率化して、新製品のコンポーネントの信頼性を高めよう。車輪の再発明をしてはいけない。既存の部品で組み立てよう。初期のバージョンは特にそうだ。
9. 自分のドッグフードを食べよう。誰かにテストや市場リサーチを委託するのではなく、自分でエンドユーザーに直接会って話をしよう。
10. プロジェクトを開始する前に、ゴールと成功条件に同意しよう。これはエグゼクティブの合意形成に不可欠である。また、これによってフィーチャークリープやゴールの変更を避け、混乱を軽減することができる。
11. 大量のペーパーワークやプロジェクトの途中でメンバーを「転売」することなく、資本や運転資金にアクセスできるようにしよう。
12. 顧客と日々のやり取りをしよう。少なくとも、サポートやポストセールスなどの顧客の代理とやり取りをしよう。これは誤解や混乱を避けるためだ。
13. 外部からチームへのアクセスをできるだけ制限しよう。そして、否定派の毒がチームに届かないようにしよう。適切にテストするまでは、中途半端なアイデアを会社に持ち込んではいけない。
14. パフォーマンスは結果で評価しよう。起業家を社内に保持したいなら、従来の報酬モデルに頼ってはいけない。うまく評価できなければ、優秀な人は自分の好きなことをするために会社を去ってしまうだろう。

30.2　変化？　それとも変化に抵抗するイノベーション？

　会社を変えるには、恐怖のリーダーやトップダウンのリーダーが必要だ。その両方になれば、大企業であってもすぐに変わるだろう。90年代後半には、ウェブブラウザの重要性が高まった。アナリストたちはMicrosoft社の崩壊を予測した。彼らはビル・ゲイツ《Bill Gates》の会社を動かす能力を過小評価していたのである。Microsoft社は、わずか数か月でInternet Explorerを開発し、Windowsのあらゆるところに組み込んだ。たとえば、URLを入力すると、ハイパーリンクに変換される。ファイルを作成すると、HTML形式で保存できる。激しく非難をあびたペーパークリップ[†]でさえも、ウェブのことを知っていた。

　Microsoft社のやったことは、反トラスト法違反と結び付けて考える必要があるが、それでもすばやい対応によって、正しい方向へと舵を取り、Netscape社の優勢を防いだことは事実である。当時のNetscape社のCEOであるジム・クラーク《Jim Clark》は、ゲイツの対応を「無慈悲」と称したが、彼の無慈悲はデスクトップの分野における同社の優位性によるものだと言及している。

> 「無慈悲になるには、ある種の力が必要です。私の場合は、Microsoft社を相手に立ち向かってきましたが、どうやらその力がなかったようです」[‡]

[†]　訳注：Officeアシスタントのこと。
[‡]　http://www.cnn.com/books/news/9906/18/netscape/

その後、Microsoft 社は Office スイートでも同じことをすることになった。2005 年にゲイツとレイ・オジー《Ray Ozzie》は、ソフトウェアパッケージのライセンス販売から、ホスティング型の SaaS ベースの提供へ移行することを発表した[†]。これは、Google 社の Office 製品が登場したことの脅威によるものだった。Google 社は広告で稼いだお金でこうした製品を開発していたのである。創業者にとってみれば、Google の製品は未成熟なものだったかもしれないが、Writely などの新しいサービスがデスクトップの製品を包囲していることは明らかだった[‡]。

Microsoft 社を批判する声は、この会社が変わらないことに対するものだった。もっと正確に言えば、変化を避けて市場の動きを遅延させ、その支配力を保持しようとすることに対するものだった。1999 年にデイブ・ウィナー《Dave Winer》は、このように述べている。

> Microsoft 社は何も変わっていなかった。膨大なエネルギーを使って、現状を維持しようとしていたのだ。[§]

組織内起業家としては、このような「現状維持のためのイノベーション」という考え方は受け入れられないかもしれない。あなたは破壊者だ（よね？）。だが、大きな市場シェアという既得権益を持った既存企業に勤めていれば、今後もその支配力を維持し、今までと同じ方法でお金を稼ぎ続けられるように、変化を抑制することがイノベーションになるかもしれない。それが嫌なら、会社を離れて自分で新しいことを始めるべきだ。

30.3　花形・負け犬・金のなる木・問題児

どうして破壊したくないのだろう？　そのことを理解するには、大企業の製品計画や市場戦略の方法を調べる必要がある。

ボストンコンサルティンググループ（BCG）のボックスを図 30-1 に示した。これは企業の製品ポートフォリオについて考える簡単な方法だ。製品やそれに付随するものを「市場の成長率」と「企業の市場シェア」の 2 つの次元で分類している。

市場シェアは高いが成長率の低い製品は「金のなる木」と呼ばれる。これは収益を生み出すが、これから大きく投資する価値のないものだ。市場シェアは低いが成長率の高い製品は「問題児」と呼ばれる。こちらは今後の投資や開発の候補となる。市場シェアも成長率も高い製品は「花形」と呼ばれる。どちらも低い製品は「負け犬」と呼ばれ、売却か撤退の候補となる。

この BCG のボックスは、企業の製品ポートフォリオの概要を示している。また、イノベーションについて考えるときにも適している。会社を変えようとしているのであれば、新製品を（できれば成長市場で）作ろうとしているか、既存製品に新しい機能・市場・サービスを

[†]　http://ross.typepad.com/blog/2005/10/turn_on_a_dime.html
[‡]　http://anders.com/cms/108
[§]　http://scripting.com/1999/06/19.html

組み合わせて、刷新しようとしているかのいずれかになるだろう。

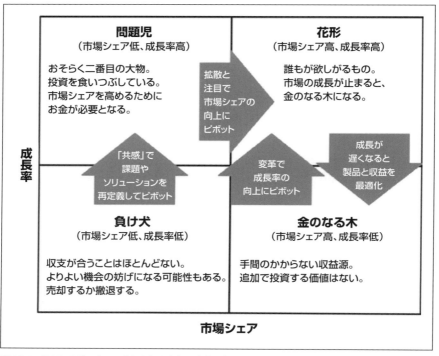

図30-1　BCGのボックス：「金のなる木」の由来は何だろう？

　リーンスタートアップの視点で見ると、BCGのボックスは取り組むべきステージと適用すべき指標を示している。新しい製品や会社（問題児）を作ろうと思っているのであれば、共感にフォーカスする必要がある。「負け犬」を救おうとしているのであれば、こちらも共感が必要になるが、既存の顧客にアクセスできる。そして、製品（成長分野に参入）または市場（市場シェアの獲得）を変えることになるだろう。

　「問題児」（成長率は高いが市場シェアはまだ低い）であれば、オーガニック（拡散）や非オーガニック（顧客獲得）な手法を使って、市場シェアにフォーカスする。

　「花形」であれば、市場の成長率が停滞したときに、製品を届ける限界コストが適正になるように、収益を最適化してコストを削減する必要がある。来るべきコモディティ化と価格競争をこのようにして生き残るのである。一方、モバイル技術の台頭や国際社会の要求によって、市場を拡大せざるを得ないほど業界に変革が起きているのであれば、「金のなる木」から「花形」へ戻れるように、成長率の向上にフォーカスする。

　会社は持っているものを改善しようとする。だからこそ、既存企業が破壊されるのである。

30.3　花形・負け犬・金のなる木・問題児 | **335**

著書『Imagine』（Canongate Books）でジョナ・レーラー《Jonah Lehrer》は、Swiffer 社のモップの開発について述べている[†]。課題を解決するのではなく、極大値を求めた完璧な例だ。

ケーススタディ | 化学薬品に見切りをつけて生まれた Swiffer

P&G 社は多くの洗剤を作っている。継続的に「金のなる木」の改善や刷新を行っているが、給料の高い大勢の専門家が懸命に仕事をしても、新しい液体洗剤の開発は停滞している。

エグゼクティブは洗剤業界を破壊する時期だと認識していたが、社内ではそれを実行できないでいた。そこで、外部の Continuum 社に協力を求めた[‡]。Continuum 社のチームは、化学薬品を混ぜ合わせるのではなく、実際にモップが使われている様子を観察することにした。調査段階では、記録・テスト・高速な反復にフォーカスした[§]。

あるとき、床にこぼれたコーヒーの粉を掃除している人を観察したときのことだ。その被験者はモップを取り出さずに、ほうきを使って床を掃き、濡れた雑巾で残った細かな粒を拭いたのである。

つまり、モップを使わなかったのだ。

これはデザインチームにとって驚くべき発見だった。いつもとは違った視点から、課題を発見することができた。液体洗剤ではなく、モップが鍵だったのだ。彼らは床のよごれの成分を調査した（大部分はホコリであり、水を使わないほうが掃除しやすい）[¶]。そして、停滞している業界で画期的な掃除用具を開発した。P&G 社にとって、それは 5 億ドルのイノベーションとなった。ユーザーが使いやすいモップ「Swiffer」だ[**]。

既存の組織が基準としているフレームの外側に踏み出し、現在のソリューションではなく実際のニーズを見ることが、組織内起業家の基本能力だ。

まとめ

- 顧客開発の手法を使うことで、P&G は斬新な製品カテゴリを生み出すことができた。
- 自分たちをスタートアップだと考えて、共感ステージで破壊にフォーカスすれば、可能性を再発見することができる。エンタープライズでは見えなかったものが見えてくる。
- 大規模なアンケート調査や定量的調査を実施したい気持ちを抑えよう。一対一の

[†] http://www.npr.org/2012/03/21/148607182/fostering-creativity-and-imagination-in-the-workplace
[‡] http://www.kinesisinc.com/business/how-spilt-coffee-created-a-billion-dollar-mop/
[§] http://www.dcontinuum.com/seoul/portfolio/11/89/
[¶] http://www.fastcodesign.com/1671033/why-focus-groups-kill-innovation-from-the-designer-behind-swiffer
[**] 訳注：日本だと花王の「クイックルワイパー」と言うとわかりやすいかもしれない。ちなみに、Swiffer は 1999 年に誕生しているが、クイックルワイパーはそれよりも早い 1994 年に誕生している。

観察によって、市場セグメントが解放される。

学習したアナリティクス

組織内起業家は、ときには出発地点に立ち戻り、解決しようとしている課題を再検討すべきである。これは「金のなる木」（成長しないが儲かる製品）を成長産業に戻す最善の方法だ。顧客のことを純粋な視点で見なければ、他の誰かがやってしまうだろう。

イノベーションを引き起こすことができれば、そのイノベーションによって、顧客を一斉に巻き込むことができるかもしれない。そうなれば、テストやアナリティクスもマーケティングキャンペーンになるだろう。これは、Frito-Lay 社がドリトスの新しいフレーバーを見つけるときに実施したやり方だ。

ケーススタディ ｜ ドリトスの新しいフレーバー

大企業であれば、顧客からのフィードバックをリアルタイムで取り入れることは難しい。新製品に巨額の資金を投入する前に、フォーカスグループや製品テストを実施するくらいだ。Frito-Lay 社は、こうした課題を解消する方法を発見した。そのプロセスのなかで、顧客開発を新たな高みへと導いたのである。そして、興味深い広告キャンペーンをいくつも生み出した。

同社は、2009 年に Dachis Group 社[†]の支援を受けて、フレーバーの名前がついていないドリトスを発表し、その名前を消費者につけてもらうことにした[‡]。それから、製品ラインに加えるフレーバーの調査を行った。パッケージに文字どおりフレーバー「A」および「B」と書いてテストしたのである[§]。また、スーパーボウルのときに放送されるTVCM の結末を消費者に考えてもらうというキャンペーンも実施した[¶]。

そのためには、店頭の棚スペースから一時在庫の受け入れまで、あらゆる流通チャネルを変える必要があった。それでも、このキャンペーンは大成功を収め、ソーシャルメディアを席巻した。YouTube のチャンネルには 150 万人が訪問し、投票数は 50 万を超えた。これによって、大規模に反復する方法を発見できた。また、ブランドを構築しながら市場を開発することができた。

まとめ

- パッケージ包装された消費者向けの商品の流通システムは、イノベーションの足かせになると考えられている。だが、Frito-Lay 社は見事にその解決策を発見した。

[†] 訳注：現在は sprinklr 社に買収されている。
[‡] http://www.sprinklr.com/social-scale-blog/become-the-doritos-guru/
[§] http://www.packagingdigest.com/article/517188-Doritos_black_and_white_bags_invite_consumers_to_vote_for_new_flavor.php
[¶] http://thenextweb.com/ca/2011/02/05/online-campaign-asks-canadians-to-write-the-end-of-a-commercial/

- ソーシャルメディアを活用したり、店内のディスプレイを目立つようにしたりしながら、YouTube チャンネルを巨大なフォーカスグループに変えて、消費者とのエンゲージメントを高めた。

学習したアナリティクス

製品を刷新するもうひとつの方法は、破壊的テクノロジーを使うことだ。ここでは、ユビキタスなソーシャルメディアと双方向のやり取りである。これによって、初期段階から製品テストのやり方を考え直すことができる。

30.4　スポンサーのエグゼクティブに対応する

組織内起業家のあなたとスポンサーであるエグゼクティブは、引き起こそうとしている変化・変化の進捗・必要なリソース・守るべきルールをすべて明確にしておく必要がある。これから現状を打破するのに、あまりにも「企業」的すぎると思うかもしれない。だが、大企業ではそれが現実だ。

こういうのが好みでなければ、自分の会社を始めよう。システムのなかで働くのであれば、組織が期待する変化に合わせなければいけない。エグゼクティブのスポンサーが重要となるのはそのためだ。「一匹狼の工作員」と「特殊部隊」の違いである。

既存のビジネスにはさまざまなものがある。すでに存在しているからだ。イノベーターは許可を求めるというよりも、一匹狼として寛容を求めることができる。ただし、企業の免疫システムがそれを拒否することもある。本来ならば、継続的なイノベーションのサイクルを回していくために、組織を再編成する必要がある。だが、そのためには小さなアナリティクスをうまく制御しながら、一歩ずつ進めていかなければいけない。これは、デヴィッド・ボイル《David Boyle》が EMI 社にデータ駆動文化を導入したときに使った手法だ。

ケーススタディ ｜ 顧客を理解するためにデータを使った EMI 社

デヴィッド・ボイルは、大手音楽レーベル EMI Music 社のインサイト部門のシニア VP である。彼の仕事は、データを使った意思決定を可能にし、EMI 社が業界改変の荒波を乗り切れるように支援することである。

会社がデータやアナリティクスにフォーカスして、都市伝説や個人の意見に振り回されないようにしなければいけない。そのためにボイルは、意思決定が必要なものを選択し、適切な証拠を手に入れるための方法を見つける必要があった。

「私たちが最終的にフォーカスした意思決定は、『アーティストの音楽をどの国のどの顧客種別に届けるべきか？』と『その顧客種別にリーチできるマーケティングは何か？』でした。それらに関するデータは、ほとんどが消費者調査によるものでした」

データに不足はなかった。EMI 社には、デジタルサービスの数十億件の取引記録や、アーティストのウェブサイトやアプリケーションの利用ログがあった。

> 「ですが、これらの情報源は範囲が限られていますし、データの調査対象に大きな偏りがあります」

そこで EMI 社は、独自の調査ツールを構築した。

> 「インタビューと再生している音楽によって、独自のデータセットを作るのがよいと考えました」

そして、100 万件以上の詳細なインタビュー結果と、数億件のデータポイントを手に入れた。

> 「ダメなデータは受け入れてもらえません。優れたデータであっても、役に立たない形式になっていたり、こちらの質問の答えになっていなかったりすれば、やはり受け入れてもらうのは難しいでしょう。ですが、データが優れていて、誰かの役に立つのであれば、それを拒否する人はいません」

組織にデータ駆動の文化を導入しようとすると、抵抗勢力が現れる。このことは、多くの組織内起業家が言っている。だが、ボイルは「抵抗勢力」だと最初から決めつけるべきではないと警告する。

> 「抵抗勢力だと決めつけるのは無益です。これは早い段階で気づきました。『抵抗勢力』をアーティストや音楽のことを真剣に考えている善良な人たちだと考えて、ダメなデータや質の悪いレコメンデーションから守るようにすれば、まったく違ったように見えるでしょう」

それから、ボイルはこのように説明している。

> 「データやそれが作り出すレコメンデーションを心の底から信じることができれば、なぜデータが理解されないのかにフォーカスして、理解してもらえるように支援すればいいのです。きっとみんなも目を見開いてくれるでしょう。そして、私よりもデータのファンになるはずです！」

EMI 社で成功したボイルは、それでもスタートアップと大企業は違うと認めている。

30.4 スポンサーのエグゼクティブに対応する | 339

> 「スタートアップでは、最初から思ったことができるという利点があります。たとえば、最初からデータを意思決定に取り込んで、思考や行動のやり方を洗練していくことができます。すでに文化が固まったビジネスのなかで働くのに比べて、大きな優位性があると思います」

だが、スタートアップの世界は完璧ではない、とボイルは言う。

> 「スタートアップには大きな問題があります。すばやくデリバリーしなければいけないというプレッシャーです。慎重にやらなければ、正しい文化を作る妨げになる可能性があります」

EMI 社では、事例をうまく使って進捗報告やサポートの構築を行った。

> 「データをうまく活用できた人には、アーティストに話をしてもらいました。彼らは普通にクチコミを広めるよりも、上手に創造的にやっています」

EMI 社の新しいデータによって、対象とする属性情報が把握できるようになり、アーティストの音楽を最も望んでいる顧客に届けることが可能になった。
ボイルは、こうした調査結果を具体的な数値に結び付けなかった。

> 「私たちは『数千人に何を考えているのかを聞くほうが、聞かないよりもずっといい』と言っています。そして、それを高品質・低コストで実現できることを示しました。最初のデータセットを手に入れてからは、誰もが恋に落ちました。データがみんなの役に立ち、みんながデータを愛したのです」

新しく獲得した調査データによって、EMI 社はアーティスト・音楽・デジタルサービスが存在する市場やエコシステムのことを理解した。これからはそのコンテキストを生かして、過去に収集した数十億件の取引記録を再検討できる。

> 「コンテキストを理解せずにデータを見ていたら、アーティストを間違った方向へと連れて行ってしまっていたでしょう」

このプロジェクトは最初のチームを離れて、今では EMI 社の全体的なビジネスの一部となっている。誰もがデータにアクセスするようになったので、組織が変化を受け入れたのだ。ボイルを最も驚かせたのは、数十億件のビッグデータがありながらも、(比較的小規模の) 顧客調査を続けることの価値である。

「ビッグデータに勝るのはグッドデータです」

彼はこのように結論づけた。

「うまくやれば、優れたデータになるのです。今でもそのことに驚かされます」

まとめ

- EMI社は大量のデータを持っていたが、それを活用するアイデアを持っていなかった。
- 既存のデータセットを組み合わせるのではなく、アンケート調査を実施して、エグゼクティブが安心できる簡潔で具体的な情報を作り出した。
- 少数のインタビューデータの価値を証明したことで、広範囲にデータ駆動文化の価値を売り込むことが可能になった。

学習したアナリティクス

　大量のデータを持っているだけでは、データ駆動にはならない。特定の課題を解決するために収集した少量のデータセットが、組織の他のところで使えることもある。そうした課題は範囲が限定されているので、エグゼクティブの支援を得られる可能性が高い。ただし、何年もかけて組織が収集した大量の「排出データ」のなかに、どのような意見の相違が隠されているのかは誰にもわからない。

30.5　組織内起業家のためのリーンアナリティクスのステージ

　組織内起業家としての仕事を進めていけば、スタートアップのステージとよく似たステージを経験するだろう。図30-2に示すように、そこには考慮すべき重要なステップがいくつかある。ただし、組織内起業家には「ステップゼロ」もあるので注意してほしい。それは、エグゼクティブの合意形成だ。

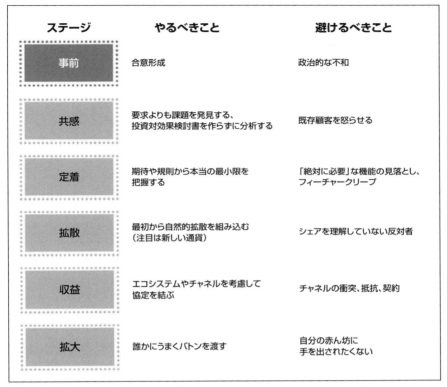

図 30-2　組織内起業家はエグゼクティブのスポンサーを最初に手に入れなければいけない

事前：合意形成

　顧客開発を始める前に、エグゼクティブの合意形成が必要だ。新たな機会を見つけるのが仕事であれば、暗黙的に合意が得られているかもしれない。だが、そうした場合であっても、機会を見つけたあとには明示的な承認が必要になる。あなたは BCG のボックスのどこにいるのか、どこへ向かおうとしているのかを知りたいだろう。進捗を判断できる指標も把握する必要がある。どのようなリソースを持っていて、どのようなルールを守る必要があるのかを知る必要がある。これは結婚前の同意書のようなものだ。結婚する前に書いておいたほうがいい。

　このステージでは、分析戦略と判断のための評価基準を定義する。それは粗利のような会社全体のゴールになるかもしれないし、成功と見なされる成長率になることもあるだろう。それから、学習しながら指標を調整していく方法も決めておく必要がある。

共感：要求よりも課題を発見する

　顧客開発を始めたら、すでにある要求よりも課題とソリューションをテストすることを忘

れないでほしい。本当に破壊的なものであれば、顧客から要求が出てくることはない。ただし、なぜ必要なのかは、**いずれ**顧客が教えてくれるだろう。Swifferの生みの親であるジャンフランコ・ザッカイ《Gianfranco Zaccai》が、2008年にこのように説明している。

> 「成功するビジネスイノベーションとは、顧客が現在必要とするものを提供することではありません。将来必要とするものを提供することなのです」[†]

たとえば、顧客がNetflixに動画のストリーミングが欲しいと伝えたわけではない。利用パターン・コンピュータの導入・ブロードバンドの設置・ブラウジングなどから、そうしたニーズがあることを伝えたのである。

こうしたことには定性的なインタビューが向いている。もちろん既存のユーザーや顧客にも話しかける必要がある。市場シェアを広げようとしているのなら、競合の顧客・代理店・製品の購入に携わる関係者全員に話しかけるだろう。成長率を上げたいのであれば、隣接した顧客にも話しかけるだろう。これは、Bombardier社がスノーモービルから個人向け水上競技に拡大したときに実施した方法だ（1960年代に最初に市場を拡大しようとしたときは、機械的な問題で失敗している）[‡]。

投資対効果検討書を作らずに分析する

インタビューが終わったら、投資対効果検討書を作る必要がある。伝統的なプロダクトマネージャーは、計画を裏付けるための損益分析書を作っている。説得力のある投資対効果検討書を作り、誰かにそれを信じてもらったら、資金調達を進める。だが、リーンの考え方は逆だ。計画ではなくビジネスモデルを売り込むのである。そこには大量の予測は含まれていない。製品を中止するか賭けてみるかは、分析に頼る部分が大きい。

イノベーションのコストの多くは、製品開発サイクルの後半に登場する。したがって、「事前予測」ではなく「事後分析」のモデルが可能になる。ジャストインタイムの製造業・オンデマンド印刷・事前投資を都度払いに置き換えるサービス・CAD/CAMデザイン・請負業者に共通しているのは、事前に多くの投資が必要ないことだ（したがって、最初に投資対効果検討書を求める必要がない）。控えめな予算を要求して、製品に分析を取り入れ、低価格ですぐにローンチすればいい。そうすれば、データや顧客のフィードバックが利用できる。現代のテクノロジーを使えば、コストを無視できるくらい安価に収集できるはずだ。実際の証拠を集めて、投資対効果を正当化するのである。

定着：本当の最小限を把握する

解決に値する課題と顧客が必要とするソリューションを特定できたら、MVPを作ろう。ただし、実際に作れる**本当の最小限**を把握する必要がある。小さな（失うものが少ない）組

[†] http://www.beloblog.com/ProJo_Blogs/newsblog/archives/2008/02/swiffer_invento.html
[‡] http://www.oldseadoos.com/

織では問題にならなくても、大きな組織ではデータの共有・信頼性・コンプライアンスに制限がかかることがある。また、圧倒的な優位性を特定する必要もある。

たとえば、食事を事前注文できるモバイルアプリを考えてみよう。このアプリを使えば、事前の注文や代金の支払いが可能となり、約束の時間に待ち時間なしで食事を受け取ることができる。ランチタイムの貴重な時間を節約できるので、飲食店にも好まれている。使い方が簡単だし、自由な時間にメニューを閲覧できるので、お客も喜んで使っている。たとえるなら、ランチ界の Uber のようなものだ。

それでは、マクドナルドがこのようなアプリを導入したらどうなるだろう。フランチャイズの制限があるかもしれない。空港の店舗には規制があるかもしれない。カロリーを掲載しなければいけない州の法律もあるかもしれない。そして、これらのすべてを MVP に含めなければいけないのである。

だが、この会社は市場をコントロールできる。インストールした人全員にハンバーガーを 3 個無料で配り、アプリをプロモーションすることもできるだろう。レジの時間が節約できるので、お金はすぐに回収できるはずだ。それから、新しいマーケティングチャネルや新しい顧客の分析結果にもアクセスできるようになる。

組織内起業家は、こうした制約や優位性を MVP に組み込む必要がある。それはスタートアップ以上にやらなければいけないことだ。

また、みんなが MVP を使い始めたときには、そのプロセスを慎重に管理する必要がある。営業パイプラインにある既存の取引の邪魔になるかもしれないし、顧客サポートの仕事を増やしてしまうかもしれない。そのような場合は、関係者の承認や合意を得なければいけない。まったく新しい製品ラインを起ち上げるのであれば、成功するまでは既存の市場をおびやかすものではないと説明する必要があるだろう。もちろんこれは、既存の顧客基盤のような圧倒的な優位性が使えなくなるということでもある。

拡散：最初から拡散

BCG のボックスのなかで上に向かうのであれば、拡散やクチコミの要素を製品に組み込むべきである。モバイル端末に誰もがアクセスできる世界では、すべての製品にインタラクティブな戦略が必要である。成長を促進するために拡散を使わない理由はない。拡散機能は「負け犬」や「金のなる木」を「問題児」や「花形」へ移動する鍵になる。

収益：エコシステムの収益

価格設定や収益をマーケティングに再投資することについては、あまり選択肢がないだろう。会社のマーケティングと共存する必要があるからだ。Microsoft 社が SaaS ベースの Office スイートをテストしたときは、あまり自由にやることができなかった。だが、製品をマネタイズすることに決めてからは、ライセンス収益に依存する製品と社内で戦いながら、そうしたチャネルを押し返す必要があった。

価格を設定するときには、アカウントチャネル・代理店・実験を制限するその他の要素を

考慮に入れる必要があるだろう。それによって、すでに市場にある他の製品に影響を与える可能性があるからだ。たとえば、Blockbuster 社が動画のストリーミング市場に参入したときには、既存のビジネスモデルのしがらみにとらわれ、イノベーションを起こすことができなかった。

拡大：拡大と引き継ぎ

　組織内起業家のイノベーションの最終ステージでは、新製品の実用可能性を証明した。これからは、組織のメインストリームに奪われる（それによってキャズムを超えて魅力を広範囲に伝える）か、製品を作ったチームが伝統的で構造化されたビジネスに移行して、組織の仲間入りをするかのいずれかの道を歩むことになる。

　破壊的な組織の DNA は「退屈な」マネジメントや成長のない環境には適していない。したがって、製品を組織に譲渡して、次の破壊的なものを探す必要があるだろう。つまり、2 種類の顧客がいるということだ。製品を購入してくれる外部の顧客と、製品を開発・販売・サポートしてくれる内部の顧客である。

　組織内起業家はターゲット市場だけでなく、会社との関係も良好にしておかなければいけない。最初はよそよそしくなるかもしれないが、破壊的な製品が会社の一部となるのであれば、快く受け渡すことができるはずだ。

31章
結論：スタートアップの向こう側

すべてがうまくいけば、最終的にスタートアップをやめることになる。製品／市場フィットを発見して、拡大していけば、大企業と同じゆっくりとした成長になるだろう。それでも、引き続きアナリティクスを利用してほしい。学習や継続的改善のことを忘れないでほしい。これからもデータによる意見の裏付けを要求してほしい。

スタートアップは、持続可能で反復可能なビジネスとなり、創業者や投資家にリターンをもたらしたときに成功したと言える。この時点で資金調達をするのもいいだろう。ただし、資金調達によって不確実性を特定したり、緩和したりすることはできない。資金調達はすでに証明されたビジネスを実行するためのものだ。この頃になれば、最適化よりも会計のためにデータが使われるようになる。「リーンアナリティクス」を続けていれば、新しい製品や機能を探している頃だろう。組織内起業家のイノベーションに近づいている。

最初に「測定できないものは管理できない」と言った。だが、それとは正反対の哲学的な意見も考慮しなければいけない。以下は、Nashua Corporation 社に勤務していたロイド・S・ネルソン《Lloyd S. Nelson》の言葉だ。

> マネジメントに必要とされる最も重要な数値は、未知あるいは不可知である。マネジメントを成功させるには、それらを考慮しなければいけない。

ドナルド・ラムズフェルドの「未知の未知」とよく似ている。会社が成長して運営に一貫性が出てくると、**知らない**ものを見つけることがマネジメントの重要なタスクになる。

それがうまくいくとは知らずにやっていることが多い、というのがネルソンの主張である。うまくいくかどうかがわからないことは「実験」と呼ばれる。だが、実験は（いかなる企業規模であっても）それが継続的な学習の一環である場合のみに成功する。このことについては、ビジネスの規模やステージにかかわらず浸透させておきたい。

31.1　会社にデータ文化を浸透させる方法

あなたがリーダー（スタートアップの創業者や大企業の役員）であれば、優れた質問をすることによって、アナリティクスが競争優位につながる。本書でも述べたが、優れた指標は意思決定に役立つ。組織内のリーダーとしては、意思決定する前にデータの裏付けを要求し

てほしい。

　データは優れた意思決定につながるだけではない。組織の効率性も向上させる。データ活用の手法を全員が受け入れれば、フラットで自立した組織が作られる。自分の意見を組織に広めるのではなく、事実に語らせることができるからだ。データの支援が得られるようになれば、従業員は自ら意思決定して責任を担うようになる。説明責任の文化を作り、それを広め実行していく人に報いるようにしよう。

　リーダーの立場にいなくても、組織をデータ中心にすることはできる。その方法を以下に示そう。

小さく始める・ひとつだけ選ぶ・価値を示す

　組織には必ず反対派が存在する。彼らは直感や感性や「今までのやり方」で十分だと信じている。その場合は、小さく始めるとよいだろう。ただし、会社が直面している重要な課題にする（チャーン・デイリーアクティブユーザー率・ウェブサイトのコンバージョンなどの重要な指標をひとつだけ選ぶ）。そして、それを分析して改善するのである。

　会社が直面している「最重要」の課題ではいけない。キッチンにはすでに何人もの料理人がいるからだ（できれば関わりたくない社内政治もはびこっている）。その次に重要な課題を選ぼう。実証可能なビジネス価値があり、見落とされているような課題だ。

　やりすぎると会社を分断してしまう可能性がある。やりすぎはダメだ。ひとつの課題で利点を示すことができてから、すべての部門や製品にプロセスを展開していこう。

ゴールを明確に理解してもらう

　アナリティクスにフォーカスした企業の価値を証明するには、プロジェクトのゴールを明確にする必要がある。ゴールを（評価基準も含めて）思い描かなければ、プロジェクトは失敗する。プロジェクトに関わるすべての人がゴールを共有する必要がある。

エグゼクティブを取り込む

　あなたがCEOとしてトップダウンで手法を広めることができないのであれば、エグゼクティブを取り込む必要がある。たとえば、無料体験版の申し込みのコンバージョン率を改善したいと思えば、マーケティングの責任者に協力してもらう必要があるだろう。文化を組織全体に広げて、共通のゴールに向かうには、エグゼクティブを取り込むことが欠かせない。

単純化して要約する

　優れた指標は一目で理解しやすいものである。大量の数値で圧倒してはいけない。相手はフラストレーションを感じてしまうし、正しい数値を理解せずに意思決定する可能性が高い。指標の価値が高くても、正しく使わなければ間違った道を進んでしまう。

　OMTMを覚えているだろうか。この原則を使って、アナリティクスや数値の扱いに慣れてもらおう。

透明性を確保する

データを意思決定に使うのであれば、データの共有だけでなく、データを取得して処理する方法についても共有することが重要だ。アナリティクスを利用する繰り返し可能な戦略を見つけるには（組織にありがちな「計器に頼らずに自分の感覚で操縦する」手法を減らすには）、意思決定のフレームワークが必要になる。アナリティクスの先入観やデータサイロを破壊するには、（成功と失敗の両方の）透明性を確保することが重要だ。

直感を排除しない

以前にも述べたように、リーンアナリティクスは直感を排除するものではない。直感の正しさを裏付けるものである。アクセンチュア社のチーフサイエンティストであるキショア・スワミナサン《Kishore Swaminathan》は、このように言っている。

> 科学は純粋に実験にもとづいたものであり、私情を含んだものではない。だが、科学者はそうではない。科学は客観的で機械的だが、創造的で、直感的で、思い切って挑戦できる科学者にも価値がある。[†]

直感を完全に排除せずに、アナリティクスの価値を示そう。直感や感性で十分だという考え方と、データ駆動による小さな実験のバランスをうまくとることができれば、会社の文化を推進していけるだろう。

いかなる規模であっても、組織に変化を浸透させるには時間がかかる。会社は仕事のやり方を変えることはないし、一夜にして意思決定を行うこともない。すぐに計測可能な結果がわかる簡単な実験を探して、小さく始めてみよう。そして、会社のKPI（小さなものでも構わない）を動かすアナリティクスの有効性を実証しよう。そうすれば、アナリティクスにフォーカスした転換を裏付けることができる。OMTMのような概念や課題／解決キャンバスのようなツールを活用して、データサイエンティストだけでなく、誰もがアナリティクスを利用・理解できるようにしよう。評価基準（エグゼクティブも含めた全員が合意できる計測可能な目標値）にフォーカスしてもらえば、きっと結果を示すことができるはずだ。

優れた質問をする

市場のことを知る絶好の時期である。顧客はあなたの存在を最初に知ったときから、永久にどこかへ去ってしまうその日まで、クリック・ツイート・投票・いいね・シェア・チェックイン・購入などのデジタルの「パンくず」をオンライン／オフラインに関係なく残している。こうしたパンくずを集める方法がわかれば、顧客のニーズ・習慣・生活についての新しい気づきが得られる。

こうした気づきによって、ビジネスリーダーであることの意味が永久に変化し続けることになる。以前は情報がない状態でリーダーが誰かを説得しようとしていたが、今では利用で

[†] http://www.accenture.com/us-en/outlook/Pages/outlook-journal-2011-edge-csuite-analytics.aspx

きる情報が多すぎる。もはや推測する必要はない。その代わり、どこにフォーカスするかを知る必要がある。成長するには規律のある手法が必要となる。途中にあるすべてのステップで、リスクを特定・評価・克服できる手法だ。今日のリーダーはすべての答えを知っているわけではなく、答えるべき質問を知っているのである。

　一歩踏み出して、**優れた質問をしよう。**

付録
あわせて読みたい

　以下の書籍は、本書の執筆で役に立ったものである。スタートアップ全般について考える上で大いに参考になった。

- クレイトン・クリステンセン、マイケル・レイナー『イノベーションへの解——利益ある成長に向けて』（翔泳社）
- リチャード・テンプラー『できる人の仕事のしかた』（ディスカヴァー・トゥエンティワン）
- マイケル・ルイス『ネクスト』（アスペクト）
- ダン・セノール、シャウル・シンゲル『アップル、グーグル、マイクロソフトはなぜ、イスラエル企業を欲しがるのか』（ダイヤモンド社）
- ラリー ボシディ、ラム チャラン『いま、現実をつかまえろ！——新世代・優良企業のビジネス法則』（日本経済新聞社）
- アレックス・オスターワルダー、イヴ・ピニュール『ビジネスモデル・ジェネレーション——ビジネスモデル設計書』（翔泳社）
- エリック・G．フラムホルツ、イボンヌ・ランドル『アントレプレナーマネジメント・ブック——MBAで教える成長の戦略的マネジメント』（ダイヤモンド社）
- C. Gordon Bell、John E. McNamara『High-Tech Ventures』（Basic Books）
- アッシュ・マウリア『Running Lean——実践リーンスタートアップ』（オライリー・ジャパン）
- エリック・リース『リーン・スタートアップ』（日経BP社）
- スティーブン・G・ブランク『アントレプレナーの教科書』（翔泳社）
- Neil Davidson『Don't Just Roll the Dice』（Red Gate Books）
- Nilofer Merchant『11 Rules for Creating Value in the Social Era』（Harvard Business Review Press）
- Beth Kanter、Katie Delahaye Paine『Measuring the Networked Nonprofit: Using Data to Change the World』（Jossey-Bass）
- ジョナサン・ハイト『社会はなぜ左と右にわかれるのか——対立を超えるための道徳心理学』（紀伊國屋書店）
- チップ・ハース、ダン・ハース『アイデアのちから』（日経BP社）

解説

株式会社ロフトワーク
共同創業者、代表取締役
林千晶

スピードを生み出すための方法論

「リーンスタートアップって、ベンチャー起業家のための方法論ですよね」——。

そんな言葉を何度も耳にしてきました。確かに、リーンスタートアップは、アメリカのスタートアップ（新興企業）が実践し、広く知られるようになったフレームワークです。しかしこの手法の有効性は、スタートアップだけに限りません。関係性が複雑化し、未来予測が難しくなる一方の現在、イノベーションには、学びのサイクルを早く効果的にまわすことが欠かせません。プロトタイプを構築し、計測し、学ぶ。その学びの繰り返しをもとに、新たな構築にチャレンジし、再び計測してみる。その繰り返し（イテレーション）によって、事業は成長していき、確固たる市場を形成していきます。その「計測」プロセスにおける指南書が「リーンアナリティクス」であり、世界で初めて、フェーズごとの最重要指標や、参考にすべき数値目標を提示してくれる待望の本なのです。

大企業にこそ、リーンスタートアップを

リーンスタートアップは、新しい事業を、無駄なく成長させるための知恵やグッドプラクティスを体系化したもの。そして新規事業の創出は、スタートアップだけが取り組む挑戦ではありません。大企業も常に新しい事業領域を開拓し、ビジネスの幅を広げていかなければ、生き残っていくことはできないからです。

アメリカでは、スタートアップがイノベーションの種をつくり、それを時に大企業が買収して大きな事業へ育てていくという、一種のエコシステムが成立しています。それに対し、日本では残念ながら、スタートアップと大企業間の有機的な結びつきはアメリカほど進んでいません。だから日本の大企業こそ、自らイノベーションを起こしていかなければならないのです。

しかし、一般に大企業の動きは（日本に限らず世界でも）決して速いとは言えません。新しい事業や製品のアイデアが生まれてから世に出るまで、2年、3年という時間がかかることも珍しくありません。その背景には、「可能な限りの品質や機能を実現させたうえで（満を持して）リリースしたい」という大企業ならではの責任感と文化も垣間見えます。

はじめのアイデアがいかに魅力的で時代の流れを汲んだものであったとしても、それが人々に届くまでに何年もかかってしまっては、リリース時点ですでに製品が陳腐化してしまっていることもありえます。また数年間もアイデアを「仮説」のままで投資を続けることは、

予測が難しい現在のビジネス環境では、リスクが高すぎます。リーンスタートアップの手法を大企業も取り入れ、早いタイミングで製品やサービスのコアを「構築」し、それを市場に出して「計測」し、その結果から「学ぶ」という一連のサイクルを、短期間で何度も回していくことによって、製品やサービスの質を高めることができるのです。

「答え」はユーザーの側にしかない

　従来のマーケティングでも、消費者調査という形で「学び」を得てきたではないか——。そんな意見もあるかもしれません。確かに、ユーザーのフィードバックから学びを得るというプロセスは、これまでのマーケティングにもありました。しかし、リーンアナリティクスが従来のマーケティングと決定的に異なるのは、まずアイデアの骨格をなす部分だけを構築して（それをMVPとよびます）、「開かれたマーケットからリアルなフィードバックを集める」という点にあるように思います。

　従来のマーケティングリサーチでは、製品やサービスの「構築」の前に、ビジネス側が抽出した生活者を特定の会場に集めて意見を聞くグループインタビューなどが行われてきました。ヒアリング対象を事前に選ぶというプロセスが存在しているため、想定していなかった「機会」の発見は難しくなります。また参加者には金銭などのインセンティブが支払われることも、少なからずフィードバックに影響を与えてしまいます。そのため、自社のR&Dの空間内で仮想的に行われる調査と言えます。

　一方、リーンアナリティクスのプロセスでは、まずMVPを構築してしまい、それをリアルな社会空間に投げかけるという方法をとります。例えば、Webサイトを通じてまだ存在しない製品のコンセプトを紹介します。そして製品の予約購入を募る、あるいは複数の価格を提示してどの価格で予約が急増するかを測るなど、重要指標を設定し、生のデータに基づいてその製品の価値を「計測」するのです。フィードバックを返してくれるのは、（世界中の）不特定多数の人たち。自分たちの「場」に人を呼び込むのではなく、開かれた空間に自分たちが出ていく、あるいはメッセージを投げかけるという点に大きな違いがあります。

　この方法のメリットは、思ってもみなかった「答え」に出会える可能性があることです。従来のマーケットリサーチは、多くの場合、あらかじめ考えられた仮説を証明するために行われます。つまり、答えは事業者の側にあり、生活者の言葉によってそれにお墨付きをもらうという考え方です。一方、リーンの一連プロセスでは、答えはもともと生活者の側にしかなく、それをあらかじめ予測することはできないというスタンスに立ちます。だから、答えを得るには、生活者にじかに問いかけ、生活者をじっくりと観察するしかないのです。

生まれたばかりの事業を評価するための指標

　イメージしてみてください。生まれたばかりの赤ちゃんと私たち成人の健康を測る指標は自ずと異なりますよね。また、計測頻度にも違いがあるでしょう。例えば、成人の健康状態を知るために大切なのは、血圧やコレステロール値、メタボ予防の腹囲といった指標ではないでしょうか。その測定は一年に一度やれば十分なはず。一方、生まれたばかりの赤ちゃんは、

月に一度は体重を測定し、ミルクや母乳の量が足りているか、何か成長に問題はないか細やかにチェックしないといけません。

　人間と同じで、ビジネスも生まれたばかりの事業と既存の成熟事業では、注目すべき指標や分析頻度は異なります。概念としては「その通り」と思われる方が多いでしょう。でもビジネス現場では、既存事業の指標がそのまま新規事業にも当てはめられ、その可能性に疑問を呈されることが少なくありません。「この事業が100億を超える市場になることを説明できれば投資してもいい」。そんな発言が今日もたくさんの会議室で行き交っているはず。しかし、可能性が垣間見えたばかりの製品やサービスに、いきなり100億規模の市場までの道筋を求めることは、生まれたばかりの赤ちゃんをめぐって、「この子が必ず医者になることを証明せよ。それができない限り、育てさせない」と言うくらい意味のないアプローチではないでしょうか。リーンアナリティクスは、こうした現場に風穴をあけるもの。成熟した事業とは異なる独自の指標、「生まれたばかりの事業を、効果的に分析し育てるための指標」として、ビジネスの現場で新規事業の可能性を指し示すことができるからです。

ひらめきをビジネスに育てるために

「起業家はみんな嘘つきだ。」本書に書かれているように、新しいビジネスなんて、思い込みと多少のうそがないと始められません。だからこそ、単なる嘘つきで終わらず、ひらめきから生まれたアイデアを事業として成功に導くために、データは不可欠な存在です。

　ただ、やみくもにデータを分析してもデータに溺れてしまうだけ。また、虚栄の指標で表面を取り繕ってしまっては、改善に繋がる事業へのフィードバックを得ることができません。ページビューが増えたという数字に一喜一憂している場合ではないと指摘します。誰が、なぜこのアプリをダウンロードしているのかがわからなければ、データを分析する意味がないのだと。

「優れた指標は行動を変える」。データから何を学ぶのか、真摯に向き合わなくてはいけません。本書では、事業領域、成長フェーズごとに注目すべき指標群が明示されています。もちろん、ここに書かれている指標がリーンアナリティクスのすべてではありません。事業内容や製品分野によって、計測指標はさまざまにカスタマイズされる必要があるでしょう。しかし、その確かなベースを提示しているという点で、大きな価値があります。

　私たちは大きな変革の時代を生きています。インターネットが生み出す大きな時代のうねりは、これからますます領域を広げ広範な地殻変動をもたらすでしょう。その時に、どうやって生き残っていくのか。時代の流れにあわせて、柔軟にしなやかに事業を生み出すしか手はありません。改めて本書は、起業家だけではなく、大企業の経営者、新規事業の担当者、エンジニアなどにも幅広く手に取ってもらえることを願っています。そして、リーンなマネジメント手法が、一般の企業にとってごく当たり前のものとなっていってほしい。それが広く根付いたとき、本当の意味でのイノベーティブな文化が日本に生まれるのではないか。そんな期待に、私は胸をふくらませています。

2014年12月

訳者あとがき

角 征典

　本書は、"Alistair Croll and Benjamin Yoskovitz, *Lean Analytics*, O'Reilly Media, Inc., 2013" の全訳である。また、エリック・リースがキュレーションを手がける「リーンシリーズ†」の第3弾となる。底本には紙の書籍と O'Reilly Safari の EPUB ファイルを使い、原書の誤植や誤記については、著者本人に確認した上で修正した。

革新会計は重要だけど……難しい

　本書を手にとられた方は、少なからず「リーンスタートアップ」に興味を持たれていることだろう。リーンスタートアップには「5つの原則」があったことを覚えているだろうか。そのなかのひとつが**革新会計**だ。「会計」という言葉から近寄りがたい印象を持たれるかもしれないが、成長のための「計測すべき数値」と考えればわかりやすくなるだろう。革新会計が必要とされるのは、『リーン・スタートアップ』（日経BP社）の言葉を借りれば、スタートアップは「不確実性が高すぎて、精度のよい予測や目標が得られない」ために「一般的な管理会計では評価できない」からだ。

　『リーン・スタートアップ』には、革新会計に関するさまざまな説明が載っている。たとえば、既存メーカーであれば「顧客ごとの利益率、新規顧客の獲得コスト、既存顧客の購入リピート率」が成長モデルを動かす原動力になるそうだ。マッチングサイトであれば「ネットワーク効果の強さ」が重要になる。また、いくら改善しても意味のない数字は**虚栄の指標**であり、今後の事業や学習の判断を誤らないためにも、**本物の行動につながる指標**だけを計測すべきとされている。エリック・リースの書いた「エリック・リースによるまえがき」にも同様のことが書かれている。

　だが、自分のビジネスに置き換えて考えてみるとどうだろう。自分たちのビジネスが追い求める指標は何だろうか？　評価基準をどこに設定すればいいのだろうか？　起業家ではない自分は何の数値を使えばいいのだろうか？　知らないうちに虚栄の指標を追い求めてはいないだろうか？　企業規模やビジネスモデル、さらには個人の置かれている立場によって計測すべき数値が異なり、明確な答えが出せないまま疑問を抱えている人も少なくないはずだ。場合によっては「自分にウソをつく」ことになり、「ウソをつき続けた結果、ビジネスを危険に」

---

† 　http://shop.oreilly.com/category/series/lean.do

さらした経験がある人もいるだろう（1章参照）。

そこでアナリティクスですよ

　本書のテーマは大きく3つある。まずは、以上の疑問を**アナリティクス**を使って解消することである。自分にウソをつかないためにも、データの裏付けを使いながら分析するというわけだ。リーンシリーズの第1弾である『Running Lean』は、**リーンキャンバス**というツールと（内気なプログラマでも使える）**インタビューの台本**を提案したところが素晴らしかったが、そのプロセスや指標に関する部分については少しあいまいな部分もあった。本書は、**OMTM**や **リーンアナリティクスのステージ**といった新しい概念を提唱することで、『Running Lean』のこれらの欠点をうまく補完していると言えるだろう。これからスタートアップを始める人、すでにスタートアップを始めている人、社内で新規事業を起ち上げる人は、この2冊を相互補完しながら参考にしていただければ幸いだ。

　本書のもうひとつのテーマは、新しい概念の提唱だけにとどまらず、追跡すべき指標を具体的に示すことである。ECサイト・SaaS・無料モバイルアプリ・メディアサイト・UGC・ツーサイドマーケットプレイスといった代表的な6つのビジネスモデルが取り上げられているので、きっと参考にできるビジネスモデルが見つかるはずだ。なお、少なくともそのビジネスモデルを理解しているという前提なので、それぞれの用語については訳注を入れていない。すべてのビジネスモデルの章を読む必要はなく、まずは関心のあるところから読んでいただければと思う。

　なかにはビジネスモデルの用語に違和感を抱かれる方がいるかもしれない。たとえば、代表的なのは「課金」だ。本来ならば、業者が顧客にお金を請求することを（正しい意味での）課金と呼ぶが、いくつかのビジネスモデルでは「顧客が業者に」お金を支払うことを「課金」と呼んでいる。「課金ユーザー」や「無課金ユーザー」という言葉もあるくらいだ（もちろん本書でも使用している）。日本語の乱れに眉をひそめられるかもしれないが（実は私もそのひとりだが）、そういうものだと思って大目に見ていただきたい。

　逆に「この業界ではこんな言葉は使わない！」というご意見もあるだろう。訳者がそのビジネスの専門外のために不自然な訳になっている可能性が高い。こちらも同様に大目に見ていただいて、kdmsnr@gmail.com 宛にご指摘いただけると幸いだ。

組織内起業家にもリーンスタートアップを

　本書の最後のテーマは、30章で取り上げられている「組織内起業家」である。リーンスタートアップのムーブメントは起業家だけにとどまらず、新規事業や商品企画の担当者にも広く受け入れられている（私も企業から研修依頼を受けることが多い）。今までスタートアップなんて自分には関係ないと思っていた人でも、何度もフィードバックを得ながら学習していくリーンスタートアップのやり方には、参考にできるところが必ずあるはずだ。本書のメインテーマは「アナリティクス」なので、この部分についてはあまりページ数が割かれていないが、組織内起業家の重要性は今後もますます高まっていくだろう。さらに詳しく知りたい方

は、Jez Humble、Barry O'Reilly、Joanne Moleskyの書いた、同じくリーンシリーズの『Lean Enterprise』を読んでいただきたい。

謝辞

翻訳にあたっては、Re:VIEW[†]・github・Emacs・xyzzy・PDIC・英辞郎・Weblio辞書のお世話になりました。特にRe:VIEWについては、翻訳から組版までのすべての工程で活躍しています。関係者のみなさんに感謝します。

林千晶さんにはすてきな解説を書いていただきました。

有賀康顕（@chezou）さん、森雄哉（@_N_A_）さん、郡司啓（@gunjisatoshi）さん、志田裕樹（@shida）さん、鈴木則夫（@suzuki）さん、中山晴雄（harupong）さん、木曽野正篤（mkisono）さん、むらはしけんいち（@sanemat）さん、Eiichiro Oguraさんには、翻訳レビューにご協力いただきました。ありがとうございました。

編集は『ウェブオペレーション』『リーダブルコード』『Running Lean』『Team Geek』に引き続き、オライリー・ジャパンの高恵子さんが担当されました。

本書を翻訳中に3歳になった息子と一緒に
2014年12月

[†] https://github.com/kmuto/review

索引

数字

1セントマシン 215
　　マジックナンバー 217
3つのスリーモデル 232
6つのビジネスモデル 61

A

AARRR 38
A/Bテスト 22
Academia.edu 209
Airbnb 4
ARPU 94, 95
ARPDAU 280
Ash Maurya 26, 41, 144, 149, 195, 349
Avinash Kaushik 13, 44, 51

B

Backupify社 81
BCGボックス 333
Bill D'Alessandro 69, 260

Brad Feld 50
Bud Caddell 26, 29
Buffer社 229

C

CAC 41, 94, 219
Circle of Moms 14
ClearFit社 89
Cloud9 IDE 153
CLV 41, 219
Coradiant社 319
CPE 104, 292

D

Dave McClure 38
Donald Rumsfeld 13
DuProprio社 122

E

EBITDAの損益分岐 225

ECサイト 63, 259
ECビジネスの見える化 76
ECモード 64
EMI社 337
Etsy 305

F

Facebook 162
Frito-Lay社 336

G

Gags TV 291
GigaOm社 283
Google Customers Surveys 166

H

HighScore House 18

J

Jason Cohen 241
Jay Parmar 22
Joe Zadeh 4
Josh Elman 209, 210
Just For Laughs Gags 291

K

Kyle Seaman 19
KPI 10, 40, 49

L

LikeBright社 163
LinkedIn 161
Localmind 172

M

Mechanical Turk 163
Michael Porter 227
Microsoft社 332
Mike Greenfield 14, 116
Monica Rogati 34
Moz 49
MRR 81
MVP 4
　MVPに含めるものを決める 173
　MVPの計測 174
　MVPの定着 180
　MVPをローンチする前に 173

O

OfficeDrop社の主要指標 270
OMTM 48, 50, 54

P

Parse.ly 220
Paul Graham 56
PoC の試作 323
ProductPlanner 207

Q

qidiq 181

R

Rally 社 187
Rand Fishkin 49
Raymond Luk 192
reddit 297, 301
Richard Price 209
Running Lean 144
Ryan Kim 283
Ryan Vaughn 197

S

SaaS 79, 264
　　SaaS ビジネスの見える化 87
Seth Godin 9
Sincerely 276
Socialight 社 248
Solare 51
Static Pixels 社 176

Survey Wall 167
Swiffer 335

T

TechStars 163
The Startup Genome プロジェクト 243
time to customer breakeven 41
Timehop 205
Twitter の「高度な検索」................................160

U

UGC サイト 302
UGC ビジネスの見える化 118

V

VNN 社 197

W

WineExpress 70
WP Engine 社 241

Z

Zach Nies 187, 253, 322, 324

あ

アクティブなプレーヤーの割合 94
アクティブモバイルユーザー／プレーヤー率
　...279
アクティブユーザー 18
アクティベーション 38
アッシュ・マウリア 26, 41, 144, 149, 195, 349
圧倒的な優位性 28
アップセリング 80, 269
アドバンテージ 93
アビッシュ・コーシック 13, 44, 51
アフィリエイトによる収益の計算 103
アプリケーションの起動率 278
アプリ内課金 100

い

イマジネーションの欠如 315
因果関係で未来をハック 211
因果指標 10, 17
インストール数 94
インスピレーション 317
インタビュー 144

う

ウェブパフォーマンス 257
内側からのリーン 329

え

エグゼクティブを取り込む 346
エコシステム 322
　エコシステムの収益 343
　エコシステムを破壊 330
閲覧ページ数 12
エリック・リース ....xvii, 40
エンゲージメント 289
　エンゲージメント時間 288
　エンゲージメント単価 104, 292
　計測 83
　訪問者数 112, 246
エンゲージメントファンネル 115, 298
　変化 112, 114
エンタープライズ市場 312
エンタープライズスタートアップ 316

お

横断的実験 22
オークション 135
オーディエンス 104
　チャーン 104
オフラインとオンラインの組み合わせ 76

か

カイル・シーマン 19
カウントダウンタイマーの排除 93

価格指標 131, 246
価格モデル 90
課金
　課金型成長エンジン 41
　課金チャーン 270
　課金までの時間 94
　課金ユーザー率 94, 96
拡散 68, 74, 80, 94, 137, 201, 253, 321, 343
　拡散ステージ 212
　拡散パターンを利用 207
　拡散フェーズの指標 203
革新会計 8
拡大 137, 227, 322, 344
　拡大ステージの指標 228
　拡大するときの規律を見つける 233
　拡大と引き継ぎ 344
獲得 38
　獲得モード 64
隠れたアフィリエイト 108
仮説を見直す 223
課題 27
　課題インタビュー 149
　課題／解決キャンバス 195, 197
　課題が苦痛 142
　課題に気づいてもらう 156
　課題の確認方法 142
　課題の発見 141, 142, 341
　課題を気にしている人 156
　最大の課題の特定 200
価値を示す 346
稼働時間 256

稼働時間と信頼性 80
関係の終わり 324
慣性は本物 330

き

キーワード 73
基準値がないとき 308
既存企業 314
既存ビジネスと共食い 330
起動率 94
機能 184
　機能を外す準備をする 176
キャラクターのカスタマイズ 93
虚栄の指標 10, 11, 12
共感 137, 318, 341
　共感ステージの指標 141

く

クチコミ 202, 203, 321
苦痛を伴う課題 150
クリックスルー
　クリックスルー広告の収益 102
　クリックスルー率 22, 104, 282, 286
グロースハック 208

け

経時的実験 22

ゲート 45
ゲームチェンジャー 117
ゲーム内広告 93
月間定期収益 81
言及 321
検索効果 131, 262
検索語句 68, 73
現実歪曲空間 3

こ

合意形成 341
高価で密着 313
広告 100
　広告在庫 101, 104, 105
　広告表示の収益の計算 102
　広告ブロッカー 108
　広告料 104, 106
構築→計測→学習サイクル
　... xviii, 36, 51, 174, 188
構築する前に構築する 172
行動につながる指標 10, 11
購入時間 9
購入者と販売者の増加率 130, 131
購入者の検索 132
効率 322
合理的な裏付け 315
ゴールを明確に理解してもらう 346
顧客
　顧客エンゲージメント 322

顧客獲得コスト
　...............41, 67, 69, 80, 94, 219, 219, 252
顧客セグメント 27
顧客損益分岐点到達時間 41
顧客になるまでの時間の損益分岐 225
顧客の「ある一日」 157
顧客ライフタイムバリュー 41, 94, 219, 283
顧客開発 xvii
コスト構造 27
答えを誘導しない方法 146
コホート分析 20
コンサルティング 318
コンシェルジュ型 MVP 4
コンテンツアップロードの成功 296
コンテンツ
　広告のバランス 104, 106
　拡散 112
　シェアと拡散 116
　制作 112
コントロール範囲と鉄道 329
コンバージョン 80
　コンバージョンファンネル 131
コンバージョン率 9, 67, 68, 259
　セグメンテーション 132

さ

サイクルタイムが遅い 315
在庫の増加率 130, 131
最重要指標ー 48
最小限を把握 342

最初から拡散 343
サイトエンゲージメント 256
サイト滞在時間 296
削除 293
ザック・ニース 187, 253, 322, 324
サブスクリプション型EC..............................78
　　サブスクリプションをやめる 89
サポート 322
　　サポートコスト 324

し

シェア 290
ジェイ・パーマー 22
ジェイソン・コーヘン 241
時間の節約 93
市場／製品フィット 222
市場の理解 156
事前 341
自然的拡散 202
実践事例 67
実用最小限のビジョン 192
指標 7
　　クリアすべき「ゲート」.......................236
収益 38, 137, 322, 343
　　収益の曲線 247
　　収益の流れ 27, 218
収益ステージ 213
収集したメールアドレスの数 12
十分な最適化 81
十分な人数が気にかけている 142

出荷予定時間 76
受動的なコンテンツ制作 118
主要業績評価指標 10, 40
主要指標 28
需要の価格弾 246
ジュリアン・スミス 44
純増数 49
紹介 38, 321
ジョー・ジェビア 4
ショーン・エリス 43
ジョシュ・エルマン 209, 210
ショッピングカート
　　サイズ 67, 68
　　破棄 261
人工的拡散 202, 203
信頼性 256

す

スカンクワークス 331
スクイーズトイ 54
優れた質問をする 347
優れた指標 7
スコアの計算 153
スタートアップ
　　スタートアップ成長ピラミッド 43
　　スタートアップの向こう側 345
　　スタートアップはスタートアップ 328
ステージ 45, 140
スティーブ・ブランク xvii
スパムと悪質なコンテンツ 302

せ

スポンサー 337
    スポンサーからの収益の計算 102

せ

成長エンジン 40
成長率 244
セス・ゴーディン 9
セグメンテーション 20, 318
セッションクリック率 105, 287
先行指標 10, 16
    先行指標を攻める 209

そ

相関関係 210
相関指標 17, 10
組織内起業家 329, 331, 340
ソリューション 27
    ソリューションの検証方法 172
損益分岐の評価基準 225

た

大規模キャンペーンの実施 167
ダウンロードコンテンツ 93
ダウンロード数 13, 93
多変量解析 22
探索指標 10, 13
単純化して要約する 346
段階価格 90

ち

小さく始める 346
遅行指標 10, 16
チャーン 80, 85, 94, 98, 104, 269
チャネル 27, 322
中途半端 227
注目 80
直販 322
直感を排除しない 347

つ

追跡する指標 25
ツーサイドマーケットプレイス 121, 304
    見える化 133
通知の効果 112, 117
次のステージに移るべきか？ 179, 200

て

定性的指標 10
    定性的な分析を無視しない 175
定着 38, 80, 137, 180, 321, 323, 342
    定着がゴール 184
    定着型成長エンジン 40
デイブ・マクルーア 38
デイリーアクティブユーザーの平均収益 281
定量的指標 10
データ
    データ活用 32

データ駆動 32
データサイエンティスト 34
データ収集の 10 の落とし穴 34
データは証拠 2
データ文化を浸透させる方法 345
テクノロジー導入ライフサイクルモデル 245
撤退障壁 327
伝統的な EC 78

と

統合 321, 323
投資対効果検討書を作らずに分析 342
透明性を確保する 347
独自の価値提案 27
トップ 10 リスト 307
ドナルド・ラムズフェルド 13
友達の数 12
ドリトス 336
鶏と卵 135
取引規模 304
取引の継続 135

に

ニセモノの指標 9
入会 80

ね

ネガティブチャーン 267

年間購入回数 67, 68
年間再購入率 64

は

排除プロセスを開始 223
ハイバネーションの損益分岐 226
ハイブリッドモード 65
バイラル 201, 253
バイラル型成長エンジン 40
バイラル係数 9, 40, 205, 253
バイラルサイクルタイム 9, 253
バックグラウンドノイズ 108
バッド・カデル 26, 29
話しかける人を探す 159
パフォーマンス 105
早すぎる拡散 183
パラパラ漫画 58

ひ

引き起こす先行指標 211
ビジネスプラン 137
ビジネスモデル
　選択 62
　ビジネスモデルは正しい？ 228
ビジョン 35
ピッチの成功 326
ヒット数 12
人 56
ピボットテーブル 170

費用 244
評価基準 53, 259, 264, 274, 286, 296, 304
評価と詐欺の兆候 131
標準化 321
比率 7
ビル・ダレッサンドロ 69, 260

ふ

フィードバック 322, 325
フォロワーの数 12
不正 135
フラグのついた掲載情報の割合 133
ブラッド・フェルド 50
フリーミアム 90
　「フリーミアム」対「有料」 266
フレッド・ウィルソン 117

へ

ペイウォール 108
平均顧客単価 67, 69, 80
平均値では不十分 243
ページビュー数 12
変動費の損益分岐 225

ほ

報告指標 10, 13
訪問者 211
　エンゲージメント 112

訪問数 12
ポール・グレアム 56
ボストンコンサルティンググループ 333
本物の指標 11

ま

マーチャンダイジング 293
マイク・グリーンフィールド 14, 116
マイケル・ポーター 227
毎月のユーザーひとりあたりの平均収益 94

む

ムービングターゲット 18
無料モバイルアプリ 92, 274

め

メーリングリストの効果 68, 74, 254
メディアサイト 101, 286
メディアビジネスの見える化 106

も

モデルとステージが追跡する指標 236
モニカ・ロガッテイ 34
モバイルアプリビジネスの見える化 98
モバイル課金ユーザー率 279
モバイル顧客
　獲得コスト 275

モバイル顧客ライフタイムバリュー 283
モバイルダウンロード 274
モバイルユーザーの月間平均収益 281

ゆ

ユーザーエンゲージメント 323
ユーザーグループ 325
ユーザー数 253
ユーザー制作コンテンツ 110, 296
ユーザビリティ 323
有料入会 264
有料バージョンにアップセリング 93
有料ユーザーの平均単価 281
ユニーク訪問者数 12

ら

ライアン・ヴォーン 197
ライアン・キム 283
ライフタイムバリュー 80
ランド・フィッシュキン 49

り

リーンアナリティクス 45
　サイクル 23
　ステージ 236

リーンキャンバス 26, 30, 41
リーンスタートアップ xvii
離散選択 325
リスクの定量化 81
離脱率 67, 69
リチャード・プライス 209
利用可能在庫 76

る

類似性を見つける 224

れ

レーティングクリックスルー率 94
レイモンド・ラック 192
レガシー製品 314
レコメンデーションの効果 68, 74
レモネード 55

ろ

ロイヤリティモード 65
ロングファンネル 43

● 著者紹介

Alistair Croll（アリステア・クロール）
アリステア・クロールは、起業家・作家・パブリックスピーカーとして20年の経験がある。これまでに、ウェブパフォーマンス・ビッグデータ・クラウドコンピューティング・スタートアップに従事してきた。O'Reilly Strata conference・TechWeb's Cloud Connect・Interop's Enterprise Cloud Summit の議長を務めている。2001年には、ウェブパフォーマンスのスタートアップ Coradiant 社を共同で創業した。その後、Rednod・CloudOps・Bitcurrent・Year One Labs・the Bitnorth conference・the International Startup Festival・アーリーステージの企業の起ち上げを支援している。
本書は4冊目の書籍であり、アナリティクス・技術・アントレプレナーシップをテーマにしている。カナダのモントリオールに在住。さまざまなことをブログ「Solve For Interesting」(http://www.solveforinteresting.com) に書き記し、慢性的な注意欠陥障害を緩和しようとしている。

 Twitter：@acroll
 メールアドレス：alistair@solveforinteresting.com

Benjamin Yoskovitz（ベンジャミン・ヨスコビッツ）
ベンジャミン・ヨスコビッツは、ウェブビジネスで15年以上の経験があるシリアルアントレプレナーである。1996年の大学在学中に最初の会社を設立した。2011年に GoInstant に製品担当 VP としてジョイン。2012年9月には Salesforce.com に買収されたが、その後も引き続き、GoInstant と Salesforce.com で役割を継続した。
2006年からブログ「Instigator Blog」(http://instigatorblog.com) を続けている。スタートアップやアントレプレナーシップに関する人気ブログのひとつである。ベンは、多くのスタートアップやアクセラレータープログラムの積極的なメンターである。Michigan Lean Startup Conference や Internet Marketing Conference などのスタートアップ関連のカンファレンスやイベントでスピーカーを務めている。

 Twitter：@byosko
 メールアドレス：byosko@gmail.com

Year One Labs

2人は他のパートナーと一緒に、2010年にYear One Labsを設立。同社はアーリーステージのアクセラレーターであり、これまでに5つのスタートアップに資金と1年間のハンズオンメンターシップを提供した。Year One Labsはリーンスタートアップのプログラムにしたがっており、そのような構造を作った最初のアクセラレーターである。5つのうち4社がYear One Labsを卒業して、3社が資金調達を成し遂げた。そのうちの1社であるLocalmindは、Airbnbに買収された。2人のリーンスタートアップやアナリティクスに関する経験や知識は、このときに培われたものだ。

● 訳者紹介

角 征典（Masanori Kado a.k.a kdmsnr）

1978年山口県生まれのプログラマ。一児の父。訳書に『プログラマの考え方がおもしろいほど身につく本』『メタプログラミングRuby』（アスキー・メディアワークス）、『Running Lean』『ウェブオペレーション』『リーダブルコード』（オライリー・ジャパン）、『7つのデータベース7つの世界』『アジャイルレトロスペクティブズ』（オーム社）、『エッセンシャルスクラム』（翔泳社）、『Fearless Change』（丸善出版）などがある。

Lean Analytics
—— スタートアップのためのデータ解析と活用法

2015 年 1 月 23 日	初版第 1 刷発行
2021 年 11 月 30 日	初版第 7 刷発行

著　　　者	アリステア・クロール、ベンジャミン・ヨスコビッツ
訳　　　者	角 征典（かど まさのり）
解　　　説	林 千晶（はやし ちあき）
シリーズエディタ	エリック・リース
発　行　人	ティム・オライリー
印刷・製本	日経印刷株式会社
発　行　所	株式会社オライリー・ジャパン
	〒160-0002　東京都新宿区四谷坂町 12 番 22 号
	Tel　（03）3356-5227
	Fax　（03）3356-5263
	電子メール　japan@oreilly.co.jp
発　売　元	株式会社オーム社
	〒101-8460　東京都千代田区神田錦町 3-1
	Tel　（03）3233-0641（代表）
	Fax　（03）3233-3440

Printed in Japan（ISBN978-4-87311-711-9）
乱丁、落丁の際はお取り替えいたします。

本書は著作権上の保護を受けています。本書の一部あるいは全部について、株式会社オライリー・ジャパンから文書による許諾を得ずに、いかなる方法においても無断で複写、複製することは禁じられています。